高等数学职业教育版

数学课程改革创新系列新形态教材

高等数学
——基于Python的实现
（第2版）

官金兰　付德刚　蒋　芬　主　编

薛妙珠　何桂荣　谭旭平　罗森月　吴锡明　陈敏娜　副主编

電子工業出版社

Publishing House of Electronics Industry

北京·BEIJING

内容简介

本书是《高等数学——基于 Python 的实现》的修订版，依据最新职业教育教改精神，积极推动高等数学课程深度信息化，立足职业教育人才培养需求，并总结多年教学经验的基础上编写而成。

本书主要内容包括 Python 简介、极限与连续、一元函数微分学、一元函数积分学、线性代数、数据分析初步、案例实战、专升本考试真题与分析等内容。本书配套丰富的数字化资源，包括课件、程序代码和微课视频。

本书可作为职业院校高等数学课程的教材。

图书在版编目（CIP）数据

高等数学 ：基于 Python 的实现 / 官金兰, 付德刚, 蒋芬主编. -- 2 版. -- 北京 ：电子工业出版社, 2024. 8. -- ISBN 978-7-121-48710-1

Ⅰ. O13

中国国家版本馆 CIP 数据核字第 2024DC5219 号

责任编辑：朱怀永
印　　刷：天津嘉恒印务有限公司
装　　订：天津嘉恒印务有限公司
出版发行：电子工业出版社
　　　　　北京市海淀区万寿路 173 信箱　邮编：100036
开　　本：787×1092　1/16　　印张：20　　字数：512 千字
版　　次：2020 年 7 月第 1 版
　　　　　2024 年 8 月第 2 版
印　　次：2024 年 8 月第 1 次印刷
定　　价：59.80 元

凡所购买电子工业出版社图书有缺损问题，请向购买书店调换。若书店售缺，请与本社发行部联系，联系及邮购电话：（010）88254888，88258888。

质量投诉请发邮件至 zlts@phei.com.cn，盗版侵权举报请发邮件至 dbqq@phei.com.cn。

本书咨询联系方式：（010）88254608，zhy@phei.com.cn。

Preface 前言

在人工智能和大数据背景下，为响应教育部关于职业教育高等数学课程的指导意见，顺应产教融合、校企合作的趋势，奠定“高等数学”作为公共课的重要战略地位，为高等职业院校培养和造就更多的实用型、复合型和创造型人才，在总结高职院校高等数学教学改革经验的基础上，结合各专业对数学知识的需求，对 2020 年 7 月已出版的《高等数学——基于 Python 的实现》教材进行修订.

本次修订主要是对一元微积分部分和线性代数部分进行内容细化，引入专业案例和实际生活案例，使学生沉浸于“学以致用”的氛围中学习“高等数学”. 本书具备的特色如下.

知识体系：本书以“案例驱动”理念进行设计，以“导—学—练—拓”为主线进行编排，每章均按照“引例→训练→Python 实现→数学文化”的逻辑顺序组织内容，通过不同场景的案例引出本章的核心知识。按照整合后的内容框架展开学习，依托不同层次的学习能力训练检验效果，借助数学实验和数学建模等拓展应用能力，最后围绕专题学习，引导学生感悟数学思想和数学应用中的育人元素. 本书整体设计力求打破传统数学教材开发定势，深入挖掘相关知识的应用案例，由浅入深，突出创新又增强趣味，可满足多元化教学需求.

内容设计：本书以一种全新的方式呈现高等数学深奥的知识点，使之变得通俗易懂，符合高职院校学生数学基础普遍薄弱、参差不齐的学情特点. 与传统教材不同的是，本书特别强化了 Python 软件在高等数学中的应用，使非数学专业的学生可以淡化数学的推导. 通过实际的代码实现，将抽象的数学概念，通过图形、代码使之变得直观，从而大大提升学生学习高等数学的兴趣，活跃课堂气氛，以求达到良好的教学效果. 在案例或例题后面配套相应的课堂同步练习，让学生可以及时地巩固所学知识.

此外，为发挥“高等数学”作为公共基础课的功能，促使学生发展自我、提升自我，养成终身学习的习惯，本书增加了近 5 年广东省专升本高等数学考试的真题和分析，为学生提升学历提供学习内容，激发学生积极进取、顽强拼搏的精神，为专本衔接提前做好准备.

最后，为使本书使用效率更高，编写团队为每个章节均录制了讲解短视频（微课），使学生可采用多种方式开展学习.

教学方法：本书建议采用启发式教学方法，通过引导学生自主探究、解决问题，培养他们的逻辑思维和创新能力，落实职业教育关于高等数学课程“精讲多练”“够用为度”，以学生为中心，以学促教的教学目标.

教学目的：本书案例的撰写参考了全国大学生数学建模竞赛中数学科技论文的范例展开，本书既可以作为普通教材使用，又可以作为广大学生参加数学建模竞赛的启蒙教材. 本书是一个良好的载体和平台，能促使学生积极参加全国大学生数学建模竞赛，形成以赛促教，教学相长，营造师生共同成长的环境.

总结：本书响应教育部对高职院校提升学生专业技能的号召，致力于提升学生应用数学解决实际问题的能力，为学生学好专业，成为技术过硬的大国工匠奠定基础.

教育除了教会学生专业知识，更重要的是育人. 课程思政是落实立德树人根本任务的一种理念创新和实践创新. 本书每个章的最后都提供了课程思政的拓展阅读，做到“润物细无声”地将课程思政元素落到实处.

致谢：本书由广东农工商职业技术学院官金兰老师、广州体育职业技术学院付德刚老师、广州软件学院蒋芬老师合作进行修订. 其中第 1 章、第 3 章、第 5 至 7 章由官金兰老师编写、第 2 章由付德刚老师编写，第 4 章由官金兰老师和付德刚老师一起编写，每个章节的知识点总结、章节训练及答案、历年专升本考试真题及答案由蒋芬老师编写. 在此次修订中，广东农工商职业技术学院的学生邱思桐、吕燕纯、陈晓岚、赖俊敏、陈文光、邹雅骐、黎翠恩、张锦婷、黄子峰、陈毓钦、黄静纯、许小琴、莫安茹协助完成了相关文档的编辑，陈乐协助调试了一部分例题的程序代码.

广东泰迪智能科技股份有限公司董事长张良均先生对本书进行了通篇审查，广州琶洲实验室陈诗谦主任对本书提出了宝贵意见. 广东食品药品职业学院吴锡明老师、广东理工职业学院罗森月老师、广东环境保护工程职业学院陈敏娜老师、中山火炬职业技术学院何桂荣老师、清远工贸职业技术学校薛妙珠老师、广东培正学院郭慧敏老师、广东外语艺术职业学院黄玮欣老师等同行对本书的编写提供了帮助，在此一并表示由衷的感谢！

展望：本书的编写，尽管我们付出了很多努力，但限于水平，加之高职院校高等数学教学改革中面临的问题还很多，书中或存有疏漏和不足之处，期望得到专家、同行和读者的批评指正. 在此，也向为本书编写和出版提供帮助的各界同仁和领导表示衷心感谢.

编者

2024 年 5 月

Contsnts 目录

第1章 Python 简介

1.1 初识 Python

本章课件

1.1.1 Python 的起源

Python 是一种面向对象、解释型的高级编程语言，其创始人是荷兰人 Guido van Rossum. 1989 年，Guido van Rossum 在荷兰的数学和理论计算机科学研究中心（CWI）工作时，为了打发圣诞节假期的无聊，开始编写 Python 的第一个版本. Python 这个名字来源于英国 20 世纪 70 年代的电视喜剧《蒙蒂·派森的飞行马戏团》（Monty Python's Flying Circus）.

1.1.2 Python 的发展

Python 的第一个解释器于 1991 年诞生. Python 1.0 版本于 1994 年 1 月发布，引入了 lambda 函数、map、filter 和 reduce 等特性.

2000 年 10 月，Python 2.0 发布. 同 Python 1.0 相比，Python 2.0 新增了内存管理和循环检测垃圾收集器，以及对 Unicode 的支持. 这个版本的发布标志着开发流程的透明度提高了，Python 社区变得更加开放.

2008 年 12 月，Python 3.0 发布. Python 3.0 对语法进行了改进和修正，是一个向后不兼容的版本，意味着它做出了一些改变，使得一些旧代码需要修改才能在新版本中运行. Python 3.0 的推出促使 Python 社区进一步繁荣，开发者们积极分享经验和解决问题的方法.

自 Python 3.0 之后，Python 继续以较快的速度演进，不断推出新的版本来适应不断变化的技术需求和开发者社区的需求. 目前已经出现 Python 3.11 版本.

1.1.3 Python 的特点

Python 是一种高级编程语言，具有多个显著的特点.

（1）可读性和简洁性：Python 的设计理念之一是强调代码的可读性，其语法简洁明了，使得代码易于理解和编写. Python 程序通常看起来像英语段落，这增强了其可读性.

（2）面向对象：Python 是一种面向对象的语言，这意味着它可以支持面向对象编程（OOP）的概念，包括类和对象的使用.

（3）简单易学：Python 的语法相对简单，对于初学者来说容易上手，同时也适合有经验的开发者快速编写代码.

（4）开源：Python 是一种开源语言，拥有活跃的社区和丰富的第三方库，这使得开发变得更加高效，并且可以跨平台使用.

（5）丰富的库和工具：Python 有大量的标准库和第三方库，覆盖了从数据处理到游戏开发的各个领域，为开发者提供了强大的支持.

（6）解释性语言：Python 是一种解释性语言，这意味着代码在执行时会逐行解释，无须事先编译.

（7）伪代码本质：Python 的伪代码特点意味着它接近自然语言，有助于清晰表达算法和数据结构，便于将伪代码转化为实际代码.

（8）可重用性和可维护性：由于其设计原则和结构清晰，Python 代码易于复用和维护.

（9）动态类型：Python 是动态类型语言，可以在运行时改变变量的类型.

（10）自动内存管理：Python 提供了自动垃圾回收功能，帮助计算机管理内存资源.

上述特点共同构成了 Python 语言的优势，使其成为服务器端脚本、网络爬虫、数据分析、人工智能等多个领域的流行选择.

1.2 搭建Python环境

本书的 Python 环境是集成在 Anaconda 下的. Anaconda 指的是一个开源的 Python 发行版本，其包含了 Conda、Python 等 180 多个科学包及其依赖项. 因为包含了大量的科学包，Anaconda 的下载文件比较大（约 531MB），如果只需要某些包，或者需要节省带宽或存储空间，也可以使用 Miniconda 这个较小的发行版（仅包含 Conda 和 Python）. Conda 是一个开源的包、环境管理器，可以在同一个机器上安装不同版本的软件包及其依赖，并能够在不同的环境之间切换. Anaconda 包括 Conda、Python 及一大堆安装好的工具包，如 Numpy、Pandas 等.

安装 Anaconda 后，就代表 Python 安装好了.

1.3 安装与使用PyCharm

接下来介绍 Python 集成开发环境 IDE（Integrated Development Environment）的安装. 常见的 Python IDE，除 Python 自带的 IDLE 外，还有 PyCharm、Jupyter Notebook、Spyder 和 Anaconda 等. 本书中 IDE 选择的是 PyCharm.

PyCharm可以跨平台使用，分为社区版和专业版．其中，社区版是免费的，专业版是付费的．对于初学者来说，社区版就足够了．安装PyCharm的具体步骤如下：

① 访问PyCharm官网，如图1-1所示，单击“DOWNLOAD NOW”按钮．

图1-1

② 在跳转的页面中，选择社区版，单击“Community”下方的“DOWNLOAD”按钮即可进行下载，如图1-2所示．

图1-2

③ 下载完成后，双击并运行所下载的文件，弹出PyCharm安装向导对话框，如图1-3所示，单击“Next”按钮进入下一步．

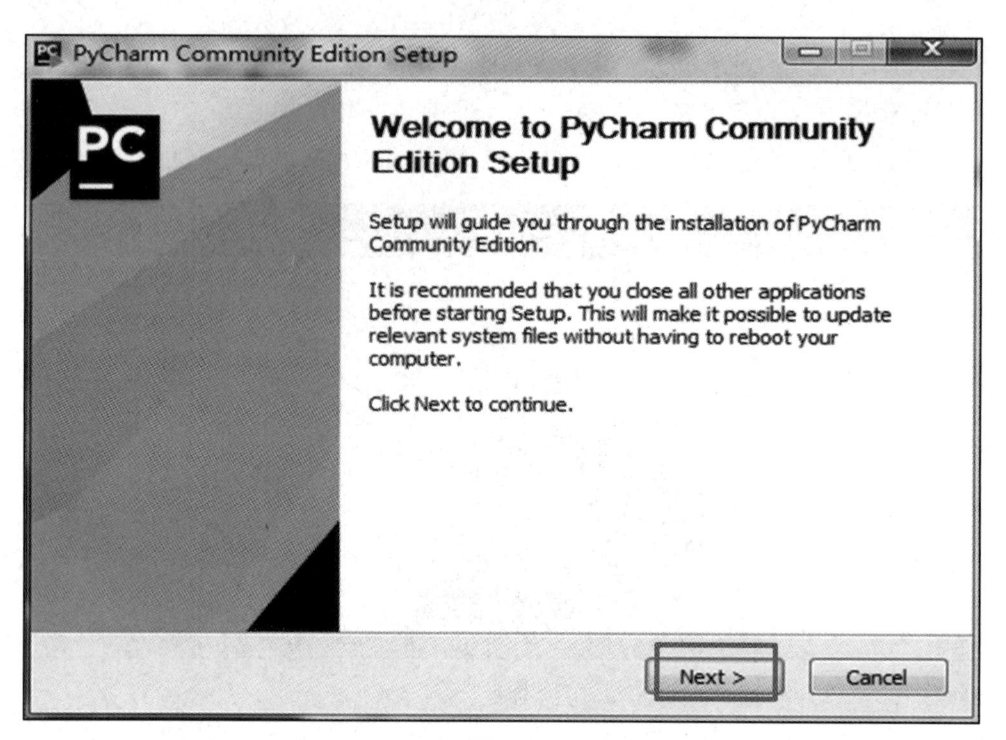

图 1-3

④ 自定义软件安装路径（建议不要使用中文字符），如图 1-4 所示，单击“Next”按钮进入下一步.

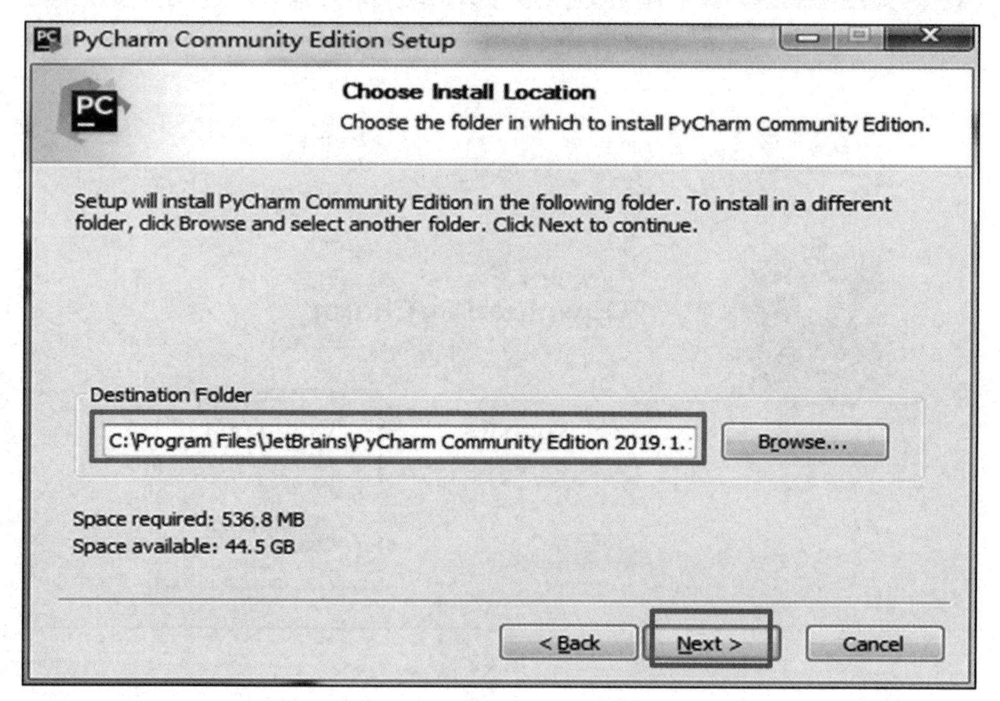

图 1-4

⑤ 勾选相关组件，如创建桌面快捷方式并关联.py 文件，如图 1-5 所示，单击“Next”按钮

进入下一步.

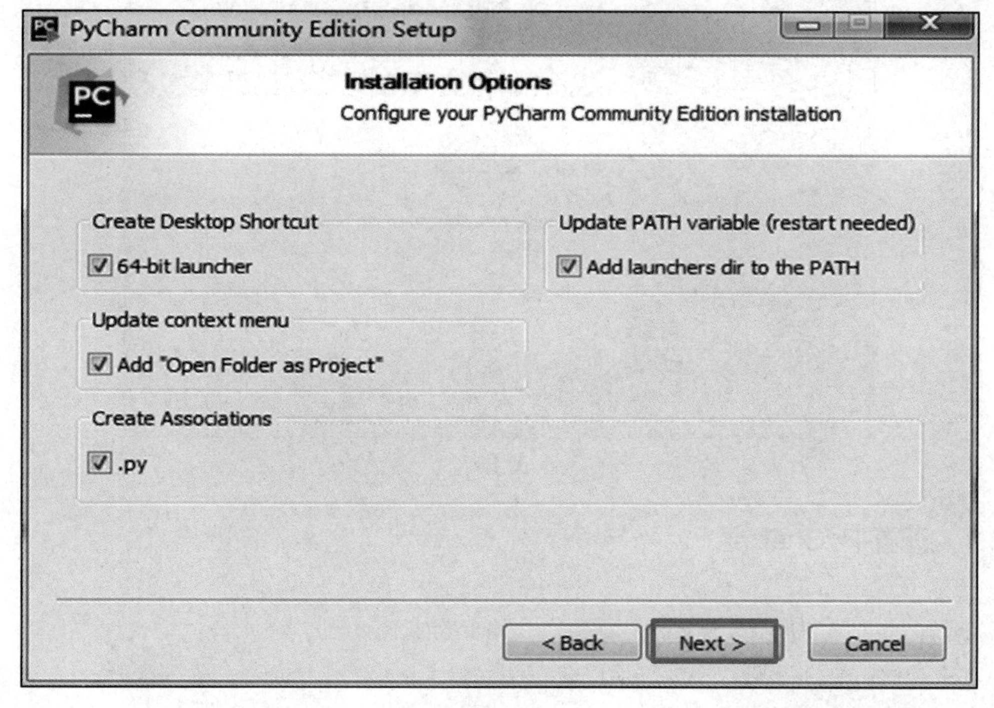

图 1-5

⑥ 单击“Install”按钮进行安装，如图 1-6 所示.

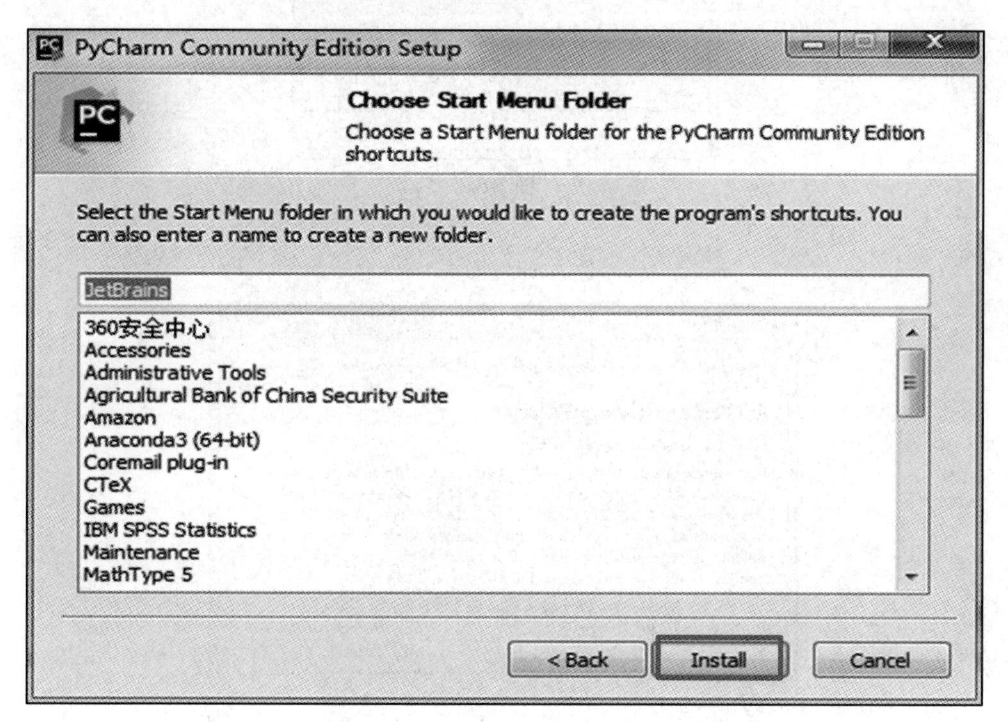

图 1-6

⑦ 安装完成后，单击“Finish”按钮重启计算机，如图 1-7 所示.

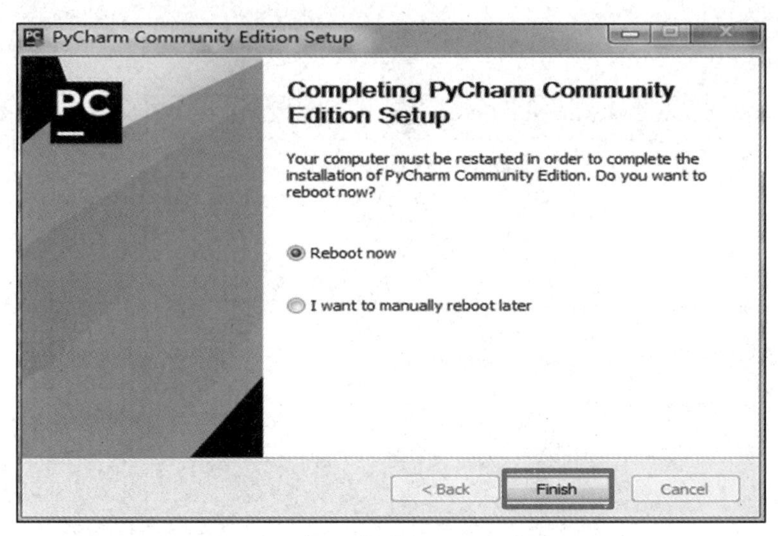

图 1-7

1.3.1 配置 PyCharm

PyCharm 安装完成后，需要进行配置，具体步骤如下：

① 双击 PyCharm 快捷方式图标，在弹出的对话框中选中“Do not import settings”单选按钮，如图 1-8 所示，单击“OK”按钮进入下一步.

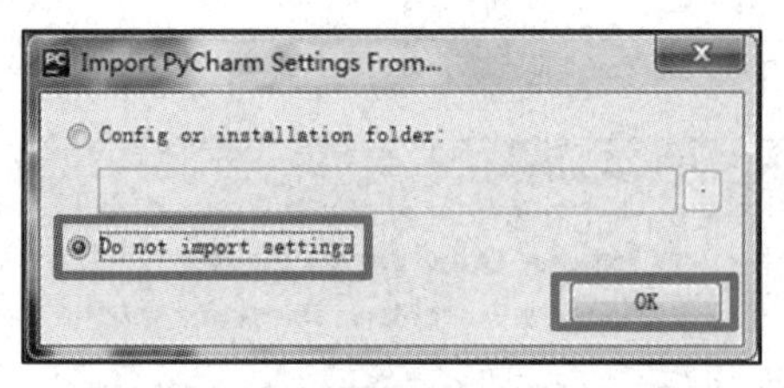

图 1-8

② 勾选“I confirm...”复选框，如图 1-9 所示，单击“Continue”按钮进入下一步.

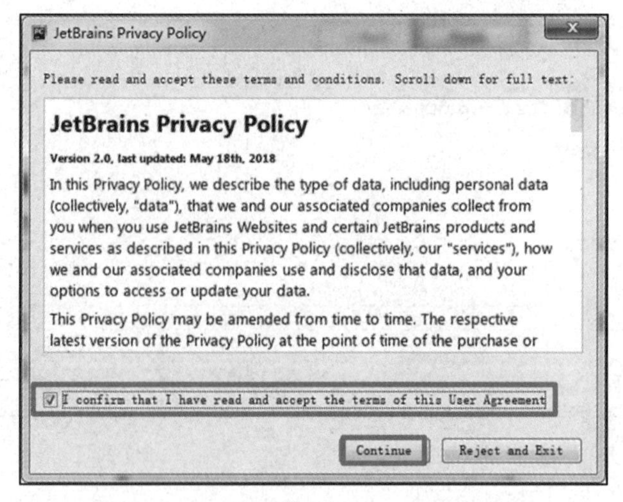

图 1-9

③ 选择自己喜好的主题，这里选中“Light”单选按钮，如图 1-10 所示. 单击“Skip Remaining and Set Defaults”按钮（跳过特色插件安装过程）进入 PyCharm，如图 1-11 所示.

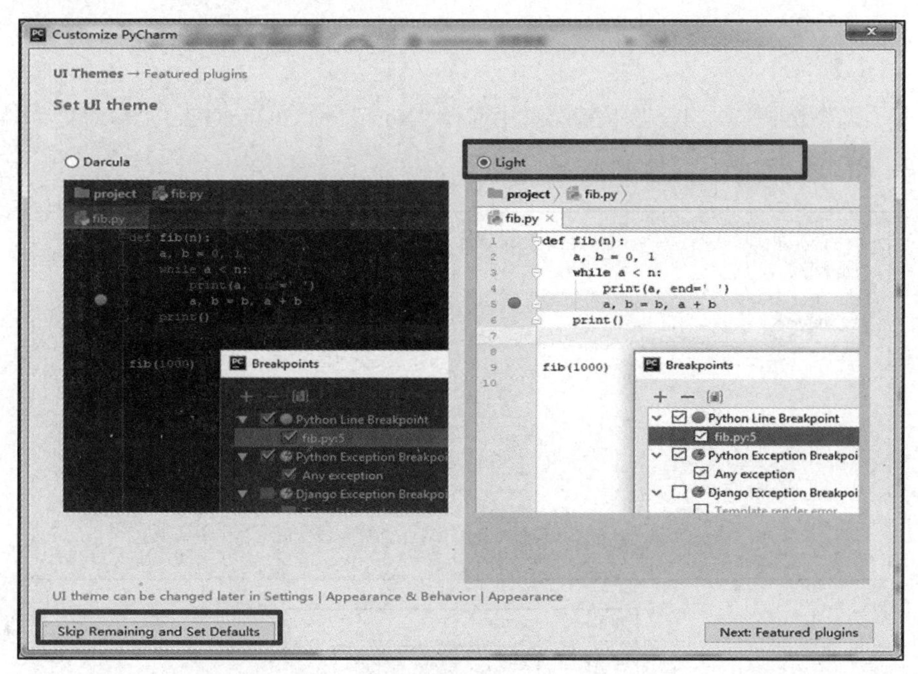

图 1-10

图 1-11

安装 PyCharm 后，创建工程 Project，并命名为“高等数学”.

PyCharm 的相关操作

1.3.2 PyCharm 的相关操作

PyCharm 的相关操作步骤如下.

1）新建项目

进入 PyCharm，选择“File”→“New Project”，弹出对话框，输入 Project 的名字为“高等数学”.

2）新建文件

选中“高等数学”，右击，在快捷菜单中选择“New”→“Python File”，输入文件名“课业 1 实操 D-1 答案”，如图 1-12 所示.

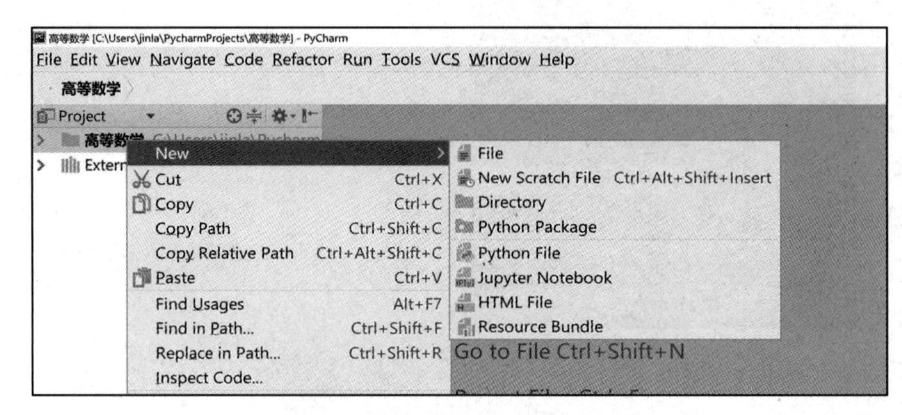

图 1-12

3）设置工作路径

选择“Edit”→“Configuration”，进入如图 1-13 所示的工作路径设置界面，将要运行的文件设置为和 Script path 的文件名一致.

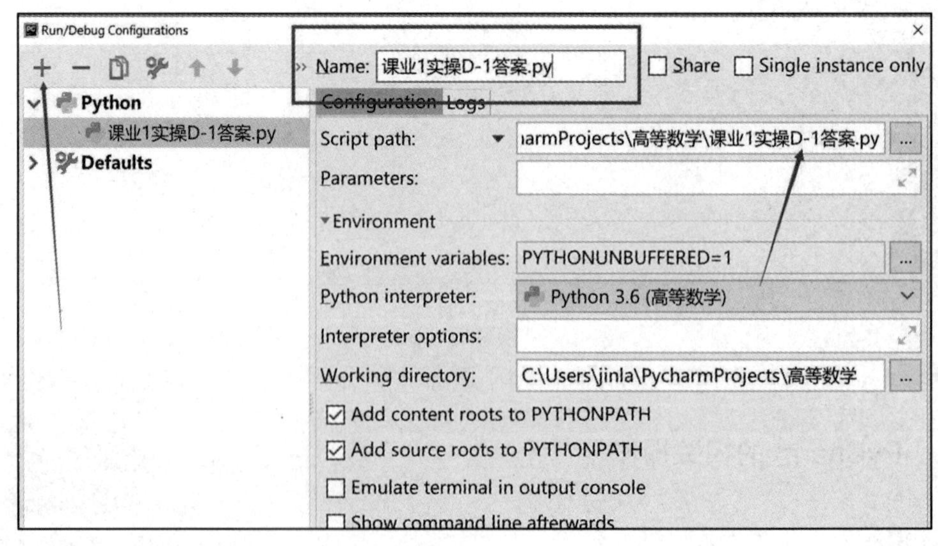

图 1-13

4）加载 Matplotlib、Numpy、Sympy 等常用的库

选择“File”→“Settings”→“Project Interpreter”，接着单击右上角的加号“+”按钮，如图 1-14 所示.

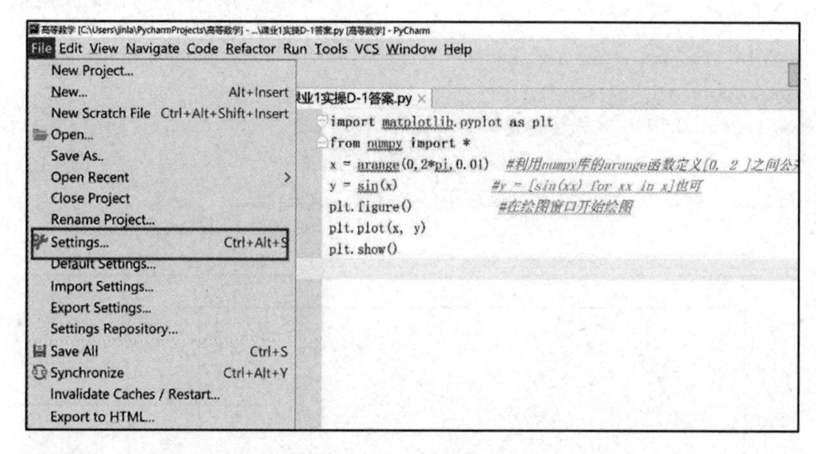

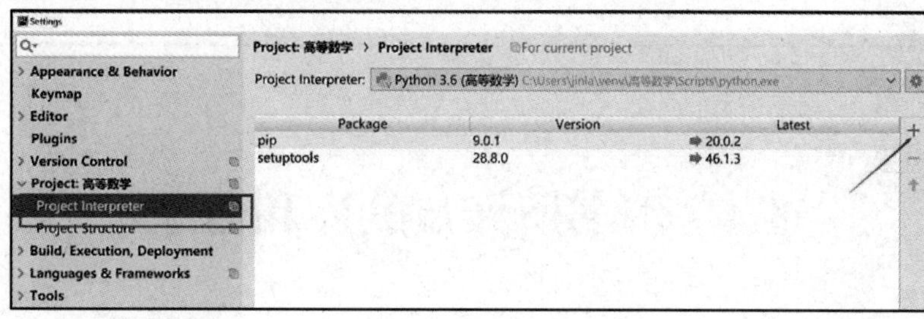

图 1-14

在搜索栏输入“matplotlib”，单击“Install Pakage”，等待安装，单击“OK”按钮，完成 Matplotlib 库的导入，如图 1-15 所示. 其他库的导入步骤同 Matplotlib.

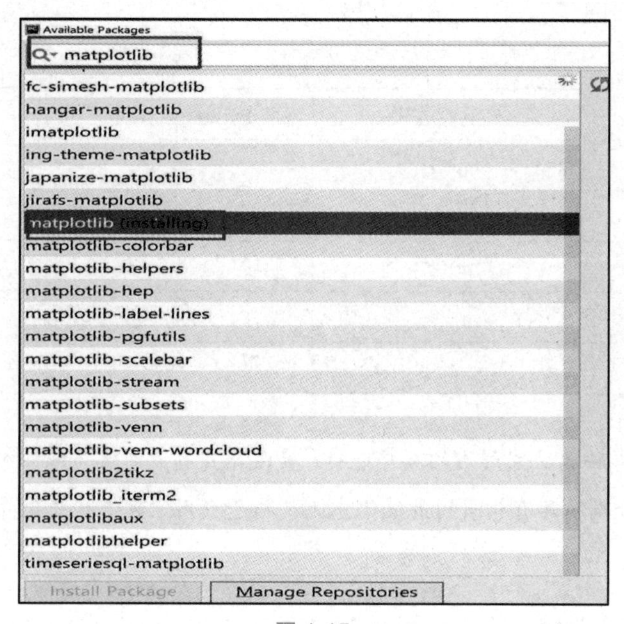

图 1-15

导入库之后，单击运行，如图 1-16 所示，完成数学题目的运行.

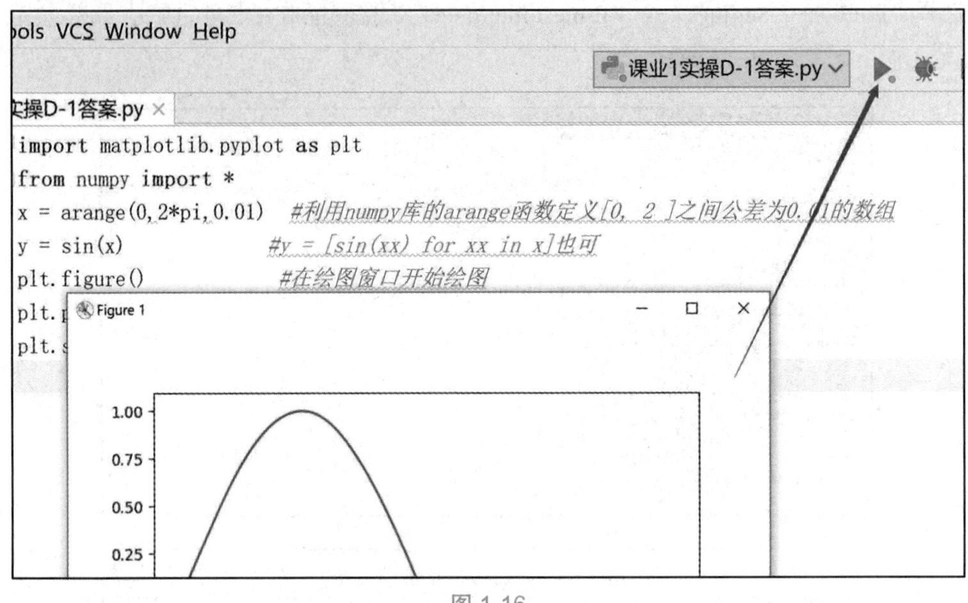

图 1-16

1.4　本书所涉及的库和命令

1.4.1　Python 基本运算符

1）算术运算符

算术运算符见表 1.1.

表 1.1

运算类型	数学表达式	Python 运算符	Python 表达式
加法运算	$a+b$	+	a+b
减法运算	$a-b$	−	a−b
乘法运算	$a\times b$	*	a*b
除法运算	$a\div b$	/	a/b
幂运算	a^b	**	a**b

【注】 算术运算按照从左到右的顺序进行. 幂运算具有最高优先级，乘法和除法具有相同的次优先级，加法和减法具有相同的最低优先级，括号可用来改变优先次序.

2）比较运算符

比较运算符见表 1.2.

表 1.2

运算类型	Python 运算符	运算类型	Python 运算符
小于	<	大于	>
小于或等于	<=	大于或等于	>=
等于	==	不等于	!=

3）逻辑运算符

逻辑运算符见表 1.3.

表 1.3

<table>
<tr><td>逻辑关系</td><td>与</td><td>或</td><td>非</td></tr>
<tr><td>Python 运算符</td><td>&</td><td>|</td><td>~</td></tr>
</table>

1.4.2　Python 函数

Python 有丰富的标准库，其中 Math 库提供了常用数学函数，见表 1.4.

表 1.4

函数名	数学表达式	Python 命令	函数名	数学表达式	Python 命令
三角函数	$\sin x$	sin(x)	反三角函数	$\arcsin x$	asin(x)
	$\cos x$	cos(x)		$\arccos x$	acos(x)
	$\tan x$	tan(x)		$\arctan x$	atan(x)
幂函数	x^a	x**a	对数函数	$\ln x$	log(x)
	$\sqrt{x}$	sqrt(x)		$\lg x$	log10(x)
指数函数	a^x	a**x 或 pow(a,x)		$\log_3 x$	log3(x)
	e^x	exp(x)	绝对值函数	$\lvert x \rvert$	fabs(x)

1.4.3　求极限所需的 Python 命令

在 Pycharm 中，需要导入 Sympy 库才能求极限. 关于 Sympy 库的说明如下：

（1）Sympy 是一个数学符号库，包括了求极限、导数、积分和微分等多种数学运算，为 Python 提供了强大的数学运算支持.

（2）利用 Sympy 库中的函数进行符号运算之前，必须先声明（或称初始化）Sympy 的符号，这样 Sympy 才能识别该符号.

导入 Sympy 的方法为：**from sympy import ***.

在 Python 的 Sympy 库中，求极限的常用函数见表 1.5.

表 1.5

数学运算	Python 函数命令
$\lim\limits_{x\to a} f(x)$	limit(f,x,a)
$\lim\limits_{x\to a^-} f(x)$	limit(f,x,a,dir="-")
$\lim\limits_{x\to a^+} f(x)$	limit(f,x,a,dir="+")
$\lim\limits_{x\to +\infty} f(x)$	limit(f,x,oo)
$\lim\limits_{x\to -\infty} f(x)$	limit(f,x,-oo)

1.4.4　求导数所需的 Python 命令

在 Python 的 Sympy 库中，求导数的常用函数见表 1.6.

表 1.6

数学运算	Python 函数命令
y'	diff（f,x）
y''	diff（f,x,2）
$y^{(n)}$	diff（f,x,n）

1.4.5　求积分所需的 Python 命令

在 Python 的 Sympy 库中，求积分的函数为 integrate()，其具体格式见表 1.7.

表 1.7

数学运算	integrate() 函数
$\int f(x)\mathrm{d}x$	integrate(f(x),x)
$\int_a^b f(x)\mathrm{d}x$	integrate(f(x),(x,a,b))
$\int_a^{+\infty} f(x)\mathrm{d}x$	integrate(f(x),(x,a,oo))
$\int_{-\infty}^b f(x)\mathrm{d}x$	integrate(f(x),(x,-oo,b))
$\int_{-\infty}^{+\infty} f(x)\mathrm{d}x$	integrate(f(x),(x,-oo,oo))

1.4.6　与矩阵相关的 Python 命令

1）矩阵的输入

任何矩阵 $\boldsymbol{A}$ 都可以用 Sympy 库中的 matirx() 函数生成. 在 matirx() 函数中按行输入每个元素，

输入时使用下述规则：最外层为一个［　］，里面每行也要在一个［　］内输入各元素，同一行中不同元素用逗号分隔，不同行也用逗号分隔.

2）Sympy库中与矩阵运算相关的命令

Sympy库中与矩阵运算相关的命令见表表 1.8.

表 1.8

命令	功能
A. shape	矩阵 ***A*** 的行数和列数
A. inv()或 A**（−1）	矩阵 ***A*** 的逆矩阵
A. rref()	将矩阵 ***A*** 转化为行简化阶梯形矩阵
A. T	矩阵 ***A*** 的转置矩阵
A+B	矩阵 ***A*** 与矩阵 ***B*** 的和
A−B	矩阵 ***A*** 与矩阵 ***B*** 的差
k*A	常数 *k* 与矩阵 ***A*** 的数乘
A*B	矩阵 ***A*** 与矩阵 ***B*** 的乘法
A**k	矩阵 ***A*** 的 *k* 次方
A. rref()	线性方程组的系数矩阵 ***A***
A. rank()	矩阵 ***A*** 的秩
A. inv()	矩阵 ***A*** 的逆

1.4.7　线性规划所需的 Python 命令

第三方库 Scipy 的 Optimize 模块提供 linprog()函数用于计算线性规划问题的最小值. 在使用 linprog()函数之前，先将线性规划问题改写成矩阵形式，格式如下：

$$\min \quad C\cdot X$$
$$s.t.\begin{cases} A\cdot X\leqslant B \\ \mathrm{Aeq}\cdot X=\mathrm{Beq} \\ Lb\leqslant X\leqslant Ub \end{cases}$$

linprog()函数的调用方法为：

optimize.linprog(C,A,B,Aeq,beq, bounds, method, X0,options).

1.5　知识点总结

Python 语言自诞生以来经过持续的发展，已成为一种广泛应用于数学和科学领域的编程语言. 在数学中，利用 Python 不仅可以进行基本的数值计算，还可以进行更高级的数学运算，如求导、求极限等. 本章节主要介绍了以下知识点.

1. Python 的发展

Python 作为一种简洁、易读的编程语言，逐渐成为科学计算和数据分析领域的首选工具之一，其丰富的库和模块使得数学计算变得更加高效和便捷.

2. Python 的安装和环境配置

安装 Python 通常可以通过官方网站下载安装包，并按照提示进行安装. 同时，为了进行数学计算，可以安装诸如 NumPy、SciPy 和 SymPy 等库，它们提供了丰富的数学函数和工具.

3. Python 中用于数学运算的常用库和命令

Python 提供了丰富的数学库，这些库使得在 Python 中进行数学运算变得更加方便和高效. 例如，利用 SymPy 可以进行符号微积分、求解方程和进行符号运算，而利用 NumPy 和 SciPy 则可以进行数值计算和科学计算.

总的来说，Python 在数学中的应用不断丰富和深化，为数学爱好者和专业人士提供了强大的工具和支持.

1.6 课程思政拓展阅读——微积分的数学家情结

在微积分诞生和发展时期，一批伟大的数学家做出了杰出的贡献，如伽利略、开普勒、卡瓦列里、费马、巴罗、牛顿、莱布尼茨等.

科学的重大进展总是建立在许多人一点一滴的工作之上的，但是，常常需要一个人完成“最后的一步”，这个人需要具有敏锐的洞察力，从纷乱的猜测和说明中整理出前人有价值的思想，也需要有足够想象力，把这些孤立的“碎片”组织起来，并且能够大胆地制定一个宏伟的体系. 在微积分诞生过程中，牛顿和莱布尼茨就是完成这一使命的巨人.

在微积分诞生之后的 18 世纪，数学迎来一次空前的繁荣，人们将这个世纪称为数学史上的英雄世纪. 在这个时期，数学家们的主要工作就是把微积分应用于天文学、力学、光学、热学等领域，并获得了丰硕的成果.

1661 年，牛顿进入剑桥大学三一学院，受教于巴罗，同时钻研伽利略、开普勒、笛卡儿和沃利斯等人的著作. 三一学院至今还保存着牛顿的读书笔记，从这些笔记可以看出，就数学思想的形成而言，笛卡儿的《几何学》和沃利斯的《无穷算数》对他影响最深，正是这两部著作引导牛顿走上了创立微积分的道路. 1665 年 8 月，牛顿回到了家乡，在那里开始了他在机械、数学和光学上的伟大工作，这两年成为牛顿科学生涯中的黄金岁月，创立了微积分，发现了万有引力定律和颜色理论……可以说牛顿一生大多数科学创造的蓝图，都是在这两年构思的.

1664 年秋，牛顿开始研究微积分问题. 当时，他反复阅读笛卡儿的《几何学》，对笛卡儿求切线的“圆法”产生了浓厚的兴趣，并试图寻找更好的方法. 就在此时，牛顿首创了小 o 记号，

用它表示 x 的增量，它是一个趋于零的无穷小量.

牛顿在家乡躲避瘟疫期间，继续探究微积分并取得了突破性进展. 据他自述，1665 年 11 月，他创立了"正流数术"（微分法），次年 5 月又建立了"反流数术"（积分法）. 1666 年 10 月，牛顿将前两年的研究成果整理成一篇总结性论文，现在称为《流数简论》. 当时虽未正式发表，但在同事中传阅.《流数简论》是历史上第一篇系统的微积分文献.

《流数简论》反映了牛顿微积分的运动学背景. 该文事实上以速度形式引进了"流数"（即微商）的概念，虽然没有使用"流数"这一基本术语，但在其中提出了微积分的基本问题，用现在的数学语言可以表述如下：

（1）已知物体的路程，求物体运动速度的问题.

（2）已知物体运动的速度，求物体运动路程的问题.

牛顿指出，第一个问题是微分问题，第二个问题是第一个问题的逆运算，并给出了相应的计算方法. 在此基础上，建立了"微积分基本定理"，它揭示了"导数和积分之间的内在联系". 当然，对微积分基本定理，牛顿并没有给出现代意义上的严格证明. 在后来的著作中，对微积分基本定理，牛顿又给出了不依赖于运动学的较为清楚的证明.

在牛顿以前，面积总是被看成是无限小不可分量之和，牛顿则从确定面积变化率入手，通过反微分计算面积. 这样，牛顿不仅揭示了面积计算与求切线问题的互逆关系，并且十分明确地把它作为一般规律揭示出来，从而建立了微积分普遍算法的基础. 正如牛顿在《流数简论》中所说：一旦反微分问题可解，许多问题都将迎刃而解.

自古希腊以来，人们得到了许多求解无限小问题的各种特殊技巧，牛顿将这些特殊技巧统一为两类普遍的算法——正、反流数术，即微分与积分，并证明了二者的互逆关系，进而，他将这两类运算统一成一个整体——微积分基本定理.

这是他超越前人的功绩，正是在这样的意义下，我们说牛顿发明了微积分. 在《流数简论》的其余部分，牛顿讨论了求曲线切线、曲率、拐点，求曲线长度，求曲线围成的面积，求引力与引力中心等 16 类问题. 对这些问题的讨论，牛顿都是运用他建立的统一的算法来处理的，所有这些充分显示了牛顿创建的"微积分"算法的极大普遍性与系统性.

从 1667 年到 1693 年，牛顿用了大约四分之一世纪的时间，从事微积分方面的研究. 牛顿始终不渝地努力改进、完善自己的微积分学说，先后写成了三篇微积分论文：

（1）1669 年完成了《运用无限多项方程的分析》，简称《分析学》；

（2）1671 年完成了《流数法与无穷级数》，简称《流数法》；

（3）1691 年完成了《曲线求积术》，简称《求积术》.

牛顿对于发表自己的科学著作态度谨慎，他的大多数著作都是经朋友再三催促才拿出来发表的. 上述三篇论文发表都很晚，其中最先发表的是最后一篇《曲线求积术》；《分析学》发表于 1711 年；而《流数法》则迟至 1736 年才正式发表，当时牛顿已去世. 1687 年，牛顿出版了他的力学名著《自然哲学的数学原理》，简称《原理》. 在《原理》中，最早表述了牛顿创立的微积分学说，因此，《原理》也成为数学史上的划时代著作.

《原理》被爱因斯坦盛赞为“无比辉煌的演绎成就”. 全书从三条基本的力学定律出发，运用微积分工具，严格地推导和证明了包括开普勒行星运动三大定律、万有引力定律等在内的一系列结论，并且还将微积分应用于流体运动、声、光、潮汐、彗星乃至宇宙体系，充分显示了这一数学工具的威力.

牛顿的科学贡献是多方面的. 在数学上，除了微积分，他的代数名著《普遍算术》，包含了方程论的许多成果，如虚数根成对出现、笛卡儿符号法则的推广、根与系数的幂和公式等等；他的几何杰作《三次曲线枚举》，首创对三次曲线的分类研究，这是解析几何发展一个新的高峰；在数值分析领域，今天任何一本教程都不能不提牛顿的名字.

牛顿是一位科学巨人，是人类历史上最伟大的数学家之一. 与牛顿一样，为数学做出杰出贡献的数学家莱布尼茨评价道：“从世界开始到牛顿生活的年代的全部数学中，牛顿的工作超过了一半.”

1646 年 6 月 21 日，戈特弗里德 • 威廉 • 莱布尼茨出生在德国莱比锡. 1661 年，他进入莱比锡大学学习法律，期间曾到耶拿大学学习几何，1666 年取得法学博士学位. 1672 年，他出差到巴黎，受到 C. 惠更斯的启发，决心钻研数学. 在这之后，莱布尼茨迈入数学领域，开始创造性地工作. 这种努力导致了许多数学的新发现，最突出的是微积分学说. 牛顿创立微积分主要是从运动学的观点出发，而莱布尼茨则从几何学的角度去考虑.

从 1684 年起，莱布尼茨发表了很多微积分论文. 这一年，他的第一篇微分学文章《一种求极大值极小值和切线的新方法》发表，这是世界上最早公开发表的关于微分学的文献. 在这篇论文中，他简明地解释了他的微分学，给出了微分的定义和基本的运算法则.

1686 年，莱布尼茨在《学艺》杂志上发表第一篇积分学论文. 莱布尼茨精细设计了一套令人满意的微积分符号. 他在 1675 年引入了现代的积分符号∫，用拉丁字 Summa（求和）的第一个字母 S 拉长了表示积分. 但是“积分”的名称出现得比较迟，它是由 J. 伯努利于 1696 年提出的.

莱布尼茨是数学史上最伟大的符号学者. 他在创造微积分的过程中，花了很多时间去选择精巧的符号. 他认识到，好的符号可以精确、深刻地表达概念、方法和逻辑关系. 他曾说：“要发明就得挑选恰当的符号. 要做到这一点，就要用含义简明的少量符号来表达或比较忠实地描绘事物的内在本质，从而最大限度地减少人的思维劳动.”现在微积分学的符号基本都是由他创造的. 这些优越的符号为以后分析学的发展带来了极大的方便.

莱布尼茨还发明了一些其他符号和数学名词，如“函数”（function）和“坐标”（coordinate）等. 莱布尼茨多才多艺，是当之无愧的数学巨匠.

通过阅读上述文章，请你思考：

（1）你从伟大的数学家身上学到了什么科学精神，请你说一说.

（2）谈谈，以后你将如何学习高等数学，并有什么样的理想和目标？

第2章 极限与连续

本章课件

2.1 函数

2.1.1 初等函数模型引例

引例 2.1

国庆长假期间，小李租用某汽车租赁公司一辆某品牌汽车外出旅游，汽车租赁公司与小李签订的租车合同中约定：次日下午 6 时前交车按一天计费，交车时验车，租车的收费标准见表 2.1.

表 2.1

车型	基本租金（元/辆·天）	里程收费（元/千米）
某品牌	200	5

小李在国庆假期前一天到租车公司取了车，同时交付了 1000 元押金. 假期第 5 天下午 5 时，他交车时支付了 2800 元租车费（含押金）. 问小李驾车行驶了多少千米？

【分析】假设小李租车费用为 y 元，汽车行驶了 x 千米，那么租车费用与行驶里程有如下对应关系：$y=200\times5+5x$. 那么当行驶里程 x 在数集 $\{0,1,2,3,\cdots,360,\cdots\}$ 内任意取定一个数值时，按上述对应关系就有一个确定的租车费用 y 在数集 $\{1000,1005,1010,1015,\cdots,2800,\cdots\}$ 中有唯一一个数值与之对应. 由此可知租车费用为 2800 元时的行驶路程为 360 千米.

对应关系式反映了实际问题中租车费用与行驶路程之间的一种函数关系.

拓展思考：

（1）请做一个市场调研，了解目前汽车租赁价格的确定方式，并提出你的建议.

（2）如果一辆新某品牌汽车的售价为 13 万元（含购置税等），保险费为 3000 元/年，假设汽车的报废年限为 15 年. 汽车租赁公司预计该汽车一年中约有 200 天被租用. 若不考虑维修费、燃油费等其他费用，试确定公司不亏损的最低租赁价格，并为公司提供一个改款汽车的租赁费用.

从上面的引例可以看出，函数是从不同角度反映了变量与变量之间的一种对应依存关系，函数知识是与生产实践及生活实际密切相关的，因此学习时应理解函数的本质.

2.1.2 函数的概念与性质

1. 函数的概念

定义 设有两个变量 x 和 y，当变量 x 在非空数集 D 内取某一数值时，变量 y 按照某种**对应法则** f，有唯一确定的数值与之对应，则称变量 y 为变量 x 的**函数**，记作

$$y=f(x)$$

其中，x 称为**自变量**，y 称为**函数或因变量**，集合 D 称为函数 $f(x)$ 的**定义域**.

由定义可以知道函数的**本质**就是**一种对应关系**. 函数是变量之间的一种运算模式或运算结构，可以形象地看成一台“机器”，对每个允许输入的 x 给出唯一一个确定的输出 y. 函数关系的“机器”描述如图2-1所示.

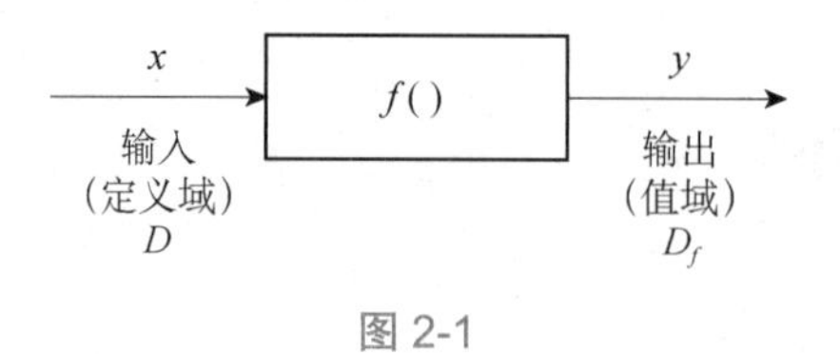

图 2-1

通常，函数的表示有三种方法：解析法、图形法、表格法.

如果 x 取数值 $x_0\in D$（D 表示定义域），那么函数 $f(x)$ 在 x_0 处有定义，与 x_0 对应的数值 y_0 称为函数 $f(x)$ 在点 x_0 处的函数值，记作

$$f(x_0) \quad 或 \quad y|_{x=x_0}$$

函数值的全体，称为函数 $f(x)$ 的值域，记作 D_f.

函数的定义域、对应法则称为函数的两要素. 当两个函数表达式中的定义域与对应法则一致时，这两个函数表示的就是同一个函数. 例如，$f(x)=\sqrt{x^2}$ 与 $g(x)=|x|$，它们的定义域与对应法则一致，只是表现形式不同，因此它们是同一个函数.

在研究函数时，一定要考虑它的定义域. 当函数用解析法表示时，求函数的定义域的原则是使函数表达式有意义. 一般要考虑以下几个方面：

（1）分式 $\dfrac{P(x)}{Q(x)}$ 中，分母必须不等于零，即 $Q(x)\neq 0$；

（2）偶次根式 $\sqrt[n]{P(x)}$ 中，被开方数必须大于等于零，即 $P(x)\geqslant 0$；

（3）对数式 $\log_a P(x)$ 中，真数必须大于零，即 $P(x)>0$；

（4）$\tan[P(x)]$ 函数的变量表达式必须不等于 $k\pi+\dfrac{\pi}{2}(k\in\mathbf{Z})$，即 $P(x)\neq k\pi+\dfrac{\pi}{2}$；

（5）反正弦、反余弦函数的变量表达式的绝对值必须小于等于 1，即在 $\arcsin[P(x)]$，$\arccos[P(x)]$ 式中，$|P(x)|\leqslant 1$.

如果表达式中同时有以上几种情况，需同时考虑，并求它们的交集.

【例 2.1】 求下列函数的定义域.

（1）$y=\dfrac{3x}{x^2-2x}$；　　（2）$y=\sqrt{x^2-3x-4}$；

（3）$f(x)=\dfrac{\ln(2x+4)}{\sqrt{3-x}}$；（4）$f(x)=\arcsin(2x-1)$.

（1）分析：（1）是一个分式函数，分母必须不等于零.

解：因为 $x^2-2x\neq0$，得 $x\neq0$ 且 $x\neq2$，所以所求定义域为 $(-\infty,0)\cup(0,2)\cup(2,+\infty)$.

（2）分析：（2）是一个偶次根式函数，被开方数必须大于等于零.

解：因为 $x^2-3x-4\geqslant0$，得 $x\geqslant4$ 或 $x\leqslant-1$，所以所求定义域为 $(-\infty,-1]\cup[4,+\infty)$.

（3）分析：（3）是一个含有对数、偶次根式与分式的函数，真数必须大于零，被开方数必须大于等于零，分母必须不等于零.

解：因为 $\begin{cases}2x+4>0\\3-x>0\end{cases}$，得 $-2<x<3$，所求定义域为 $(-2,3)$.

（4）分析：（4）为反正弦函数，反正弦函数的变量表达式的绝对值必须小于等于 1.

解：因为 $-1\leqslant2x-1\leqslant1$，得 $0\leqslant x\leqslant1$，所以所求定义域为 $[0,1]$.

【说明】

① 函数的定义域一般用区间或集合表示.

② 在实际应用问题中，除了要根据解析式本身来确定自变量的取值范围外，还要考虑变量的实际意义. 例如，引例 2.1 中的自变量应取非负整数.

③ 在讨论函数时，经常用到邻域的概念，我们称开区间 $(x_0-\delta,x_0+\delta)$ 为点 x_0 的 **δ 邻域**（一般来说，$0<\delta<1$），简称**点 x_0 的邻域**，称 δ 为**邻域半径**.

同步练习 1：求下列函数的定义域.

（1）$y=\sqrt{3x-6}$；（2）$y=\dfrac{\ln(4-x)}{x-2}$；

（3）$y=\arccos\dfrac{1+x}{2}$；（4）$y=\sqrt{x^2-4}+\ln(3+x)$.

2. 函数的性质

1）函数的单调性

设函数 $y=f(x)$，在区间 $I\subset D$ 内随着 x 增大而增大，即对于 I 内任意两点 x_1 和 x_2，当 $x_1<x_2$ 时，有

$$f(x_1)<f(x_2),$$

则称函数 $f(x)$ 在区间 I 内是单调增加的（见图 2-2）；如果函数 $y=f(x)$ 在区间 $I\subset D$ 内随着 x 增大而减小，即对于 I 内任意两点 x_1 和 x_2，当 $x_1<x_2$ 时，有

$$f(x_1)>f(x_2),$$

那么称函数 $f(x)$ 在区间 I 内是单调减少的（见图 2-3）.

例如，函数 $f(x)=x^2$ 在区间 $[0,+\infty)$ 上是单调增加的，在区间 $(-\infty,0]$ 上是单调减少的.

讨论函数的单调性必须注意：

（1）分析函数的单调性，总是在坐标轴上从左向右（沿着自变量增大的方向）看函数值的

变化；

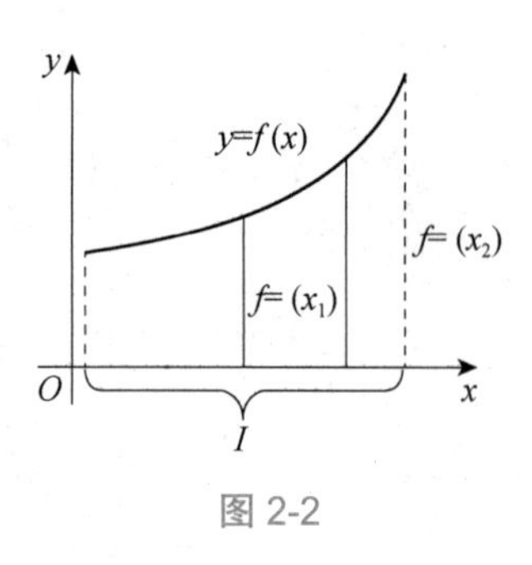

图 2-2

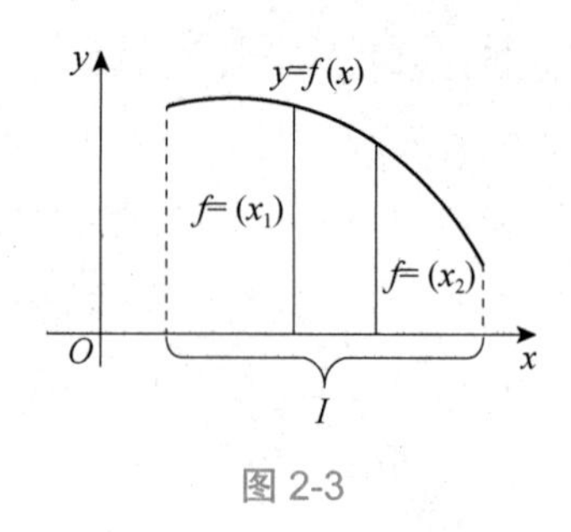

图 2-3

（2）函数可能在其定义域的一部分区间内是单调增加的，而在另一部分区间内是单调减少的，这时函数在整个定义域内不是单调的．例如，$f(x)=x^2$ 在定义域区间 $(-\infty,+\infty)$ 内不是单调的．

2）函数的奇偶性

设函数 $y=f(x)$，其定义域 D 关于原点对称．

如果对于任意的 $x\in D$，都有 $f(-x)=f(x)$，则称 $f(x)$ 为**偶函数**（见图 2-4）；

如果对于任意的 $x\in D$，都有 $f(-x)=f(x)$，则称为**奇函数**（见图 2-5）．

【注】偶函数的图形关于轴对称，奇函数的图形关于原点对称．

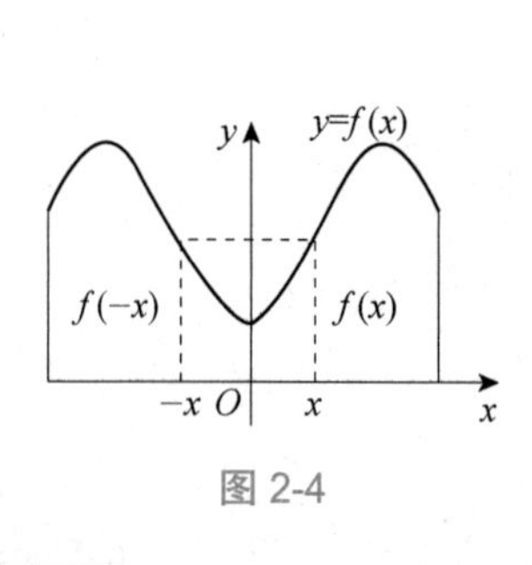

图 2-4

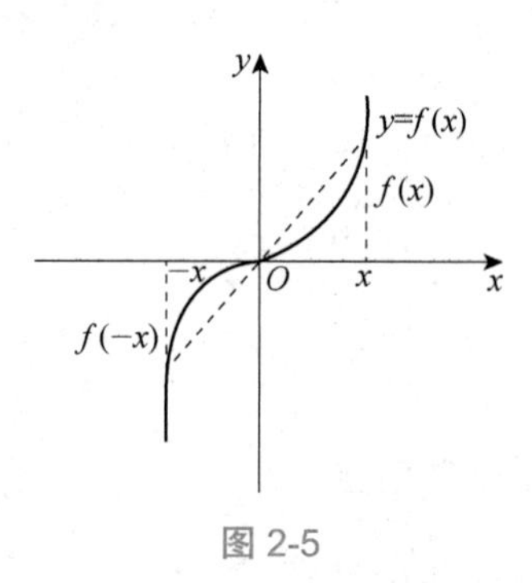

图 2-5

【例 2.2】判断下列函数的奇偶性．

（1）$f(x)=x^2\sin x$；（2）$f(x)=\dfrac{e^x+e^{-x}}{2}$；

（3）$f(x)=4x+\cos x$．

解：（1）因为 $f(-x)=(-x)^2\sin(-x)=-x^2\sin x=-f(x)$，所以 $f(x)=x^2\sin x$ 是奇函数．

（2）因为 $f(-x)=\dfrac{e^{-x}+e^{-(-x)}}{2}=\dfrac{e^{-x}+e^{x}}{2}=f(x)$，所以 $f(x)=\dfrac{e^x+e^{-x}}{2}$ 是偶函数．

（3）因为 $f(-x)=4(-x)+\cos(-x)=-4x+\cos x\neq f(x)$，且 $f(-x)\neq -f(x)$，所以 $f(x)=4x+\cos x$ 是非奇非偶函数．

同步练习 2：判断下列函数的奇偶性．

（1）$f(x)=x^3+\sin x$；（2）$f(x)=\tan^2 x+\cos x$；

（3） $f(x)=\ln\dfrac{x+1}{x-1}$.

3）函数的有界性

设函数 $y=f(x)$ 在区间 I 内有定义，如果存在一个正数 M ，对于任意的 $x\in I$ ，对应的函数值 $f(x)$ 都满足不等式 $|f(x)|\leqslant M$ ，则称函数 $f(x)$ 在 I 内有界，否则便称无界.

有界函数的图形介于直线 $y=\pm M$ 之间，如图 2-6 所示.

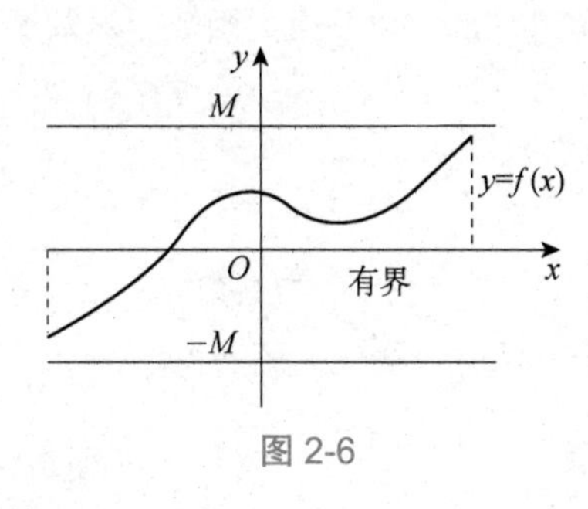

图 2-6

① 当一个函数有界时，它的界是不唯一的.

② 有界与否是和区间 I 有关的.

4）函数的周期性

对于函数 $f(x)$ ，若存在不为零的数 l ，对任意 $x\in I$ ，均有 $x+l\in I$ ，且 $f(x+l)=f(x)$ ，则称 $f(x)$ 为 I 上的周期函数，称 l 为 $f(x)$ 的周期. 通常所说周期是指函数的最小正周期，如图 2-7 所示.

补充知识点： $f(x)=C$ （ C 为常数）是无最小正周期的周期函数.

例如， $y=\sin x$ ， $y=\cos x$ 都是周期函数，其最小正周期为 2π.

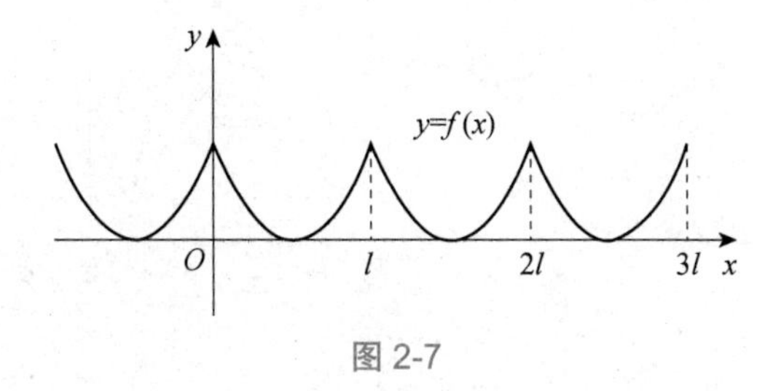

图 2-7

3. 反函数

设函数 $y=f(x)(x\in D)$ ，若变量 y 在函数的值域 D_f 内任取一值 y_0 时，变量 x 在函数的定义域 D 内必有唯一值 x_0 与之对应，即 $x_0=\varphi(y_0)$ ，那么变量 x 是变量 y 的函数，这个函数用 $x=\varphi(y)$ 来表示，称为函数 $y=f(x)(x\in D)$ 的反函数，通常记作 $y=\varphi(x)(x\in D_f)$.

【注】 由反函数定义可知，函数 $y=f(x)$ 也是函数 $x=\varphi(y)$ 的反函数.

反函数定理 若函数 $y=f(x)$ 在 (a,b) 内单调增加（减少），其值域为 D_f ，则它的反函数

必然在 D_f 上确定，且单调增加（减少）.

反函数性质 同一坐标平面内，$y=f(x)$ 与 $x=\varphi(y)$ 的图形是关于直线 $y=x$ 对称的.

2.1.3 函数的类型

微积分的研究对象是函数，而一切初等函数都是由基本初等函数构成的.

在中学数学课程中，我们学习过幂函数、指数函数、对数函数、三角函数和反三角函数，这五类函数统称为基本初等函数.

1. 常数函数

$$y=C\text{（}C\text{ 为常数）}.$$

其图形为一条平行或重合于 x 轴的直线（见图 2-8）.

2. 幂函数

$$y=x^a\text{（}a\text{ 为实数）}.$$

幂函数的定义域随 a 的取值不同而不同，但不论 a 取何值，它在区间 $(0,+\infty)$ 内总是有定义的，且图形均过（1,1）点. 函数 $y=x$，$y=x^2$，$y=\dfrac{1}{x}$，$y=\sqrt{x}=x^{\frac{1}{2}}$ 的图形如图 2-9 所示.

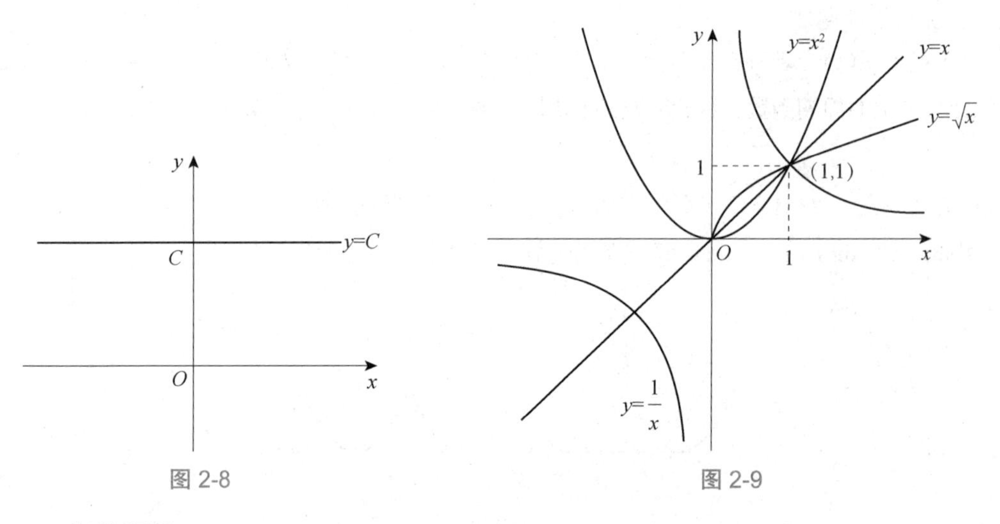

图 2-8　　图 2-9

3. 指数函数

$$y=a^x(a>0,\ a\neq 1)，\ x\in(-\infty,+\infty)，\ y\in(0,+\infty).$$

如图 2-10 所示，指数函数的图形过定点（0,1）. 当 $a>1$ 时，函数是单调增加的；当 $0<a<1$ 时，函数是单调减少的.

4. 对数函数

$$y=\log_a x(a>0,\ a\neq 1)，\ x\in(0,+\infty)，\ y\in(-\infty,+\infty)$$

同底的对数函数和指数函数互为反函数. 指数函数过定点（1,0）. 当 $a>1$ 时，函数是单调增加的；当 $0<a<1$ 时，函数是单调减少的，如图 2-11 所示.

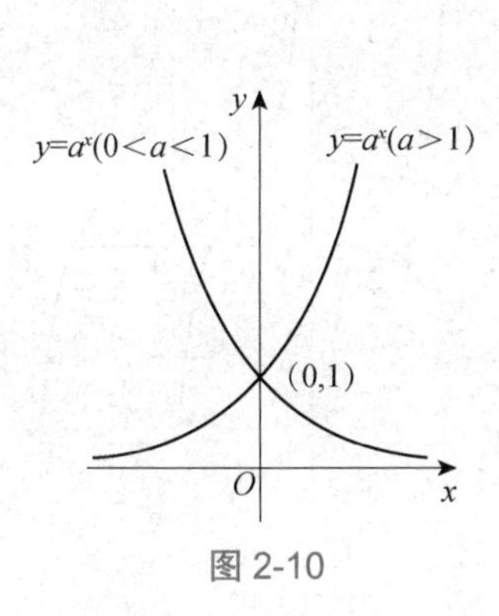

图 2-10

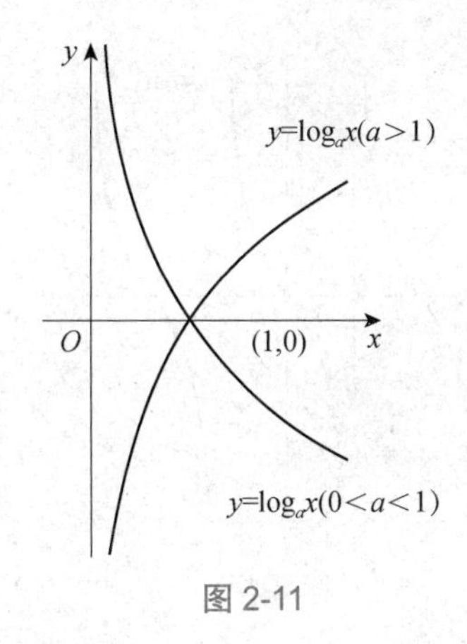

图 2-11

5. 三角函数

三角函数是下列六个函数的统称，分别为：

（1）正弦函数 $y=\sin x$，$x\in(-\infty,+\infty)$，$y\in[-1,1]$，奇函数，周期为 2π（见图 2-12）；

（2）余弦函数 $y=\cos x$，$x\in(-\infty,+\infty)$，$y\in[-1,1]$，偶函数，周期为 2π（见图 2-13）；

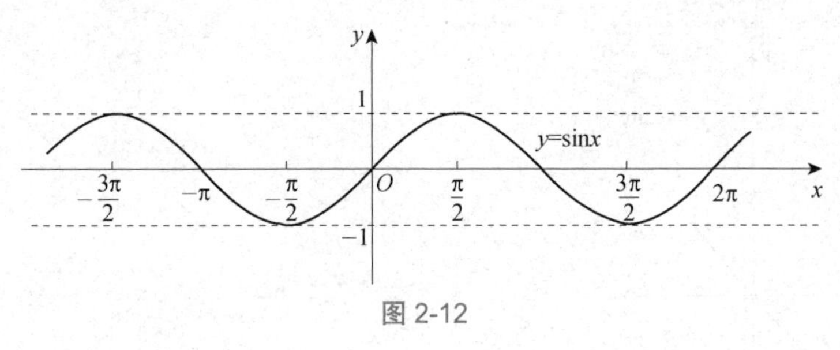

图 2-12

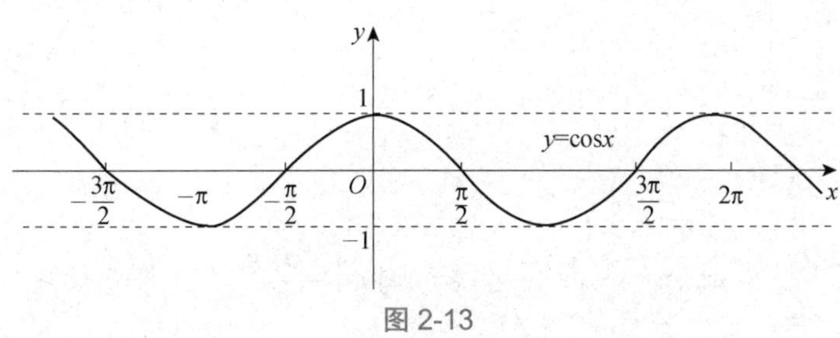

图 2-13

（3）正切函数 $y=\tan x$，$\left\{x\middle|x\in\mathbf{R}且x\neq k\pi+\frac{\pi}{2},\ k\in\mathbf{Z}\right\}$，$y\in(-\infty,+\infty)$，奇函数，周期为 π（见图 2-14）；

（4）余切函数 $y=\cot x$，$\{x|x\in\mathbf{R}且x\neq k\pi,\ k\in\mathbf{Z}\}$，$y\in(-\infty,+\infty)$，奇函数，周期为 π（见图 2-15）；

（5）正割函数 $y=\sec x=\frac{1}{\cos x}$；（定义域同正切函数）

（6）余割函数 $y=\csc x=\frac{1}{\sin x}$.（定义域同余切函数）

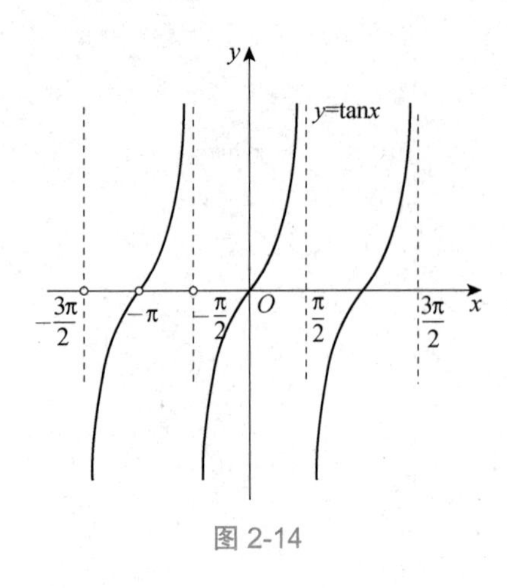

图 2-14

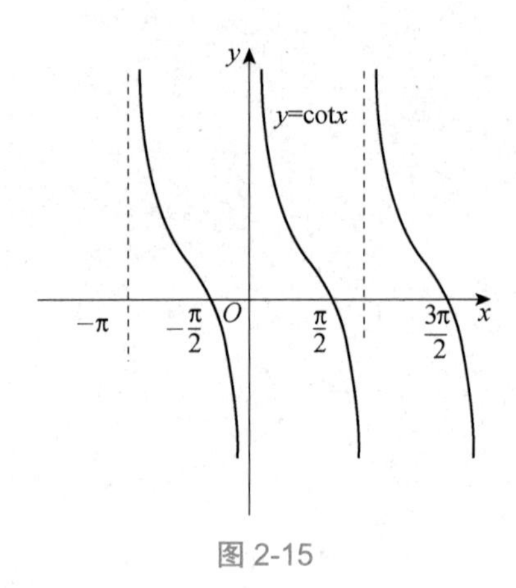

图 2-15

6. 反三角函数

常用的反三角函数有以下四个：

（1）反正弦函数 $y=\arcsin x$， $x\in[-1,1]$， $y\in\left[-\frac{\pi}{2},\frac{\pi}{2}\right]$（见图 2-16）；

（2）反余弦函数 $y=\arccos x$， $x\in[-1,1]$， $y\in[0,\pi]$（见图 2-17）；

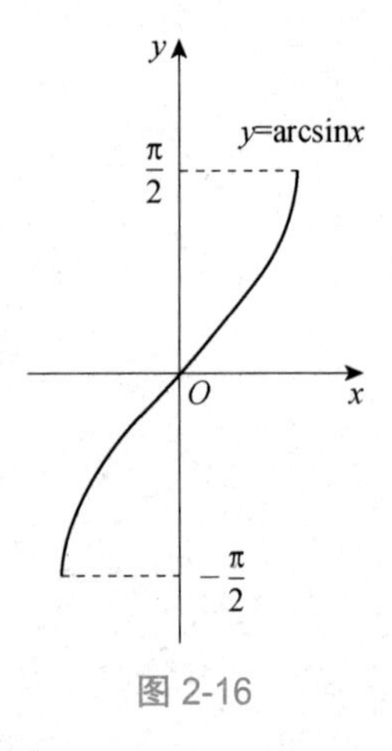

图 2-16

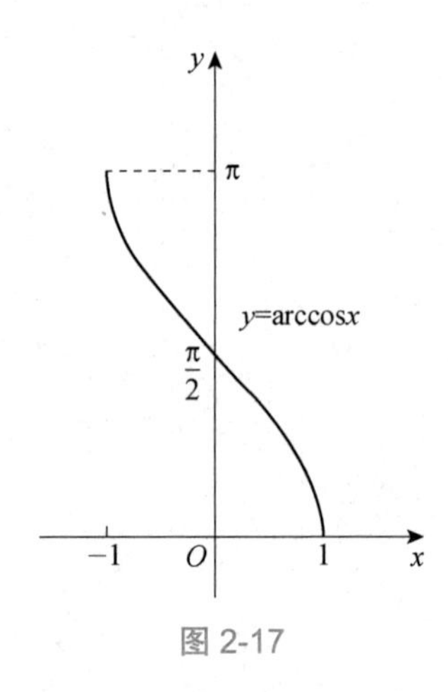

图 2-17

（3）反正切函数 $y=\arctan x$， $x\in(-\infty,+\infty)$， $y\in\left(-\frac{\pi}{2},\frac{\pi}{2}\right)$（见图 2-18）；

（4）反余切函数 $y=\operatorname{arccot} x$， $x\in(-\infty,+\infty)$， $y\in(0,\pi)$（见图 2-19）.

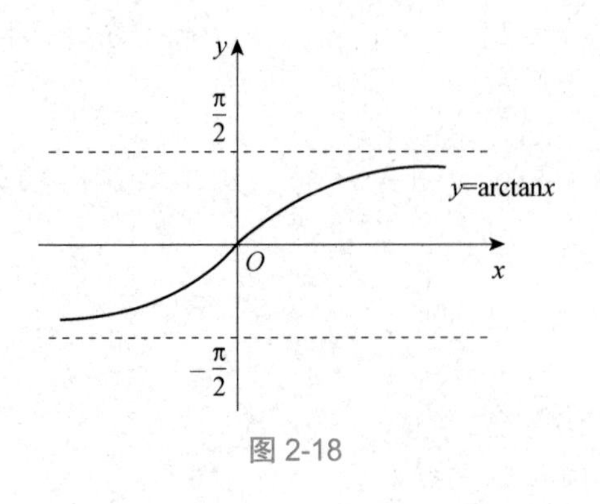

图 2-18

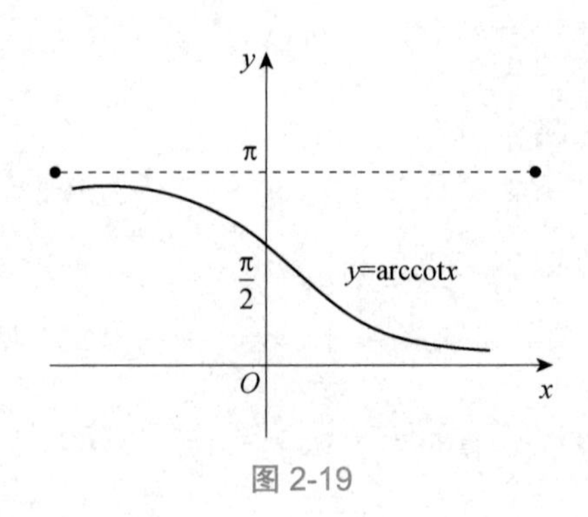

图 2-19

7. 分段函数

引例 2.2　在产品销售中往往会遇到这样的优惠活动：某产品销量在100件以内（包含100件）按每件50元销售；若销量超过100件，则超过的部分打八折销售. 试列出销售收入 y 与销售量 x 之间的关系式.

分析：显然，y 与 x 之间的关系式要用两个式子表示，当 $0 \leqslant x \leqslant 100$ 时，$y = 50x$；当 $x > 100$ 时，$y = 50\times 100 + 50\times 80\%\times(x-100) = 40x + 1000$. 所以销售收入与销售量之间的关系式为

$$y=\begin{cases}50x, & 0\leqslant x\leqslant 100\\ 40x+1000, & x>100\end{cases},$$

像这样，两个变量之间的函数关系要用两个或者两个以上的解析式来表达的函数称为分段函数. 分段函数的定义域为各段自变量取值集合的并集.

拓展思考：在引例2.2中，如果每件产品的成本是30元，在不打折的情况下能售出120件，在打折的情况下能售出150件，你觉得哪种情况更合算？

【例 2.3】　设函数 $f(x)=\begin{cases}2x-1, & -3\leqslant x<0\\ x+1, & 0\leqslant x\leqslant 2\end{cases}$，求 $f(-2)$，$f(0)$，$f(1)$.

解：求分段函数的函数值时，应先确定自变量取值所在范围，再按照其对应的式子进行计算.

$$f(-2)=-5，f(0)=1，f(1)=2.$$

思考：分段函数是一个函数还是几个函数？

分段函数的应用非常广泛，如个人纳税问题、手机资费问题、物流计费问题、出租车计费问题等，掌握好分段函数是非常有用的.

同步练习 3：已知函数 $f(x)=\begin{cases}2^x, & -4\leqslant x<2\\ x^2-1, & 2\leqslant x\leqslant 4\end{cases}$，求 $f(-2)$，$f(3)$ 及函数的定义域.

8. 复合函数

1）复合函数的定义

引例 2.3　经过长期的市场研究，某商品的销售收入 R 与销量 q 的关系为 $R=100q$，而销量 q 与销售时间 t 的关系为 $q=t\mathrm{e}^{-\frac{t}{3}}$，于是销售收入 R 通过 q 可以表示成时间 t 的函数 $R=100q=100t\mathrm{e}^{-\frac{t}{3}}$.

由此，我们可以给出如下定义.

定义　设 y 是 u 的函数 $y=f(u)$，u 是 x 的函数 $u=\varphi(x)$，当 x 在某一区间上取值时，相应的 u 使 y 有意义，则 $y=f(u)$ 与 $u=\varphi(x)$ 可构成复合函数 $y=f(\varphi(x))$，此时 u 为中间变量，称 y 是 x 的复合函数.

一般地，如果 $y=f(u)$，$u=\varphi(x)$，则 $y=f(\varphi(x))$ 称为 f 和 φ 这两个函数的复合函数. 称 $y=f(u)$ 为外层函数，它表示因变量 y 与中间变量 u 之间的函数关系；称 $u=\varphi(x)$ 为内层函数，它表示中间变量 u 与自变量 x 的函数关系，如图 2-20 所示.

补充知识点：并不是所有函数都能复合，如 $y=\sqrt{u}$，$u=-x^2-1$ 就不能复合.

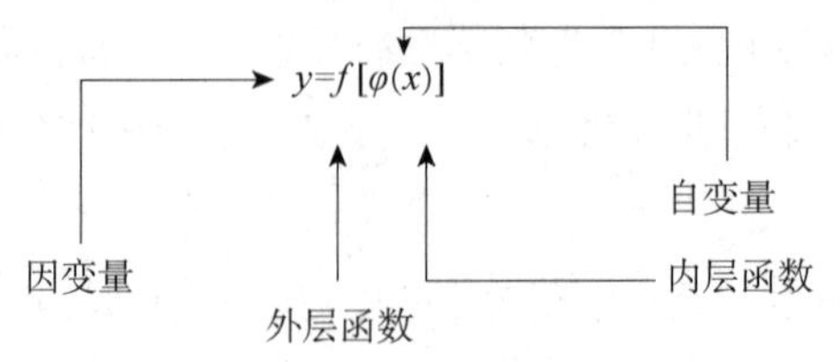

图2-20　复合函数的内外层函数

【例 2.4】　已知下列函数，将 y 表示成 x 的函数.

（1）$y=u^2$，$u=\cos x$；　　（2）$y=\ln u$，$u=\sin v$，$v=x^3$.

解：（1）将 $u=\cos x$ 代入 $y=u^2$，可得 $y=\cos^2 x$；

（2）分别将 $u=\sin v$，$v=x^3$ 将代入 $y=\ln u$，可得 $y=\ln(\sin x^3)$.

2）复合函数的分解

一般地，可以将复合函数 $y=f[\varphi(x)]$ 分解为简单函数. 习惯上基本初等函数及其四则运算等称为简单函数.

复合函数分解为简单函数的步骤如下.

第一步：确定外层函数 $y=f(u)$（y 是 u 的函数）；

第二步：确定内层函数 $u=\varphi(x)$（u 是 x 的函数）.

【例 2.5】　指出下列复合函数是由哪些简单函数复合而成的.

（1）$y=(2x+1)^{30}$；　　（2）$y=\cos x^2$；

（3）$y=\ln\cos x$；　　（4）$y=\sin^3 x$；

（5）$y=\dfrac{1}{1+2x}$；　　（6）$y=\sqrt{4-3x^2}$.

解：（1）$y=u^{30}$，$u=2x+1$；　　（2）$y=\cos u$，$u=x^2$；

（3）$y=\ln u$，$u=\cos x$；　　（4）$y=u^3$，$u=\sin x$；

（5）$y=\dfrac{1}{u}$，$u=1+2x$；　　（6）$y=\sqrt{u}$，$u=4-3x^2$.

同步练习 4：指出下列函数的分解过程.

（1）$y=\mathrm{e}^{\cos x^2}$；　　（2）$y=\ln\sin(x+1)$；

（3）$y=\arcsin \mathrm{e}^{x+1}$；　　（4）$y=\cos^2(x^2-1)$；

（5）$y=2^{\sin 2x}$；　　（6）$y=\tan\sqrt{\mathrm{e}^x+1}$.

3）初等函数

凡是由基本初等函数经过有限次四则运算或有限次复合运算所构成的，可用一个解析式表示的函数，统称为初等函数，否则称为非初等函数.

例如，$y=\sqrt[3]{\dfrac{(1-x)(1-2x)^2}{(1-3x)(1-4x)^5}}$，有理函数 $\dfrac{P_n(x)}{Q_m(x)}=\dfrac{a_0x^n+a_1x^{n-1}+\cdots+a_{n-1}x+a_n}{b_0x^m+b_1x^{m-1}+\cdots+b_{m-1}x+b_m}$，$y=|x|=\sqrt{x^2}$，都是初等函数. 但级数 $1+x+x^2+\cdots+x^n+\cdots$ 不是初等函数.

思考：分段函数是不是初等函数？

9. 隐函数

函数 $y=f(x)$ 表示两个变量 y 与 x 之间的对应关系，这种对应关系可以用各种不同方式表达. 例如，$y=\sin x$，$y=\ln x+x$ 等. 这种函数表达方式的特点是：等号左端是因变量的符号，而右端是含有自变量的式子，当自变量取定义域内任一值时，由这个式子能确定对应的函数值. 用这种方式表达的函数叫作显函数.

有些函数的表达方式却不是这样，例如，方程 $x+y^3-1=0$ 表示一个函数，因为当自变量 x 在 $(-\infty,+\infty)$ 内取值时，因变量 y 有确定的值与之对应，这样的函数称为隐函数.

一般地，如果在方程 $F(x,y)=0$ 中，当 x 取某区间内的任一值时，相应地总有满足这个方程的唯一值 y 存在，那么就说方程在该区间内确定了一个隐函数.

把一个隐函数化成显函数，叫作隐函数的显化. 例如，从方程 $x+y^3-1=0$ 中解出 $y=\sqrt[3]{1-x}$，就是把隐函数化成显函数.

隐函数的显化有时是困难的，甚至是不可能的. 例如，$\mathrm{e}^y-xy+1=0$ 就不能显化.

10. 多元函数

引例 2.4 某玩具厂生产两种儿童玩具皮球，一种售价 3 元，另一种售价 2 元，生产和销售 3 元的皮球 x 千个和 2 元的皮球 y 千个的总利润是 $P(x,y)=-2x^2+2xy-y^2+12x-4y-7$（千元），当两种玩具皮球生产和销售的量 x 和 y 确定后，总利润也就随之确定.

引例 2.5 设 R 是电阻 R_1 和 R_2 并联后的总电阻，由电学知识可知，它们之间具有关系 $R=\dfrac{R_1R_2}{R_1+R_2}$. 当 R_1 和 R_2 确定之后，R 值就随之确定.

上述两个引例具有共同的特征：问题中一个变量的取值依赖于另两个相互独立的变量，并被这两个变量的取值唯一确定. 抛开引例中各变量的实际意义，仅保留其数量关系，就可以抽象得出二元函数的定义.

定义 设 D 是平面上的一个点集，如果对于每个点 $P(x,y)\in D$，变量 z 按照一定的法则 f 总有确定的值和它对应，则称变量 z 是变量 x，y 的二元函数（或点 P 的二元函数），记作

$$z=f(x,y) \text{ 或 } z=f(P)$$

点集 D 称为该函数的定义域，x 和 y 称为自变量，z 称为因变量，数集 $z=\{z|z=f(x,y),(x,y)\in D\}$ 称为该函数的值域. 函数 $z=f(x,y)$ 在点 (x_0,y_0) 处的函数值为 $f(x_0,y_0)$.

类似地可定义三元及三元以上函数，当 $n\geqslant 2$ 时，n 元函数统称为多元函数.

与一元函数相类似，对于三元函数定义域约定：定义域是自变量所能取的使算式有意义的一切点集.

【例 2.6】 求函数 $z=\ln(x+y)$ 的定义域.

解： 因为对数的真数必须大于零，可得 $x+y>0$，因此函数的定义域为 $D=\{(x,y)|x+y>0\}$

【例 2.7】 求函数 $z=\dfrac{\arcsin(3-x^2-y^2)}{\sqrt{x-y^2}}$ 的定义域.

解：因为函数是一个含有反正弦函数、偶次根式与分式的表达式，反正弦函数变量表达式的绝对值必须小于等于 1，被开方数必须大于等于零，分母必须不等于零，可得 $\begin{cases}\left|3-x^2-y^2\right|\leqslant 1\\ x-y^2>0\end{cases}$，

解得 $\begin{cases}2\leqslant x^2+y^2\leqslant 4\\ x>y^2\end{cases}$.

所求定义域为 $D=\{(x,y)\mid 2\leqslant x^2+y^2\leqslant 4, x>y^2\}$.

同步练习 5：求下列函数的定义域.

（1） $z=\sqrt{x^2-y}$； （2） $z=\dfrac{1}{\sqrt{1-x^2-y^2}}$；

（3） $z=\ln(y^2-2x+1)$； （4） $z=\arcsin(x+y)$.

2.1.4 数学模型方法概述

引例 2.6〖理财模型〗 刘洋老人最近以 200 万的价格卖掉自己的房屋并搬进了敬老院. 有人向他建议将 200 万元用来投资，并将投资回报用于支付各种保险. 经过再三考虑，他决定用其中的一部分购买公司债券，剩余部分存入银行. 公司债券的年回报率是 5%，银行存款的年利率是 3%.

（1）假设老人购买了 x 万元的公司债券，试建立他的年收入模型.

（2）如果他希望获得 9 万元的年收入，则他至少要购买多少公司债券？

解：1）模型假设与变量说明

（1）假设不考虑投资公司债券的风险；

（2）假设公司债券的红利与银行的利息都按年支付，且利率是固定的；

（3）假设老人将 200 万全部用来购买公司债券或存入银行，没有闲置；

（4）设刘洋老人的年收入为 y 万元，购买公司债券的金额为 x 万元，则存入银行的金额为 $200-x$ 万元，公司债券的年回报率为 r_1，银行存款年的利率为 r_2.

2）模型的分析、建立与求解

问题（1）：

刘洋老人的年收入 y 万元为购买公司债券的红利收入 xr_1 与银行存款的利息收入 $(200-x)r_2$ 之和. 因此建立年收入模型如下

$$y=xr_1+(200-x)r_2 \quad (0\leqslant x\leqslant 200)$$

即

$$y=(r_1-r_2)x+200r_2$$

将题干中的已知数据代入模型，得

$$y=2\%x+6 \quad (0\leqslant x\leqslant 200)$$

问题（2）：

由问题（1）建立的模型可以看出，老人的年收入 y 与购买公司债券的金额 x 万元有关. 已

知年收入 $y=9$ 万元，要求投资公司债券的金额 x. 将年收入 9 万元代入模型，得 $9=2\%x+6$，解之，得 $x=150$（万元）.

所以，如果刘洋老人希望获得 9 万元的年收入，则至少要购买 150 万元的公司债券.

数学模型就是函数模型，是对生活、经济、生产等领域中的实际现象的数学描述. 建立数学模型是为了研究实际现象的变化规律和预测其变化趋势，从而能够解决实际问题. 现在计算技术高速发展，计算机仿真、模拟已成为技术研究和产品开发的重要手段，而数学模型往往是最关键的步骤，因为它是连接实际问题和计算技术的桥梁. 构建数学模型的方法如图 2-21 所示.

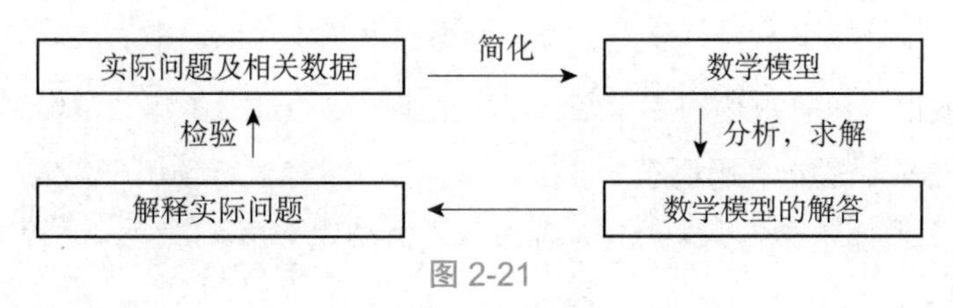

图 2-21

数学模型属于应用数学的范畴，它涉及数学与其他学科的交互作用，已成为应用数学的一大分支. 数学建模的研究正处于蓬勃发展的时期，其本义就是将各种各样的实际问题转化为数学问题.

通过数学建模解决实际问题的步骤如下：

① 科学地识别与剖析实际问题；

② 形成数学模型（分析问题中哪些是变量、哪些是常量，分别用不同的字母表示；根据所给的条件，运用相关知识，确定一个满足这些关系的函数或图形）；

③ 求解数学问题；

④ 研究算法，并尽量使用计算机；

⑤ 回到实际中去，解释结果.

【例 2.8】【水池造价】 要建造一个容积为 V 的无盖长方形水池，它的底面为正方形. 池底的单位面积造价为侧面造价的 3 倍，试建立总造价与底面边长的函数关系.

解：设水池高为 h，底面边长为 x，总造价为 C，侧面单位面积造价为 a.

由已知 $V=x^2h$，可得水池深度为 $h=\dfrac{V}{x^2}$.

侧面积 $S=4xh=4x\dfrac{V}{x^2}=\dfrac{4V}{x}$，从而得出总造价为

$$C(x)=3ax^2+\frac{4aV}{x}，(x>0)$$

【例 2.9】【立交桥上、下两车之间的最近距离】 某处立交桥上、下是两条互相垂直的公路，一条是东西走向，另一条是南北走向. 现在有一辆汽车在桥下南方 100m 处，以 20m/s 的速度向北行驶，而另一辆汽车在桥上西方 150m 处，以同样 20m/s 的速度向东行驶，已知桥高为 10m，试建立两辆汽车之间距离与时间的函数关系.

解：设 t 时刻两辆汽车之间的距离为 d，则在时刻 t，桥下由南向北行驶的汽车的位置是 $100-20t$，而桥上由西向东行驶的汽车的位置是 $150-20t$. 两辆汽车的位置恰好是长方体的相对两个顶点，它们之间的距离就是长方体对角线的长度. 因此在时刻 t 两辆汽车之间的距离为

$$S=\sqrt{(100-20t)^2+10^2+(150-20t)^2}=\sqrt{800t^2-10000t+32600}$$

同步练习 6：建立下列问题的数学模型.

1. 已知某城市 2022 年底人口总数为 200 万，假设此后该城市人口的年增长率为 1%（不考虑其他因素）.

（1）若经过 x 年该城市人口总数为 y 万，试写出 y 关于 x 的函数表达式；

（2）如果该城市人口总数达到 210 万，那么至少需要经过多少年（精确到 1 年）？

2. 小王大学毕业后决定利用所学专业进行自主创业，经过市场调研，生产某小型电子产品需投入固定成本 2 万元，每生产 x 万件，需另投入流动成本 $W(x)$ 万元，在年产量不足 8 万件时，$W(x)=\frac{1}{3}x^2+2x$，在年产量不小于 8 万件时，$W(x)=7x+\frac{100}{x}-37$. 每件产品售价 6 元，通过市场分析，小王生产的商品能当年全部售完.

（1）写出年利润 $P(x)$ 万元关于年产量 x 万件的函数表达式（注：年利润=年销售收入−固定成本−流动成本）；

（2）年产量为多少万件时，小王在这一商品的生产中所获利润最大？最大利润是多少？

3. 某医院给患者输液时，所用的滴液瓶是半径为 4cm、高为 15cm 的玻璃瓶. 在导管调节器的控制下，瓶中的液面以每分钟 $\frac{1}{6}$ cm 的速率下降.

（1）计算当瓶中液面高为 h cm 时，输入病人静脉的药液体积 $V_1(h)$；

（2）求从开始输液到 t min 后，瓶中液面的高度 h；

（3）写出瓶中药液体积 $V_2(t)$ 关于时间 t 的函数表达式；

（4）瓶中药液全部输入病人静脉需要多少时间？

4. 旅客乘坐火车时，随身携带的物品，不超过 20kg 免费，超过 20kg 的部分，每千克收费 0.5 元，超过 50kg 部分，每千克再加收 50%. 试列出收费与物品质量的函数表达式.

5. 自己查阅相关资料，找到最新版个人所得税税率表，确定个人年收入与所交税费之间的函数表达式.

2.1.5 初等函数图形的 Python 实现

实验一　变量与函数

初等函数的 Python 实现

熟练掌握变量定义的方法，了解基本的运算符和函数表达式.

实验内容

1. Python 标识符和关键字

Python 标识符就是程序员定义的变量名和函数名.

1）Python 标识符的命名规则

（1）必须是不含空格的单个词;

（2）区分大小写;

（3）必须以字母或下画线开头，之后可以是任意字母、数字或下画线，变量名中不允许使用标点符号.

2）Python 关键字

Python 关键字就是在 Python 内部已经使用的标识符，具有特殊的功能和含义，Python 不允许定义和关键字名称相同的标识符. Python 常见关键字表见表 2.2.

表 2.2

关键字	含义	关键字	含义
and	用于表达式运算，逻辑与操作	as	类型转换
or	用于表达式运算，逻辑或操作	in	判断变量是否在序列中
not	用于表达式运算，逻辑非操作	is	判断变量是否为某个类型
if	条件语句，与 else，elif 结合使用	assert	判断变量或条件表达式的值是否为真
elif	条件语句，与 if，else 结合使用	import	用于导入模块，与 from 结合使用
else	条件语句，与 if，elif 结合使用	from	用于导入模块，与 import 结合使用
for	for 循环语句	def	定义函数或方法
while	while 循环语句	class	定义类
continue	继续执行下一次循环	lambda	定义匿名变量
break	中断循环语句的执行	globe	定义全局变量
try	用于异常语句，与 except，finally 结合使用	nonlocal	声明局部变量
except	用于异常语句，与 try，finally 结合使用	del	删除变量或序列的值
finally	用于异常语句，与 try，except 结合使用	print	打印语句
raise	异常抛出操作	return	用于从函数返回计算结果
with	简化 Python 语句	yield	用于从函数依次返回值
exec	执行储存在字符串或文件中的 Python 语句	pass	空的类、方法、函数的占位符
Ture	布尔属性值，真	False	布尔属性值，假

2. 变量赋值

Python 语句由表达式和变量组成，变量赋值通常有以下几种形式.

（1）单个变量赋值：变量=表达式.

其中，“=”为赋值符号，将右边表达式的值赋给左边变量.

（2）同步赋值：变量 1，变量 2，…，变量 n=表达式 1，表达式 2，…，表达式 n.

【例 2.10】 将 0.182 赋值给变量 x，将 Hello 赋值给变量 y.

解：在 IDLE 中按如下操作：

```
>>> x,y=0.182,'Hello'          #将0.182赋值给变量x，将字符串Hello赋值给y
>>> x,y                        #按Enter键，指令被执行
```

运行程序，命令窗口显示所得结果：

```
(0.182,'Hello')
```

【注】 ① 输入时，0.182 也可简化为.182.

② 当命令行有错误，Python 会用红色字体提示.

③ 有下标变量的输入，如 y_1 只能输入 y1.

④ #用于注释，#后面的语句不会执行.

3. Python 基本运算符

（1）算术运算符，见表 1.1.

【注】 算术运算按照从左到右的顺序进行. 幂运算具有最高优先级，乘法和除法具有相同的次优先级，加法和减法具有相同的最低优先级，括号可用来改变优先次序.

（2）比较运算符，见表 1.2.

（3）逻辑运算符，见表 1.3.

4. Python 函数

1）Python 库函数

Python 有丰富的标准库，其中 math 标准库提供了常用数学函数，见表 1.4.

【例 2.11】 调用 math 标准库，计算 $\sin\frac{\pi}{2}$.

解：在 IDLE 中按如下操作：

```
>>> import math                #导入math标准库
>>> math.sin(math.pi/2)        #调用math标准库中的sin()函数和pi值
                               #按Enter键，指令被执行
```

运行程序，命令窗口显示所得结果：

```
1.0
```

【注】 在导入库后，库函数的调用方式为：库名. 函数名（参数）.

Python 库还有不同的导入方法，而库函数的调用也略有不同. 以完成例 2.11 的任务为例进行说明.

方法 1：调用 math 标准库，计算 $\sin\frac{\pi}{2}$，在 IDLE 中按如下操作：

```
>>> import math as m          #导入math标准库，简记为m
>>> m.sin(m.pi/2)             #调用math标准库中的sin()函数和pi值
```

运行程序，命令窗口显示所得结果：

```
1.0
```

【注】 库函数的引用与例 2.11 类似.

方法 2：调用 math 标准库，计算 $\sin\frac{\pi}{2}$，在 IDLE 中按如下操作：

```
>>> from math import sin,pi         #导入 math 标准库中的 sin() 函数和 pi 值
>>> sin(pi/2)                       #调用 math 标准库中的 sin() 函数和 pi 值
```

运行程序，命令窗口显示所得结果：

```
1.0
```

方法 3：调用 math 标准库，计算 $\sin\frac{\pi}{2}$，在 IDLE 中按如下操作：

```
>>> from math import *              #导入math标准库中的所有函数和值
>>> sin(pi/2)                       #调用math标准库中的sin()函数和pi值
```

运行程序，命令窗口显示所得结果：

```
1.0
```

【注】 在方法 2 和方法 3 中，库函数的引用不需要库名，但仅适用于程序只导入一个库的情况.

2）Python 自定义函数

Python 允许用户利用关键字 def 自定义函数，格式如下：

```
def 函数名(参数):
        函数主体
```

自定义函数主体部分的语句与 def 行存在缩进关系，def 后连续的缩进语句都是这个函数的一部分.

def 所定义的函数在程序中需要通过函数名调用才能够被执行.

【例 2.12】 自定义一个函数，返回用户输入实数的绝对值.

解：在 PyCharm 中新建 lab1_3.py 文件，内容如下：

```
from math import fabs
def main():                 #自定义函数main()，下面三行是函数main()的主体
        a=input("Enter a number:")          #input()函数将用户输入的字符串赋值给变量a
        print(fabs(float(a)))           #函数float()将变量a转化为小数类型
```

```
main()                                    #通过函数名main调用函数
```

在选择脚本路径后，单击 ▶ 按钮，运行程序，命令窗口显示“Enter a number:”作为输入提示符. 从键盘输入“−2.3”，回车.

命令窗口显示所得结果：

```
2.3
```

【注】 ① 利用组合键 Ctrl+Shift+F10 也可执行程序.

② 右击文件名 lab1_3.py，在弹出的快捷菜单中选择“Run' lab1_3.py'”，也可执行程序.

同步练习 7：利用 Python 进行下列基础操作.

1. 将 2 赋值给变量 x，将 2.5 赋值给变量 y 并输出结果；
2. 调用 math 标准库，计算 ln3，$\cos\frac{\pi}{4}$ 并输出结果；
3. 自定义函数 $y=x^2-2x$，返回用户输入实数后的函数值.

实验二　利用 Python 进行基本数学运算

实验目的

熟练掌握 Python 中常用的运算符、操作符、简单指令及基本的数学函数的功能和使用方法.

实验内容

【例 2.13】 直接输入并计算 $1.5^3-\frac{1}{3}\sin\pi+\sqrt{5}$.

解：在 IDLE 中按如下操作：

```
>>>from math import sin,sqrt,pi
>>>1.5**3-sin(pi)/3+sqrt(5)              #回车，指令被执行
```

命令窗口显示所得结果：

```
5.61106797749979
```

【例 2.14】 设球半径为 $r=2$，求球的体积 $V=\frac{4}{3}\pi r^3$.

解：在 IDLE 中按如下操作：

```
>>> from math import pi
>>> r=2
>>> v=4/3*pi*pow(r,3)
>>> v
```

命令窗口显示所得结果：

```
33.510321638291124
```

【例 2.15】 求 $y_1=\dfrac{2\sin(0.3\pi)}{1+\sqrt{5}}$，$y_1=\dfrac{2\cos(0.3\pi)}{1+\sqrt{5}}$.

解：在 PyCharm 中新建 lab2_3.py 文件，内容如下：

```
from math import sin,cos,sqrt,pi
y1=2*sin(0.3*pi)/(1+sqrt(5))
y2=2*cos(0.3*pi)/(1+sqrt(5))
print("y1=",y1, "y2=%.2f" %y2)
```

运行程序，命令窗口显示所得结果：

```
y1= 0.5, y2=0.36
```

【注】%用于控制变量输出的格式. %.2f 表示下一个%后面的变量将以保留 2 位小数的浮点数格式（小数）输出.

用指令的续行输入，求 $y=1-\dfrac{1}{2}+\dfrac{1}{3}-\dfrac{1}{4}+\dfrac{1}{5}-\dfrac{1}{6}+\dfrac{1}{7}-\dfrac{1}{8}$ 的值.

实验三　利用 Python 绘制平面曲线

实验目的

通过图形加深对函数性质的认识与理解，掌握利用 Python 绘制平面曲线的方法与技巧.

Python 第三方库 Matplotlib 中的 plot() 函数用于绘制平面曲线.

plot(x, y)：若 x 和 y 为长度相等的数组，则绘制以 x 和 y 分别为横、纵坐标的二维曲线.

plot() 是绘制二维曲线的函数，但在使用此函数之前，需先定义曲线上每一点的 x 及 y 的坐标.

【注】利用 Matplotlib 库中的函数可以绘制更多不同类型的图形，具体内容见 Matplotlib 网站.

实验内容

【例 2.16】 用 plot()函数绘制 $y=\sin x$ 在 $x\in[0,2\pi]$ 的图形.

基本初等函数的图形

解：在 PyCharm 中新建 pic1.py 文件，内容如下：

```
import matplotlib.pyplot as plt
from numpy import *
x = arange(0,2*pi,0.01)   #利用 numpy 库中的 arange() 函数定义区间[0, 2π]上公差为 0.01 的数组
y = sin(x)                #y 也可输入 = [sin(xx) for xx in x]
plt.figure()              #在绘图窗口开始绘图
plt.plot(x, y)
plt.show()
```

运行程序，输出图形如图 2-22 所示.

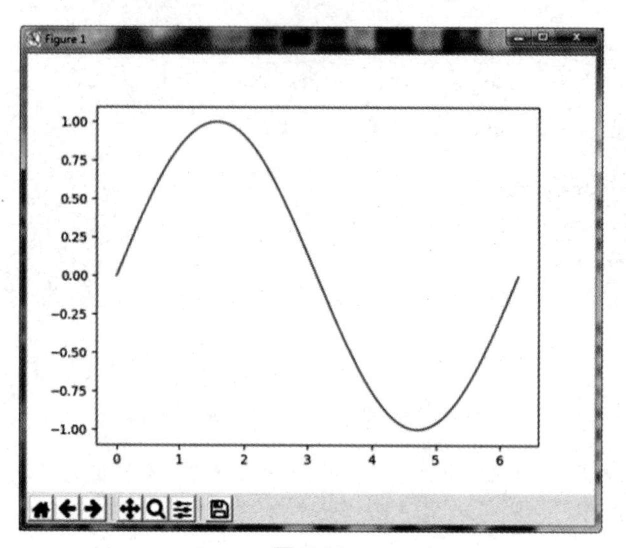

图 2-22

若要同时绘制函数 $y = \sin x$ 和 $y = \cos x$ 的图形，可在例 2.16 的基础上增加绘制 $y = \cos x$ 图形的语句. 在 PyCharm 中新建 pic2.py 文件，内容如下：

```
import matplotlib.pyplot as plt
from numpy import *
x = arange(0,2*pi,0.01)
y1 = sin(x)
y2 = cos(x)
plt.figure()
plt.plot(x, y1, color='r', linestyle='-',label='sin(x)')     #控制颜色和线型
plt.plot(x, y2, color='b', linestyle='-.',label='cos(x)')   #plt.plot(x, y1, x, y2)输出两条曲线
plt.legend()   #显示图例
plt.show()
```

运行程序，输出图形如图 2-23 所示.

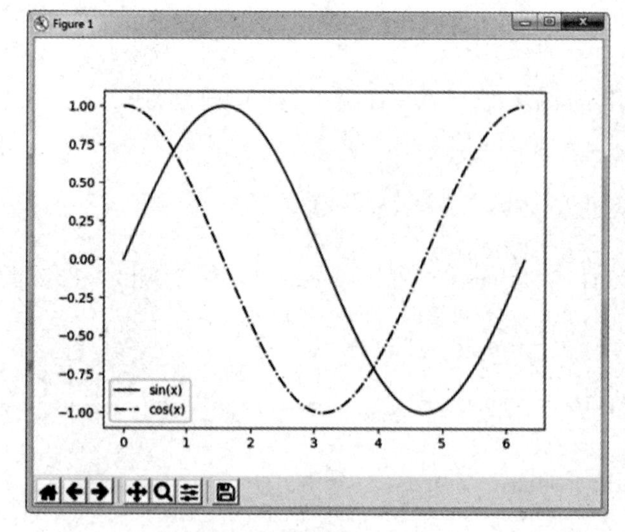

图 2-23

【例 2.17】 绘制以下函数的图形，判断其奇偶性，并观察其在 x=0 处的连续性.

（1） $y=\sin x+\cos x+1$；　　　　（2） $y=\log_2\left(x+\sqrt{1+x^2}\right)$.

解：（1）在 PyCharm 中新建 pic3.py 文件，内容如下：

```
import matplotlib.pyplot as plt
from numpy import *
x = arange(-5,5,0.01)
y = sin(x) +cos(x)+1
plt.figure()
plt.plot(x, y)
plt.axis([-6, 6, -3, 3])          #设置坐标范围
plt.grid(True)                    #绘制网格线
plt.show( )
```

运行程序，输出图形如图 2-24 所示.

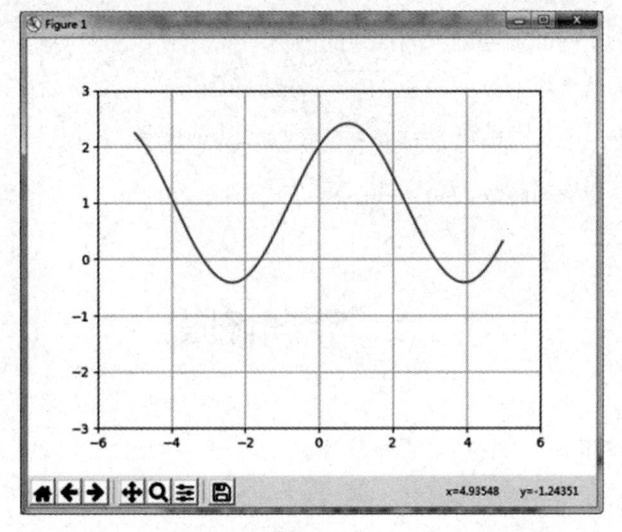

图 2-24

（2）在 PyCharm 中新建 pic4.py 文件，内容如下：

```
import matplotlib.pyplot as plt
from numpy import *
x = arange(-5,5,0.01)
y = log2(x+sqrt(1+x**2))
plt.figure()
plt.plot(x, y)
plt.grid(True)          #绘制网格线
plt.show()
```

运行程序，输出图形如图 2-25 所示.

由图 2-24、图 2-25 可知， $y=\sin x+\cos x+1$ 是非奇非偶函数； $y=\log_2\left(x+\sqrt{1+x^2}\right)$ 是奇函数，且都在 $x=0$ 处连续.

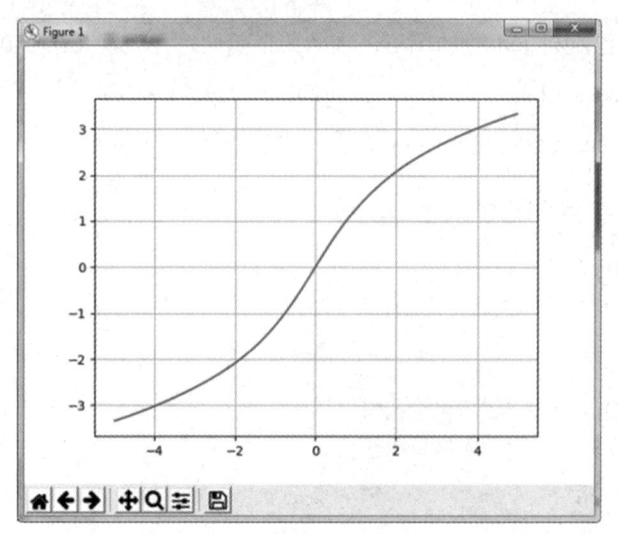

图 2-25

同步练习 9：利用 Python 绘制下列函数的图形.

（1）利用绘图命令绘制函数 $f(x)=\sqrt{4-x}+\sin x$ 的图形.

（2）在同一坐标系中绘制函数 $y=\cos x$ 和 $y=\sin 2x$ 的图形.

（3）利用绘图命令绘制函数 $f(x)=\frac{1}{\sqrt{2\pi}}\mathrm{e}^{-x^2}$ 的图形.

2.2　数列极限

2.2.1　数列极限引例

1. 极限思想

微积分的研究对象是变量，而变量的变化过程往往与极限思想相关联. 极限思想产生于某些实际问题的求解过程. 例如，魏晋时期的数学家刘徽利用圆内接正多边形来推算圆周率 π 的方法——“割圆术”就渗透着极限思想. 16 世纪，由于社会生产力的提高，特别是欧洲的生产向大工业方向发展，促进了航海、天文等事业的发展，对于“运动”的研究成了当时自然科学的中心问题. 在此背景下，为解决生产力及科学研究的实际问题微积分便得以成型和完善.

引例 2.7　庄子的极限思想.

《庄子·天下篇》中记载，“一尺之棰，日取其半，万世不竭”. 看似容易理解，事实上短短的 12 个字却包含了更丰富的内容. “一尺之棰”说明在 2300 年前的古代中国就已经有了长度的度量单位；“日取其半”，即每天取前一天所剩下的 1/2，表明当时的人们对分数有了初步的认识；“万世不竭”，意为如此进行下去，即使是无限长的时间（万世），也不可能把这根木棰切完. 我们将每天剩余的木棰长度写出来就是数列 $\frac{1}{2},\frac{1}{4},\frac{1}{8},\cdots\frac{1}{2^n},\cdots$，庄子认识到这是一个走向极限“0”

的过程. 虽然“一尺之棰”被越切越短，但是“万世不竭”——剩下的木棰的长度永远不为0，而又无限逼近0，即极限为0. 说明在2300年前古代中国人民就已经发现了朴素的极限思想，比欧洲早了一千多年.

【注】庄子，我国伟大的思想家、哲学家、文学家.《庄子·天下篇》中蕴含着极限的思想. 除了上文提及的，还有“至大无外，谓之大一；至小无内，谓之小一”，意思是，至大是没有边界的，称为无穷大；至小是没有内部的，称为无穷小. 这说明当时庄子也对无穷有了一定的认知.

引例 2.8 二分法悖论：运动是不存在的.

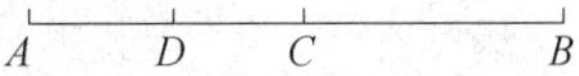

如图2-26所示，物体从 A 移动到 B. 显然，从 A 到达 B 之前先要到达 AB 的中点 C，而要到达 C 之前又必须先到达 AC 的中点 D……如此下去，显然有无穷多个这样的中点. 一方面，每找到一个中点都需要时间（不论多么短），则寻找无穷多个中点需要的时间是无穷多的，即永远找不到距 A 最近的一个中点；另一方面，物体从 A 到达 B 之前，必须经过一个距 A 最近的中间点. 结论是：物体运动是不可能的.

A　D　C　B

图 2-26

从极限角度来看上述的描述显然是错误的. 设 $AB=1$，$\lim\limits_{n\to\infty}\frac{1}{2^n}=0$. 所以距离 A 最近的中间点就是 A 本身，因此只要越过自己就说明物体运动了.

2.2.2 数列极限的概念与性质

【例 2.18】〖一个数字游戏与极限问题〗 用计算器对数字2连续开平方，经过若干次后得到1，为什么？任何正数经过一定次数的开平方运算都得到1吗？

事实上，探究其数学表达式，对2开平方一次为 $\sqrt{2}=2^{\frac{1}{2}}$；开平方两次为 $\sqrt{\sqrt{2}}=2^{\frac{1}{4}}=2^{\frac{1}{2^2}}$；开平方三次为 $\sqrt{\sqrt{\sqrt{2}}}=2^{\frac{1}{2^3}}$；……；开平方 n 次为 $\sqrt{\sqrt{\cdots\sqrt{2}}}=2^{\frac{1}{2^n}}$. 因此，得到数字2连续开平方的数列是：

$$2^{\frac{1}{2}},2^{\frac{1}{2^2}},2^{\frac{1}{2^3}},\cdots,2^{\frac{1}{2^n}},\cdots$$

可见，随着开平方次数增多，所得结果的指数部分 $\frac{1}{2^n}$ 就越来越接近于零，从而结果就越来越接近于 $2^0=1$. 由于计算器设计了对计算结果的位数处理，因此对2连续开平方若干次就得到1了. 不难想到，对任何大于0的正数，开平方次数越多，其结果就越接近于1.

定义【数列 $\{a_n\}$ 的极限】 对于数列 $\{a_n\}$，当 n 无限增大时（即 $n\to\infty$ 时），通项 a_n 无限接近于某个确定的常数 A，则称 A 为 $n\to\infty$ 时数列 $\{a_n\}$ 的极限，或称数列 $\{a_n\}$ 收敛于 A. 记作：

$$\lim_{n\to\infty}a_n=A \quad 或\ a_n\to A(n\to\infty)$$

否则，称 $n\to\infty$ 时数列 $\{a_n\}$ 没有极限或发散，记作 $\lim\limits_{n\to\infty}a_n$ 不存在.

例2.18中，数列 $\{2^{\frac{1}{2^n}}\}$ 是收敛的，且 $\lim\limits_{n\to\infty}2^{\frac{1}{2^n}}=1$.

【例 2.19】 观察下列数列的变化趋势.

（1）$\left\{\frac{1}{n}\right\}:1,\ \frac{1}{2},\ \frac{1}{3},\ \cdots,\ \frac{1}{n},\ \cdots$；

（2）$\{2\}:2,\ 2,\ 2,\ \cdots,\ 2,\ \cdots$；

（3）$\{(-1)^n\}:-1,\ 1,\ -1,\ 1,\ \cdots,\ (-1)^n,\ \cdots$；

（4）$\left\{\left(-\frac{2}{3}\right)^n\right\}:\left(-\frac{2}{3}\right),\ \left(-\frac{2}{3}\right)^2,\ \left(-\frac{2}{3}\right)^3,\ \cdots,\ \left(-\frac{2}{3}\right)^n,\ \cdots$；

（5）$\{\sqrt{n}\}:1,\ \sqrt{2},\ \sqrt{3},\ \cdots,\ \sqrt{n},\ \cdots$.

解：（1）当 n 无限增大时，$\frac{1}{n}$ 无限趋近于 0，所以 $\lim\limits_{n\to\infty}\frac{1}{n}=0$.

（2）该数列为常数列，它的每项都是常数 2，当 n 无限增大时，其值保持不变，所以 $\lim\limits_{n\to\infty}2=2$.

一般地，对于任一常数列 $\{C\}$，有 $\lim\limits_{n\to\infty}C=C$.

（3）当 n 无限增大时，数列 $\{(-1)^n\}$ 的各项在 -1 与 1 之间摆动，不能接近一个确定的常数，因此 $\lim\limits_{n\to\infty}(-1)^n$ 不存在，如图 2-27 所示.

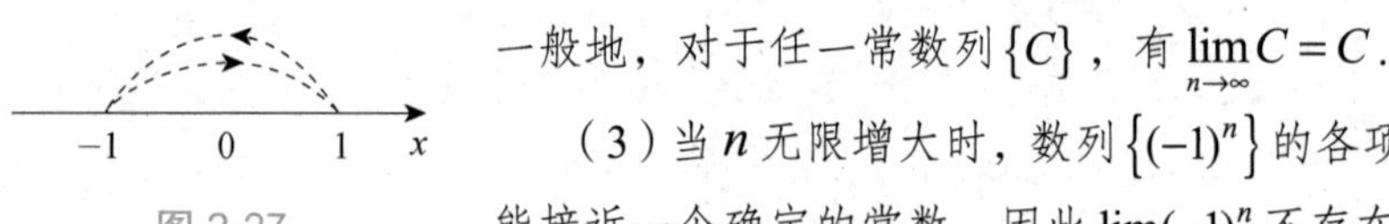

图 2-27

（4）当 n 无限增大时，数列 $\left\{\left(-\frac{2}{3}\right)^n\right\}$ 的各项在 0 的两侧摆动，越来越接近于 0，因此 $\lim\limits_{n\to\infty}\left(-\frac{2}{3}\right)^n=0$.

（5）当 n 无限增大时，通项 $\sqrt{n}$ 无限增大. 因此，$\lim\limits_{n\to\infty}\sqrt{n}$ 不存在.

由此可以得出**极限本质：描述的是变量的变化趋势，通俗地讲就是无限接近.**

思考：数列可以看作定义在正整数集上的函数 $a_n=f(n)$，那么一般函数 $y=f(x)$ 的极限呢？

同步练习 10：观察下面各数列的变化趋势，指出哪些数列收敛，哪些数列发散，写出收敛数列的极限.

（1）$a_n=\frac{(-1)^n}{n}$；

（2）$a_n=\frac{n}{n+1}$；

（3）$a_n=(-1)^n n$；

（4）$a_n=n-\frac{1}{n}$.

2.2.3 数列极限的 Python 实现

实验四 求解数列的极限

实验目的

（1）掌握用 Python 计算极限的方法；

（2）通过作图，加深对函数极限概念的理解.

Python 的 Sympy 标准库中求极限的常用函数见表 1.5.

【注】① Sympy 是一个数学符号库，包括求极限、导数、积分和微分等多种数学运算，为 Python 提供了强大的数学运算支持.

② 利用 Sympy 库中的函数进行符号运算之前，必须先声明（或称初始化）Sympy 的符号，这样 Sympy 才能识别该符号.

【例 2.20】 求下列函数的极限.

（1）$\lim\limits_{n\to\infty}\dfrac{n}{n+1}$；（2）$\lim\limits_{n\to\infty}\dfrac{1}{2^n}$.

数列的极限 Python 实现

解：（1）在 IDLE 中输入：

```
>>> from sympy import *
>>> from sympy import oo   #注意无穷符号表示形式为两个小写字母 oo
>>>n = symbols('n')              #symbols()函数用于初始化单个变量
>>> limit(n/(n+1,n,oo)
```

运行程序，命令窗口显示所得结果：

```
1
```

即

$$\lim_{n\to\infty}\frac{n}{n+1}=1.$$

（3）在 PyCharm 中新建 limit1.py 文件，内容如下：

```
from sympy import *
n = symbols(' n')      #symbols()函数用于初始化单个变量
print(limit(1/2**n,n,oo))
```

运行程序，命令窗口显示所得结果：

```
0
```

即

$$\lim_{n\to\infty}\frac{1}{2^n}=0.$$

同步练习 11：利用 Python 计算下列数列的极限.

（1）$a_n=n-\dfrac{1}{n}$；（2）$a_n=1-\dfrac{1}{n^2}$；

（3）$a_n=\dfrac{2n^2+n}{n^2+1}$.

2.3 函数极限

2.3.1 函数极限引例

引例 2.9 汽车挡泥板的生产成本问题.

某汽车服务有限公司专业生产汽车挡泥板，生产 q 对汽车挡泥板的成本为 $C(q)=10+\sqrt{1+q^2}$（元），每对挡泥板的售价为40元. 销售 q 对挡泥板的收入与利润分别为 $R(q)$ 和 $L(q)$.

（1）大批量生产时每增加一个单位产品（每对）成本增加多少？

（2）大批量生产时，每增加一个单位产品（每对）利润增加多少？

分析：问题中的“大批量生产”而没有涉及具体数值，表示产量 q 趋于很大的数，这种求“无限趋向”的运算，正是运用了极限思想.

（1）“大批量生产”可以考虑成 $q\to+\infty$，“每增加一个单位产品（每对）增加的成本”的含义是 $\Delta C=C(q+1)-C(q)$，所以“大批量生产时每增加一个单位产品（每对）增加的成本”可以用极限表示为

$$\lim_{q\to+\infty}\Delta C=\lim_{q\to+\infty}(C(q+1)-C(q))$$

（2）“大批量生产时每增加一个单位产品（每对）增加的利润”可以用极限表示为

$$\begin{aligned}\lim_{q\to+\infty}\Delta L&=\lim_{q\to+\infty}(L(q+1)-L(q))\\&=\lim_{q\to+\infty}((R(q+1)-C(q+1))-(R(q)-C(q)))\\&=\lim_{q\to+\infty}((R(q+1)-R(q))-(C(q+1)-C(q)))\\&=40-\lim_{q\to+\infty}(C(q+1)-C(q))\end{aligned}$$

我们只需要计算出 $\lim\limits_{q\to+\infty}\Delta C=\lim\limits_{q\to+\infty}(C(q+1)-C(q))$，就可以对问题进行求解了. 而成本 $C(q)=10+\sqrt{1+q^2}$ 是产量 q 的函数，因此我们需要了解函数极限的概念.

2.3.2 函数极限的概念与性质

1. $x\to\infty$ 时，函数 $f(x)$ 的极限

【例 2.21】【自然保护区中动物的数量】 某自然保护区中生长着一群野生动物，其种群数量 N 会逐渐增加，由于受到自然保护区内各种资源的限制，这一动物种群不可能无限制地增加，它将会达到某一饱和状态. 该饱和状态就是时间 t 无限增加时野生动物群的数量，如图 2-28 所示.

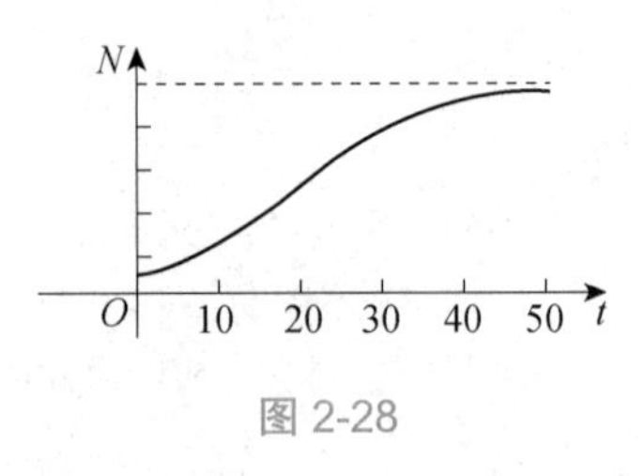

图 2-28

定义【$x\to\infty$ 时，函数 $f(x)$ 的极限】 当 x 的绝对值 $|x|$ 无限增大时（$|x|\to+\infty$ 时），函数 $f(x)$ 无限趋近于某个确定的常数 A，则称 A 为 $x\to\infty$ 时函数 $f(x)$ 的极限，或称 $f(x)$ 收敛于 A. 记作：

$$\lim_{x\to\infty}f(x)=A \text{ 或 } f(x)\to A(x\to\infty)$$

否则，称 $x\to\infty$ 时 $f(x)$ 没有极限或发散，记作 $\lim\limits_{x\to\infty}f(x)$ 不存在.

类似地，可定义

$$\lim_{x\to+\infty}f(x)=A \text{ 或 } f(x)\to A(x\to+\infty)$$

$$\lim_{x\to-\infty}f(x)=A \text{ 或 } f(x)\to A(x\to-\infty)$$

几何意义：若函数 $y=f(x)$ 当 $x\to\infty$ 时有极限 A 存在，意味着，当 $|x|$ 充分大时，函数 $y=f(x)$ 的图形无限接近水平直线 $y=A$，如图 2-28 所示.

【例 2.22】 考察函数 $f(x)=\frac{1}{x}$，当 $x\to\infty$ 时的变化趋势.

解：函数的定义域 $D=(-\infty,0)\cup(0,+\infty)$，由图 2-29 可以看出，当 $|x|$ 不断增大时，即 $x\to\infty$ 时，曲线 $f(x)=\frac{1}{x}$ 无限接近于 x 轴（$y=0$），也就是函数 $f(x)=\frac{1}{x}$ 的取值与 x 轴的距离无限接近于 0. 说明当 $x\to\infty$ 时，函数 $f(x)=\frac{1}{x}$ 的极限为 0，即 $\lim\limits_{x\to\infty}\frac{1}{x}=0$.

由图 2-29 知，$\lim\limits_{x\to\infty}\frac{1}{x}=0$. 由图 2-30 知，$\lim\limits_{x\to-\infty}2^x=0$.

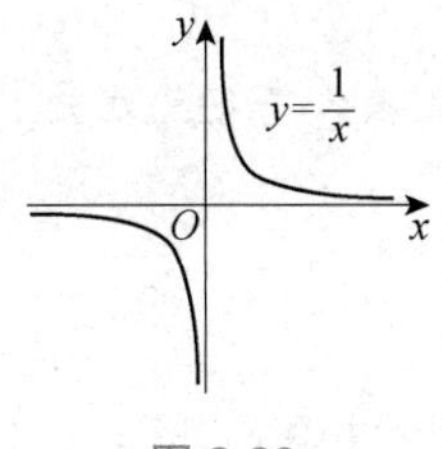

图 2-29

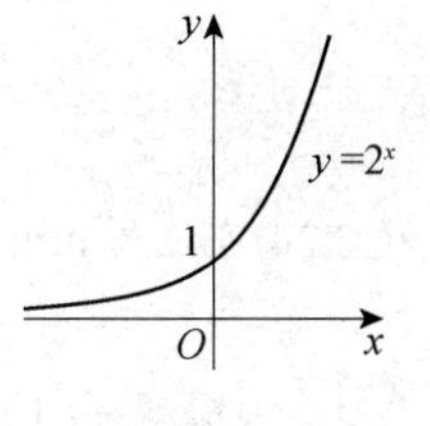

图 2-30

【例 2.23】 求极限（1）$\lim\limits_{x\to\infty}\left(1+\frac{1}{x^2}\right)$，（2）$\lim\limits_{x\to+\infty}e^{-x}$.

解：（1）当 $x\to\infty$ 时，$\frac{1}{x^2}$ 无限变小，$1+\frac{1}{x^2}$ 趋于 1，则 $\lim\limits_{x\to\infty}\left(1+\frac{1}{x^2}\right)=1$.

（2）当 $x\to+\infty$ 时，e^{-x} 趋于 0，即 $\lim\limits_{x\to+\infty}e^{-x}=0$.

2. $x\to x_0$ 时，函数 $f(x)$ 的极限

【注】 【记号 $x\to x_0$ 的含义】$x\to x_0$（读作"x 趋近于 x_0"）即 $|x-x_0|\to 0$，表示动点 x 无限接近于点 x_0，但永远不等于 x_0 的过程，如图 2-31 所示.

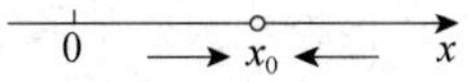

$$0 \quad \longrightarrow x_0 \longleftarrow \quad x$$

图 2-31

【例 2.24】 当 $x\to 1$ 时，考察 $f(x)=x+1$ 和 $g(x)=\frac{x^2-1}{x-1}$ 的变化趋势.

解：函数 $f(x)$ 在 $x_0=1$ 处有定义，而 $g(x)$ 在 $x_0=1$ 处无定义. 由图 2-32 和图 2-33 可知：

（1）当 $x\to 1$ 时，$f(x)=x+1$ 无限趋近于 2（y 轴上刻度 2 的位置，并且此时函数值 $f(1)=2$）；

（2）当 $x\to 1$ 时，$g(x)=\frac{x^2-1}{x-1}$ 无限趋近于 2（y 轴上刻度 2 的位置）.

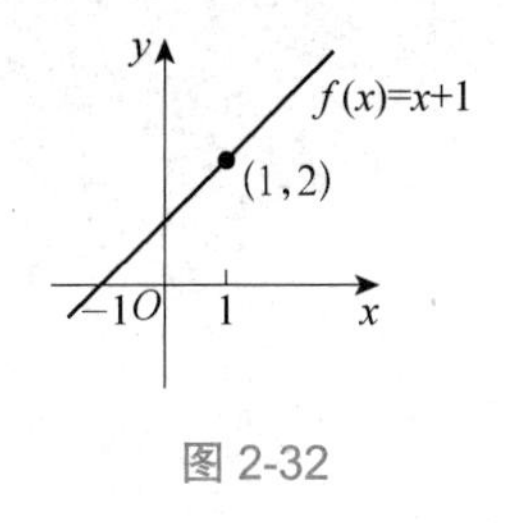

图 2-32

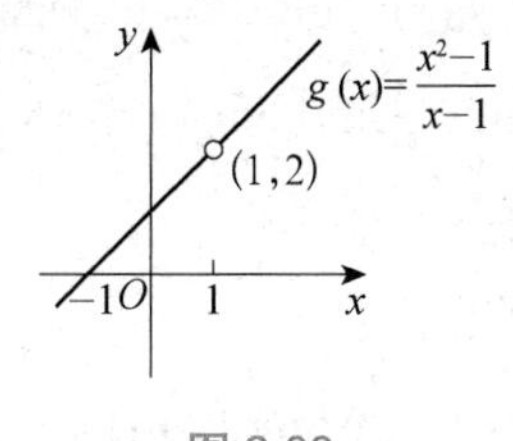

图 2-33

第 2 章 极限与连续

这时，我们说当 $x \to 1$ 时，函数 $f(x)$ 和 $g(x)$ 均以 2 为极限. 同时可以看出：当 $x \to 1$ 时，$f(x)$ 和 $g(x)$ 的极限与 $x_0 = 1$ 处是否有定义无关.

定义【$f(x)$ 在 x_0 处的极限】 设函数 $f(x)$ 在 x_0 附近有定义（x_0 可以除外），当 x 无限趋近于 $x_0(x \neq x_0)$ 时，相应的函数值 $f(x)$ 无限趋近于常数 A，则称 A 为当 $x \to x_0$ 时函数 $f(x)$ 的极限，或称 $f(x)$ 收敛于 A. 记作

$$\lim_{x \to x_0} f(x) = A \text{ 或 } f(x) \to A(x \to x_0)$$

否则称 $x \to x_0$ 时，$f(x)$ 没有极限或发散，记作 $\lim\limits_{x \to x_0} f(x)$ 不存在.

类似地，可定义：

（1）左极限 $x \to x_0^-$ 时函数 $f(x)$ 的极限，记作 $\lim\limits_{x \to x_0^-} f(x) = A$.

（2）右极限 $x \to x_0^+$ 时函数 $f(x)$ 的极限，记作 $\lim\limits_{x \to x_0^+} f(x) = A$.

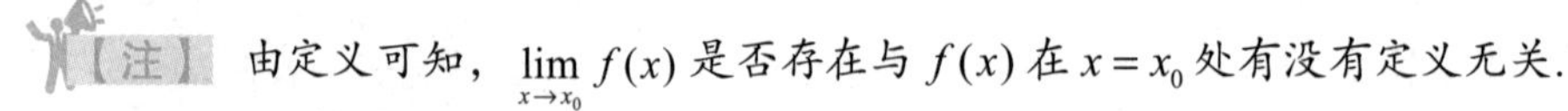

【注】 由定义可知，$\lim\limits_{x \to x_0} f(x)$ 是否存在与 $f(x)$ 在 $x = x_0$ 处有没有定义无关.

由定义，例 2.24 可记为 $\lim\limits_{x \to 1}(x+1) = 2$，$\lim\limits_{x \to 1} \dfrac{x^2-1}{x-1} = 2$.

【例 2.25】 求极限：（1）$\lim\limits_{x \to 4} \sqrt{x}$；（2）$\lim\limits_{x \to 0} \dfrac{1}{x}$；（3）$\lim\limits_{x \to \mathrm{e}^+} \ln x$；（4）$\lim\limits_{x \to \pi^-} \cos x$.

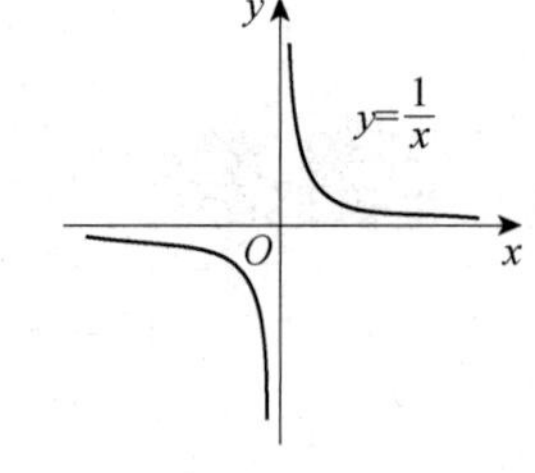

图 2-34

解：（1）当 $x \to 4$ 时，$\sqrt{x}$ 无限趋近于 2，所以 $\lim\limits_{x \to 4} \sqrt{x} = 2$.

（2）由图 2-34 可知，$\lim\limits_{x \to 0} \dfrac{1}{x}$ 不存在.

（3）当 $x \to \mathrm{e}^+$ 时，$\ln x$ 无限趋近于 1，所以 $\lim\limits_{x \to \mathrm{e}^+} \ln x = 1$.

（4）当 $x \to \pi^-$ 时，$\cos x$ 无限趋近于 -1，所以 $\lim\limits_{x \to \pi^-} \cos x = -1$.

根据函数极限的定义和左右极限的定义，容易得出如下定理.

定理：函数 $f(x)$ 当 $x \to x_0$ 时极限存在的充要条件是左极限和右极限都存在且相等，即

$$\lim_{x \to x_0} f(x) = A \Leftrightarrow \lim_{x \to x_0^-} f(x) = \lim_{x \to x_0^+} f(x) = A$$

【例 2.26】 设函数 $f(x) = \begin{cases} x^2-4, & -4 \leqslant x < 2 \\ 2x, & 2 \leqslant x < 3 \\ x+3, & x \geqslant 3 \end{cases}$，讨论极限 $\lim\limits_{x \to 2} f(x)$ 和 $\lim\limits_{x \to 3} f(x)$ 是否存在，若存在求其极限.

解：因为 $\lim\limits_{x \to 2^-} f(x) = \lim\limits_{x \to 2^-}(x^2-4) = 0$，$\lim\limits_{x \to 2^+} f(x) = \lim\limits_{x \to 2^+} 2x = 4$

所以，$\lim\limits_{x \to 2^-} f(x) \neq \lim\limits_{x \to 2^+} f(x)$，因此 $\lim\limits_{x \to 2} f(x)$ 不存在.

因为 $\lim\limits_{x \to 3^-} f(x) = \lim\limits_{x \to 3^-} 2x = 6$，$\lim\limits_{x \to 3^+} f(x) = \lim\limits_{x \to 3^+}(x+3) = 6$

所以，$\lim\limits_{x \to 3^-} f(x) = \lim\limits_{x \to 3^+} f(x) = 6$，因此 $\lim\limits_{x \to 3} f(x) = 6$.

同步练习 12：

（1）求极限.

① $\lim\limits_{x \to \pi} \cos x$；② $\lim\limits_{x \to 1}(2x+1)$；③ $\lim\limits_{x \to 1} 4$；④ $\lim\limits_{x \to \infty} \dfrac{1}{x^2}$.

（2）设函数 $f(x)=\begin{cases}4x,\ -2\leqslant x<1\\ x^2+3,\ 1\leqslant x<4\\ 2x+1,\ x\geqslant 4\end{cases}$，讨论极限 $\lim\limits_{x\to 1}f(x)$ 和 $\lim\limits_{x\to 4}f(x)$ 是否存在.

3. 无穷小量与无穷大量

【例 2.27】〖弹球模型〗 一只球从 100m 的高空自由下落，每次弹回的高度为前一次高度的 $\dfrac{2}{3}$，一直这样运动下去，用球的第 1，2，…，n 次的高度来表示球的运动规律，得到数列

$$100,\ 100\times\frac{2}{3},\ 100\times\left(\frac{2}{3}\right)^2,\ \cdots,\ 100\times\left(\frac{2}{3}\right)^{n-1},\ \cdots,\ 或\left\{100\times\left(\frac{2}{3}\right)^{n-1}\right\}$$

此数列为公比小于1的等比数列，其通项的极限为 $\lim\limits_{n\to\infty}100\times\left(\dfrac{2}{3}\right)^{n-1}=0$. 即当弹回次数无限增大时，球弹回的高度无限接近 0.

1）无穷小的概念

定义【无穷小】 在自变量 x 的某一变化过程 $x\to x_0$（或 $x\to\infty$）中，函数 $f(x)$ 的极限为零，则称 $f(x)$ 为无穷小量，简称无穷小. 记作

$$\lim_{\substack{x\to x_0\\(x\to\infty)}} f(x)=0$$

因为 $\lim\limits_{x\to\infty}\dfrac{1}{x}=0$，$\lim\limits_{x\to\infty}\dfrac{1}{x^2}=0$，$\lim\limits_{x\to\infty}\dfrac{1}{x^3}=0$，所以当 $x\to\infty$ 时，$\dfrac{1}{x}$，$\dfrac{1}{x^2}$，$\dfrac{1}{x^3}$ 都是无穷小量.

当 $x\to 1$ 时，$x-1$ 和 $\ln x$ 均为无穷小量；当 $x\to 0$ 时，x^2，$\sin x$，$1-\cos x$ 都是无穷小量.

“无穷小”表达的是量的变化趋势，而不是量的大小. 一个非零的数不管其绝对值多么小（如 10^{-100}），都不是无穷小. 显然，0 是唯一可作为无穷小的常数.

【例 2.28】 讨论自变量 x 在怎样的变化过程中，下列函数为无穷小.

（1）$y=\dfrac{1}{x-1}$；（2）$y=2x-1$；

（3）$y=2^x$；（4）$y=\left(\dfrac{1}{4}\right)^x$.

解：

（1）因为 $\lim\limits_{x\to\infty}\dfrac{1}{x-1}=0$，所以当 $x\to\infty$ 时，$\dfrac{1}{x-1}$ 为无穷小.

（2）因为 $\lim\limits_{x\to\frac{1}{2}}(2x-1)=0$，所以当 $x\to\dfrac{1}{2}$ 时，$2x-1$ 为无穷小.

（3）因为 $\lim\limits_{x\to-\infty}2^x=0$，所以当 $x\to-\infty$ 时，2^x 为无穷小.

（4）因为 $\lim\limits_{x\to+\infty}\left(\dfrac{1}{4}\right)^x=0$，所以当 $x\to+\infty$ 时，$\left(\dfrac{1}{4}\right)^x$ 为无穷小.

2）无穷小的性质

性质 1 有限个无穷小的代数和是无穷小.

性质 2 有限个无穷小的乘积是无穷小.

性质 3　无穷小与有界变量之积是无穷小.

【例 2.29】　求 $\lim\limits_{x\to 0} x^2 \sin\dfrac{1}{x}$.

解：$\lim\limits_{x\to 0} x^2 = 0$，则 x^2 为 $x\to 0$ 时的无穷小；又 $\left|\sin\dfrac{1}{x}\right| \leqslant 1$，即 $x\to 0$ 时 $\sin\dfrac{1}{x}$ 为有界变量. 根据性质 3，$x^2\sin\dfrac{1}{x}$ 仍为 $x\to 0$ 时的无穷小，即 $\lim\limits_{x\to 0} x^2\sin\dfrac{1}{x} = 0$，如图 2-35 所示.

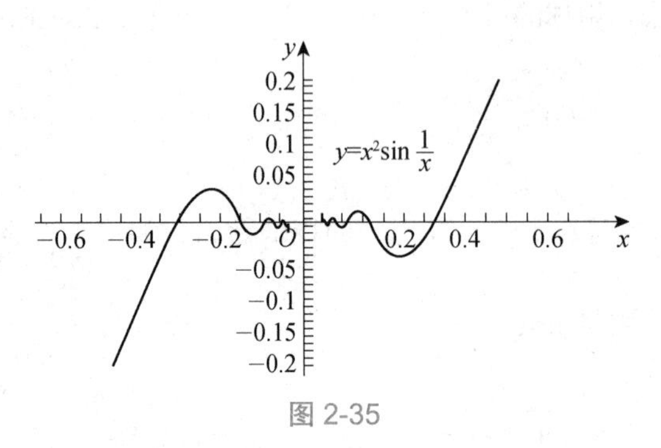

图 2-35

同步练习 13：当 $x\to 1$ 时，下列变量中不是无穷小的是（　　）.

A. x^2-1　　　　B. $x(x-2)+1$

C. $3x^2-2x-1$　　　　D. $4x^2-2x+1$

3）无穷大量的概念

【例 2.30】〖高速问题〗　一个人从 A 地出发，以 30km/h 的速度到达 B 地，问他从 B 地返回 A 地的速度要达到多少时，才能使得往返路程的平均速度为 60km/h?

解：假设 A、B 两地的距离为 s（km），从 B 地到 A 地的速度为 v（km/h），往返的平均速度为 $\overline{v}$（km/h）. 根据条件，他从 A 地到 B 地的时间 t_1（h）及从 B 地回到 A 地的时间 t_2（h）分别为

$$t_1 = \frac{s}{30}，\quad t_2 = \frac{s}{v}$$

往返路程所花费的时间一共为

$$t_1 + t_2 = \frac{s}{30} + \frac{s}{v}$$

则他往返 A、B 两地的平均速度为

$$\overline{v} = \frac{2s}{t_1+t_2} = \frac{2s}{\dfrac{s}{30}+\dfrac{s}{v}}$$

由于往返路程为 $2s$，平均速度要达到 60km/h，A 地到 B 地的速度是 30km/h，所以 $v > 60$ km/h.

经过计算不难发现，只有当 $v\to +\infty$ 时，$\dfrac{s}{v}\to 0$ 时才可能有

$$\lim_{v\to +\infty} \frac{2s}{\dfrac{s}{30}+\dfrac{s}{v}} = 60$$

所以是真正的高速问题.

定义【无穷大量】 在自变量x的某个变化过程$x \to x_0$（或$x \to \infty$）中，$f(x)$绝对值无限增大的变量称为无穷大量，简称无穷大，记作：

$$\lim_{\substack{x \to x_0 \\ (x \to \infty)}} f(x) = \infty$$

当$x \to +\infty$或$x \to -\infty$，上述定义也成立.

【注】 无穷大量是极限不存在的一种情形，我们借用极限的记号$\lim\limits_{x \to x_0} f(x) = \infty$来表示“当$x \to x_0$时，$f(x)$的绝对值无限增大”，是$f(x)$变化的一种状态，但并不表示极限存在.

根据无穷大的定义可知，正无穷大和负无穷大都称为无穷大. 例如，$\dfrac{1}{x}$是$x \to 0^-$时的负无穷大；x^2是$x \to \infty$时的正无穷大，记作

$$\lim_{x \to 0^-} \frac{1}{x} = -\infty，\quad \lim_{x \to \infty} x^2 = +\infty$$

【例 2.31】 讨论自变量在怎样的变化过程中，下列函数为无穷大.

（1）$y = \dfrac{1}{x-1}$；　　（2）$y = 2x - 1$；

（3）$y = 2^x$；　　（4）$y = \ln x$.

解：（1）因为$\lim\limits_{x \to 1}(x-1) = 0$，即$x \to 1$时，$x-1$为无穷小，所以$\dfrac{1}{x-1}$为$x \to 1$时的无穷大.

（2）因为$\lim\limits_{x \to \infty} \dfrac{1}{2x-1} = 0$，即$x \to \infty$时，$2x-1$为$x \to \infty$时的无穷大.

（3）$x \to +\infty$时，2^x为$x \to +\infty$时的无穷大.

（4）由图 2-36 可知，$x \to 0^+$时，$\ln x \to -\infty$，即$\lim\limits_{x \to 0^+} \ln x = -\infty$；而$x \to +\infty$时，$\ln x \to +\infty$，即$\lim\limits_{x \to +\infty} \ln x = +\infty$. 所以，当$x \to 0^+$及$x \to +\infty$时，$\ln x$都是无穷大.

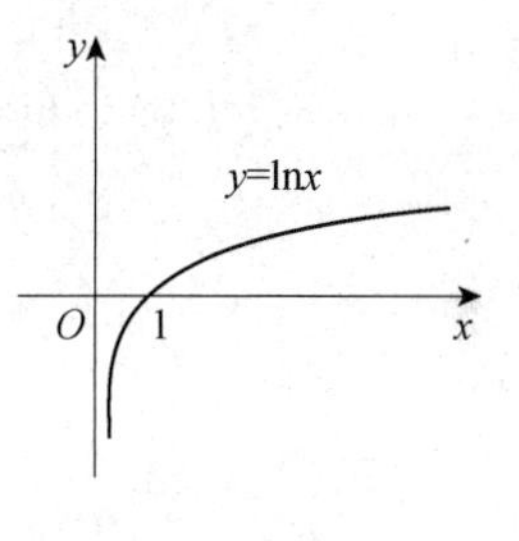

图 2-36

同步练习 14：下列变量在自变量给定的变化过程中不是无穷大的是（　　）.

A. $\ln x (x \to +\infty)$　　B. $e^{\frac{1}{x}} (x \to 0^-)$

C. $\ln x (x \to 0^+)$　　D. $\dfrac{x^2}{\sqrt{x^2+1}} (x \to +\infty)$

4）无穷大与无穷小的关系

定理 在自变量的同一变化过程$x \to x_0$（或$x \to \infty$）中，无穷大的倒数是无穷小，恒不为零的无穷小的倒数为无穷大.

例如，当$x \to 0$时，x^2是无穷小，$\dfrac{1}{x^2}$是无穷大；当$n \to \infty$时，2^n是无穷大，$\dfrac{1}{2^n}$是无穷小.

5）无穷小量的比较

我们再来比较两个无穷小量的变化速度的快慢.

当 $x\to 0$ 时，x，$4x$，x^3 皆为无穷小量，但它们趋近于零的速度不一样，列表比较，见表 2.3.

表 2.3

x	1	10^{-1}	10^{-3}	10^{-5}	…	$\to 0$
$4x$	4	4×10^{-1}	4×10^{-3}	4×10^{-5}	…	$\to 0$
x^3	1	10^{-3}	10^{-9}	10^{-15}	…	$\to 0$

从表 2.3 中可以看到，x，$4x$，x^3 趋于 0 的速度明显不同，x^3 比 x 和 $4x$ 趋近于 0 的速度要快得多. 为了比较无穷小量，我们引入阶的概念.

定义 设 α 和 β 是同一变化过程中的两个无穷小量，

（1）若 $\lim\dfrac{\beta}{\alpha}=0$，则称 β 是比 α 高阶的无穷小，记作 $\beta=o(\alpha)$；反过来称 α 是比 β 低阶的无穷小.

（2）若 $\lim\dfrac{\beta}{\alpha}=C$（$C\neq0$ 且 $C\neq1$），则称 β 与 α 是同阶无穷小；

（3）若当 $\lim\dfrac{\beta}{\alpha}=1$，则称 β 与 α 是等价无穷小，记作 $\beta\sim\alpha$.

【例 2.32】 试比较下列无穷小量的阶.

（1）当 $x\to\infty$ 时，$\dfrac{1}{x^3}$ 与 $\dfrac{3}{x}$；（2）当 $x\to 0$ 时，x^3 与 $4x^3$.

解：（1）因为 $\lim\limits_{x\to\infty}\dfrac{\frac{1}{x^3}}{\frac{3}{x}}=\dfrac{1}{3}\lim\limits_{x\to\infty}\dfrac{1}{x^2}=0$，所以当 $x\to\infty$ 时，$\dfrac{1}{x^3}$ 是比 $\dfrac{3}{x}$ 高阶的无穷小，即 $\dfrac{1}{x^3}=o\left(\dfrac{3}{x}\right)$.

（2）因为 $\lim\limits_{x\to0}\dfrac{x^3}{4x^3}=\dfrac{1}{4}$，所以当 $x\to0$ 时，x^3 是 $4x^3$ 同阶的无穷小.

说明： 在后面求极限的例子中可以看到，有时用等价无穷小做替换，可以使计算过程大大简化.

定理（等价无穷小替换定理） 在自变量的同一变化过程 $x\to x_0$（或 $x\to\infty$）中，$\alpha,\ \alpha',\ \beta,\ \beta'$ 都是无穷小量，且 $\alpha\sim\alpha',\ \beta\sim\beta'$，如果 $\lim\dfrac{\beta'}{\alpha'}$ 存在，那么 $\lim\dfrac{\beta}{\alpha}=\lim\dfrac{\beta'}{\alpha'}$.

当 $x\to0$ 时，**常见的等价无穷小有：**

$x\sim\sin x\sim\tan x\sim\arcsin x\sim\arctan x\sim\ln(1+x)\sim e^x-1$；$1-\cos x\sim\dfrac{1}{2}x^2$；$\sqrt[n]{1+x}-1\sim\dfrac{x}{n}$ 或 $\sqrt[n]{1+x}\sim1+\dfrac{x}{n}$

【例 2.33】 求极限.

（1）$\lim\limits_{x\to0}\dfrac{(e^x-1)\sin x}{1-\cos x}$；（2）$\lim\limits_{x\to0}\dfrac{e^{2x}-1}{\sin3x}$.

解：（1）当 $x \to 0$ 时，$x \sim \sin x \sim e^x - 1$，$1-\cos x \sim \dfrac{1}{2}x^2$

所以，$\lim\limits_{x\to 0}\dfrac{(e^x-1)\sin x}{1-\cos x} = \lim\limits_{x\to 0}\dfrac{x\cdot x}{\dfrac{1}{2}x^2} = 2$.

（2）当 $x \to 0$ 时，$e^{2x}-1 \sim 2x$，$\sin 3x \sim 3x$

所以，$\lim\limits_{x\to 0}\dfrac{e^{2x}-1}{\sin 3x} = \lim\limits_{x\to 0}\dfrac{2x}{3x} = \dfrac{2}{3}$.

① 当被替换的量作为加减的元素时就不可以使用，作为被乘或者被除的元素时可以用等价无穷小替换.

② 被替换的量，在取极限的过程中极限值不为 0 时不能用等价无穷小替换.

同步练习 15：利用等价无穷小替换求下列极限.

（1）$\lim\limits_{x\to 0}\dfrac{\sin 2x}{\tan 5x}$；　　（2）$\lim\limits_{x\to 0}\dfrac{\sin x^2}{1-\cos x}$；

（3）$\lim\limits_{x\to 0}\dfrac{\ln(1-x^2)}{\arctan x^2}$；　　（4）$\lim\limits_{x\to 0}\dfrac{\sqrt{1+x}-1}{\ln(1+x)}$.

2.4 极限的运算

2.4.1 极限四则运算法则与 Python 实现

定理【极限的四则运算法则】 设 $\lim\limits_{x\to x_0} f(x) = A$ 及 $\lim\limits_{x\to x_0} g(x) = B$，则

极限四则运算法则

（1）$\lim\limits_{x\to x_0}(f(x)\pm g(x)) = \lim\limits_{x\to x_0} f(x) \pm \lim\limits_{x\to x_0} g(x) = A \pm B$.

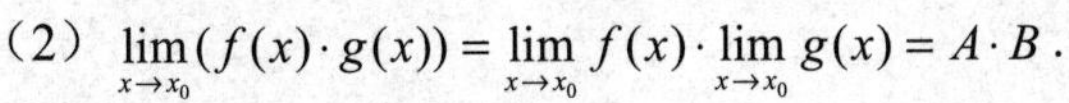

（2）$\lim\limits_{x\to x_0}(f(x)\cdot g(x)) = \lim\limits_{x\to x_0} f(x)\cdot \lim\limits_{x\to x_0} g(x) = A\cdot B$.

推论 1　$\lim\limits_{x\to x_0}\left[Cf(x)\right] = C\lim\limits_{x\to x_0} f(x)$（$C$ 为任意常数）；

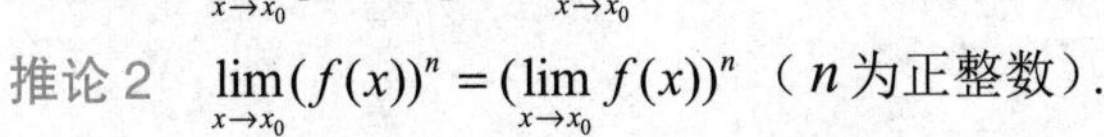

推论 2　$\lim\limits_{x\to x_0}(f(x))^n = (\lim\limits_{x\to x_0} f(x))^n$（$n$ 为正整数）.

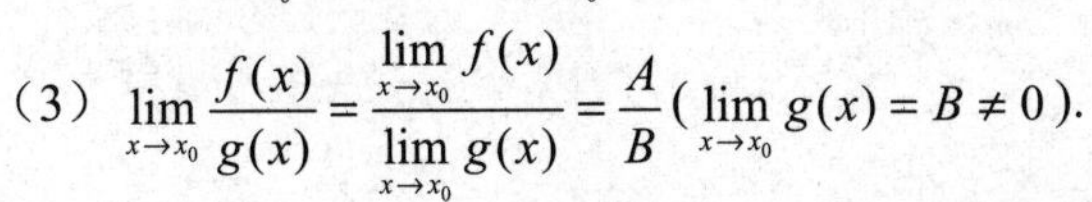

（3）$\lim\limits_{x\to x_0}\dfrac{f(x)}{g(x)} = \dfrac{\lim\limits_{x\to x_0} f(x)}{\lim\limits_{x\to x_0} g(x)} = \dfrac{A}{B}$（$\lim\limits_{x\to x_0} g(x) = B \neq 0$）.

【注】上述极限的四则运算法则对自变量在其他变化过程（如 $x\to\infty$，$n\to\infty$ 时）的极限同样成立.

结论：（1）设 $f(x) = a_0x^n + a_1x^{n-1} + \cdots + a_n$，则有

$$\lim_{x\to x_0} f(x) = \lim_{x\to x_0}(a_0x^n + a_1x^{n-1} + \cdots + a_n) = a_0{x_0}^n + a_1{x_0}^{n-1} + \cdots + a_n = f(x_0)$$

（2）设 $f(x) = \dfrac{P(x)}{Q(x)}$，且 $Q(x_0) \neq 0$，则有

$$\lim_{x\to x_0} f(x)=\lim_{x\to x_0}\frac{P(x)}{Q(x)}=\frac{P(x_0)}{Q(x_0)}=f(x_0)$$

【例 2.34】 求极限 $\lim\limits_{x\to -1}\dfrac{2x^2+x-4}{3x^2+2}$.

解：因为 $\lim\limits_{x\to -1}(3x^2+2)=5\neq 0$，所以根据极限的四则运算法则（3）有

$$\lim_{x\to -1}\frac{2x^2+x-4}{3x^2+2}=\frac{\lim\limits_{x\to -1}(2x^2+x-4)}{\lim\limits_{x\to -1}(3x^2+2)}=\frac{2-1-4}{3+2}=-\frac{3}{5}$$

函数的极限 Python 实现

下面利用 Python 求 $\lim\limits_{x\to -1}\dfrac{2x^2+x-4}{3x^2+2}$.

解：在 PyCharm 中新建 limit1.py 文件，内容如下：

```
from sympy import *
x = symbols('x ')  #定义变量 x
f =(2* x**2+x-4)/(3*x**2+2)  #定义表达式
limit_f = limit(f, x, -1)  #求极限
print("函数的极限为",limit_f )  #输出结果
```

运行程序，命令窗口显示所得结果：

```
函数的极限为 -3/5
```

【例 2.35】 求极限 $\lim\limits_{x\to\infty}\left(1-\dfrac{1}{x}+\dfrac{3}{x^2}\right)\left(2+\dfrac{2}{x}-\dfrac{1}{x^3}\right)$.

解：因为 $\lim\limits_{x\to\infty}\left(1-\dfrac{1}{x}+\dfrac{3}{x^2}\right)\left(2+\dfrac{2}{x}-\dfrac{1}{x^3}\right)=\lim\limits_{x\to\infty}\left(1-\dfrac{1}{x}+\dfrac{3}{x^2}\right)\cdot\lim\limits_{x\to\infty}\left(2+\dfrac{2}{x}-\dfrac{1}{x^3}\right)=1\times 2=2$.

下面利用 Python 求 $\lim\limits_{x\to\infty}\left(1-\dfrac{1}{x}+\dfrac{3}{x^2}\right)\left(2+\dfrac{2}{x}-\dfrac{1}{x^3}\right)$.

解：在 PyCharm 中新建 limit2.py 文件，内容如下：

```
from sympy import *
x = symbols('x ')  #定义变量 x
f =(1-1/x+3/x**2)*(2+2/x-1/x**3)  #定义表达式
limit_f = limit(f, x, oo)  #求极限, oo 表示无穷
print("函数的极限为",limit_f )  #输出结果
```

运行程序，命令窗口显示所得结果：

```
函数的极限为 2
```

同步练习 16：求下列极限并用 Python 实现.

（1）$\lim\limits_{x\to 1}(3x^2+2x-1)$；（2）$\lim\limits_{x\to 2}\dfrac{x^2+x+1}{2x-1}$；（3）$\lim\limits_{x\to 1}\dfrac{2x+1}{x-1}$；（4）$\lim\limits_{x\to\infty}\left(1+\dfrac{1}{x}\right)\left(3-\dfrac{2}{x^2}\right)$.

【例 2.36】 求极限 $\lim\limits_{x\to 4}\dfrac{x^2-7x+12}{x^2-5x+4}$.

解：当 $x\to 4$ 时，分子和分母的极限均为 0，则称该**极限形式为 $\dfrac{0}{0}$ 型**，可通过约去公因式 $x-4$（思考：为什么可以约去？）求极限.

$$\lim_{x\to 4}\frac{x^2-7x+12}{x^2-5x+4}=\lim_{x\to 4}\frac{(x-3)(x-4)}{(x-1)(x-4)}=\lim_{x\to 4}\frac{x-3}{x-1}=\frac{1}{3}.$$

下面利用 Python 求 $\lim_{x\to 4}\frac{x^2-7x+12}{x^2-5x+4}$.

解：在 PyCharm 中新建 limit3.py 文件，内容如下：

```
from sympy import *
x = symbols('x ')   #定义变量 x
f =(x**2-7*x+12)/(x**2-5*x+4)   #定义表达式
limit_f = limit(f, x, 4)   #求极限
print("函数的极限为",limit_f )   #输出结果
```

运行程序，命令窗口显示所得结果：

```
函数的极限为 1/3
```

【例 2.37】 求极限 $\lim_{x\to 2}\frac{x^2-4}{x-2}$.

解：当 $x\to 2$ 时，分子和分母的极限均为 0，则该极限为 $\frac{0}{0}$ 型，可通过约去公因式 $x-2$ 求极限.

$$\lim_{x\to 2}\frac{x^2-4}{x-2}=\lim_{x\to 2}\frac{(x-2)(x+2)}{x-2}=\lim_{x\to 2}(x+2)=4.$$

【注】 当遇到分子、分母的极限均为零的有理分式求极限时，可先对分子、分母进行因式分解，约去趋向于 0 的公因式，再求极限.

下面利用 Python 求 $\lim_{x\to 2}\frac{x^2-4}{x-2}$.

解：在 PyCharm 中新建 limit4.py 文件，内容如下：

```
from sympy import *
x = symbols('x ')   #定义变量 x
f =(x**2-4)/(x-2)   #定义表达式
limit_f = limit(f, x, 2)   #求极限
print("函数的极限为",limit_f )   #输出结果
```

运行程序，命令窗口显示所得结果：

```
函数的极限为 4
```

【例 2.38】 求极限 $\lim_{x\to 0}\frac{\sqrt{1+x}-1}{x}$.

解：当 $x\to 0$ 时，分子和分母的极限均为 0，则该极限为 $\frac{0}{0}$ 型，可通过对分子有理化，约去极限为 0 的因式，再求极限.

$$\lim_{x\to 0}\frac{\sqrt{1+x}-1}{x}=\lim_{x\to 0}\frac{(\sqrt{1+x}-1)(\sqrt{1+x}+1)}{x(\sqrt{1+x}+1)}=\lim_{x\to 0}\frac{x}{x(\sqrt{1+x}+1)}=\lim_{x\to 0}\frac{1}{\sqrt{1+x}+1}=\frac{1}{2}.$$

【注】当遇到分子、分母的极限均为零的非有理分式求极限时，若分子或分母中含有根式，可先对分子或分母有理化，约去极限为 0 的因式，再求极限.

下面利用 Python 求 $\lim\limits_{x\to 0}\dfrac{\sqrt{1+x}-1}{x}$.

解：在 PyCharm 中新建 limit5.py 文件，内容如下：

```
from sympy import *
x = symbols('x ')    #定义变量 x
f =(sqrt(x+1)-1)/x   #定义表达式
limit_f = limit(f, x, 0)   #求极限
print("函数的极限为",limit_f)   #输出结果
```

运行程序，命令窗口显示所得结果：

```
函数的极限为 1/2
```

同步练习 17：求下列极限并用 Python 实现.

（1）$\lim\limits_{x\to 3}\dfrac{x-3}{x^2-9}$，　　（2）$\lim\limits_{x\to 1}\dfrac{x^2-1}{x^2+2x-3}$，

（3）$\lim\limits_{x\to 1}\dfrac{x^2-2x+1}{x^3-x}$，　　（4）$\lim\limits_{x\to 2}\dfrac{\sqrt{x+2}-2}{x-2}$.

【例 2.39】 求极限 $\lim\limits_{x\to\infty}\dfrac{2x^2+x-3}{3x^2-x+2}$（$\dfrac{\infty}{\infty}$ 型）.

解：当 $x\to\infty$ 时，分子、分母均趋于无穷大，称该极限形式为 $\dfrac{\infty}{\infty}$ 型，这时，分子、分母同时除以分母的最高次幂 x^2，可得

$$\lim_{x\to\infty}\frac{2x^2+x-3}{3x^2-x+2}=\lim_{x\to\infty}\frac{2+\frac{1}{x}-\frac{3}{x^2}}{3-\frac{1}{x}+\frac{2}{x^2}}=\frac{2}{3}.$$

无穷比无穷型的极限运算

下面利用 Python 求 $\lim\limits_{x\to\infty}\dfrac{2x^2+x-3}{3x^2-x+2}$.

解：在 PyCharm 中新建 limit6.py 文件，内容如下：

```
from sympy import *
x = symbols('x ')    #定义变量 x
f =(2*x**2+x-3)/(3*x**2-x+2)   #定义表达式
limit_f = limit(f, x, oo)   #求极限
print("函数的极限为",limit_f)   #输出结果
```

运行程序，命令窗口显示所得结果：

```
函数的极限为 2/3
```

【例 2.40】 求极限 $\lim\limits_{x\to\infty}\dfrac{2x^2+x+3}{3x^3+x^2-5}$.

解：$\lim\limits_{x\to\infty}\dfrac{2x^2+x+3}{3x^3+x^2-5}=\lim\limits_{x\to\infty}\dfrac{\dfrac{2}{x}+\dfrac{1}{x^2}+\dfrac{3}{x^3}}{3+\dfrac{1}{x}-\dfrac{5}{x^3}}=\dfrac{0}{3}=0$.

下面利用 Python 求 $\lim\limits_{x\to\infty}\dfrac{2x^2+x+3}{3x^3+x^2-5}$.

解：在 PyCharm 中新建 limit7.py 文件，内容如下：

```
from sympy import *
x = symbols('x ')    #定义变量 x
f =(2*x**2+x+3)/(3*x**3+x**2-5)   #定义表达式
limit_f = limit(f, x, oo)  #求极限
print("函数的极限为",limit_f )   #输出结果
```

运行程序，命令窗口显示所得结果：

```
函数的极限为 0
```

【例 2.41】 求极限 $\lim\limits_{x\to\infty}\dfrac{2x^5-x+3}{x^2-5}$.

解：$\lim\limits_{x\to\infty}\dfrac{2x^5-x+3}{x^2-5}=\lim\limits_{x\to\infty}\dfrac{2x^3-\dfrac{1}{x}+\dfrac{3}{x^2}}{1-\dfrac{5}{x^2}}=\infty$.

下面利用 Python 求 $\lim\limits_{x\to\infty}\dfrac{2x^5-x+3}{x^2-5}$.

解：在 PyCharm 中新建 limit8.py 文件，内容如下：

```
from sympy import *
x = symbols('x ')    #定义变量 x
f =(2*x**5-x+3)/(x**2-5)   #定义表达式
limit_f = limit(f, x, oo)   #求极限
print("函数的极限为",limit_f )   #输出结果
```

运行程序，命令窗口显示所得结果：

```
函数的极限为 oo
```

【注】 对于 $x\to\infty$ 时"$\dfrac{\infty}{\infty}$"型的极限，**无穷小分出法**：用有理式 $\dfrac{P_n(x)}{Q_m(x)}$ **的分子、分母同时除以分母中 x 的最高次幂**，然后求极限. 总结如下：

$$\lim_{x\to\infty}\frac{P_n(x)}{Q_m(x)}=\lim_{x\to\infty}\frac{a_0x^n+a_1x^{n-1}+\cdots+a_n}{b_0x^m+b_1x^{m-1}+\cdots+b_m}=\begin{cases}\infty, & \text{当}m<n\text{时}\\ \dfrac{a_0}{b_0}, & \text{当}m=n\text{时}\\ 0, & \text{当}m>n\text{时}\end{cases}.$$

同步练习 18：求下列极限并通过 Python 实现.

（1）$\lim\limits_{x\to\infty}\dfrac{3x^2+2x-3}{x^2+5}$；（2）$\lim\limits_{x\to\infty}\dfrac{x^3-2x^2-7}{4x^2+5x+3}$；

（3）$\lim\limits_{x\to\infty}\dfrac{6x+2}{x^2+2x-1}$.

【例 2.42】 求极限 $\lim\limits_{x\to1}\left(\dfrac{3}{1-x^3}-\dfrac{1}{1-x}\right)$.

解：当 $x\to1$ 时，两个有理式的极限均不存在（是“$\infty-\infty$”型），先通分转化为 $\dfrac{0}{0}$ 型，再求极限. 则

$$\lim_{x\to1}\left(\frac{3}{1-x^3}-\frac{1}{1-x}\right)=\lim_{x\to1}\frac{3-(1+x+x^2)}{1-x^3}$$
$$=\lim_{x\to1}\frac{(2+x)(1-x)}{(1-x)(1+x+x^2)}=\lim_{x\to1}\frac{2+x}{1+x+x^2}=1.$$

【注】当遇到两个有理式差的极限时，若这两个有理式都是无穷大量，可先将它们通分后再求极限.

下面利用 Python 求 $\lim\limits_{x\to1}\left(\dfrac{3}{1-x^3}-\dfrac{1}{1-x}\right)$.

解：在 PyCharm 中新建 limit9.py 文件，内容如下：

```
from sympy import *
x = symbols('x ')     #定义变量 x
f =3/(1-x**3)-1/(1-x)  #定义表达式
limit_f = limit(f, x, 1)   #求极限
print("函数的极限为",limit_f)   #输出结果
```

运行程序，命令窗口显示所得结果：

```
函数的极限为 1
```

*【例 2.43】 求极限 $\lim\limits_{x\to\infty}\left(\sqrt{x^2+x}-x\right)$.

解：$\lim\limits_{x\to+\infty}\left(\sqrt{x^2+x}-x\right)=\lim\limits_{x\to+\infty}\dfrac{\left(\sqrt{x^2+x}-x\right)\left(\sqrt{x^2+x}+x\right)}{\sqrt{x^2+x}+x}$

$$=\lim_{x\to+\infty}\frac{x}{\sqrt{x^2+x+x}}=\lim_{x\to+\infty}\frac{1}{\sqrt{1+\frac{1}{x}+1}}=\frac{1}{2}.$$

【注】当遇到两个无穷大量之差时，若这两个变量含有根式，可先将分子有理化后再求极限.

下面利用 Python 求 $\lim\limits_{x\to\infty}\left(\sqrt{x^2+x}-x\right)$.

解：在 PyCharm 中新建 limit10.py 文件，内容如下：

```
from sympy import *
x = symbols('x ')     #定义变量 x
f =sqrt(x**2+x)-x    #定义表达式
limit_f = limit(f, x, oo)   #求极限
print("函数的极限为",limit_f)   #输出结果
```

运行程序，命令窗口显示所得结果：

```
函数的极限为 1/2
```

*【例 2.44】 已知 $\lim\limits_{x\to 2}\dfrac{x^2+ax+8}{x-2}=k$，求 a 与 k 的值.

分析：当 $x\to 2$ 时，分母 $x-2\to 0$，而分式的极限存在，因此当 $x\to 2$ 时，分子 $x^2+ax+8\to 0$，这样可以求得 a 的值，然后求极限就可以求得 k 的值.

解：因为 $\lim\limits_{x\to 2}(x-2)=0$，而 $\lim\limits_{x\to 2}\dfrac{x^2+ax+8}{x-2}=k$ 存在，所以 $\lim\limits_{x\to 2}(x^2+ax+8)=0$，即 $2^2+2a+8=0$，于是 $a=-6$，所以

$$k=\lim_{x\to 2}\frac{x^2-6x+8}{x-2}=\lim_{x\to 2}\frac{(x-2)(x-4)}{x-2}=\lim_{x\to 2}(x-4)=-2\,.$$

*同步练习 19：求下列极限.

（1）$\lim\limits_{x\to 1}\left(\dfrac{1}{x-1}-\dfrac{2}{x^2-1}\right)$；（2）$\lim\limits_{x\to +\infty}\left(\sqrt{4x+1}-2\sqrt{x}\right)$；（3）$\lim\limits_{x\to \infty}x\left(\sqrt{x^2+1}-x\right)$.

2.4.2 两个重要极限与 Python 实现

重要极限一

1. 重要极限一 $\lim\limits_{x\to 0}\dfrac{\sin x}{x}=1$

当 $x\to 0$ 时，考察 $\dfrac{\sin x}{x}$ 的变化趋势，见表 2.4.

表 2.4

x	±0.1	±0.01	±0.001	±0.0001	…	±0.0000001
$\dfrac{\sin x}{x}$	0.998334	0.999983	0.9999998	0.99999999	…	1.0000000

由表 2.4 可以看出，随着 x 越来越趋近于 0，$\dfrac{\sin x}{x}$ 的值越来越趋近于 1，即 $\lim\limits_{x\to 0}\dfrac{\sin x}{x}=1$（该极限可利用夹逼准则证明，本书不作要求）.

也可以由图 2-37 直观地得出 $\lim\limits_{x\to 0}\dfrac{\sin x}{x}=1$.

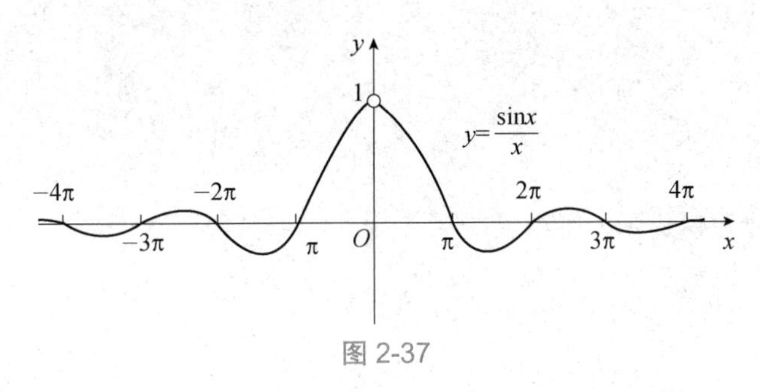

图 2-37

说明：在应用重要极限一时应注意它的形式，在某一变化过程中，分子、分母的极限都为 0，且分子是分母的正弦. 为了强调其形式，我们把它形象地写成：

$$\lim_{\square \to 0}\frac{\sin\square}{\square}=1 \text{（□代表同一变量）}.$$

重要极限 $\lim\limits_{x\to 0}\frac{\sin x}{x}=1$ 的 Python 实现.

【例 2.45】 考察函数 $f(x)=\frac{\sin x}{x}$ 在 $x\to 0$ 时的变化趋势，并求其极限.

解：在 PyCharm 中新建 pic5.py 文件，内容如下：

```
import matplotlib.pyplot as plt
from numpy import *
x = arange(-5*pi,5*pi,0.01)
y = sin(x)/x
plt.figure()   # 打开窗口
plt.plot(x,y)   # 画出图形
plt.grid(True)   #网格线开始
plt.show()   #展示 show
```

运行程序，输出图形如图 2-38 所示.

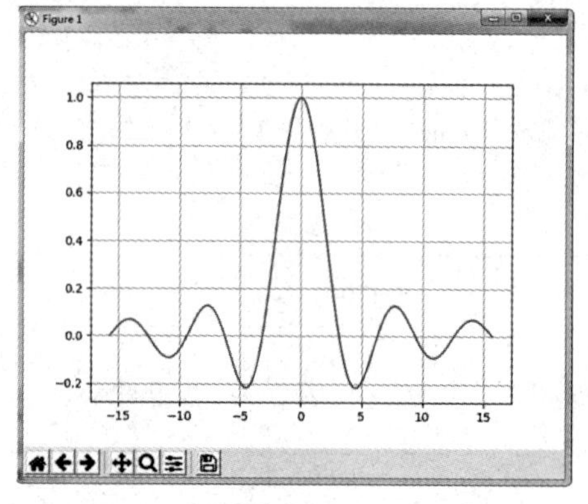

图 2-38

由图 2-38 可以看出，$f(x)=\frac{\sin x}{x}$ 在 x=0 附近连续变化，其值与 1 无限靠近，可见其极限为 1，用 Python 进行验证. 在 PyCharm 中新建 limit2.py 文件，内容如下：

```
from sympy import *
x = symbols('x ')
y = sin(x)/x
print(limit(y,x,0))
```

运行程序，命令窗口显示所得结果：

```
1
```

即

$$\lim_{x\to 0}\frac{\sin x}{x}=1.$$

【例 2.46】 求极限 $\lim\limits_{x\to 0}\dfrac{\tan x}{x}$.

解：这是 $\dfrac{0}{0}$ 型，先利用三角恒等变化转化为重要极限一的形式，再利用重要极限求解.

$$\lim_{x\to 0}\frac{\tan x}{x}=\lim_{x\to 0}\frac{\sin x}{x\cos x}=\lim_{x\to 0}\frac{\sin x}{x}\cdot\frac{1}{\cos x}$$
$$=\lim_{x\to 0}\frac{\sin x}{x}\cdot\lim_{x\to 0}\frac{1}{\cos x}=1\times 1=1.$$

下面利用 Python 求 $\lim\limits_{x\to 0}\dfrac{\tan x}{x}$.

解：在 PyCharm 中新建 limit12.py 文件，内容如下：

```
from sympy import *
x = symbols('x ')     #定义变量 x
f =tan(x)/x   #定义表达式
limit_f = limit(f, x, 0)   #求极限
print("函数的极限为",limit_f )   #输出结果
```

运行程序，命令窗口显示所得结果：

```
函数的极限为 1
```

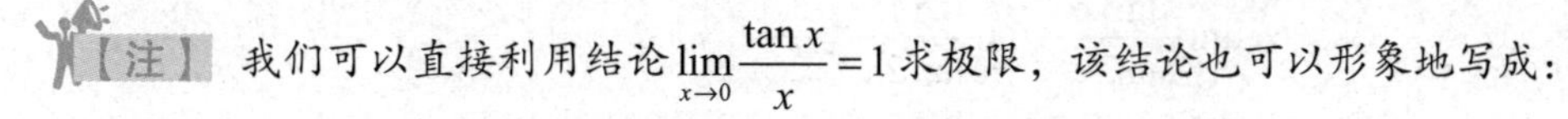

【注】 我们可以直接利用结论 $\lim\limits_{x\to 0}\dfrac{\tan x}{x}=1$ 求极限，该结论也可以形象地写成：

$$\lim_{\square\to 0}\frac{\tan\square}{\square}=1\text{（□代表同一变量）}.$$

【例 2.47】 求极限 $\lim\limits_{x\to 0}\dfrac{\sin kx}{x}$.

解：$\lim\limits_{x\to 0}\dfrac{\sin kx}{x}=\lim\limits_{x\to 0}\dfrac{\sin kx}{kx}\cdot k=k$.

下面利用 Python 求 $\lim\limits_{x\to 0}\dfrac{\sin kx}{x}$.

解：在 PyCharm 中新建 limit13.py 文件，内容如下：

```
from sympy import *
x = symbols('x ')     #定义变量 x
k = symbols('k ')     #定义变量 k
f =sin(k*x)/x   #定义表达式
limit_f = limit(f, x, 0)   #求极限
print("函数的极限为",limit_f )   #输出结果
```

运行程序，命令窗口显示所得结果：

```
函数的极限为 k
```

【例 2.48】 求极限 $\lim\limits_{x\to 0}\dfrac{\sin ax}{\sin bx}$.

解：$\lim\limits_{x\to 0}\dfrac{\sin ax}{\sin bx}=\lim\limits_{x\to 0}\dfrac{\dfrac{\sin ax}{x}}{\dfrac{\sin bx}{x}}=\dfrac{\lim\limits_{x\to 0}\dfrac{\sin ax}{x}}{\lim\limits_{x\to 0}\dfrac{\sin bx}{x}}=\dfrac{a}{b}$.

下面利用 Python 求 $\lim\limits_{x\to 0}\dfrac{\sin ax}{\sin bx}$.

解：在 PyCharm 中新建 limit14.py 文件，内容如下：

```
from sympy import *
x,a,b = symbols('x a b ')     #定义多个变量 x，a，b
f =sin(a*x)/sin(b*x)    #定义函数表达式
limit_f= limit(f, x, 0)   #求极限
print("函数的极限为",limit_f)   #输出结果
```

运行程序，命令窗口显示所得结果：

```
函数的极限为 a/b
```

【注】 在以后求极限过程中可以直接使用例 2.47 和例 2.48 的结论.

【例 2.49】 求极限 $\lim\limits_{x\to 0}\dfrac{\sin 3x-\tan 7x}{\tan 2x}$.

解：
$$\lim_{x\to 0}\frac{\sin 3x-\tan 7x}{\tan 2x}=\lim_{x\to 0}\left(\frac{\sin 3x}{\tan 2x}-\frac{\tan 7x}{\tan 2x}\right)$$
$$=\lim_{x\to 0}\frac{\sin 3x}{\tan 2x}-\lim_{x\to 0}\frac{\tan 7x}{\tan 2x}=\frac{3}{2}-\frac{7}{2}=-2.$$

下面利用 Python 求 $\lim\limits_{x\to 0}\dfrac{\sin 3x-\tan 7x}{\tan 2x}$.

解：在 PyCharm 中新建 limit15.py 文件，内容如下：

```
from sympy import *
x = symbols('x ')     #定义变量 x
f =(sin(3*x)-tan(7*x))/tan(2*x)    #定义函数表达式
limit_f= limit(f, x, 0)   #求极限
print("函数的极限为",limit_f)   #输出结果
```

运行程序，命令窗口显示所得结果：

```
函数的极限为 -2
```

*【例 2.50】 求极限 $\lim\limits_{x\to 0}\dfrac{1-\cos x}{x^2}$.

解：$\lim\limits_{x\to 0}\dfrac{1-\cos x}{x^2}=\lim\limits_{x\to 0}\dfrac{2\sin^2\dfrac{x}{2}}{x^2}=2\lim\limits_{x\to 0}\left(\dfrac{\sin\dfrac{x}{2}}{x}\right)^2=2\times\dfrac{1}{4}=\dfrac{1}{2}$.

下面利用 Python 求 $\lim\limits_{x\to 0}\dfrac{1-\cos x}{x^2}$.

解：在 PyCharm 中新建 limit16.py 文件，内容如下：

```
from sympy import *
```

```
x = symbols('x ')    #定义变量 x
f =(1-cos(x))/x**2   #定义函数表达式
limit_f = limit(f, x, 0)   #求极限
print("函数的极限为",limit_f )   #输出结果
```

运行程序，命令窗口显示所得结果：

```
函数的极限为 1/2
```

【例 2.51】 求极限 $\lim\limits_{x\to 1}\dfrac{\sin(x^2-1)}{x-1}$.

解：$\lim\limits_{x\to 1}\dfrac{\sin(x^2-1)}{x-1}=\lim\limits_{x\to 1}\dfrac{\sin(x^2-1)}{x^2-1}\cdot(x+1)=\lim\limits_{x\to 1}\dfrac{\sin(x^2-1)}{x^2-1}\cdot\lim\limits_{x\to 1}(x+1)=1\times 2=2$.

下面利用 Python 求 $\lim\limits_{x\to 1}\dfrac{\sin(x^2-1)}{x-1}$.

解：在 PyCharm 中新建 limit17.py 文件，内容如下：

```
from sympy import *
x = symbols('x ')    #定义变量 x
f =(sin(x**2-1))/(x-1)   #定义函数表达式
limit_f = limit(f, x, 1)   #求极限
print("函数的极限为",limit_f )   #输出结果
```

运行程序，命令窗口显示所得结果：

```
函数的极限为 2
```

同步练习 20：求下列极限.

（1）$\lim\limits_{x\to 1}\dfrac{\tan 2(x-1)}{x-1}$；　　（2）$\lim\limits_{x\to 0}\dfrac{1-\cos 2x}{x\sin x}$；

（3）$\lim\limits_{x\to 0}\dfrac{x-\sin x}{x+\sin x}$；　　（4）$\lim\limits_{x\to 0}\dfrac{\sin 2x}{\tan 5x}$.

重要极限二

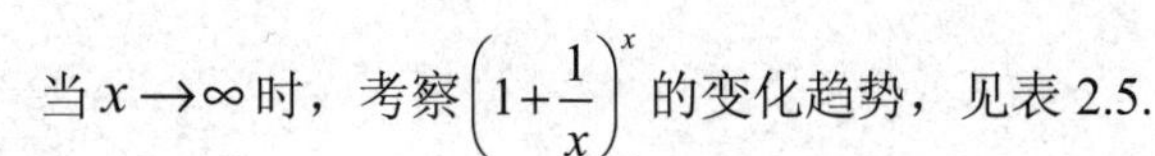

2. 重要极限二　$\lim\limits_{x\to\infty}(1+\dfrac{1}{x})^x=e$

当 $x\to\infty$ 时，考察 $\left(1+\dfrac{1}{x}\right)^x$ 的变化趋势，见表 2.5.

表 2.5

x	…	10	10^2	10^3	10^4	10^5	…
$\left(1+\dfrac{1}{x}\right)^x$	…	2.59374	2.70481	2.71692	2.71815	2.71827	…
x	…	−10	-10^2	-10^3	-10^4	-10^5	…
$\left(1+\dfrac{1}{x}\right)^x$	…	2.86787	2.73200	2.71964	2.71842	2.71830	…

由表 2.5 容易看出，当 x 的绝对值无限增大时，$\left(1+\dfrac{1}{x}\right)^x$ 的值无限趋近于无理数 e

（$e=2.718281828\cdots$），即

$$\lim_{x\to\infty}\left(1+\frac{1}{x}\right)^x=\mathrm{e}$$（该极限可利用夹逼准则证明，本书不作要求）.

也可以由图 2-39 直观地看出 $\lim\limits_{x\to\infty}\left(1+\frac{1}{x}\right)^x=\mathrm{e}$.

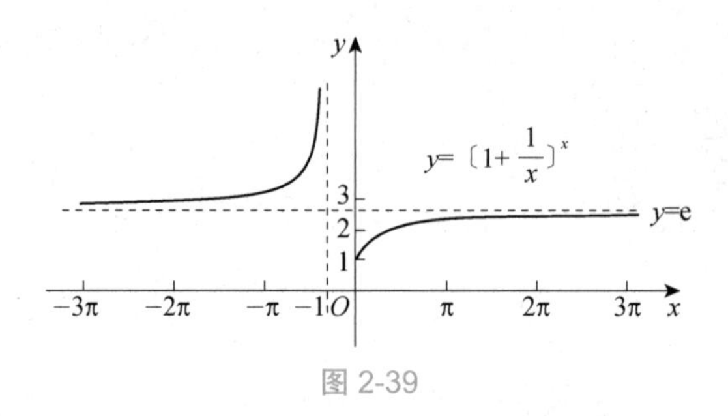

图 2-39

根据无穷大与无穷小的关系，$\lim\limits_{x\to\infty}\left(1+\frac{1}{x}\right)^x=\mathrm{e}$ 可写成如下等价形式：

$$\lim_{x\to 0}(1+x)^{\frac{1}{x}}=\mathrm{e}.$$

说明：该极限属于1^∞型，其特征是，底数是 1 加无穷小的形式，指数是与底数中的无穷小互为倒数，可以形象地表示为

$$\lim_{\square\to\infty}\left(1+\frac{1}{\square}\right)^\square=\mathrm{e}\text{ 或 }\lim_{\square\to 0}(1+\square)^{\frac{1}{\square}}=\mathrm{e}$$（□代表同一变量）.

重要极限 $\lim\limits_{x\to\infty}(1+\frac{1}{x})^x=\mathrm{e}$ 的 Python 实现.

【例 2.52】 考察函数 $f(x)=\left(1+\frac{1}{x}\right)^x$ 在 $x\to\infty$ 时的变化趋势，并求其极限.

解：在 PyCharm 中新建 pic6.py 文件，内容如下：

```
import matplotlib.pyplot as plt
from numpy import *
x1 = arange(-100,-2,0.01)
x2 = arange(0,100,0.01)
y1 = (1+1/x1)**x1
y2 = (1+1/x2)**x2
plt.figure()
plt.plot(x1,y1,x2,y2)
plt.grid(True)
plt.show()
```

运行程序，输出图形如图 2-40 所示.

由图 2-40 可以看出，$f(x)=\left(1+\frac{1}{x}\right)^x$ 分别在 $x\to+\infty$ 和 $x\to-\infty$ 时，函数值与某常数无限接近，该常数为 e. 用 Python 进行验证，在 PyCharm 中新建 limit3.py 文件，内容如下：

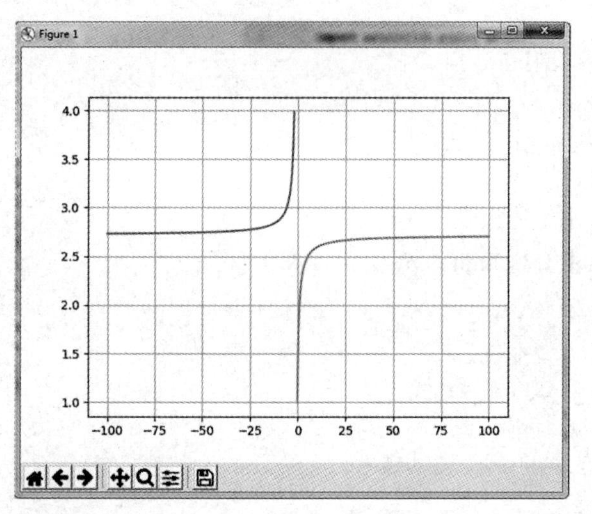

图 2-40

```
from sympy import *
x = symbols('x ')
y = (1+1/x)**x
print(limit(y,x,oo))
print(limit(y,x,-oo))
```

程序运行，命令窗口显示所得结果：

```
E
E
```

即

$$\lim_{x\to+\infty}\left(1+\frac{1}{x}\right)^x=\lim_{x\to-\infty}\left(1+\frac{1}{x}\right)^x=\mathrm{e}\,.$$

【例 2.53】 求极限 $\lim_{x\to\infty}\left(1-\frac{1}{x}\right)^x$.

解：$\lim_{x\to\infty}\left(1-\frac{1}{x}\right)^x=\lim_{x\to\infty}\left[1+\left(-\frac{1}{x}\right)\right]^{-x\cdot(-1)}=\lim_{x\to\infty}\left\{\left[1+\left(-\frac{1}{x}\right)\right]^{-x}\right\}^{-1}=\mathrm{e}^{-1}$.

下面利用 Python 求 $\lim_{x\to\infty}\left(1-\frac{1}{x}\right)^x$.

解：在 PyCharm 中新建 limit18.py 文件，内容如下.

```
from sympy import *
x = symbols('x ')     #定义变量 x
f =(1-1/x)**x   #定义函数表达式
limit_f = limit(f, x, oo)   #求极限
print("函数的极限为",limit_f )   #输出结果
```

运行程序，命令窗口显示所得结果：

```
函数的极限为    exp(-1)
```

【例 2.54】 求极限 $\lim_{x\to\infty}\left(1+\frac{1}{x}\right)^{3x}$.

解：$\lim_{x\to\infty}\left(1+\frac{1}{x}\right)^{3x}=\lim_{x\to\infty}\left[\left(1+\frac{1}{x}\right)^{x}\right]^{3}=e^{3}$.

下面利用 Python 求上述极限.

解：在 PyCharm 中新建 limit19.py 文件，内容如下：

```
from sympy import *
x = symbols('x ')     #定义变量 x
f =(1+1/x)**(3*x)   #定义函数表达式
limit_f = limit(f, x, oo)   #求极限
print("函数的极限为",limit_f )   #输出结果
```

运行程序，命令窗口显示所得结果：

```
函数的极限为   exp(3)
```

【例 2.55】 求极限 $\lim_{x\to\infty}\left(1-\frac{1}{2x}\right)^{3x-2}$.

解：$\lim_{x\to\infty}\left(1-\frac{1}{2x}\right)^{3x-2}=\lim_{x\to\infty}\left(1-\frac{1}{2x}\right)^{3x}\cdot\lim_{x\to\infty}\left(1-\frac{1}{2x}\right)^{-2}$

$$=\lim_{x\to\infty}\left\{\left[1+\left(-\frac{1}{2x}\right)\right]^{-2x}\right\}^{-\frac{3}{2}}\cdot\lim_{x\to\infty}\left(1-\frac{1}{2x}\right)^{-2}=e^{-\frac{3}{2}}\times 1=e^{-\frac{3}{2}}.$$

下面利用 Python 求上述极限.

解：在 PyCharm 中新建 limit20.py 文件，内容如下.

```
from sympy import *
x = symbols('x ')     #定义变量 x
f =(1-1/(2*x)**(3*x-2)   #定义函数表达式
limit_f = limit(f, x, oo)   #求极限
print("函数的极限为",limit_f )   #输出结果
```

运行程序，命令窗口显示所得结果：

```
函数的极限为   exp(−3/2)
```

【例 2.56】 求极限 $\lim_{x\to\infty}\left(\frac{x-1}{x+1}\right)^{x}$.

解：（方法一） $\lim_{x\to\infty}\left(\frac{x-1}{x+1}\right)^{x}=\lim_{x\to\infty}\left(1+\frac{-2}{x+1}\right)^{x}=\lim_{x\to\infty}\left(1+\frac{-2}{x+1}\right)^{-\frac{x+1}{2}\cdot(-2)-1}$

$$=\lim_{x\to\infty}\left(1+\frac{-2}{x+1}\right)^{-\frac{x+1}{2}\cdot(-2)}\cdot\lim_{x\to\infty}\left(1+\frac{-2}{x+1}\right)^{-1}$$

$$=\lim_{x\to\infty}\left[\left(1+\frac{-2}{x+1}\right)^{-\frac{x+1}{2}}\right]^{-2}\cdot\lim_{x\to\infty}\left(1+\frac{-2}{x+1}\right)^{-1}=e^{-2}\times 1=e^{-2}.$$

（方法二） $\lim\limits_{x\to\infty}\left(\dfrac{x-1}{x+1}\right)^x=\lim\limits_{x\to\infty}\left(\dfrac{1-\dfrac{1}{x}}{1+\dfrac{1}{x}}\right)^x=\lim\limits_{x\to\infty}\dfrac{\left(1-\dfrac{1}{x}\right)^x}{\left(1+\dfrac{1}{x}\right)^x}=\dfrac{\lim\limits_{x\to\infty}\left(1-\dfrac{1}{x}\right)^x}{\lim\limits_{x\to\infty}\left(1+\dfrac{1}{x}\right)^x}$

$$=\dfrac{\lim\limits_{x\to\infty}\left(1-\dfrac{1}{x}\right)^x}{\lim\limits_{x\to\infty}\left(1+\dfrac{1}{x}\right)^x}=\dfrac{\mathrm{e}^{-1}}{\mathrm{e}}=\mathrm{e}^{-2}.$$

下面利用 Python 求上述极限.

解：在 PyCharm 中新建 limit21.py 文件，内容如下.

```
from sympy import *
x = symbols('x ')     #定义变量 x
f =((x-1)/(x+1))**x   #定义函数表达式
limit_f = limit(f, x, oo)   #求极限
print("函数的极限为",limit_f )   #输出结果
```

运行程序，命令窗口显示所得结果：

```
函数的极限为   exp(-2)
```

【例 2.57】 求极限 $\lim\limits_{x\to0}(1-2x)^{3x}$.

解：$\lim\limits_{x\to0}(1-2x)^{\frac{3}{x}}=\lim\limits_{x\to0}(1-2x)^{-\frac{1}{2x}\cdot(-6)}=\lim\limits_{x\to0}[(1-2x)^{-\frac{1}{2x}}]^{-6}=\mathrm{e}^{-6}$.

下面利用 Python 求上述极限.

解：在 PyCharm 中新建 limit22.py 文件，内容如下.

```
from sympy import *
x = symbols('x ')     #定义变量 x
f =(1-2*x)**(3*x)   #定义函数表达式
limit_f = limit(f, x, 0)   #求极限
print("函数的极限为",limit_f )   #输出结果
```

运行程序，命令窗口显示所得结果：

```
函数的极限为   exp(-6)
```

同步练习 21：求下列极限并用 Python 实现.

（1） $\lim\limits_{x\to0}(1+2x)^{\frac{2}{x}}$；（2） $\lim\limits_{x\to\infty}\left(1+\dfrac{3}{x}\right)^{2x+1}$；（3） $\lim\limits_{x\to\infty}\left(\dfrac{1+x}{x}\right)^{4x}$；（4） $\lim\limits_{x\to\infty}\left(\dfrac{2x+1}{2x-1}\right)^x$.

2.5 函数极限的应用与 Python 实现

【例 2.58】 设某人以本金 A_0 元进行一项投资，投资的年利率为 r，如果以年为单位计算复利

（即每年计息一次，并把利息加入下年的本金，重复计息），则t年后，资金总额将变为$A_0(1+r)^t$元；

而若以月为单位计算复利（即每月计息一次，并把利息加入下月的本金，重复计息），则t年后，资金总额将变为$A_0\left(1+\frac{r}{12}\right)^{12t}$元；

以此类推，若以天为单位计算复利，则t年后，资金总额将变为$A_0\left(1+\frac{r}{365}\right)^{365t}$元；

一般地，若以$\frac{1}{n}$年为单位计算复利，则t年后，资金总额将变为$A_0\left(1+\frac{r}{n}\right)^{nt}$元；

现在，每时每刻计算复利（称为**连续复利**），则t年后，资金总额将变为

$$\lim_{n\to\infty} A_0\left(1+\frac{r}{n}\right)^{nt}=\lim_{n\to\infty} A_0\left[\left(1+\frac{r}{n}\right)^{\frac{n}{r}}\right]^{rt}=A_0\mathrm{e}^{rt}\text{元}.$$

下面利用 Python 求出其极限.

在 PyCharm 中新建 limit23.py 文件，内容如下：

```
from sympy import *
r,n,t = symbols('r n t')
y = (1+r/n)**n*t
print(limit(y,n,oo))
```

运行程序，命令窗口显示所得结果：

```
t*exp(r)
```

【例 2.59】 某单位欲建立一项奖励基金，每年年末发放一次且发放金额相同，若奖金发放永远延续下去，基金应设立多少（按一年一期复利计算）？

模型构建：设每年年末发放奖金m元，银行存款年利率为r，第n年年末奖励基金使用完应设基金为$p_i(i=1,2,\cdots,n)$.

由复利本利和计算公式$A_n=A_0(1+r)^n$（其中A_n为n年年末复利本利和，A_0为本金），得

$$p_1=\frac{m}{1+r}$$

$$p_2=p_1+\frac{m}{(1+r)^2}=\frac{m}{1+r}+\frac{m}{(1+r)^2}$$

$$p_3=p_2+\frac{m}{(1+r)^3}=\frac{m}{1+r}+\frac{m}{(1+r)^2}+\frac{m}{(1+r)^3}$$

$$\cdots$$

$$\begin{aligned}p_n&=p_{n-1}+\frac{m}{(1+r)^n}=\frac{m}{1+r}+\frac{m}{(1+r)^2}+\frac{m}{(1+r)^3}+\cdots+\frac{m}{(1+r)^n}\\&=\frac{m}{1+r}\left(1+\frac{1}{(1+r)}+\frac{1}{(1+r)^2}+\cdots+\frac{1}{(1+r)^{n-1}}\right)\\&=\frac{m}{1+r}\cdot\frac{1-\frac{1}{(1+r)^n}}{1-\frac{1}{1+r}}=\frac{m}{r}\left(1-\frac{1}{(1+r)^n}\right).\end{aligned}$$

该公式为 n 年年末基金使用完应设立基金的金额公式，若使奖金发放永远延续，可令 $n\to\infty$，此时 p_n 的极限值 p 就是最初设立基金时应存入银行的金额，即

$$p=\lim_{n\to\infty}\frac{m}{r}(1-\frac{1}{(1+r)^n})=\frac{m}{r}.$$

下面利用 Python 求出其极限. 在 PyCharm 新建 limit24.py 文件，内容如下：

```
from sympy import *
r,n ,m= symbols('r n m',positive=True)     #positive=True 表示定义变量为正数
p =m/r*( 1-1/(1+r)**n)
print(limit(p,n,oo))
```

运行程序，命令窗口显示所得结果：

```
m/r
```

这就是和我们生活息息相关的极限问题的实例，通过这样的例子我们就明确了如何将实际问题转化为数学问题从而加以解决.

【例 2.60】【餐厅就餐模型】 某高职学校有 A 和 B 两个餐厅供 m 名学生就餐，有资料表明，每次选 A 厅就餐的学生有 $r_1\%$ 在下次选 B 厅就餐，而选 B 厅就餐的学生有 $r_2\%$ 在下次选 A 厅就餐. 判断随着时间的推移，在 A 和 B 两个餐厅就餐的学生人数 m_1 和 m_2 分别稳定在多少？

模型构建： 设第 n 次在 A 和 B 两个餐厅就餐学生人数分别为 a_n 和 b_n，则 $a_n+b_n=m$，依题意，得

$$\begin{aligned}a_{n+1}&=\left(1-\frac{r_1}{100}\right)a_n+\frac{r_2}{100}b_n\\&=\left(1-\frac{r_1}{100}\right)a_n+\frac{r_2}{100}(m-a_n)\\&=\left(1-\frac{r_1+r_2}{100}\right)a_n+\frac{r_2m}{100}.\end{aligned}\qquad(1)$$

由（1）式得

$$a_n=\left(1-\frac{r_1+r_2}{100}\right)a_{n-1}+\frac{r_2m}{100}.\qquad(2)$$

（1）－（2）可得

$$a_{n+1}-a_n=\left(1-\frac{r_1+r_2}{100}\right)(a_n-a_{n-1}).$$

由此可知，$\{a_{n+1}-a_n\}$ 是首项为 a_2-a_1，公比为 $1-\frac{r_1+r_2}{100}$ 的等比数列，所以

$$a_{n+1}-a_n=(a_2-a_1)\left(1-\frac{r_1+r_2}{100}\right)^{n-1}$$

$$\left(1-\frac{r_1+r_2}{100}\right)a_n+\frac{r_2m}{100}-a_n=(a_2-a_1)\left(1-\frac{r_1+r_2}{100}\right)^{n-1}$$

$$a_n=\frac{100(a_2-a_1)}{r_1+r_2}\left(1-\frac{r_1+r_2}{100}\right)^{n-1}+\frac{r_2m}{r_1+r_2}.$$

所以，随着时间推移，即当 $n\to\infty$ 时，

$$m_1=\lim_{n\to\infty}a_n=\lim_{n\to\infty}\left[\frac{100(a_2-a_1)}{r_1+r_2}\left(1-\frac{r_1+r_2}{100}\right)^{n-1}+\frac{r_2m}{r_1+r_2}\right]=\frac{r_2m}{r_1+r_2}$$

$$m_2=m-m_1=\frac{r_1m}{r_1+r_2}.$$

即随着时间的推移，在A餐厅就餐的学生人数稳定在$\frac{r_2m}{r_1+r_2}$，在B餐厅就餐的学生人数稳定在$\frac{r_1m}{r_1+r_2}$.

同步练习 22：拓展探究利用极限思想建立下列问题的数学模型并用 Python 实现.

（1）【汽车限制模型】某城市今年年末汽车保有量为A辆，预计此后每年报废的汽车数量=上一年末汽车保有量×r（$0<r<1$），且每年新增汽车量相同，为保护城市环境，要求该城市汽车保有量不超过B辆，那么每年新增汽车不超过多少辆？

（2）某人要将 1 元存入银行，假设银行一年的利率为 1，即一年后连本带利共有 2 元；若这个人将这 1 元先存半年，再连本带利立刻再次存入银行，即一年内分两次存取，这样一年末连本带利共有$\left(1+\frac{1}{2}\right)^2=2.25$元，比之前多了 0.25 元；若照此一年分 4 次存取，一年可得$\left(1+\frac{1}{2}\right)^4\approx 2.44$元，比之前的又增多了；这样下去，一年内每天存取一次、每小时存取一次、每秒存取一次，甚至存取间隔时间更短（假设银行可操作），那这个人能不能变成万元富翁？

*（3）核安全是核事业发展的生命线，多年来，我国始终保持良好的核安全纪录. 我国坚持总体国家安全观和理性、协调、并进的核安全观，取得了良好的核安全成绩. 但在国外核事故不定时有发生. 核泄漏之后会有放射性物质通过呼吸吸入、皮肤伤口及消化道吸收进入人体内，引起内辐射，造成人体的损害.

假设某核电站发生事故后，1 号至 3 号机组释放的放射性铯-137 的放射活度达到 1.5 万万亿贝克勒尔（对应的初始原子核数大约2.06×10^{25}），已知铯-137 的衰变常数（发生衰变的原子核数占当时总核数的百分数）为7.29×10^{-10}. 那么经过 10 年后，地球上还有多少铯-137 原子核未衰变？（查阅相关资料并利用本章学习内容解决问题）.

2.6 函数的连续

函数的连续性是与函数的极限密切相关的重要概念，这个概念的建立为进一步深入地研究函数的微分和积分及其应用打下了基础.

函数的连续性

2.6.1 函数连续的概念

自然界中很多现象，如气温的变化、生物的生长、河水的流动、金属丝加热时的长度增加等等，都是连续变化的. 这种现象在函数关系上的反映，就是**函数的连续性**. 再如，我们知道人体的高度 h 是时间 t 的函数 $h(t)$，而且 h 随着 t 连续变化. 事实上，当时间 t 的变化很微小时，人体的高度 h 的变化也很微小. 即当 $\Delta t \to 0$ 时，$\Delta h \to 0$. 这种现象反映在数学上就是函数的连续性.

下面先引入增量的概念，然后描述连续性，并引入连续性的定义.

设函数 $y=f(x)$ 在点 x_0 的某邻域内有定义，当自变量由初值 x_0 变到终值 x 时，称终值与初值之差 $x-x_0$ 为自变量在 x_0 处的**增量**或**改变量**，通常用 Δx 表示，即 $\Delta x = x - x_0$. 相应地，函数值由 $f(x_0)$ 变到 $f(x)$，称 $f(x)-f(x_0)$ 为函数 $f(x)$ 在 x_0 处的**增量**或**改变量**，记作 Δy，即

$$\Delta y = f(x)-f(x_0) \quad \text{或} \quad \Delta y = f(x_0+\Delta x)-f(x_0)$$

定义【连续的定义 1】 设函数 $y=f(x)$ 在点 x_0 的某邻域内有定义，如果当自变量的增量 Δx 趋于 0 时，对应函数值的增量 $\Delta y = f(x_0+\Delta x)-f(x_0)$ 也趋于 0，即 $\lim\limits_{\Delta x \to 0} \Delta y = 0$，那么称函数 $y=f(x)$ 在点 x_0 处连续.

由定义 1，若设 $x = x_0 + \Delta x$，且 $\Delta x \to 0$，即 $x \to x_0$，又因为

$$\Delta y = f(x_0+\Delta x)-f(x_0) = f(x)-f(x_0)$$

即
$$f(x) = \Delta y + f(x_0)$$

可见，$\Delta y \to 0$，就是 $f(x) \to f(x_0)$

由此，
$$\lim_{x \to x_0} f(x) = f(x_0)$$

为此，还可以对函数 $y=f(x)$ 在点 x_0 处连续做如下定义.

定义【连续的定义 2】 设函数 $y=f(x)$ 在点 x_0 的 δ 邻域 $U(x_0,\delta)$ 内有定义，若 $\lim\limits_{x \to x_0} f(x)$ 存在，并且等于函数值 $f(x_0)$，即

$$\lim_{x \to x_0} f(x) = f(x_0)$$

则称函数 $f(x)$ 在点 x_0 处连续，称 x_0 为 $f(x)$ 的连续点. 否则就称不连续.

由函数左、右极限的定义，可以给出函数左、右连续的定义.

若 $\lim\limits_{x \to x_0^-} f(x) = f(x_0)$，则称函数 $f(x)$ 在点 x_0 处左连续. 若 $\lim\limits_{x \to x_0^+} f(x) = f(x_0)$，则称函数 $f(x)$ 在点 x_0 处右连续.

由于 $\lim\limits_{x \to x_0} f(x) = f(x_0) \Leftrightarrow \lim\limits_{x \to x_0^-} f(x) = f(x_0) = \lim\limits_{x \to x_0^+} f(x)$，所以函数 $f(x)$ 在 x_0 点处连续的**充要条件**是函数 $f(x)$ 在点 x_0 处既左连续又右连续.

连续函数的模型：$\lim\limits_{x \to x_0} f(x) = f(x_0)$.

【注】 根据连续的定义，函数 $f(x)$ 在 x_0 处连续，必须满足三个条件：

① $f(x)$ 在 x_0 处有定义，且 $f(x_0)$ 存在；

② $f(x)$ 在 $x \to x_0$ 时极限存在，即 $\lim\limits_{x \to x_0} f(x) = A$；

（3）极限值等于函数值，即 $\lim\limits_{x \to x_0} f(x) = f(x_0) = A$.

【例 2.61】 讨论函数 $f(x) = x^2$ 在 $x = 1$ 处的连续性.

解：函数 $f(x) = x^2$ 的定义域为 $(-\infty, +\infty)$ ，且

$$\lim_{x \to 1} f(x) = \lim_{x \to 1} x^2 = 1^2 = 1 = f(1)$$

所以 $f(x) = x^2$ 在 $x = 1$ 处连续. 进一步可以证明函数 $f(x) = x^2$ 在其定义域内的每一点处都连续.

【例 2.62】 讨论函数 $f(x) = \begin{cases} x^2 + 1, & x \leqslant 0 \\ \cos x, & x > 0 \end{cases}$ 在 $x = 0$ 处的连续性.

解：因为 $f(0) = 1$ ，且

$$\lim_{x \to 0^-} f(x) = \lim_{x \to 0^-} (x^2 + 1) = 1$$

$$\lim_{x \to 0^+} f(x) = \lim_{x \to 0^+} \cos x = 1$$

所以 $$\lim_{x \to 0^-} f(x) = \lim_{x \to 0^+} f(x) = f(0) = 1$$

即函数 $f(x)$ 在点 $x = 0$ 处既左连续又右连续，从而函数 $f(x)$ 在 $x = 0$ 处连续.

同步练习 23：讨论函数 $f(x) = \begin{cases} x^2 + 1, & x \geqslant 0 \\ \ln(1 - 2x), & x < 0 \end{cases}$ 在点 $x = 0$ 和 $x = 1$ 处的连续性.

由例 2.61 可以知道，函数 $f(x) = x^2$ 在区间 $(-\infty, +\infty)$ 内的每一点 x_0 处均连续，我们称函数 $f(x) = x^2$ 在区间 $(-\infty, +\infty)$ 内连续. 一般地，有如下定义.

定义【连续区间】

（1）【 $f(x)$ 在 (a,b) 内连续】 若函数 $f(x)$ 在区间 (a,b) 内的每一点处都连续，则称函数 $f(x)$ 在 (a,b) 内连续.

（2）【 $f(x)$ 在 $[a,b]$ 上连续】 若函数 $f(x)$ 在 (a,b) 内连续，同时在左端点 a 处右连续，在右端点 b 处左连续，则称函数 $f(x)$ 在 $[a,b]$ 上连续.

如果函数 $f(x)$ 在上述区间连续，则称该区间为函数 $f(x)$ 的连续区间.

【注】 函数的连续性可以通过函数的图形表示出来：若 $y = f(x)$ 在区间 $[a,b]$ 上连续，则 $y = f(x)$ 在 $[a,b]$ 上的图形是一条连续而没有间断点的曲线.

可以逐一证明，基本初等函数在其定义域内是连续的.

定理 基本初等函数在其定义域内连续.

定理 初等函数在其定义区间内都是连续的.

通过上面的学习我们已经知道什么是函数的连续性了，同时我们可以思考若函数在某点处不连续会出现什么情形呢？接下来我们就讨论这个问题——函数的间断点.

2.6.2 函数的间断点

根据连续的定义可知，**不连续的点称为间断点**.

判断函数间断点的三种情况如下：

（1） $f(x)$ 在点 x_0 处无定义，即 $f(x_0)$ 不存在；

（2） $f(x)$ 在 $x \to x_0$ 时极限不存在，即 $\lim\limits_{x \to x_0} f(x)$ 不存在；

（3）极限值不等于函数值，即 $\lim\limits_{x \to x_0} f(x) \neq f(x_0)$.

根据上述三种情况，我们可以把间断点的类型分为以下几种：

设 x_0 为 $f(x)$ 的一个间断点，若当 $x \to x_0$ 时， $f(x)$ 的左、右极限都存在，称 x_0 为 $f(x)$ 的第一类间断点；否则，称 x_0 为 $f(x)$ 的第二类间断点.

若 $\lim\limits_{x \to x_0} f(x) = \infty$ ，则称 x_0 为 $f(x)$ 的无穷间断点，无穷间断点属于第二类间断点.

对第一类间断点还可以分为以下几种类型：

（1）若 $\lim\limits_{x \to x_0^-} f(x)$ 与 $\lim\limits_{x \to x_0^+} f(x)$ 都存在，但不相等，则称 x_0 为 $f(x)$ 的跳跃间断点.

（2）若 $\lim\limits_{x \to x_0} f(x)$ 存在，则称 x_0 为 $f(x)$ 的可去间断点.

【例 2.63】 求函数 $y = \dfrac{x}{x^2 - 3x - 4}$ 的间断点.

解：由于 $y = \dfrac{x}{x^2 - 3x - 4}$ 是一个初等函数，它在定义域内是连续的，所以间断点是其没有定义的点，即无意义的点.

故有 $x^2 - 3x - 4 = 0$ ，解得 $x = -1$ 或 $x = 4$.

所以函数 $y = \dfrac{x}{x^2 - 3x - 4}$ 的间断点是 $x = -1$ 或 $x = 4$ ，属于第二类间断点，且为无穷间断点.

【例 2.64】 设函数 $f(x) = \begin{cases} x^2, & 0 \leqslant x \leqslant 1 \\ x+1, & x > 1 \end{cases}$ ，讨论 $f(x)$ 在 $x = 1$ 处的连续性.

解：因为 $f(1) = 1$ ， $\lim\limits_{x \to 1^-} f(x) = \lim\limits_{x \to 1^-} x^2 = 1$ ， $\lim\limits_{x \to 1^+} f(x) = \lim\limits_{x \to 1^+}(x+1) = 2$.

即 $\lim\limits_{x \to 1} f(x)$ 不存在，所以 $x = 1$ 是第一类间断点，且为跳跃间断点.

【例 2.65】 设函数 $f(x) = \begin{cases} \dfrac{x^2 - 9}{x - 3}, & x \neq 3 \\ 2, & x = 3 \end{cases}$ ，讨论 $f(x)$ 在 $x = 3$ 处的连续性.

解：因为 $f(3) = 2$ ， $\lim\limits_{x \to 3} f(x) = \lim\limits_{x \to 3} \dfrac{x^2 - 9}{x - 3} = \lim\limits_{x \to 3}(x+3) = 6$.

因此， $\lim\limits_{x \to 3} f(x) = 6 \neq f(3) = 2$ ，故 $x = 3$ 是第一类间断点，且为可去间断点.

同步练习 24：求出下列函数的间断点，并指出其类型.

（1） $f(x) = \begin{cases} x+1, & x \geqslant 1 \\ 3-x, & x < 1 \end{cases}$ ；　　（2） $f(x) = \dfrac{2x}{x^2 - x - 2}$ ；

（3） $f(x) = \dfrac{\sin 2x}{x}$.

2.6.3 闭区间连续函数的性质

由于初等函数在其定义区间内都是连续的，所以由函数 $y = f(x)$ 在点 x_0 处连续的公式

$\lim\limits_{x\to x_0} f(x)=f(x_0)$，可以得

$$\lim_{x\to x_0} f(x)=f(x_0)=f(\lim_{x\to x_0} x)$$

这表明对于连续函数 $f(x)$ 而言，函数符号 f 与极限符号 $\lim\limits_{x\to x_0}$ 可以交换位置. 因此当我们求初等函数在其定义区间内某点处的极限时，只要求出该点的函数值即可.

如果函数 $u=\varphi(x)$ 在点 x_0 处有极限，函数 $y=f(u)$ 在点 u_0 处连续，且 $u_0=\varphi(x_0)$，那么 $\lim\limits_{x\to x_0} f(\varphi(x))=f(\lim\limits_{x\to x_0}\varphi(x))$.

【例 2.66】 求极限 $\lim\limits_{x\to\frac{\pi}{4}}\ln\cos x$.

解：因为 $\ln\cos x$ 是初等函数，且在 $x=\dfrac{\pi}{4}$ 处有定义，所以

$$\lim_{x\to\frac{\pi}{4}}\ln\cos x=\ln\lim_{x\to\frac{\pi}{4}}\cos x=\ln\cos\frac{\pi}{4}=\ln\frac{\sqrt{2}}{2}=-\frac{1}{2}\ln 2.$$

【例 2.67】 求极限 $\lim\limits_{x\to 0}\dfrac{\ln(1+x)}{x}$.

解：因为 $\lim\limits_{x\to 0}\dfrac{\ln(1+x)}{x}=\lim\limits_{x\to 0}\dfrac{1}{x}\ln(1+x)=\lim\limits_{x\to 0}\ln\left[(1+x)^{\frac{1}{x}}\right]$，

又因为 $y=\ln x$ 在 $x=\mathrm{e}$ 处连续，则根据 $\lim\limits_{x\to x_0} f(x)=f(x_0)=f(\lim\limits_{x\to x_0} x)$，得

$$\lim_{x\to 0}\frac{\ln(1+x)}{x}=\lim_{x\to 0}\ln\left[(1+x)^{\frac{1}{x}}\right]=\ln\left[\lim_{x\to 0}(1+x)^{\frac{1}{x}}\right]=\ln\mathrm{e}=1.$$

同步练习 25：求极限.

（1）$\lim\limits_{x\to 0}\cos\left(\dfrac{\sin\pi x}{x}\right)$；　　（2）$\lim\limits_{x\to\frac{\pi}{4}}(\sin 2x)^2$；

（3）$\lim\limits_{x\to 0}\ln\dfrac{\sin x}{x}$.

在闭区间上连续的函数有很多重要的性质，这些性质的集合直观上是比较明显的，但是其证明涉及严密的数学理论且超出本书的范围，在此我们只给出相应的结论，而不予以证明.

定理（最值定理） 如果函数 $f(x)$ 在闭区间 $[a,b]$ 上连续，那么函数 $f(x)$ 在闭区间 $[a,b]$ 上一定有最大值和最小值.

如图 2-41 所示，函数 $f(x)$ 在 $[a,b]$ 上连续，在点 x_1 处取得最小值 m，在点 x_2 处取得最大值 M.

应当注意，定理中“闭区间”和“连续”这两个重要条件. 例如，函数 $y=\dfrac{1}{|x|}$ 在闭区间 $[-1,1]$ 上不连续，它不存在最大值. 函数 $y=\tan x$ 在开区间 $\left(-\dfrac{\pi}{2},\dfrac{\pi}{2}\right)$ 内连续，它既无最大值也无最小值.

定理（介值定理） 如果函数 $f(x)$ 在闭区间 $[a,b]$ 上连续，m 和 M 分别为函数在闭区间上的最小值和最大值，那么对于介于 m 和 M 之间的任一实数 C，至少存在一点 $\xi\in(a,b)$，使得 $f(\xi)=C$.（见图 2-42）

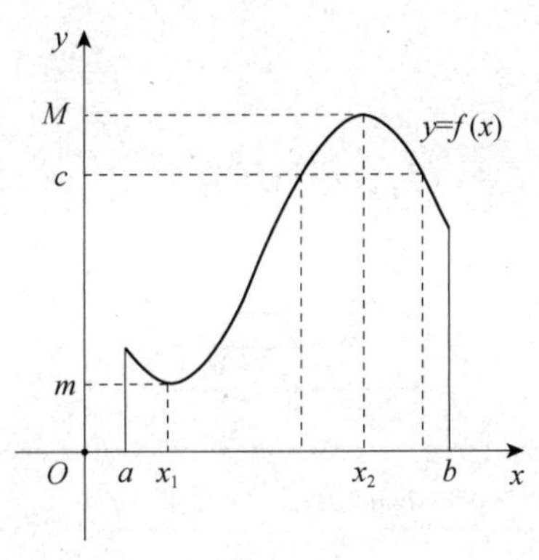

图 2-41

推论（零点定理） 如果函数 $f(x)$ 在闭区间 $[a,b]$ 上连续，且 $f(x)\cdot f(b)<0$，那么至少存在一点 $\xi\in(a,b)$，使得 $f(\xi)=0$.

该推论表明，若连续函数 $f(x)$ 满足 $f(x)\cdot f(b)<0$，则方程 $f(x)=0$ 在区间 (a,b) 内至少有一个根，因此也称为根的存在性定理.（见图 2-43）

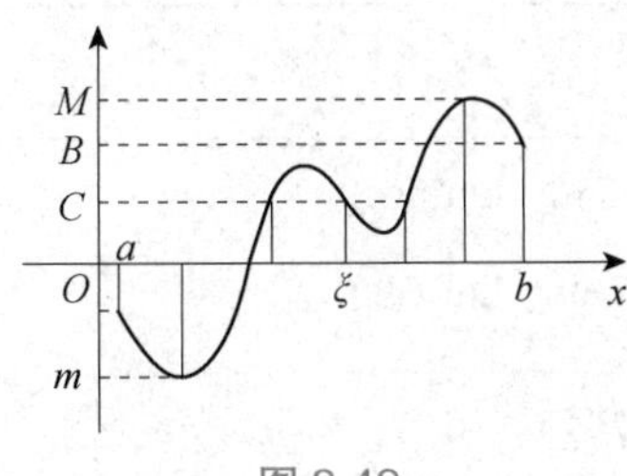

图 2-42

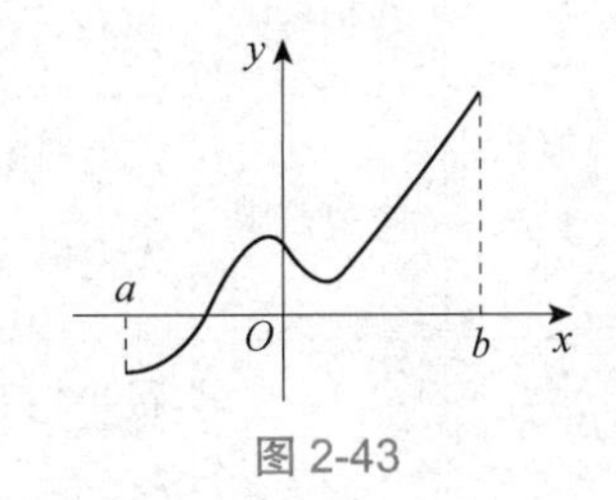

图 2-43

【例 2.68】 证明方程 $x^5-5x-1=0$ 在 $(1,2)$ 内至少有一个根.

证：设函数 $f(x)=x^5-5x-1$，由于 $f(x)=x^5-5x-1$ 在 $[1,2]$ 上连续，且

$f(1)=-5<0$， $f(2)=21>0$，故 $f(1)\cdot f(2)<0$.

由零点定理，在 $(1,2)$ 内至少存在一点 $\xi\in(1,2)$，使得 $f(\xi)=\xi^5-5\xi-1=0$.

即方程 $x^5-5x-1=0$ 在 $(1,2)$ 内至少有一个根 ξ.

【例 2.69】 证明方程 $x+\mathrm{e}^x=0$ 在区间 $(-1,1)$ 内有唯一的根.

证：设函数 $f(x)=x+\mathrm{e}^x$，由于 $f(x)=x+\mathrm{e}^x$ 在 $[-1,1]$ 上连续，且

$f(-1)=-1+\mathrm{e}^{-1}<0$， $f(1)=1+\mathrm{e}>0$，故 $f(-1)\cdot f(1)<0$.

由零点定理，在 $(-1,1)$ 内至少存在一点 $\xi\in(-1,1)$，使得 $f(\xi)=\xi+\mathrm{e}^{\xi}=0$.

即方程 $x+\mathrm{e}^x=0$ 在区间 $(-1,1)$ 内至少有一个根 ξ.

以上证明了根的存在性，再证明根的唯一性.

由于 $f(x)=x+\mathrm{e}^x$ 在 $[-1,1]$ 上是单调增加的，因此，对于任意的 $x\neq\xi$，必有 $f(x)\neq f(\xi)$，故 ξ 是方程 $x+\mathrm{e}^x=0$ 的唯一的根.

同步练习 26：

1. 证明方程 $x^3+x-1=0$ 在区间 $(0,1)$ 内至少存在一个实根.
2. 证明方程 $\sin x-x+1=0$ 在区间 $(0,\pi)$ 内有实根.

2.7 知识点总结

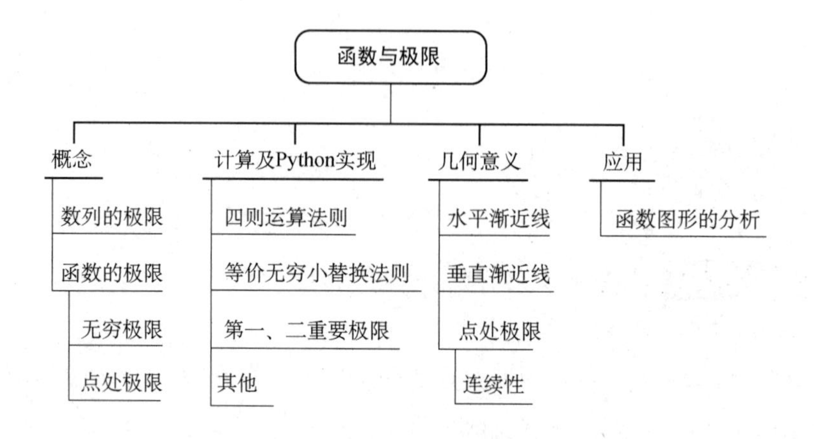

极限	概念	数列极限	$\lim\limits_{n\to\infty} a_n$
		函数极限	点处极限：$\lim\limits_{x\to x_0^+} f(x)$，$\lim\limits_{x\to x_0^-} f(x)$，$\lim\limits_{x\to x_0} f(x)$ 无穷极限：$\lim\limits_{x\to+\infty} f(x)$，$\lim\limits_{x\to-\infty} f(x)$，$\lim\limits_{x\to\infty} f(x)$
	计算	四则运算	若 $\lim\limits_{x\to()} f(x)=A$，$\lim\limits_{x\to()} g(x)=B$，则 （1）$\lim\limits_{x\to()}(f(x)+g(x))=A+B$ （2）$\lim\limits_{x\to()}(f(x)g(x))=AB$ （3）$\lim\limits_{x\to()}(f(x)/g(x))=\dfrac{A}{B}(B\neq 0)$ （4）$\lim\limits_{x\to()}[f(x)]^{g(x)}=A^B$
		等价无穷小替换	$x\to 0$ 时，有： （1）$1-\cos x\sim\dfrac{1}{2}x^2$ （2）$x\sim\sin x\sim\tan x\sim\arcsin x\sim\arctan x\sim e^x-1\sim\ln(1+x)$
		重要极限	$\lim\limits_{x\to 0}\dfrac{\sin x}{x}=1$ （第一重要极限） $\lim\limits_{x\to 0}(1+x)^{\frac{1}{x}}=e$（第二重要极限）
	几何意义	渐近线	垂直渐近线 $x=x_0$：$\lim\limits_{x\to x_0^+} f(x)=\infty$ 或 $\lim\limits_{x\to x_0^-} f(x)=\infty$ 水平渐近线 $y=A$：$\lim\limits_{x\to+\infty} f(x)=A$ 或 $\lim\limits_{x\to-\infty} f(x)=A$
		连续性分析	连续：$\lim\limits_{x\to x_0^+} f(x)=\lim\limits_{x\to x_0^-} f(x)=f(x_0)$ 或者 $\lim\limits_{x\to x_0} f(x)=f(x_0)$ 不连续：第一类间断点（可去间断、跳跃间断），第二类间断点（其他）

2.8　复习测试题

本章参考答案

一、选择题

（1）下列函数中不属于奇函数的是（　　）.

A. $y=\tan x+x$　　B. $y=(x+1)\cdot(x-1)$

C. $y=x$　　D. $y=\dfrac{2}{x}\cdot\sin^2 x$

（2）在定义域内是单调增加有界函数的是（　　）.

A. $y=x+\arctan x$　　B. $y=\arcsin x$

C. $y=\cos x$　　D. $y=x\cdot\sin x$

（3）已知函数 $y=\arcsin(x+1)$，则其定义域是（　　）.

A. $(-\infty,+\infty)$　　B. $[-1,1]$

C. $(-\pi,\pi)$　　D. $[-2,0]$

（4）下列各组函数中，表示相同的函数是（　　）.

A. $f(x)=\ln x^2$ 和 $g(x)=2\ln x$　　B. $f(x)=|x|$ 和 $g(x)=\sqrt{x^2}$

C. $f(x)=x$ 和 $g(x)=\left(\sqrt{x}\right)^2$　　D. $f(x)=\sin x$ 和 $g(x)=\arcsin x$

（5）函数 $y=\sqrt[5]{\ln\sin^3 x}$ 的复合过程为（　　）.

A. $y=\sqrt[5]{u},u=\ln v,v=w^3,w=\sin x$　　B. $y=\sqrt[5]{u^3},u=\ln\sin x$

C. $y=\sqrt[5]{\ln u^3},u=\sin x$　　D. $y=\sqrt[5]{u},u=\ln v^3,v=\sin x$

二、填空题

（1）$x=0$ 是函数 $f(x)=\dfrac{\sin x}{|x|}$ 的__________间断点.

（2）已知分段函数 $f(x)=\begin{cases}\dfrac{\sin x}{x},x>0\\ x+a,x\leqslant 0\end{cases}$ 连续，则 $a=$__________.

（3）若当 $x\to 1$ 时，$f(x)$ 是 $x-1$ 的等价无穷小，则 $\lim\limits_{x\to 1}\dfrac{f(x)}{(x-1)(x+1)}=$________.

（4）函数 $f(x)=\dfrac{x+1}{x^2-3x-4}$ 的无穷间断点是 $x=$__________.

（5）设函数 $f(x)=\begin{cases}\cos x,\ x<0\\ a+\sqrt{x},\ x\geqslant 0\end{cases}$ 在 $x=0$ 处连续，则 $a=$__________.

三、计算题

（1）$\lim\limits_{x\to 1}\dfrac{x^2-3}{x^4+x^2+1}$；　　（2）$\lim\limits_{x\to\infty}\left[\sqrt{(x+1)(x+3)}-x\right]$；

（3）$\lim\limits_{x\to1}\dfrac{x^3-2x^2-x+2}{x^3-3x+2}$；（4）$\lim\limits_{x\to\infty}\dfrac{x^2-3x+2}{1-x^2}$；

（5）$\lim\limits_{x\to4}\dfrac{\sin\left(\sqrt{x}-2\right)}{x-4}$；（6）$\lim\limits_{x\to\infty}\left(\dfrac{2x-1}{2x+3}\right)^{3x+1}$.

四、综合题

（1）已知 $f(x)=\begin{cases}3+x, & x>0\\ b, & x=0\\ (1+x)^{\frac{a}{x}}, & x<0\end{cases}$ 在定义域内连续，求 a 和 b 的值.

（2）已知 $f(x)=\begin{cases}3+\dfrac{\sin x}{x}, & x>0\\ 5, & x=0\\ (1+x)^{\frac{3}{x}}, & x<0\end{cases}$，分析其在定义域内的连续性，并分析水平渐进线.

2.9 课程思政拓展阅读

微积分的历史：从刘徽到牛顿

《九章算术》是一部现有传本的、最古老的中国古代数学的经典著作，它总结了周、秦以来数学研究的成果. 即使它偏重于当时与生产、生活密切相结合的数学解题方法，没有明确的数学理论论证，只是寓理于算，但不能因此否认它的数学价值. 在中国，《九章算术》被称“为算经之首，盖犹儒者之元经，医家之难素，具法之孙子”，是汉代以来达两千年之久数学研究与创造的源泉，也是世界数学史上极为珍贵的古典文献. 在《九章算术》中，已经存在对圆的面积和球的体积的探讨，这表明中国古代数学家对静态几何现象的刻画已有深入研究. 特别值得一提的是刘徽的“割圆术”，他在《九章算术》中使用了无穷小和极限的思想来逼近圆周率 π 的值，这在方法上与现代微积分的极限运算有相似之处. 刘徽通过不断倍增多边形的边数来逼近圆，这种方法在思想上预示了极限概念的引入. 为纪念刘徽在数学领域做出的贡献，近代人给他立了雕像作为纪念（见图 2-44）.

刘徽，我国魏晋时期的数学家，他首创割圆术，为计算圆周率建立了严密的理论基础与完善的算法.

所谓“割圆术”，是用圆内接正多边形的面积去无限逼近圆面积并以此求取圆周率的方法.

刘徽形容他的“割圆术”时说：“割之弥细，所失弥少，割之又割，以至于不可割，则与圆合体，而无所失矣. ”割圆术演变过程如图 2-45 所示.

微积分，作为数学的一个分支，它的起源可以追溯到古代人对运动和变化的观察.

图 2-44

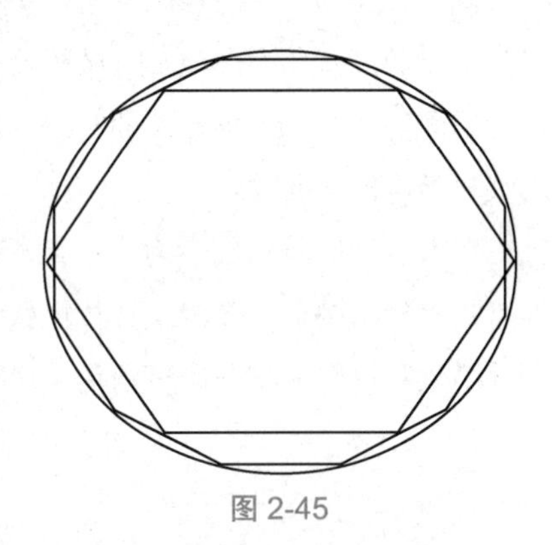
图 2-45

中国古代的微积分思想可以追溯到公元前，尽管与现代微积分理论在形式和严格性上有所不同，但古代数学家们在解决实际问题时已经展现出了微积分的原始思想. 数学家刘徽提出了用十进制小数逼近不尽根数的方法，他称之为“求微数法”，这在某种程度上预示了现代微积分中无穷级数的概念.

真正的微积分理论是在 17 世纪由两位数学家独立发展出来的，他们是英国的艾萨克·牛顿（Isaac Newton）和德国的戈特弗里德·威廉·莱布尼茨（Gottfried Wilhelm Leibniz）. 他们创建了现代微积分的理论和符号体系，而中国古代的微积分思想未能形成完整的学科体系.

牛顿（见图 2-46）在 1665 年左右开始研究速度（或流数）的概念，他将微积分视为一种处理变化率的方法. 他发展了一种称为“流数术”的方法，这是微积分的早期形式. 牛顿在他的《自然哲学的数学原理》中使用了这一理论，该书阐述了万有引力定律和经典力学的三大定律.

图 2-46

与此同时，莱布尼茨在 1684 年发表了他的微积分论文，引入了现代微积分的符号系统，包括积分符号（$\int$）和微分符号（dx）. 莱布尼茨对微积分的研究更加系统和公理化，他创建了函数和无穷小的概念.

尽管牛顿和莱布尼茨之间关于微积分发明权的争论一直持续到他们去世，但两人的工作都对微积分的发展产生了深远影响. 19 世纪，奥古斯丁·路易·柯西（Augustin-Louis Cauchy）和卡尔·弗里德里希·高斯（Carl Friedrich Gauss）等数学家进一步发展了微积分理论，使其更加严谨.

微积分作为数学的基础工具，不仅推动了数学领域的发展，也对物理学、工程学、经济学等多个学科产生了深远影响. 微积分在描述自然现象和解决实际问题中扮演着核心角色. 随着研究的深入，微积分理论不断扩展，衍生出如微分方程和概率论等新领域，进一步增强了其在现代科学中的重要性.

在人工智能算法的学习中，微积分不仅是核心基础，而且掌握其应用技巧也非常关键. 能够有效地使用图形计算器或计算机软件（如 MATLAB、Mathematica、GeoGebra 等）进行编程，创建函数、导数和积分的可视化，对于深入理解和应用人工智能算法具有重要价值.

第3章 一元函数微分学

高等数学中将包含导数、微分、导数的应用等内容称之为一元函数微分学.

3.1 瞬时变化率

本章课件

引例 3.1

说起中国体坛，大家一定会提及中国跳水梦之队. 在跳水这项运动中，中国队一直以来都是非常强势的存在，在每四年一次的奥运会赛场上也是金牌榜强有力的贡献者. 梦之队最初来自美国篮球队，梦之队的称呼自此广泛流传开来. 再后来，梦之队的概念就慢慢扩展成各个具有超强实力的团队的共同称呼. 中国跳水队从徐益明教练开始，队员从陈肖霞开始，在国际赛场上披金戴银，一直到后来几乎垄断国际赛场. 中国跳水国家队人才济济，整体实力远远超出其他国家，由于实力强大，慢慢地被称为跳水梦之队. 全红婵（见图 3-1）作为梦之队的新生代队员，小小年纪创造了“水花消失术”. 那你们知道全红婵站在跳水高台上往下跳，入水时瞬间的速度是多少呢？

图 3-1

在跳水运动中，已知运动员相对于水面高度 h（单位：m）与起跳后的时间 t（单位：s）存在函数关系：

$$h(t) = -4.9t^2 + 6.5t + 10$$

请问：运动员在跳下时，第2秒的瞬时速度是多少？

> 平均速度：$\bar{v} = \dfrac{总路程}{总时间} = \dfrac{\Delta S}{\Delta t}$

为了求得瞬时速度，先从**平均速度**开始讨论.

（1）计算时间从第0秒变到第0.5秒的平均速度：

$$\bar{v} = \frac{\Delta S}{\Delta t} = \frac{h(0.5) - h(0)}{0.5 - 0} = 4.05(\mathrm{m/s})$$

（2）计算时间从第1秒变到第2秒的平均速度：

$$\bar{v} = \frac{\Delta S}{\Delta t} = \frac{h(2) - h(1)}{2 - 1} = -8.2(\mathrm{m/s})$$

一般地，计算从第 t_1 秒变到第 t_2 秒的平均速度 $\bar{v}$，

$$\bar{v}=\frac{\Delta S}{\Delta t}=\frac{h(t_2)-h(t_1)}{t_2-t_1}$$

在计算运动员从起跳到落水这段时间的平均速度时，思考下面的问题：

（1）运动员在这段时间内的速度是不变的吗？

（2）你认为用平均速度描述运动员的运动状态会存在哪些不足？

答案是否定的，运动员是先上升，再下降！

可见，平均速度只能粗略地描述运动员的运动状态，并不能反映某一时刻的运动状态.

因此，要描述运动员某一时刻的运动状态，需引入瞬时速度的概念.

考察时间从第2秒变到第 $2+\Delta t$ 秒的平均速度：

$$\bar{v}=\frac{\Delta S}{\Delta t}=\frac{h(2+\Delta t)-h(2)}{\Delta t}$$

当 Δt 很小时，速度的变化不大，可用平均速度代替.

Δt 越小，平均速度 $\bar{v}$ 就越接近第2秒的瞬时速度.

令 $\Delta t \to 0$ 时，取极限，就可以得到第2秒的瞬时速度.

$$\bar{v}(2)=\lim_{\Delta t\to 0}\frac{\Delta S}{\Delta t}=\lim_{\Delta t\to 0}\frac{h(2+\Delta t)-h(2)}{\Delta t}$$

局部以匀速代替变速，即以平均速度代替瞬时速度，然后通过取极限，从瞬时速度的近似值过渡到瞬时速度的精确值.

由引例 3.1 我们得到一个计算 t_0 时刻瞬时速度的计算公式：

$$\bar{v}(t_0)=\lim_{\Delta t\to 0}\frac{\Delta S}{\Delta t}=\lim_{\Delta t\to 0}\frac{h(t_0+\Delta t)-h(t_0)}{\Delta t}$$

引例 3.2

生活中，每遇到有喜庆的事，大家总喜欢用气球（见图 3-2）作为装饰品. 通过观察可发现，随着气球内空气容量的增加，气球的半径增加得越来越慢. 从数学的角度，如何描述这种现象呢？

图 3-2

已知气球体积 V（单位：L）与半径 r（单位：dm）之间的函数关系是：

$$V(r)=\frac{4}{3}\pi r^3$$

如果把半径 r 表示为体积 V 的函数，则有

$$r(V)=\sqrt[3]{\frac{3V}{4\pi}}$$

当气球体积 V 从0增加到1L时，气球半径增加了

$$r(1)-r(0)\approx 0.62(\text{dm})$$

气球的平均膨胀率为

$$\frac{r(1)-r(0)}{1-0} \approx 0.62(\mathrm{dm/L})$$

类似地当气球体积V 从1L增加到2L时，气球半径增加了

$$r(2)-r(1) \approx 0.16(\mathrm{dm})$$

气球的平均膨胀率为

$$\frac{r(2)-r(1)}{2-1} \approx 0.16(\mathrm{dm/L})$$

可以看出，随着气球体积逐渐变大，它的平均膨胀率逐渐变小了.

由引例 3.2 可以得到，气球体积从V_1增加到V_2时，气球的平均膨胀率的计算公式：

$$\frac{\Delta r}{\Delta V} = \frac{r(V_2)-r(V_1)}{V_2-V_1}$$

在气球瞬间膨胀的瞬间，可得到它的瞬时膨胀率为

$$r(V_0) = \lim_{\Delta V \to 0} \frac{\Delta r}{\Delta V} = \lim_{\Delta V \to 0} \frac{r(V_0+\Delta V)-r(V_0)}{\Delta V}$$

请思考：（1）引例 3.1 和引例 3.2 的共性是什么？

（2）你还能发现生活中类似的例子吗？

3.2 导数的概念与性质

3.2.1 导数的定义

一般地，函数$f(x)$在区间$[x_0, x_0+\Delta x]$上的平均变化率记为：

$$\frac{\Delta y}{\Delta x} = \frac{f(x_0+\Delta x)-f(x_0)}{\Delta x}$$

函数平均变化率在$\Delta x \to 0$时的极限，也具备一定的意义.

一般地，导函数和导数统称为导数。

定义 设函数$y=f(x)$在x_0的某个邻域内有定义，当自变量x在x_0处有改变量Δx时，对应的函数$y=f(x)$的改变量为$\Delta y = f(x_0+\Delta x)-f(x_0)$，若

$$\frac{\Delta y}{\Delta x} = \frac{f(x_0+\Delta x)-f(x_0)}{\Delta x}$$

当$\Delta x \to 0$时存在极限，则称该极限为函数$y=f(x)$在点x_0处的导数（或变化率），记作：

$$y'|_{x=x_0} \text{ 或 } f'(x_0) \text{ 或 } \left.\frac{\mathrm{d}y}{\mathrm{d}x}\right|_{x=x_0} \text{ 或 } \left.\frac{\mathrm{d}f(x)}{\mathrm{d}x}\right|_{x=x_0}$$

$$f'(x_0) = \lim_{\Delta x \to 0} \frac{\Delta y}{\Delta x} = \lim_{\Delta x \to 0} \frac{f(x_0+\Delta x)-f(x_0)}{\Delta x} \tag{1}$$

令$\Delta x = x - x_0$，则导数的定义等价于

$$f'(x_0)=\lim_{x\to x_0}\frac{f(x)-f(x_0)}{x-x_0} \tag{2}$$

还可以令 $\Delta x=h$，则

$$f'(x_0)=\lim_{h\to 0}\frac{f(x_0+h)-f(x_0)}{h} \tag{3}$$

常见求 $x=0$ 处的导数 $f'(0)=\lim\limits_{x\to 0}\dfrac{f(0+x)-f(0)}{x}$.

若 $y=f(x)$ 在 $x=x_0$ 处的导数存在，则称 $y=f(x)$ 在 $x=x_0$ 处可导，反之称 $y=f(x)$ 在 $x=x_0$ 处不可导，这意味着导数不存在. 函数的可导性与函数的连续性的概念都是描述函数在一点处的性态，导数的大小反映了函数在一点处变化（增大或减小）的快慢.

如果 $f(x)$ 在开区间(a,b)内处处可导，那么对于开区间(a,b)内每一个确定的点 x，都对应着一个确定的导数值 $f'(x)$，这样就确定了一个新的函数，该函数称为函数 $y=f(x)$的导函数，记作 $f'(x)$，或 y'，或 $\mathrm{d}y/\mathrm{d}x$，或 $\mathrm{d}f/\mathrm{d}x$.

【例 3.1】 求 $y=x^2$ 在 $x_0=2$ 处的导数.（用定义法）

求导数

解：① 求增量

$$\Delta y=f(x_0+\Delta x)-f(x_0)=(2+\Delta x)^2-2^2=4\Delta x+(\Delta x)^2$$

② 算比值

$$\frac{\Delta y}{\Delta x}=\frac{4\Delta x+(\Delta x)^2}{\Delta x}=4+\Delta x$$

③ 取极限

$$\lim_{\Delta x\to 0}\frac{\Delta y}{\Delta x}=\lim_{\Delta x\to 0}(4+\Delta x)=4$$ → 称为导数

故 $y=x^2$ 在 $x_0=2$ 处的导数为 $y'\big|_{x_0=2}=4$. → 导函数和导数统称为导数

同理，可计算 $y=x^2$ 在任意点 x 处的导数为 $y'=2x$. → 称为导函数

下面利用 Python 求 $y=x^2$ 在 $x_0=2$ 处的导数.

解：在 PyCharm 中新建 diff1.py 文件，内容如下：

```
from sympy import *
x = symbols('x ')
y = x**2
ds_1 = diff(y,x)
zhi=ds_1.evalf(subs={x:2})
print("导数为", ds_1)          #先计算，再输出结果
print("导数在x=0处的值为",int(zhi) )
```

运行程序，命令窗口显示所得结果：

```
导数为 2*x
导数在x=0处的值为 4
```

同步练习 1：求 $y=\sin x$ 在 $x_0=\dfrac{x}{2}$ 处的导数.（利用 Python 求解）

同步练习 2：已知 $f'(x_0)=2$，求下列极限.

（1）$\lim\limits_{\Delta x\to 0}\dfrac{f(x_0-2\Delta x)-f(x_0)}{\Delta x}$；　　（2）$\lim\limits_{\Delta x\to 0}\dfrac{f(x_0-4\Delta x)-f(x_0-\Delta x)}{\Delta x}$.

【例 3.2】 设 $f(x)=\begin{cases}x^2\sin\dfrac{1}{x}, x\neq 0\\ 0, \quad x=0\end{cases}$，求 $f'(0)$.

解：$f'(0)=\lim\limits_{x\to 0}\dfrac{f(x)-f(0)}{x-0}=\lim\limits_{x\to 0}\dfrac{x^2\sin\dfrac{1}{x}}{x}=\lim\limits_{x\to 0}x\sin\dfrac{1}{x}=0$.

同步练习 3：设 $f(x)$ 在 $x=0$ 处可导，$f(x)=f(0)-3x+\alpha(x)$，且 $\lim\limits_{x\to 0}\dfrac{\alpha(x)}{x}=0$，求 $f'(0)$.

3.2.2 左、右导数的定义

导数是特殊的极限，根据左、右极限的定义可得到左、右导数的定义.

定义 左导数：$f'_-(x_0)=\lim\limits_{\Delta x\to 0^-}\dfrac{f(x_0+\Delta x)-f(x_0)}{\Delta x}$.

右导数：$f'_+(x_0)=\lim\limits_{\Delta x\to 0^+}\dfrac{f(x_0+\Delta x)-f(x_0)}{\Delta x}$.

令 $\Delta x=x-x_0$，也可以用以下的等价定义：

$$f'_-(x_0)=\lim_{x\to x_0^-}\frac{f(x)-f(x_0)}{x-x_0},\quad f'_+(x_0)=\lim_{x\to x_0^+}\frac{f(x)-f(x_0)}{x-x_0}.$$

根据极限存在的充要条件可知：$y=f(x)$ 在点 x_0 处可导的充分必要条件是 $y=f(x)$ 在 $x=x_0$ 的左、右导数存在且相等. 即

$$f'_-(x_0)=f'_+(x_0)=A\Leftrightarrow f'(x_0)=A.$$

【例 3.3】 讨论 $f(x)=\begin{cases}-x, x\leqslant 0\\ x, x>0\end{cases}$ 在 $x=0$ 处的可导性.

解：$\because f'_-(0)=\lim\limits_{x\to 0^-}\dfrac{f(x)-f(0)}{x-0}=\lim\limits_{x\to 0^-}\dfrac{-x-0}{x-0}=-1$

$\because f'_+(0)=\lim\limits_{x\to 0^+}\dfrac{f(x)-f(0)}{x-0}=\lim\limits_{x\to 0^-}\dfrac{x-0}{x-0}=1$

$\therefore f'_-(0)\neq f'_+(0)$

$\therefore f'(x)$ 在 $x=0$ 处不可导.

同步练习 4：讨论 $f(x)=\begin{cases}-x, x\leqslant 0\\ x^2, x>0\end{cases}$ 在 $x=0$ 处的可导性.

3.2.3 导数的几何意义

函数 $y=f(x)$ 在点 x_0 处的导数 $f'(x_0)$ 在几何上表示函数 $y=f(x)$ 在点 $(x_0,f(x_0))$ 处的切线的斜率，从而可得函数在点 $(x_0,f(x_0))$ 处切线方程为：

$$y-f(x_0)=f'(x_0)(x-x_0)$$

过切点 $(x_0, f(x_0))$ 且垂直于切线的直线，称为曲线 $y=f(x)$ 在点 $(x_0, f(x_0))$ 处的法线，当 $f(x_0)\neq 0$ 时，法线方程为：

$$y-f(x_0)=-\frac{1}{f'(x_0)}(x-x_0).$$

当 $f'(x_0)=0$ 时，法线方程为 $x=x_0$.

【例 3.4】 求抛物线 $y=x^2$ 在点 $(2,4)$ 处的切线方程与法线方程，并绘制其图形.

解：$f'(2)=(x^2)'\big|_{x=2}=2x\big|_{x=2}=2\times 2=4$.

求切线与法线

$\therefore$ 切线方程为 $y-4=f'(2)(x-2)\Rightarrow y-4=4(x-2)$.

化简得 $y=4(x-1)$.

法线方程为 $y-4=-\dfrac{1}{f'(2)}(x-2)\Rightarrow y-4=-\dfrac{1}{4}(x-2)$.

化简得 $y=-\dfrac{1}{4}x+\dfrac{9}{2}$.

下面利用 Python 求解例 3.4.

```
from sympy import *
x=symbols('x')
y=x**2
ds=diff(y,x)
k=int(ds.evalf(subs={x:2}))
print('切线的斜率=',k)

import matplotlib.pyplot as plt
from numpy import *
from pylab import *
mpl.rcParams['font.sans-serif']=['SimHei']   #如显示图形的中文标题，需要设置字体
x=arange(-6, 6, 0.01)
y1=x**2
y2=4*x-4   #切线方程
y3=-1/4*x+9/2   #法线方程

# 绘制2条函数曲线
plt.plot(x, y1,color='blue', linestyle='-', marker='.', label=r'$y = x^2$')
plt.plot(x, y2, color='r',linestyle='-', marker='*', label=r'$y = 4x-4$')
plt.plot(x, y3, color='g', linestyle='-', marker='o', label=r'$y = -1/4x+9/2$')
# 设置x, y轴的取值范围
plt.xlim(x.min()*0.8, x.max()*0.8)
plt.ylim(-2, 2)
# 设置x, y轴的刻度值
plt.xticks([-5,-4,-3,-2,-1,0,1,2,3,4,5], [r'-5', r'-4', r'-3', r'-2', r'-1', r'0', r'1', r'2', r'3', r'4', r'5'])
plt.yticks([0, 1, 4, 9,16,25],
     [r'0', r'1', r'4', r'9', r'16', r'25'])
# 设置标题，x轴，y轴
plt.title('y=x^2 的切线和法线', fontsize=15)
plt.xlabel(r'$the \ input \ value \ of \ x$', fontsize=10, labelpad=6)
plt.ylabel(r'$y = f(x)$', fontsize=10, labelpad=6)
```

```
plt.legend(loc='up per right')  #设置图例及位置
plt.grid(True)  #显示网格线
plt.show()  #显示图形
```

运行程序，输出图形如图 3-3 所示，即在同一坐标系内绘制函数 $y=x^2$ 的图形和它在点(2,4)处的切线 $y=4x-4$ 和法线 $y=-\dfrac{1}{4}x+\dfrac{9}{2}$.

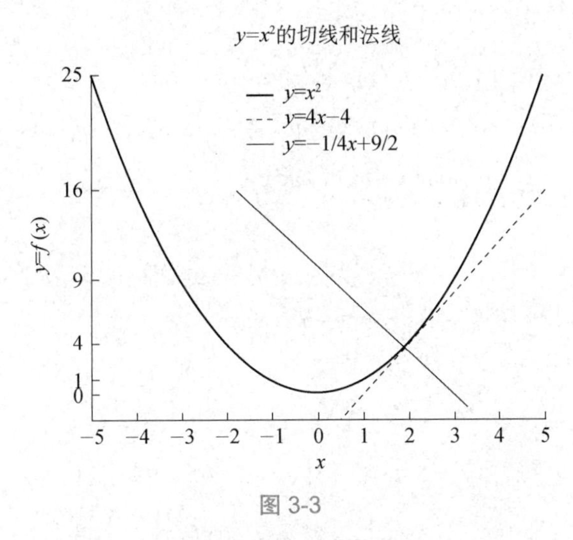

图 3-3

同步练习 4：求 $y=\arctan x$ 在点 $\left(1,\dfrac{\pi}{4}\right)$ 处的切线方程与法线方程.

3.3 导数计算与 Python 实现

3.3.1 导数的四则运算

通过 3.2 节的学习，我们知道了导数是一种特殊的极限，根据导数定义可以求得一部分函数的导数. 但是单纯靠定义法，并不能求出所有常见的初等函数的导数.

例如，要求 $y=\sin x+\cos x$，$y=\dfrac{\sin x}{x}$，$y=x^2\sin x$ 的导数，单纯靠定义法求导数，即求特殊的极限 $f'(x_0)=\lim\limits_{\Delta x\to 0}\dfrac{\Delta y}{\Delta x}=\lim\limits_{\Delta x\to 0}\dfrac{f(x_0+\Delta x)-f(x_0)}{\Delta x}$，就显得非常烦琐. 为了方便求导，引出导数的四则运算法则.

1）导数的四则运算法则

定理 1 设函数 $u=u(x)$，$v=v(x)$ 在点 x 处可导，则有：

（1）$(u(x)\pm v(x))'=u'(x)\pm v'(x)$；

（2）$(u(x)v(x))'=u'(x)v(x)+u(x)v'(x)$，

特别地，$(Cu(x))'=Cu'(x)$（C 是常数）；

（3）$\left(\dfrac{u(x)}{v(x)}\right)' = \dfrac{u'(x)v(x)-u(x)v'(x)}{v^2(x)}$，

特别地，$\left(\dfrac{1}{v(x)}\right)' = -\dfrac{v'(x)}{v^2(x)}$.

定理 1 中的（1）和（2）可以推广到有限多个函数的情形，即若 $u_1(x)$，$u_2(x)$，…，$u_n(x)$ 均为可导函数，则

（1）$[u_1(x) \pm u_2(x) \pm \cdots \pm u_n(x)]' = u_1'(x) \pm u_2'(x) \pm \cdots \pm u_n'(x)$；

（2）$(u_1(x)\cdot u_2(x)\cdot\cdots\cdot u_n(x))' = u_1'(x)u_2(x)\cdots u_n(x) + u_1(x)u_2'(x)\cdots u_n(x) + \cdots + u_1(x)u_2(x)\cdots u_n'(x)$.

【例 3.5】 设 $y = x^3 - \mathrm{e}^x + \sin x + \ln 3$，求 y'.

解：

$$\begin{aligned} y' &= (x^3)' - (\mathrm{e}^x)' + (\sin x)' \\ &= 3x^2 - \mathrm{e}^x + \cos x \end{aligned}$$

【例 3.6】 设 $y = 5\sqrt{x}2^x$，求 y'.

解：

$$\begin{aligned} y' &= 5'\sqrt{x}2^x + 5\left(\sqrt{x}\right)' 2^x + 5\sqrt{x}(2^x)' \\ &= 5\times\frac{1}{2\sqrt{x}}\times 2^x + 5\sqrt{x}2^x \ln 2 \\ &= \frac{5\cdot 2^x}{2\sqrt{x}} + 5\sqrt{x}2^x \ln 2 \end{aligned}$$

【例 3.7】 设 $y = \tan x$，求 y'.

解：

$$\begin{aligned} y' &= \left(\frac{\sin x}{\cos x}\right)' \\ &= \frac{(\sin x)'\cos x - \sin x(\cos x)'}{\cos^2 x} \\ &= \frac{\cos^2 x + \sin^2 x}{\cos^2 x} \\ &= \frac{1}{\cos^2 x} = \sec^2 x \end{aligned}$$

【例 3.8】 设 $y = x^2(\cos x + \sqrt{x})$，求 y'.

解：$y' = (x^2)'\left(\cos x + \sqrt{x}\right) + x^2\left(\cos x + \sqrt{x}\right)'$

$$= 2x\left(\cos x + \sqrt{x}\right) + x^2\left(-\sin x + \frac{1}{2\sqrt{x}}\right)$$

$$= 2x\left(\cos x + \sqrt{x}\right) + x^2\left(\frac{1}{2\sqrt{x}} - \sin x\right)$$

【例 3.9】 设 $y = \dfrac{\sin x}{x}$，求 y'.

解：$y'=\dfrac{(\sin x)'x-\sin x\cdot x'}{x^2}=\dfrac{x\cos x-\sin x}{x^2}$.

【例 3.10】 设 $y=x^3\mathrm{e}^x\sin x$，求 y'.

解：$y'=(x^3)'\mathrm{e}^x\sin x+x^3(\mathrm{e}^x)'\sin x+x^3\mathrm{e}^x(\sin x)'$

$=3x^2\mathrm{e}^x\sin x+x^3\mathrm{e}^x\sin x+x^3\mathrm{e}^x\cos x$

$=x^2\mathrm{e}^x[(3+x)\sin x+x\cos x]$

同步练习 1：求下列函数的导数.

（1） $y=(2-x^2)\cos x$；　　（2） $y=\tan x\cdot\ln x$.

同步练习 2：求下列函数的导数.

（1） $y=\dfrac{1+\sqrt{x}}{1-\sqrt{x}}$；　　（2） $y=x^{\pi}+\pi^{x}+\ln\pi$.

在微积分的发展过程中，通过导数的定义和运算法则，可以总结出以下常见的六组基本初等函数的求导公式，具体如下：

（1）$(C)'=0$（C 为常数）.

（2）幂函数 $(x^{\alpha})'=\alpha x^{\alpha-1}$（$\alpha$ 为实数），特别地

①$(x)'=1$；　　②$\left(\dfrac{1}{x}\right)'=-\dfrac{1}{x^2}$；

③$\left(\sqrt{x}\right)'=\dfrac{1}{2\sqrt{x}}$.

（3）$(a^x)'=a^x\ln a$（$a>0$，$a\neq1$）.

（4）$(\log_a x)'=\dfrac{1}{x\ln a}$（$a>0$，$a\neq1$），特别地 $(\mathrm{e}^x)'=\mathrm{e}^x$.

（5）三角函数：

①$(\sin x)'=\cos x$；　　②$(\cos x)'=-\sin x$；

③$(\tan x)'=\dfrac{1}{\cos^2 x}=\sec^2 x$；　　④$(\cot x)'=-\dfrac{1}{\sin^2 x}=-\csc^2 x$.

（6）反三角函数：

①$(\arcsin x)'=\dfrac{1}{\sqrt{1-x^2}}$；　　②$(\arccos x)'=-\dfrac{1}{\sqrt{1-x^2}}$；

③$(\arctan x)'=\dfrac{1}{1+x^2}$；　　④$(\mathrm{arccot}\, x)'=-\dfrac{1}{1+x^2}$.

3.3.2　复合函数求导

至此，我们学习了求解由基本初等函数经过有限次四则运算生成的函数的导数，但对于形如 $y=\sin^2 x$，$y=(3x+5)^7$，$y=\mathrm{e}^{5x+3}$ 等的初等函数（由基本初等函数经过有限次复合生成的函数）的导数，还不知道如何求解.

首先，我们先尝试求下面引例中函数的导数.

引例 3.3　求 $y=\sin 2x$ 的导数.

解：

方法 1（将未知的问题转为已知的问题）

$y=\sin 2x=2\sin x\cos x$

$y'=2[(\sin x)'\cos x+\sin x(\cos x)']$

$=2(\cos^2 x-\sin^2 x)$

$=2\cos 2x$

方法 2（直接从未知问题出发）

y 由 $y=\sin u$，$u=2x$ 复合而成

$y'_u=\dfrac{dy}{du}=(\sin u)'=\cos u$

$u'_x=\dfrac{du}{dx}=(2x)'=2$

对照方法 1，发现将方法 2 的 $y'_u=\dfrac{dy}{du}$ 与 $u'_x=\dfrac{du}{dx}$ 相乘，就得到方法 1 的结果，即

$$y'_x=y'_u\cdot u'_x=\frac{dy}{du}\cdot\frac{du}{dx}$$

$$=\cos u\cdot 2$$

$$=2\cos 2x$$

思考：这是偶然碰巧的吗？

将 $u=2x$ 进行回代

经过大量例子的实证，数学家们利用极限存在定理、极限和无穷小的关系、极限的运算法则，得到复合函数求导的重要法则——**链式求导法则**.

定理 2 设函数 $u=\varphi(x)$ 在点 x 处可导，函数 $y=f(u)$ 在点 u 处也可导，则复合函数 $y=f(\varphi(x))$ 在点 x 处有导数，且

$$\frac{dy}{dx}=\frac{dy}{du}\cdot\frac{du}{dx}.$$

当复合步骤不止两步时，该法则可推广到有限次复合步骤的情形. 以三次复合步骤为例，得到以下的由 $y=y(u)$，$u=u(v)$，$v=v(x)$ 复合得到的函数的求导公式：

$$\frac{dy}{dx}=\frac{dy}{du}\cdot\frac{du}{dv}\cdot\frac{dv}{dx}.$$

对于三个以上复合步骤的，以此类推.

【例 3.11】 设 $y=(2x^2+\sin x)^3$，求 y' 和 $y'\big|_{\frac{\pi}{2}}$.

解：$y'=3(2x^2+\sin x)^2(2x^2+\sin x)'$

$=3(2x^2+\sin x)^2(4x+\cos x)$

将 $x=\dfrac{\pi}{2}$ 代入 y'，得

$$y'\big|_{\frac{\pi}{2}}=3\left[2\times\left(\frac{\pi}{2}\right)^2+\sin\frac{\pi}{2}\right]^2\left(4\times\frac{\pi}{2}+\cos\frac{\pi}{2}\right)$$

$$=3\left(\frac{\pi^2}{2}+1\right)^2\cdot 2\pi$$

$$=6\pi\left(\frac{\pi^2}{2}+1\right)^2.$$

【例 3.12】 设 $y=\sin\left(\ln\sqrt{x^2+2}\right)$，求 y'.

解：$y' = \cos\left(\ln\sqrt{x^2+2}\right)\left(\ln\sqrt{x^2+2}\right)'$

$$= \frac{\cos\left(\ln\sqrt{x^2+2}\right)}{\sqrt{x^2+2}}\left(\sqrt{x^2+2}\right)'$$

$$= \frac{\cos\left(\ln\sqrt{x^2+2}\right)}{2\sqrt{x^2+2}\cdot\sqrt{x^2+2}}\left(x^2+2\right)'$$

$$= \frac{x\cos\left(\ln\sqrt{x^2+2}\right)}{x^2+2}.$$

【例 3.13】 设 $y=\ln[\ln(\ln x)]$，求 y'.

解：$y' = \frac{1}{\ln(\ln x)}\cdot[\ln(\ln x)]'$

$$= \frac{1}{\ln(\ln x)}\cdot\frac{1}{\ln x}\cdot(\ln x)'$$

$$= \frac{1}{x\ln x\ln(\ln x)}.$$

【例 3.14】 设 $y=\sqrt{2x^2+3}$，求 y'.

解：y 由 $y=\sqrt{u}$，$u=2x^2+3$ 复合而成，

$$y'_u = \left(\sqrt{u}\right)' = \frac{1}{2\sqrt{u}}$$

$$u'_x = (2x^2+3)' = 4x$$

$$\therefore\ y'_x = y'_u\cdot u'_x = \frac{4x}{2\sqrt{u}} = \frac{2x}{\sqrt{2x^2+3}}$$

【例 3.15】 设 $y=\arctan\sqrt{x}$，求 y'.

解：y 由 $y=\arctan u$，$u=\sqrt{x}$ 复合而成，

$$y'_u = (\arctan u)' = \frac{1}{1+u^2}$$

$$u'_x = \left(\sqrt{x}\right)' = \frac{1}{2\sqrt{x}}$$

$$\therefore\ y'_x = y'_u\cdot u'_x = \frac{1}{2\sqrt{x}(1+u^2)} = \frac{1}{2\sqrt{x}(1+x)}$$

同步练习 1：求下列函数的导数.

（1） $y=\cos\frac{1}{x}$；　　（2） $y=\ln(1-x)$.

同步练习 2：求下列函数的导数.

（1） $y=\sqrt{x+\sqrt{x+\sqrt{x}}}$；　　（2） $y=\ln\left(1+\sqrt{1+x^2}\right)$.

3.3.3 隐函数求导

在上述章节内容的学习中，遇到的函数一般是以 $y=f(x)$ 形式给出的，由函数形式可以直接

看出自变量x和因变量y之间的关系. 但实际生活、生产和经济活动中，经常遇到一些函数，自变量x和因变量y之间的关系并不是那么明显，而是由一个方程给出的，如方程

$$xy^2+\sin x=\mathrm{e}^{xy}$$

确定了某个函数$y=f(x)$，但我们却很难求解出具体的表达式.

像这种情形，由方程$F(x,y)=0$确定的函数，一般称为**隐函数**.

隐函数求导

那么隐函数的导数如何求解呢？

一般地，隐函数的求解，可以分为以下三个步骤：

（1）将y看作x的函数，即$y=f(x)$；

（2）方程两边对x求导；

（3）将y'看作未知数，求出y'.

【例 3.16】 求由方程$\mathrm{e}^y+\sin x=xy$确定的隐函数的导数.

解：将y改成$f(x)$

$$\mathrm{e}^{f(x)}+\sin x=xf(x)$$

方程两边x对求导

> 实际求解中，虚线框中的求解部分，可以不写出

$$\mathrm{e}^{f(x)}f'(x)+\cos x=f(x)+xf'(x)$$
$$(\mathrm{e}^{f(x)}-x)f'(x)=f(x)-\cos x$$

$$(\mathrm{e}^y-x)y'=y-\cos x$$

解得

$$y'=\frac{y-\cos x}{(\mathrm{e}^y-x)}$$

下面利用 Python 求解.

```
from sympy import *
x ,y= symbols("x ,y")
f=exp(y)+sin(x)-x*y
dy=-diff(f,x)/diff(f,y)
print("隐函数的导数为", dy)
```

运行结果为：

```
隐函数的导数为(y - cos(x))/(-x + exp(y))
```

同步练习 1：求下列方程确定的隐函数的导数$\dfrac{\mathrm{d}y}{\mathrm{d}x}$.

（1）$xy+\cos y^2=x^2$；　　（2）$\ln y+\mathrm{e}^{xy}=1$.

有些显函数的求导非常麻烦，如幂指函数$y=u(x)^{v(x)}$的求导. 为了求这种函数的导数y'，两边先取对数，然后用隐函数求导的方法得到y'.常称这种求导方法为**对数求导法**.

【例 3.17】 求$y=x^x$的导数y'.

解：两边取对数

$$\ln y=x\ln x$$

两边同时对x求导

$$\frac{1}{y}y' = \ln x + x \cdot \frac{1}{x} = \ln x + 1$$

$$\therefore\ y' = y(\ln x + 1) = x^x(\ln x + 1)\,.$$

下面利用 Python 求解.

```
from sympy import *
x ,y= symbols("x ,y")
f=log(y)-x*ln(x)
dy=-diff(f,x)/diff(f,y)
print("幂指函数的导数为",dy)
```

运行结果为：

```
幂指函数的导数为 y*(log(x) + 1)
```

同步练习 2：求下列幂指函数的导数 $\frac{\mathrm{d}y}{\mathrm{d}x}$.

（1） $y = x^{\sin x}$；　　　　（2） $y = (2x+1)^{\cos x}$.

【例 3.18】 求 $y = \sqrt{\frac{(x+1)^x(x+3)}{(x-4)^3(x+5)}}(x>4)$ 的导数 y'.

解：（多个因子连乘、除、开方的函数，也适合用对数求导法进行求导）

两边同时取对数

$$\ln y = \frac{1}{2}\ln\frac{(x+1)^2(x+3)}{(x-4)^3(x+5)} = \frac{1}{2}[2\ln(x+1) + \ln(x+3) - 3\ln(x-4) - \ln(x+5)]$$

两边同时对 x 求导

$$\frac{1}{y}y' = \frac{1}{2}\left(\frac{2}{x+1} + \frac{1}{x+3} - \frac{3}{x-4} - \frac{1}{x+5}\right)$$

$$\Rightarrow y' = y\left(\frac{1}{x+1} + \frac{1}{2(x+3)} - \frac{3}{2(x-4)} - \frac{1}{2(x+5)}\right)$$

$$= \sqrt{\frac{(x+1)^2(x+3)}{(x-4)^3(x+5)}}\left(\frac{1}{x+1} + \frac{1}{x(x+3)} - \frac{3}{2(x-4)} - \frac{1}{2(x+5)}\right)$$

同步练习 3：求下列函数的导数 $\frac{\mathrm{d}y}{\mathrm{d}x}$.

（1） $y = \frac{x(1-x)}{(x+2)(x+3)}$；　　　　（2） $y = \frac{\sqrt{x+3}(x-5)^2}{(x+4)^2(x-2)^3}$.

3.3.4　高阶导数

在工程计算中，经常遇到曲线的弯曲度应该设置为多少的问题；在量化投资中，经常遇到投资的加仓和减仓的问题. 在这些问题中，曲线的弯曲度或者投资的拐点，单纯利用函数的一阶导数已经无法解决，此时需要用到二阶导数，甚至是更高阶的导数.

下面先讨论二阶导数. 那么什么是二阶导数？不妨看一个简单的例子：

我们知道 $y=x^2$ 的导数是 $y'=2x$，继续观察发现 $y'=2x$ 是可导的，它的导数为

$$(y')'=(2x)'=2 \tag{1}$$

而且，$(y')'=(2x)'=2$ 还可以继续求导，

$$((y')')'=((2x)')'=(2)'=0 \tag{2}$$

我们将式（1）中这个导数称为二阶导数，记作 y''，即 $y''=2$.

将式（2）中这个导数称为三阶导数，记作 y'''，即 $y'''=0$.

二阶导数 y'' 和三阶导数 y'''，统称为 $y=x^2$ 的高阶导数.

请思考以下两个问题.

（1）$y=\sin x$ 的二阶、三阶导数分别是什么？三阶以上的导数又是什么？

（2）$y=a^x$ 的二阶、三阶导数分别是什么？三阶以上的导数又是什么？

定义 1 如果函数 $y=f(x)$ 的导函数 $y'=f'(x)$ 仍是 x 的可导函数，就称 $y'=f'(x)$ 的导数为 $y=f(x)$ 的二阶导数，记作

$$y'' \text{或} f''(x) \text{或} \frac{\mathrm{d}^2 y}{\mathrm{d}x^2} \text{或} \frac{\mathrm{d}^2 f(x)}{\mathrm{d}x^2}.$$

即 $y''=(y')'$，$f''(x)=[f'(x)]'$，或 $\dfrac{\mathrm{d}^2 y}{\mathrm{d}x^2}=\dfrac{\mathrm{d}}{\mathrm{d}x}\left(\dfrac{\mathrm{d}y}{\mathrm{d}x}\right)$.

在高等数学中，将函数的二阶和二阶以上的导数统称称为函数的高阶导数.

n 阶导数一般记作 $y^{(n)}(x)$ 或 $f^{(n)}(x)$ 或 $\dfrac{\mathrm{d}^n y}{\mathrm{d}x^n}$ 或 $\dfrac{\mathrm{d}^n f(x)}{\mathrm{d}x^n}$，

$$\frac{\mathrm{d}}{\mathrm{d}x}\frac{\mathrm{d}}{\mathrm{d}x}\cdots\frac{\mathrm{d}}{\mathrm{d}x}f(x)=\frac{\mathrm{d}^n y}{\mathrm{d}x^n}=f^{(n)}(x)=y^{(n)}(x).$$

【例 3.19】 设 $y=a^x$，求 $y^{(n)}$.

解：$y'=a^x\ln a$，$y''=a^x(\ln a)^2$，…，$y^{(n)}=a^x(\ln a)^{(n)}$.

特别地，$(\mathrm{e}^x)'=\mathrm{e}^x,(\mathrm{e}^x)''=\mathrm{e}^x$，…，$(\mathrm{e}^x)^{(n)}=\mathrm{e}^x$.

下面利用 Python 求解 $y=a^x$ 的一阶导数 y' 和二阶导数 y''.

```
from sympy import *
x = symbols('x ')
a = symbols('a ')
y = a**x
ds_1 = diff(y,x)
ds_2 = diff(y,x,2)
print("一阶导数为", ds_1)   #先计算，再输出结果
print("二阶导数为", ds_2)
```

运行结果为：

```
一阶导数为 a**x*log(a)
二阶导数为 a**x*log(a)**2
```

【例 3.20】 设 $y=\sin x$，求 $y^{(n)}$.

解：$y' = (\sin x)' = \cos x = \sin\left(x + \frac{\pi}{2}\right)$

$$y'' = \left[\sin\left(x + \frac{\pi}{2}\right)\right]' = \cos\left(x + \frac{\pi}{2}\right) = \sin\left(x + 2\cdot\frac{\pi}{2}\right)$$

$$y''' = \left[\sin\left(x + 2\cdot\frac{\pi}{2}\right)\right]'' = \sin\left(x + 3\cdot\frac{\pi}{2}\right)$$

…

$y^{(n)} = \sin\left(x + n\cdot\frac{\pi}{2}\right)$　　　即 $(\sin x)^{(n)} = \sin\left(x + n\cdot\frac{\pi}{2}\right)$.

同理，$(\cos x)^{(n)} = \cos\left(x + n\cdot\frac{\pi}{2}\right)$.

下面利用 Python 求解 $y = \sin x$ 的一阶导数 y' 和二阶导数 y''.

```
from sympy import *
x = symbols('x ')
y = sin(x)
ds_1 = diff(y,x)
ds_2 = diff(y,x,2)
print("一阶导数为", ds_1)   #先计算，再输出结果
print("二阶导数为", ds_2)
```

运行结果为：

```
一阶导数为 cos(x)
二阶导数为 -sin(x)
```

同步练习 1：求下列函数的二阶导数.

（1）$y = \ln x$；　　　　（2）$y = e^{-x}$；

（3）$y = x^2 \ln x$.

同步练习 2：求下列函数的高阶导数.

（1）已知 $y = 2^x$，求 $y^{(6)}$；　　　　（2）已知 $y = \cos x$，求 $y^{(10)}$.

3.4　微分的概念与性质

3.4.1　微分的定义

引例 3.4【金属薄片的面积的变化量】　如图 3-4 所示，设正方形的金属薄片受热或遇冷后边长由 x_0 变化到 $x_0 + \Delta x$，问它的面积变化多少？如何近似地表示面积变化？

分析　事实上，金属薄片的原面积为 $A = x_0^2$，当金属受热或遇冷后面积为 $A_1 = (x_0 + \Delta x)^2$，面积的变化量 ΔA：

$$\Delta A = (x_0 + \Delta x)^2 - {x_0}^2 = 2x_0\Delta x + (\Delta x)^2 \approx 2x_0\Delta x = \mathrm{d}y$$

ΔA 近似表示为 $\mathrm{d}y$．如图3-4所示，面积的变化量 ΔA 主要由 $2x_0\Delta x$ 确定，它是 Δx 的线性函数，而 $(\Delta x)^2$ 为 Δx 的**高阶无穷小**．即面积 $A=x^2$ 在 x_0 处的变化量可用 $2x_0\Delta x$ 近似表示，因此也称 $2x_0\Delta x$ 为 ΔA 的线性主部.

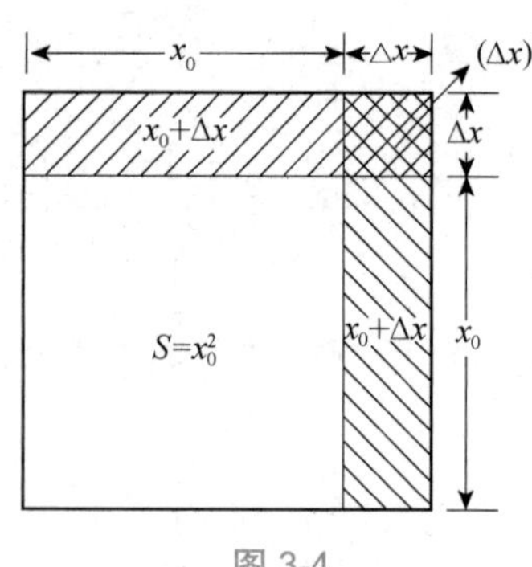

图 3-4

经过上述分析，我们发现 $\Delta A\approx 2x_0\Delta x=f'(x_0)\Delta x$，$f'(x_0)\Delta x$ 称为函数 $A=x^2$ 在 x_0 处的微分.

一般地，有如下定义.

定义 1 若函数 $y=f(x)$ 在点 x_0 处的改变量 Δy 可以用 Δx 的线性主部 $A\Delta x$ （A 为不依赖于 Δx 的常数）和一个比 Δx 高阶的无穷小表示，即

$$\Delta y=A\Delta x+o(\Delta x)$$

则称函数 $y=f(x)$ 在 x_0 处可微，且称 $A\Delta x$ 为函数 $f(x)$ 在点 x_0 处的微分，记作 $\mathrm{d}y\big|_{x=x_0}$，即

$$\mathrm{d}y\big|_{x=x_0}=A\Delta x=f'(x_0)\Delta x \tag{1}$$

在此规定：

（1）自变量的微分 $\mathrm{d}x$ 就是自变量的增量 Δx，即 $\mathrm{d}x=\Delta x$；

（2）函数的微分 $\mathrm{d}y$ 定义为导数 $f'(x)$ 与 Δx 的乘积，即

$$\mathrm{d}y=f'(x)\Delta x \tag{2}$$

当 Δx 未知时，可用 $\mathrm{d}x$ 替代，即

$$\mathrm{d}y=f'(x)\mathrm{d}x \tag{3}$$

将式（3）左右两边同时除以 $\mathrm{d}x$，得

$$f'(x)=\frac{\mathrm{d}y}{\mathrm{d}x} \tag{4}$$

这表明导数是函数的微分 $\mathrm{d}y$ 与自变量的微分 $\mathrm{d}x$ 的商，故导数也称为微商.

【例 3.21】 设函数 $y=x^2$，求：（1）$\mathrm{d}y$；（2）当 $\Delta x=0.01$ 时，求函数 $y=x^2$ 在 $x=1$ 处的改变量 Δy 及微分 $\mathrm{d}y\Big|_{\substack{x=1\\ \Delta x=0.01}}$.

解

$$\Delta y=f(1+\Delta x)-f(1)=(1+0.01)^2-1^2=1.0201-1=0.0201$$

$$\mathrm{d}y=y'\mathrm{d}x=(x^2)'\mathrm{d}x=2x\mathrm{d}x$$

$$\mathrm{d}y\Big|_{\substack{x=1\\ \Delta x=0.01}}=2\times1\times0.01=0.02.$$

【例 3.22】 设 $y=x\sin x$，求 $\mathrm{d}y$.

解：$\mathrm{d}y=(x\sin x)'\mathrm{d}x$

$=(\sin x+x\cos x)\mathrm{d}x$.

【例 3.23】 设 $y=\ln(x^2+3x)$，求 $\mathrm{d}y$.

解：$\mathrm{d}y=(\ln(x^2+3x))'\mathrm{d}x$

$=\dfrac{2x+3}{x^2+3x}\mathrm{d}x$.

【例 3.24】 已知$\sin(x+y^2)+3xy=1$，求$\mathrm{d}y$.

解：方程两边对x求导，得

$$(1+2yy')\cos(x+y^2)+3y+3xy'=0$$

$$y'=\frac{-3y-\cos(x+y^2)}{2y\cos(x+y)}$$

$$\mathrm{d}y=\frac{-3y-\cos(x+y^2)}{2y\cos(x+y^2)+3x}\mathrm{d}x.$$

【例 3.25】 设$y=x^{\frac{1}{x}}$，求$\mathrm{d}y$.

解：方程两边取对数，得

$$\ln y=\frac{1}{x}\ln x$$

方程两边对x求导，得

$$\frac{1}{y}y'=-\frac{1}{x^2}\ln x+\frac{1}{x^2}$$

$$y'=(-\frac{1}{x^2}\ln x+\frac{1}{x^2})x^{\frac{1}{x}}$$

$$\mathrm{d}y=\left(-\frac{1}{x^2}\ln x+\frac{1}{x^2}\right)x^{\frac{1}{x}}\mathrm{d}x.$$

同步练习 1：求下列函数的微分.

（1） $y=x^2\mathrm{e}^{-2x}$；　　（2） $y=\left(\frac{x}{1+x}\right)^x$.

同步练习 2：求下列函数的微分.

（1） $y=(3x^2+1)^{\frac{2}{3}}$；　　（2） $y=\ln(1+3x)$.

3.5 导数与微分计算数学实验

实验目的

（1）深入理解导数的意义；

（2）掌握用Python求导数、高阶导数及函数在某点处的导数值的方法；

（3）掌握求解隐函数的导数的方法.

在Python的Sympy库中，求函数导数的函数为diff()，其具体语法及说明如下.

（1）diff（f, x）：函数f对符号变量x求一阶（偏）导数；

（2）diff（f, x, n）：函数f对符号变量x求n阶（偏）导数.

【例 3.26】 求双曲线$y=x^2$在点$\left(\frac{1}{2},\frac{1}{4}\right)$处的切线方程，并绘制其图形.

解：在PyCharm中新建diff1.py文件，内容如下：

```
from sympy import *
x = symbols('x')
y = x**2
ds = diff(y,x)
print("一阶导数为", ds)   #先计算，再输出结果
ds.evalf("在 1/2 处的导数为", ds.subs(x,1/2).evalf())

import matplotlib.pyplot as plt
from numpy import *
x = arange(-6,6,0.01)
y1 = x**2
y2 = x-1/4
plt.figure()
plt.plot(x,y1,x,y2)
plt.show()
```

运行程序，命令窗口显示所得结果：

```
一阶导数为 2*x
在 1/2 处的导数为 1.00000000000000
```

所以，其切线方程为$y-\frac{1}{4}=x-\frac{1}{2}$，即为$y=x-\frac{1}{4}$.

运行程序，输出图形如图 3-5 所示，即在同一坐标系内绘制函数$y=x^2$的图形和它在点$\left(\frac{1}{2},\frac{1}{4}\right)$处的切线.

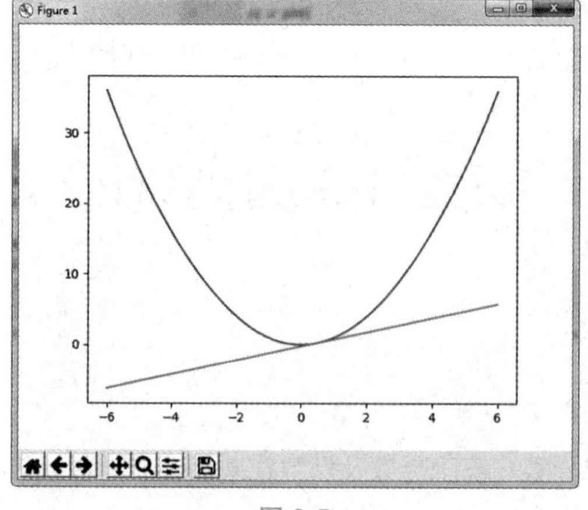

图 3-5

【注】① 利用 evalf()函数可求出表达式的浮点数，语法格式如下：

```
expr.evalf(subs={x1:x1_tmp,x2:x2_tmp,⋯,xi:xi_tmp })
```

其中，expr是表达式，x1，x2，⋯，xi是表达式中的变量，xi_tmp分别利用subs()函数替换变量xi，i=1，2，⋯，n.

② subs()函数用于变量替换，其语法格式如下.

```
expr.subs(x, val)   #将表达式expr中的变量x用val替换
expr.subs({x1: x1_tmp, x2: x2_tmp, …,xi: xi_tmp })   #将表达式expr中的变量xi用xi_tmp替换，其中
i=1，2，…，n.
```

【例 3.27】 已知 $y=2e^x-x\sin x$，求 y 的一阶导数 y' 和二阶导数 y''，并计算 y 的二阶导数 y'' 在 $x=0$ 处的值.

解：在 PyCharm 中新建 diff2.py 文件，内容如下：

二阶导数

```
from sympy import *
x = symbols('x ')
y = 2*exp(x)-x*sin(x)
ds_1 = diff(y,x)
ds_2 = diff(y,x,2)
zhi=ds_2.evalf(subs={x:0})
print("一阶导数为", ds_1)          #先计算，再输出结果
print("二阶导数为", ds_2)
print("二阶导数在 x=0 处的值为",zhi )
```

运行程序，命令窗口显示所得结果：

```
一阶导数为-x*cos（x）+2*exp（x）-sin（x）
二阶导数为 x*sin（x）+2*exp（x）-2*cos（x）
二阶导数在 x=0 处的值为 0.e-125
```

即

$$y'=-x\cos x+2e^x-\sin x，\quad y''=x\sin x+2e^x-2\cos x，\quad y''\big|_{x=0}=0.$$

【例 3.28】 求由方程 $\sin y+e^x-xy^2=0$ 确定的隐函数 $y=y(x)$ 的导数 $\frac{dy}{dx}$.

解：在 PyCharm 中新建 diff3.py 文件，内容如下：

```
from sympy import *
x,y = symbols('x y')
z = sin(y)+exp(x)-x*y**2
ds = - diff(z,x)/ diff(z,y)
print("隐函数导数为", ds)
```

运行程序，命令窗口显示所得结果：

```
隐函数导数为 (y**2 - exp(x))/(-2*x*y + cos(y))
```

即此隐函数导数为 $\frac{dy}{dx}=\frac{y^2-e^x}{-2xy+\cos y}$.

同步练习 1：利用 Python 求下列函数的导数或导数值.

① $y=x^3+3x^2$，求 y'；　　② $f(x)=\sqrt{x}$，求 $f'(4)$.

同步练习 2：利用 Python 求曲线 $y=\arctan x$ 在点 $\left(1,\frac{\pi}{4}\right)$ 处的切线方程，把两者的图形画在同

一坐标系上，并观察图形之间的关系.

同步练习 3：利用 Python 求下列隐函数的导数 $\dfrac{dy}{dx}$.

① $xy+\cos y^2=x^2$；　　　　② $\ln y+e^{xy}=1$.

3.6　微分中值定理

通过上述章节的学习，若已知一个函数 $f(x)$，可以求出它的导数 $f'(x)$. 现在反过来，能否通过导数 $f'(x)$ 来研究原来函数 $f(x)$ 的特点呢？答案是可以的，微分中值定理就是研究导数与原来函数的桥梁.

微分中值定理是一系列中值定理的总称，是研究函数的有力工具，常见的微分中值定理有罗尔定理、拉格朗日中值定理和柯西中值定理，其中最重要的是拉格朗日定理，其他中值定理都是拉格朗日中值定理的特殊情况或推广. 微分中值定理反映了导数的局部性与函数的整体性之间的关系，应用十分广泛.

罗尔定理是以法国数学家罗尔的名字命名的.

定理 1（罗尔定理） 设函数 $y=f(x)$ 满足下列三个条件：

（1）在闭区间 $[a,b]$ 上连续；

（2）开区间 (a,b) 内可导；

（3）$f(a)=f(b)$；

则在开区间 (a,b) 内至少存在一点 ξ，使得 $f'(\xi)=0$.

请思考：闭区间上连续的函数有什么特点？开区间内处处可导有什么特征？端点值相等又有什么用处？

罗尔定理的几何意义：

如果函数 $y=f(x)$，$x\in[a,b]$ 是一条连续的、光滑的曲线（见图 3-6），且函数两端纵坐标相等，则该函数 $y=f(x)$ 在 (a,b) 内至少有一点 P，使得过 P 的曲线的切线平行于 x 轴.

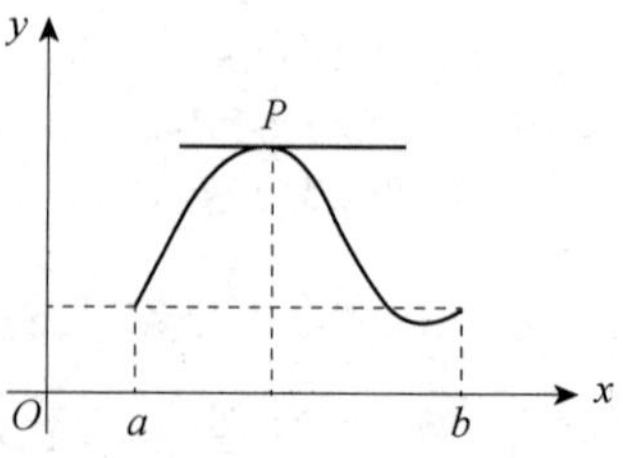

y
P
O
a
b
x

图 3-6

注意：罗尔定理要求函数同时满足三个条件，否则结论不一定能成立.

【例 3.29】 如果函数 $f(x)=x+\ln x^k$ 在 $[1,e]$ 上满足罗尔定理，求 k.

解：$f(x)=x+\ln x^k=x+k\ln x$

函数 $f(x)$ 在 $[1,e]$ 上满足罗尔定理

$$f(1)=f(e)$$

$$1+k\ln 1=\mathrm{e}+k\ln\mathrm{e}$$
$$1=\mathrm{e}+k$$
$$k=\mathrm{e}-1$$

【例 3.30】 判断函数 $f(x)=x^2-2x-3$ 在闭区间 $[-1,3]$ 上是否满足罗尔定理，并求满足罗尔定理的 ξ.

解：∵ 由于 $f(x)=x^2-2x-3$ 为初等函数

∴ $f(x)$ 在闭区间 $[-1,3]$ 上连续

$f'(x)=2x-2$ 在开区间 $(-1,3)$ 内可导

$$f(-1)=1+2-3=0$$
$$f(3)=9-6-3=0$$
$$f(-1)=f(3)$$

∴ 函数 $f(x)=x^2-2x-3$ 在 $[1,3]$ 上满足罗尔定理

因此在开区间 $(-1,3)$ 内至少存在一点 ξ，使得 $f'(\xi)=0$

此时 $\xi=1\in(-1,3)$

∴ 存在一点 $\xi\in(-1,3)$，使 $f'(\xi)=0$.

【例 3.31】 不用求函数 $f(x)=(x-1)(x-2)(x-3)$ 的导数，判断函数 $f'(x)=0$ 有几个根.

解：∵函数 $f(x)$ 为初等函数

当 $f(x)=0$ 时，$x=1$，或 $x=2$，或 $x=3$

函数 $f(x)$ 在闭区间 $[1,2]$ 和 $[2,3]$ 上连续

$$f(1)=f(2)=f(3)=0$$

函数 $f(x)$ 在开区间 $(1,2)$ 和 $(2,3)$ 内可导，

∴ 函数 $f(x)$ 在 $[1,2]$ 和 $[2,3]$ 上满足罗尔定理，

因此 $f(x)$ 在开区间 $(1,2)$ 和 $(2,3)$ 内至少各存在一点 ξ，使得 $f'(\xi)=0$ 且 $f(x)=x^3-6x^2+11x-6$. 又因为 $f'(x)$ 是二次函数，其最多有两个实根.

综上 $f'(x)=0$ 有两个根.

【例 3.32】 已知方程 $2x^3+x^2-x=0$ 有一负根 $x=-1$，证明方程 $6x^2+2x-1=0$ 必有一个大于 -1 的负根.

证明：令 $f(x)=2x^3+x^2-x$，$x\in[-1,0]$

则 $f(x)$ 在 $[-1,0]$ 上连续，在 $(-1,0)$ 内可导，且

$f(0)=0$，$f(-1)=0$（$x=-1$ 为根）

∴ 由罗尔定理，至少存在一点 $\xi\in(-1,0)$，使得

$$f'(\xi)=0\Rightarrow f'(\xi)=6\xi^2+2\xi-1=0$$

即方程 $6x^2+2x-4=0$ 必有一个大于 -1 的负根.

同步练习 1：求 $y=x^2$ 在区间 $[-1,1]$ 上满足罗尔定理的 ξ.

同步练习 2：下列函数中，在 $[-1,1]$ 上满足罗尔定理的是（　　）.

A. $\ln x^2$　　　　B. $|x|$

C. $\cos x$　　　　　　　　　　D. $\dfrac{1}{x^2-1}$

同步练习 3：已知 $f(x)=(x-1)(x-3)(x-5)$，则方程 $f'(x)=0$ 有几个根？分别位于哪些区间？

在罗尔定理中，如果把第三个条件去掉，就得到拉格朗日中值定理.

定理 2（拉格朗日中值定理） 设函数 $y=f(x)$ 满足下列条件：

（1）在闭区间 $[a,b]$ 上连续；

（2）开区间 (a,b) 内可导；

则在开区间 (a,b) 内至少存在一点 ξ，使得 $f'(\xi)=\dfrac{f(b)-f(a)}{b-a}$.

【例 3.33】 求 $y=\sqrt{x}$ 在 $[1,4]$ 上满足拉格朗日中值定理的 ξ.

解：$f'(\xi)=\left.\dfrac{1}{2\sqrt{x}}\right|_{x=\xi}=\dfrac{1}{2\sqrt{\xi}}$

而 $\dfrac{f(4)-f(1)}{4-1}=\dfrac{\sqrt{4}-\sqrt{1}}{3}=\dfrac{1}{3}$

$\therefore \dfrac{1}{2\sqrt{\xi}}=\dfrac{1}{3} \Rightarrow \sqrt{\xi}=\dfrac{3}{2}$

$\therefore \xi=\dfrac{9}{4}\in(1,4)$.

【例 3.34】 （提高）☆已知 $0<a<b$，证明 $\dfrac{b-a}{b}<\ln\dfrac{b}{a}<\dfrac{b-a}{a}$.

证明：设 $f(x)=\ln x$，则 $f(x)$ 在 (a,b) 内满足拉格朗日中值定理，则

$$f(b)-f(a)=\ln b-\ln a=\ln\frac{b}{a}=f'(\xi)(b-a)$$

$$=\frac{1}{\xi}(b-a),\quad \xi\in(a,b)$$

由于 $0<a<\xi<b$，故

$$\frac{1}{b}<\frac{1}{\xi}<\frac{1}{a}$$

又 $\because b-a>0$

$\therefore \dfrac{b-a}{b}<\dfrac{b-a}{\xi}<\dfrac{b-a}{a} \Rightarrow \dfrac{b-a}{b}<\ln\dfrac{b}{a}<\dfrac{b-a}{a}$.

同步练习 4：$y=\sin x$ 在 $[0,2\pi]$ 上满足罗尔定理的 $\xi=$________.

同步练习 5：$y=x^3+1$ 在 $[0,1]$ 上满足拉格朗日中值定理的 $\xi=$________.

推论 1　如果 $f'(x)\equiv 0$，$x\in(a,b)$，则 $f(x)\equiv C$（$x\in(a,b)$，C 为常数)，即在区间 (a,b) 内 $f(x)$ 为一个常量函数.

推论 2　如果 $f'(x)\equiv g'(x)$，$x\in(a,b)$，则 $f(x)=g(x)+C$（$x\in(a,b)$，C 为常数)，即在区间 (a,b) 内如果两个函数的导数恒等，那么它们至多只相差一个常数.

【例 3.35】 （提高）证明 $\arctan x+\operatorname{arccot} x=\frac{\pi}{2}$.

证明：设 $f(x)=\arctan x+\operatorname{arccot} x$，则

$$f'(x)=\frac{1}{1+x^2}-\frac{1}{1+x^2}=0 \Rightarrow f(x)\equiv C$$

当 $x=1$ 时，有 $f(1)=\arctan 1+\operatorname{arccot} 1=\frac{\pi}{4}+\frac{\pi}{4}=\frac{\pi}{2}$，因此 $C=\frac{\pi}{2}$.

所以 $\arctan x+\operatorname{arccot} x=\frac{\pi}{2}$.

同步练习 6：证明 $\arcsin x+\arccos x=\frac{\pi}{2}$.

3.7 洛必达法则与 Python 实现

在第 2 章中已经初步介绍了 $\frac{0}{0}$ 型、$\frac{\infty}{\infty}$ 型、1^{∞} 型、$\infty-\infty$ 型等未定式，以及利用约分、抓大头、重要极限公式求解这些未定式的极限，但还是有一些未定式的极限，利用上述方法求解不了. 例如，$\lim\limits_{x\to+\infty}\frac{\arctan x-\frac{\pi}{2}}{\frac{1}{x}}$ 为 $\frac{0}{0}$ 型，但分子分母无法约分. 为此，需要寻求一种新的方法. 而洛必达法就是求解未定式极限的重要工具，是计算 $\frac{0}{0}$ 型与 $\frac{\infty}{\infty}$ 型未定式的新方法，此方法可简化极限的运算，使计算效率得以提高.

1. $\frac{0}{0}$ 型未定式

定理 1（洛必达法则） 设函数 $f(x)$ 和 $g(x)$ 满足：

（1）$\lim\limits_{x\to x_0} f(x)=0$，$\lim\limits_{x\to x_0} g(x)=0$；

（2）函数 $f(x)$ 和 $g(x)$ 在点 x_0 某个邻域内（点 x_0 可除外）可导，且 $g'(x)\neq 0$；

（3）$\lim\limits_{x\to x_0}\frac{f'(x)}{g'(x)}=A$（$A$ 可以是有限数，也可为∞，$+\infty$，$-\infty$）.

则

$$\lim_{x\to x_0}\frac{f(x)}{g(x)}=\lim_{x\to x_0}\frac{f'(x)}{g'(x)}=A.$$

注意：法则对于 $x\to\infty$，$x\to\pm\infty$，$x\to x_0^{+}$，$x\to x_0^{-}$ 时的 $\frac{0}{0}$ 型未定式同样适用.

2. $\frac{\infty}{\infty}$ 型未定式

定理 2（洛必达法则） 设函数 $f(x)$ 和 $g(x)$ 满足：

（1）$\lim\limits_{x\to x_0} f(x)=\infty$，$\lim\limits_{x\to x_0} g(x)=\infty$；

（2）函数 $f(x)$ 和 $g(x)$ 在点 x_0 某个邻域内（点 x_0 可除外）可导，且 $g'(x) \neq 0$；

（3）$\lim\limits_{x \to x_0} \dfrac{f'(x)}{g'(x)} = A$（$A$ 可以是有限数，也可为∞，$+\infty$，$-\infty$）；

则

$$\lim_{x \to x_0} \frac{f(x)}{g(x)} = \lim_{x \to x_0} \frac{f'(x)}{g'(x)} = A .$$

注意：法则对于 $x \to \infty$，$x \to \pm\infty$，$x \to x_0^+$，$x \to x_0^-$ 时的 $\dfrac{\infty}{\infty}$ 型未定式同样适用.

使用洛必达法则的注意事项：

（1）使用洛必达法则时，需检验极限是否属于 $\dfrac{0}{0}$ 型或 $\dfrac{\infty}{\infty}$ 型未定式，若不是，则不能使用该法则；

（2）当 $\lim \dfrac{f'(x)}{g'(x)}$ 不存在时，此时应使用其他方法求极限.

【例 3.36】 求 $\lim\limits_{x \to 0} \dfrac{(1+x)^{\alpha} - 1}{x}$.

解：原式 $= \lim\limits_{x \to 0} \dfrac{\alpha(1+x)^{\alpha-1}}{1}$

$= \alpha$.

【例 3.37】 求 $\lim\limits_{x \to 0} \dfrac{\ln(1+x)}{x^2}$.

解：原式 $= \lim\limits_{x \to 0} \dfrac{\frac{1}{1+x}}{2x}$

$= \lim\limits_{x \to 0} \dfrac{1}{(1+x)2x}$

$= \infty$.

【例 3.38】 求 $\lim\limits_{x \to +\infty} \dfrac{\frac{\pi}{2} - \arctan x}{\frac{1}{x}}$.

解：原式 $= \lim\limits_{x \to -\infty} \dfrac{-\frac{1}{1+x^2}}{-\frac{1}{x^2}}$

$= \lim\limits_{x \to -\infty} \dfrac{x^2}{1+x^2}$

$= 1$.

【例 3.39】 求 $\lim\limits_{x \to +\infty} \dfrac{\ln x}{x^n}$.

解：原式 $= \lim\limits_{x \to +\infty} \dfrac{\frac{1}{x}}{nx^{n-1}}$

$$=\lim_{x\to+\infty}\frac{1}{nx^n}$$

$$=0.$$

【例 3.40】 求 $\lim\limits_{x\to+\infty}\dfrac{x^2\sin\frac{1}{x}}{\sin x}$.

解：原式 $=\lim\limits_{x\to0}\dfrac{x}{\sin x}\cdot\lim\limits_{x\to0}x\sin\dfrac{1}{x}$

$$=1\times0$$

$$=0.$$

同步练习 1：利用洛必达法则求下列极限.

（1）$\lim\limits_{x\to0}\dfrac{e^x-e^{-x}-2}{x^2}$；（2）$\lim\limits_{x\to0}\dfrac{x-\sin x}{x^3}$；

（3）$\lim\limits_{x\to+\infty}\dfrac{\ln x}{\sqrt{x}}$；（4）$\lim\limits_{x\to0}\dfrac{e^x-\sin x-1}{x^2}$.

同步练习 2：求 $\lim\limits_{x\to\infty}\dfrac{x+\cos x}{x-\cos x}$.

未定式除 $\dfrac{0}{0}$ 型和 $\dfrac{\infty}{\infty}$ 型外，还有 $\infty-\infty$ 型、$0\cdot\infty$ 型、0^0 型、∞^0 型和 1^∞ 型，求这些未定式的极限时，一般先转化为 $\dfrac{0}{0}$ 型或 $\dfrac{\infty}{\infty}$ 型，再使用洛必达法则.

（1）$\infty-\infty$ 型：通分相减变为 $\dfrac{0}{0}$ 型.

【例 3.41】 求 $\lim\limits_{x\to1}\left(\dfrac{x}{x-1}-\dfrac{1}{\ln x}\right)$.

解：原式 $=\lim\limits_{x\to1}\dfrac{x\ln x-x+1}{(x-1)\ln x}$

$$=\lim_{x\to1}\frac{\ln x+1-1}{\ln x+\frac{x-1}{x}}$$

$$=\lim_{x\to1}\frac{x\ln x}{x\ln x+x-1}$$

$$=\lim_{x\to1}\frac{\ln x+1}{\ln x+2}$$

$$=\frac{1}{2}.$$

同步练习 3：求 $\lim\limits_{x\to0}\left(\dfrac{1}{x^2}-\dfrac{\sin x}{x^3}\right)$.

（2）$0\cdot\infty$ 型：变为 $\dfrac{1}{\infty}\cdot\infty=\dfrac{\infty}{\infty}$ 型或 $0\cdot\dfrac{1}{0}=\dfrac{0}{0}$ 型.

【例 3.42】 求 $\lim\limits_{x\to0^+}x^3\ln x$.

解：原式$=\lim\limits_{x\to0^+}\dfrac{\ln x}{\dfrac{1}{x^3}}$

$$=\lim_{x\to0^+}\frac{\frac{1}{x}}{-3x^{-4}}$$

$$=\lim_{x\to0+}\frac{x^4}{-3x}$$

$$=\lim_{x\to0^+}\frac{x^3}{-3}$$

$$=0.$$

同步练习 4：$\lim\limits_{x\to1}(1-x)\tan\dfrac{\pi x}{2}$.

（3）0^0 型、∞^0 型和1^∞ 型：通常可用取对数的方法或 $f(x)^{g(x)}=\mathrm{e}^{g(x)\ln f(x)}$ 转化为$0\cdot\infty$ 型，再转化为$\dfrac{0}{0}$型或$\dfrac{\infty}{\infty}$型.

【例 3.43】 求 $\lim\limits_{x\to0^+}x^x$.

解：令 $y=x^x$ $\therefore \ln y=\ln x^{x=x\ln x}$

$$\therefore \lim_{x\to0^+}(\ln y)=\lim_{x\to0^+}x\ln x$$

$$=\lim_{x\to0^+}\frac{\ln x}{\frac{1}{x}}$$

$$=\lim_{x\to0^+}\frac{\frac{1}{x}}{-\frac{1}{x^2}}$$

$$=\lim_{x\to0^+}(-x)$$

$$=0$$

$$\therefore y=\mathrm{e}^{\ln y}$$

$$\therefore \lim_{x\to0^+}y=\lim_{x\to0^+}\mathrm{e}^{\ln y}=\mathrm{e}^{\lim\limits_{x\to0^+}\ln y}=\mathrm{e}^0=1.$$

同步练习 5：求极限 $\lim\limits_{x\to0^+}x^{\sin x}$.

3.8 函数的单调性与 Python 实现

通过前面章节内容的学习，我们知道，在单调区间上，增函数的图形是上升的，而减函数的图形是下降的，函数的这一性质，称为单调性. 单调性在解决函数求极限、比较大小、求解方程的根、解不等式等问题时，都有很大的用处. 在实际生活中，例如经济问题中如何实现利润最大化、工程领域中如何实现用料最省、航空领域中如何计算航空器回收落地时间、投资领域中如何估算投资的拐点等等，函数单调性都有很重要的应用.

观察图 3-7（a）和 3-7（b），思考函数的导数对判断函数的单调性有什么用处？

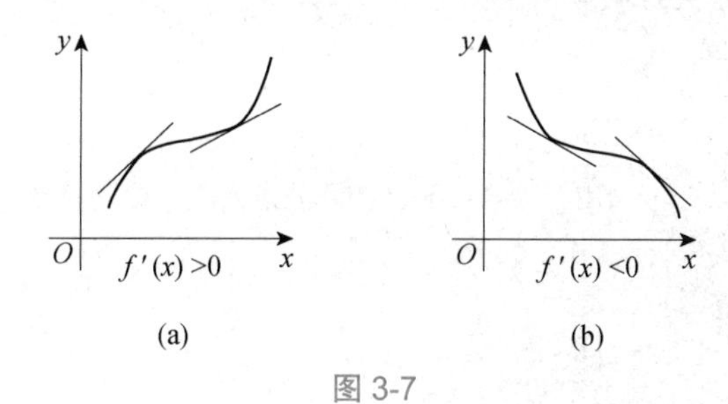

图 3-7

由图 3-7（a）可以看出，单调递增函数，其切线的倾斜角处处都是锐角$(0<\alpha<90°)$，则由导数的几何意义，其切线的斜率$k=f'(x)=\tan\alpha>0$；反之，从图 3-7（b）可以看出，单调递减函数，其切线的倾斜角处处都是钝角$(90°<\alpha<180°)$，则由导数的几何意义，其切线的斜率$k=f'(x)=\tan\alpha<0$.（在这里，不考虑倾斜角$\alpha=0°$和$\alpha=180°$的特殊情形）

从上述图形观察出来的特征，总结后得到定理 1.

定理 1 设函数$f(x)$在闭区间$[a,b]$上连续，在开区间(a,b)内可导，则有：

（1）若在(a,b)内$f'(x)>0$，则函数$f(x)$在$[a,b]$上**单调增加**；

（2）若在(a,b)内$f'(x)<0$，则函数$f(x)$在$[a,b]$上**单调减少**.

【例 3.44】 判断函数$y=x-\sin x$在区间$[-\pi,\pi]$上的单调性.

解：$\because$函数$y=x-\sin x$在区间$[-\pi,\pi]$上连续，

且在$(-\pi,\pi)$内可导，

又$\because$ $y'=1-\cos x\geqslant 0$，且等号只在$x=0$处成立.

$\therefore$函数$y=x-\sin x$在区间$[-\pi,\pi]$上单调增加.

同步练习 1：判断函数$y=\arctan x$在区间$(-\infty,+\infty)$内的单调性.

【例 3.45】 确定函数$f(x)=x^3-3x$的单调区间.

单调区间

解：（1）函数的定义域为$(-\infty,+\infty)$；

（2）求导$f'(x)=3x^2-3=3(x^2-1)=3(x+1)(x-1)$；

（3）令$f'(x)=0$，得驻点$x_1=-1$，$x_2=1$；

（4）以$x_1=-1$和$x_2=1$为临界点列表，见表 3.1.

表 3.1

x	$(-\infty,-1)$	-1	$(-1,1)$	1	$(1,+\infty)$
$f'(x)$	+	0	−	0	+
$f(x)$	↗	驻点	↘	驻点	↗

$\therefore f(x)=x^3-3x$的单调增区间为$(-\infty,-1)\cup(1,+\infty)$，单调减区间为$(-1,1)$.

下面利用 Python 求解$f(x)=x^3-3x$的单调区间.

```
from sympy import *
x = symbols('x')
```

```
f = x**3-3*x
ds= diff(f,x)   #求函数的导数
ans = solve(ds, x)   #求函数的驻点
print("函数的导数为", ds)
print("驻点为", ans)

ans_1 = ds.evalf(subs={x:-2})   #用特殊值-2 和 2 测算驻点两端导数的符号
ans_2 = ds.evalf(subs={x:0})
ans_3 = ds.evalf(subs={x:2})
print("导数在 x=-2 的值为", ans_1)
print("导数在 x=0 的值为", ans_2)
print("导数在 x=2 的值为", ans_3)

import matplotlib.pyplot as plt
from numpy import *
x = arange(-4,4,0.01)
y = x**3 - 3*x
plt.figure()
plt.plot(x,y)  #画出函数图形
plt.grid(True)
plt.show()
```

运行结果为：

```
函数的导数为 3*x**2−3
驻点为 [−1, 1]
导数在 x=−2 的值为 9.00000000000000
导数在 x=0 的值为 −3.00000000000000
导数在 x=2 的值为 9.00000000000000
```

用特殊值 $x=-2$ 和 $x=2$ 测算函数在驻点两侧的函数值，以便确定单调区间

这说明，$f(x)=x^3-3x$ 有两个驻点，分别为 $x_1=-1$ 和 $x_2=1$. 且在驻点两侧的导数值，$f'(-2)=9>0$，$f'(0)=-3<0$，$f'(2)=9>0$.

即，函数 $f(x)=x^3-3x$ 的单调减区间为 $[-1,1]$，单调增区间分别为 $(-\infty,-1]\cup[1,+\infty)$.

画出函数图形，如图 3-8 所示.

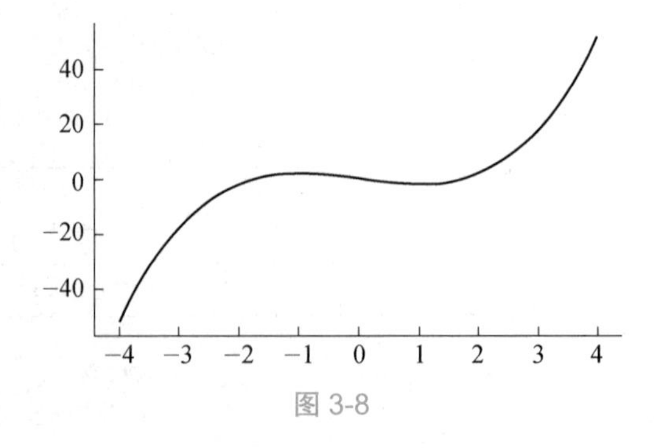

图 3-8

由此例，总结出求函数单调区间的步骤：

（1）求出函数的定义域；

（2）求函数的导数 $f'(x)$，并令 $f'(x)=0$，得到函数的驻点；

（3）用驻点将函数的定义域分割成若干个小区间；

（4）在每个小区间内讨论 $f'(x)$ 与 0 的关系；

（5）得到结论，确定函数的单调区间.

同步练习 2：求 $y=2x^3-6x^2-18x-7$ 的单调区间.

【例 3.46】 确定函数 $y=\sqrt[3]{x^2}$ 的单调区间.

解：函数的定义域为 $(-\infty,+\infty)$ 且在定义域内连续，其导数为 $y'=\dfrac{2}{3\sqrt[3]{x}}$.

当 $x=0$ 时，y' 不存在，且不存在使 $y'=0$ 的点.

用 $x=0$ 把定义域分成两个区间，见表 3.2.

表 3.2

x	$(-\infty,0)$	$(0,+\infty)$
$f'(x)$	−	+
$f(x)$	↘	↗

$\therefore$ $y=\sqrt[3]{x^2}$ 的单调增区间为 $[0,+\infty)$，单调减区间为 $(-\infty,0]$.

【注】 由例 3.46 可以看出，单调区间的分界点不一定是驻点，有可能是函数定义域的分界点.

【例 3.47】 已知 $x>0$，证明 $1+\dfrac{1}{2}x>\sqrt{1+x}$.

证明：令 $f(x)=1+\dfrac{1}{2}x-\sqrt{1+x}$，则在 $(0,x)$ 内，有

$$f'(x)=\frac{1}{2}-\frac{1}{2\sqrt{1+x}}=\frac{\sqrt{1+x}-1}{2\sqrt{1+x}},$$

$\because$ $x>0\Rightarrow\sqrt{1+x}-1>0$.

$\therefore$ $f'(x)>0$，即 $f(x)$ 在 $(0,x)$ 内单调递增.

$\because$ $f(0)=1+0-\sqrt{1+0}=0$，故 $f(x)>f(0)=0$，即

$$1+\frac{1}{2}x-\sqrt{1+x}>0\Rightarrow 1+\frac{1}{2}x>\sqrt{1+x}.$$

3.9 函数的极值与 Python 实现

在函数单调区间的学习中，我们发现，在单调区间的转折点处，函数出现了峰值，这样的峰值在高等数学中称为什么呢？

案例：在某班级的一次数学测验中，全班 60 人，分成了 10 组，每组 6 个人进行小组测试. 每个小组都有一个最高分和最低分，这些局部范围内的最值，就是高等数学中所说的极值.

通过本章节的学习，大家就可以知道什么是极值及如何求函数的极值.

定义 1 设函数 $f(x)$ 在点 x_0 的某邻域 $(x_0-\delta, x_0+\delta)$ 内有定义，

（1）如果对于任一 $x \in (x_0-\delta, x_0+\delta)$ 且 $x \neq x_0$，都有 $f(x) < f(x_0)$，则称 $f(x_0)$ 为函数 $f(x)$ 的极大值，点 x_0 为**极大值点**（如图 3-9（a）所示）；

（2）如果对于任一 $x \in (x_0-\delta, x_0+\delta)$，都有 $f(x) > f(x_0)$，则称 $f(x_0)$ 为函数 $f(x)$ 的极小值，点 x_0 为**极小值点**（如图 3-9（b）所示）.

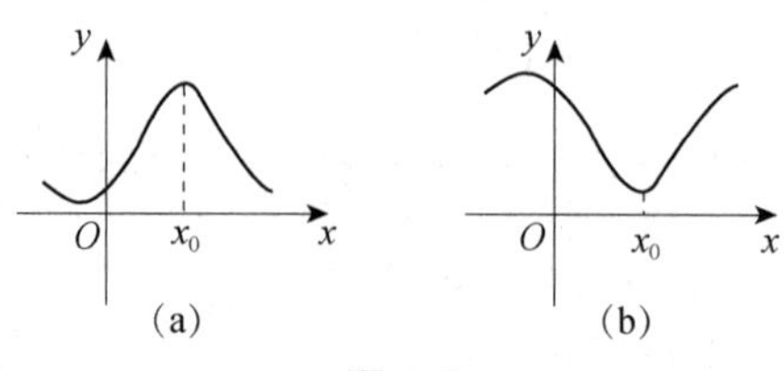

图 3-9

函数的极大值和极小值统称为极值，极大值点和极小值点统称为极值点.

极值是局部的，只是与邻近点相比较而言的，并非是在整个区间上的最大值或最小值. 极大值点与极小值点也不是唯一的，如图 3-10 中 A、B、C 都是极值点.

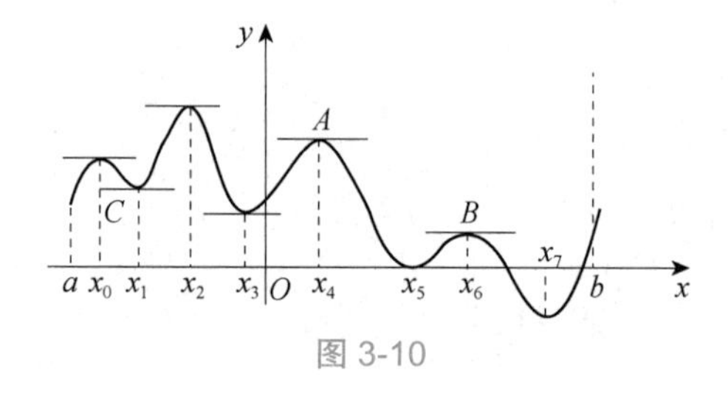

图 3-10

从图 3-10 中可看出，极小值不一定小于极大值，如图中 C 点对应函数值是极小值，B 点对应函数值是极大值.

定理 1（极值的第一充分条件） 设函数 $f(x)$ 在点 x_0 的某邻域内连续，且在此邻域内（点 x_0 可除外）可导.

（1）如果当 $x < x_0$ 时 $f'(x) > 0$，而当 $x > x_0$ 时 $f'(x) < 0$，则 $f(x)$ 在点 x_0 处取得极大值（见图 3-11（a））；

（2）如果当 $x < x_0$ 时 $f'(x) < 0$，而当 $x > x_0$ 时 $f'(x) > 0$，则 $f(x)$ 在点 x_0 处取得极小值（见图 3-11（b））；

（3）如果在点 x_0 两侧，$f'(x)$ 不改变符号，则点 x_0 不是 $f(x)$ 的极值点.

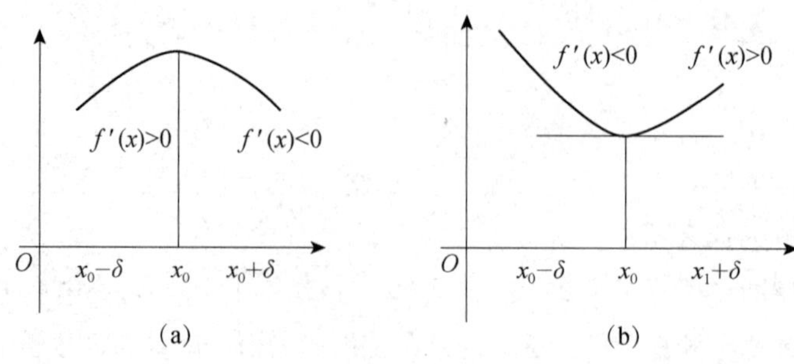

图 3-11

【例 3.48】 求 $y=2x^3-6x^2-18x-7$ 的极值.

解：令 $y'=6x^2-12x-18=6(x^2-2x-3)=6(x-3)(x+1)=0$

求得驻点：$x_1=-1$，$x_2=3$.

列表讨论，见表 3.3.

表 3.3

x	$(-\infty,-1)$	-1	$(-1,3)$	3	$(3,+\infty)$
y'	+	0	−	0	+
y	↗		↘		↗

因此，函数的单调增区间为 $(-\infty,-1)\cup(3,+\infty)$，单调减区间为 $(-1,3)$.

极大值：

$$\begin{aligned}f(-1)&=2\times(-1)^3-6\times(-1)^2-18(-1)-7\\&=-2-6+18-7=3\end{aligned}$$

极小值：

$$\begin{aligned}f(3)&=2\times3^3-6\times3^2-18\times3-7\\&=54-54-54-7=-61\end{aligned}$$

【例 3.49】 求函数 $f(x)=(x-1)^2(x+1)^3$ 的极值.

解：函数的定义域为 $(-\infty,+\infty)$

$$\begin{aligned}f'(x)&=2(x-1)(x+1)^3+3(x-1)^2(x+1)^2\\&=(x-1)(x+1)^2(5x-1)\end{aligned}$$

令 $f'(x)=0$，得驻点 $x_1=-1$，$x_2=\dfrac{1}{5}$，$x_3=1$.

这三个点将定义域分成四个部分区间，见表 3.4.

表 3.4

x	$(-\infty,-1)$	-1	$\left(-1,\frac{1}{5}\right)$	$\frac{1}{5}$	$\left(\frac{1}{5},1\right)$	1	$(1,+\infty)$
y'	+	0	+	0	−	0	+
y	↗		↗		↘		↗

极大值为 $f\left(\dfrac{1}{5}\right)=\dfrac{3456}{3125}$，极小值为 $f(1)=0$，单调增区间为 $(-\infty,-1)\cup\left(-\infty,\dfrac{1}{5}\right)\cup(1,+\infty)$，单调减区间为 $\left(\dfrac{1}{5},1\right)$.

同步练习 1：求下列函数的极值.

（1）$y=-x^4+2x^2$；　　（2）$y=2-(x+1)^{\frac{2}{3}}$.

从例 3.49 可以看出，驻点 $x_2=-1$ 并不是极值点，那么到底什么样的驻点同时也是极值点呢？由此有以下的极值的第二充分条件.

定理 2（极值的第二充分条件） 设函数 $f(x)$ 在点 x_0 处有二阶导数，且 $f'(x_0)=0$，

$f''(x_0) \neq 0$.

（1）若 $f''(x_0) < 0$，则 $f(x)$ 在点 x_0 处取得的极大值;

（2）若 $f''(x_0) > 0$，则 $f(x)$ 在点 x_0 处取得的极小值;

备注：如果 $f''(x_0) = 0$ 或 $f''(x_0)$ 不存在，需要使用其他方法判定.

【例 3.50】 求函数 $f(x) = x^3 - 3x$ 的极值.

解：函数的定义域为 $(-\infty, +\infty)$

$$f'(x) = 3x^2 - 3 = 3(x-1)(x+1),\ f''(x) = 6x$$

令 $f'(x) = 0$，得驻点 $x = -1,\ x = 1$.

$\because f''(-1) = -6 < 0,\ f''(1) = 6 > 0$

$\therefore x = -1$ 为极大值点，$x = 1$ 为极小值点.

极大值为 $f(-1) = 2$，极小值为 $f(1) = -2$.

下面利用 Python 求解 $f(x) = x^3 - 3x$ 的极值.

```
from sympy import *
x = symbols('x')
y = x**3-3*x
ds_1= diff(y,x)
ans = solve(ds_1, x)   #求驻点
print("函数的导数为", ds_1)
print("驻点为", ans)

ds_2= diff(y,x,2)
ans_1 = ds_2.evalf(subs={x:-1})   #计算函数在驻点-1,1 处的二阶导数值
ans_2 = ds_2.evalf(subs={x:1})
print("二阶导数在 x=-1 的值为", ans_1)
print("二阶导数在 x=1 的值为", ans_2)
ans_3 = y.evalf(subs={x:-1})   #求驻点处的极值
ans_4 = y.evalf(subs={x:1})
print("函数的极大值为", ans_3)
print("函数的极小值为", ans_4)
import matplotlib.pyplot as plt
from numpy import *
x = arange(-4,4,0.01)
y = x**3-3*x
plt.figure()
plt.plot(x,y)   #画出图形
plt.grid(True)
plt.show()
```

运行结果为：

```
函数的导数为 3*x**2 - 3
驻点为 [-1, 1]
```

```
二阶导数在x=-1的值为 -6.00000000000000
二阶导数在x=1的值为 6.00000000000000
函数的极大值为 2.00000000000000
函数的极小值为 -2.00000000000000
```

画出函数图形，如图 3-12 所示.

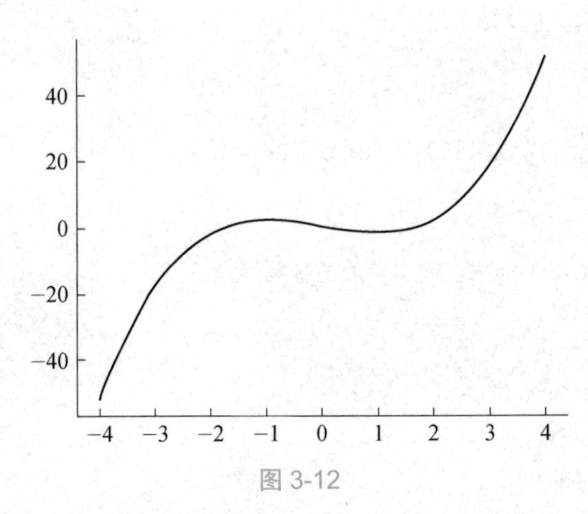

图 3-12

同步练习 2：求函数 $y=2x^3-6x^2-18x-7$ 的极值，并作图对照.

3.10 函数的最值与 Python 实现

函数在区间 $[a,b]$ 上的最大值与最小值是全局性的概念，是函数在所考察的区间上全部函数值中的最大者和最小者. 连续函数在区间 $[a,b]$ 上的最大值与最小值可通过比较如下几类点的函数值得到：

（1）区间 $[a,b]$ 端点处的函数值 $f(a)$ 和 $f(b)$；

（2）区间 (a,b) 内使 $f'(x)=0$ 的点处的函数值；

（3）区间 (a,b) 内使 $f'(x)$ 不存在的点处的函数值.

这些值中最大的就是函数在区间 $[a,b]$ 上的最大值，最小的就是函数在区间 $[a,b]$ 上的最小值.

【例 3.51】 求函数 $f(x)=x^4-2x^2+5$ 在区间 $[-2,2]$ 上的最大值和最小值.

解：$f'(x)=4x^3-4x=4x(x-1)(x+1)$

令 $f'(x)=0$，得驻点 $x_1=-1$，$x_2=0$，$x_3=1$.

$f(x)$ 在驻点处的函数值分别为 $f(-1)=f(1)=4$，$f(0)=5$.

$f(x)$ 在端点处的函数值分别为 $f(-2)=f(2)=13$.

$\therefore f(x)$ 区间 $[-2,2]$ 上的最大值为 $f(-2)=f(2)=13$，

最小值为 $f(-1)=f(1)=4$.

函数的最值

下面利用 Python 求解 $f(x)=x^4-2x^2+5$ 在区间 $[-2,2]$ 上的最大值和最小值，并画图.

```
from sympy import *
x = symbols('x')
y = x**4-2*x**2+5
ds_1= diff(y,x)
ans = solve(ds_1, x)   #求驻点
print("函数的导数为", ds_1)
print("驻点为", ans)
ans_1 = y.evalf(subs={x:-1})   #求驻点处的函数值
ans_2 = y.evalf(subs={x:1})
ans_3 = y.evalf(subs={x:0})
ans_4 = y.evalf(subs={x:-2})   #求区间端点处的函数值
ans_5 = y.evalf(subs={x:2})
print("函数的最大值为", ans_5)
print("函数的最小值为", ans_2)

import matplotlib.pyplot as plt
from numpy import *
x = arange(-4,4,0.01)
y = x**4-2*x**2+5
plt.figure()
plt.plot(x,y)   #画出图形
plt.grid(True)
plt.show()
```

运行结果为:

```
函数的导数为 4*x**3-4*x
驻点为 [-1, 0, 1]
函数的最大值为 13.0000000000000
函数的最小值为 4.00000000000000
```

函数的图形如图 3-13 所示.

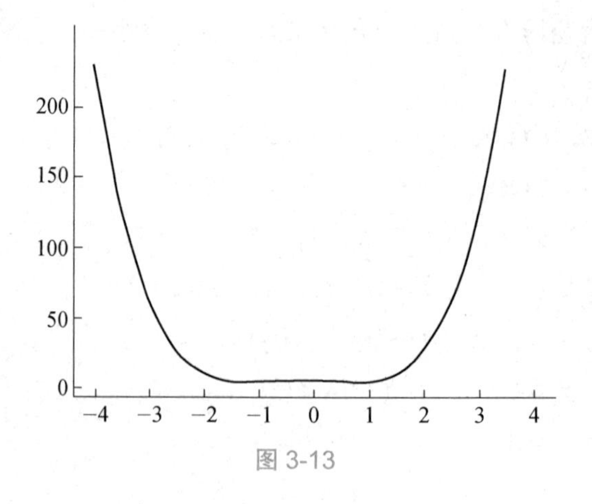

图 3-13

同步练习 1：求函数 $y=2x^3+3x^2-12x+14$ 在区间 $[-3,4]$ 上的最大值和最小值.

同步练习 2：求函数 $y=x+\sqrt{1-x}$ 在区间 $[-5,1]$ 上的最大值和最小值.

3.11　函数的凹凸性与 Python 实现

函数的形态不仅与函数的单调性有关，还与它弯曲方向及不同弯曲方向之间的分界点有关，在高等数学中，用函数的凹凸性来刻画曲线的弯曲方向.

定义 1　如果在某区间内，曲线总是位于其切线的上方，则称该曲线在这个区间内是凹的，如图 3-14 所示.

定义 2　如果曲线总是位于其切线的下方，则称该曲线在这个区间内是凸的，如图 3-15 所示.

由图 3-14 和图 3-15 可知，当曲线为凹时，曲线 $f(x)$ 的切线斜率 $f'(x)=\tan x$ 随着 x 的增加而增加，即 $f'(x)$ 是增函数；反之，当曲线为凸时，曲线 $f(x)$ 的切线斜率 $f'(x)=\tan x$ 随着 x 的增加而减小，即 $f'(x)$ 是减函数.

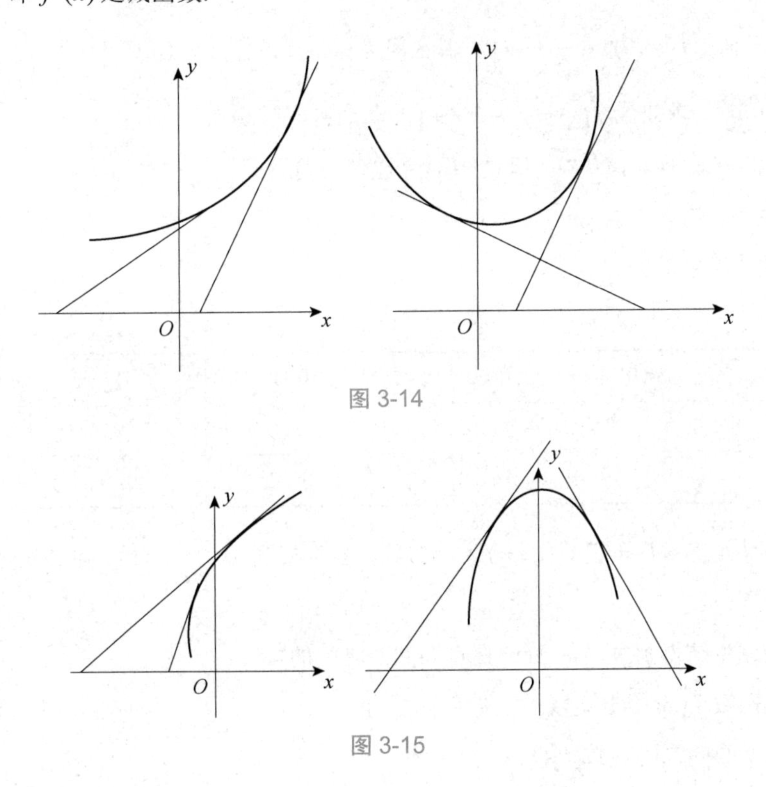

图 3-14

图 3-15

定理 1　设函数 $y=f(x)$ 在区间 (a,b) 内具有二阶导数，

（1）如果在区间 (a,b) 内 $f''(x)>0$，则曲线 $y=f(x)$ 在 (a,b) 内是凹的；

（2）如果在区间 (a,b) 内 $f''(x)<0$，则曲线 $y=f(x)$ 在 (a,b) 内是凸的.

定义 3　曲线上凹与凸的部分的分界点称为曲线的拐点.

拐点既然是凹与凸的分界点，所以在拐点的某邻域内 $f''(x)$ 必然异号，因而在拐点处 $f''(x)=0$ 或不存在.

【例 3.52】　求曲线 $y=x^3(1-x)$ 的凹凸区间与拐点.

解：因为曲线的定义域为 $(-\infty,+\infty)$，所以

$$y'=(x^3-x^4)'=3x^2-4x^3, y''=6x-12x^2=6x(1-2x)$$

令 $y''=0$，可得

$x_1=0$，$x_2=\dfrac{1}{2}$.

列表讨论，详见表 3.5.

表 3.5

x	$(-\infty,0)$	0	$\left(0,\frac{1}{2}\right)$	$\frac{1}{2}$	$\left(\frac{1}{2},+\infty\right)$
y''	−	0	+	0	−
y	∩	拐点	∪	拐点	∩

$\therefore y$ 的凸区间为 $(-\infty,0)\cup\left(\dfrac{1}{2},+\infty\right)$，凹区间为 $\left(0,\dfrac{1}{2}\right)$，拐点为 $(0,0)$ 和 $\left(\dfrac{1}{2},\dfrac{1}{16}\right)$.

【例 3.53】　求曲线 $f(x)=x^4-2x^3+1$ 的凹凸区间与拐点.

解：$f'(x)=4x^3-6x^2, f''(x)=12x^2-12x=12x(x-1)$

令 $f''(x)=0$，得拐点 $x_1=0$，$x_2=1$.

列表如下，详见表 3.6.

表 3.6

x	$(-\infty,0)$	0	$(0,1)$	1	$(1,+\infty)$
$f''(x)$	+	0	−	0	+
$f(x)$	∪	拐点	∩	拐点	∪

可见，曲线在区间 $(-\infty,0)\cup(1,+\infty)$ 内为凹的，在区间 $(0,1)$ 内为凸的，曲线的拐点是 $(0,1)$ 和 $(1,0)$.

由上述例题总结得到求函数 $f(x)$ 拐点和凹凸区间的步骤：

（1）确定函数 $f(x)$ 的定义域；

（2）求出函数的二阶导数 $f''(x)$；

（3）求出 $f''(x)$ 在定义域内的所有零点及不可导点；

（4）用上述各点从小到大依次将定义域分为若干个子区间，考查每个子区间内 $f''(x)$ 的符号，若 $f''(x)$ 在某分割点 x^* 两侧异号，则 $(x^*,f(x^*))$ 是 $y=f(x)$ 的拐点.

下面利用 Python 求曲线 $f(x)=x^4-2x^3+1$ 的凹凸区间及拐点，并画图.

```
from sympy import *
x = symbols('x')
y = x**4-2*x**3+1
ds_1= diff(y,x)
ds_2= diff(y,x,2)   #求函数的二阶导数
ans = solve(ds_2, x)   #求拐点
print("函数的导数为", ds_1)
print("函数的二阶导数为", ds_2)
print("二阶导数为 0 的点是", ans)

ans_1 = ds_2.evalf(subs={x:-1})   #判断函数在拐点两侧二阶导数的值是否发生变化
ans_2 = ds_2.evalf(subs={x:1/2})
ans_3 = ds_2.evalf(subs={x:2})
print("二阶导数在 x=-1 的值为", ans_1)
print("二阶导数在 x=1/2 的值为", ans_2)
print("二阶导数在 x=2 的值为", ans_3)

import matplotlib.pyplot as plt
from numpy import *
x_np = arange(-1,2,0.01)
y_np = x_np**4-2*x_np**3+1
plt.figure()
plt.plot(x_np,y_np)
plt.grid(True)
plt.show()

ans_4 = y.evalf(subs(x,0).evalf())
ans_5 = y.evalf(subs(x,1).evalf())
print("函数在 x=0 的值为", ans_4)
print("函数在 x=1 的值为", ans_5)
```

运行结果如下：

```
函数的导数为 4*x**3 - 6*x**2
函数的二阶导数为 12*x*(x - 1)
二阶导数为 0 的点是 [0, 1]
二阶导数在 x=-1 的值为 24.0000000000000
二阶导数在 x=1/2 的值为 -3.00000000000000
二阶导数在 x=2 的值为 24.0000000000000
```

综上，曲线 $f(x)=x^4-2x^3+1$ 在区间 $(-\infty,0)\cup(1,+\infty)$ 内为凹的，在区间 $(0,1)$ 内为凸的，曲线的拐点是 $(0,1)$ 和 $(1,0)$.

画出函数的图形，如图 3-16 所示.

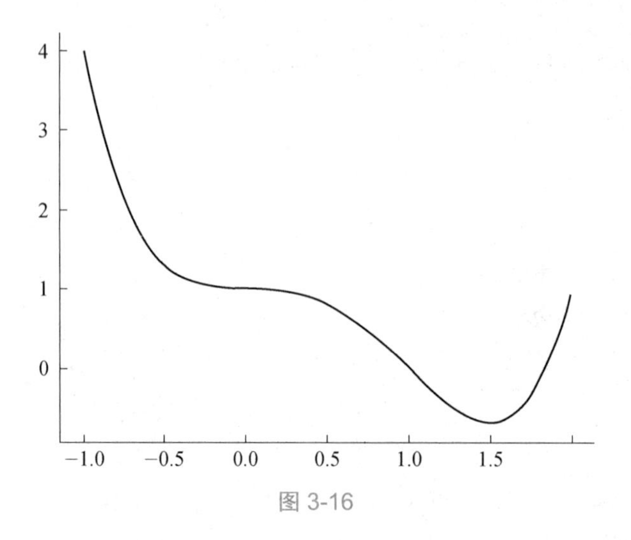

图 3-16

【例 3.54】 已知点 $(1,3)$ 是曲线 $y=ax^3+bx^2$ 的拐点，求 a 和 b.

解：$y'=3ax^2+2bx$，$y''=6ax+2b$

$\because (1,3)$为拐点，且在曲线上，因此

当 $x=1$ 时，$y''=0$，从而有

$$\begin{cases}6a+2b=0\\a+b=3\end{cases}\Rightarrow\begin{cases}a=-\dfrac{3}{2}\\b=\dfrac{9}{2}\end{cases}$$

同步练习 1：求曲线 $y=x^3-3x+1$ 的凹凸区间与拐点.

同步练习 2：已知 $(1,2)$ 为曲线 $y=ax^5+bx^2$ 的拐点，求 a 和 b 的值.

3.12 一元函数微分学应用场景与 Python 实现

1. 经济模型

在经济活动中，经常遇到最小成本、最大利润及库存管理等经济问题. 常见的与经济有关的边际函数有以下几个.

1）边际成本

边际成本是总成本的变化率.

设 C 为总成本，C_1 为固定成本，C_2 为可变成本，$\bar{C}$ 为平均成本，C' 为边际成本，Q 为产量，则有

$$总成本\ C=C_1(Q)+C_2(Q)$$

$$平均成本\ \bar{C}(Q)=\frac{C}{Q}=\frac{C_1(Q)+C_2(Q)}{Q}$$

$$边际成本\ C'=C'(Q)$$

2）边际收益

边际收益为总收益的变化率.

设 P 为商品价格，Q 为商品数量，收益为 R，则 $R=PQ$，边际收益为 $R'=(PQ)'$.

3）边际利润

设 Q 为商品数量，$R(Q)$ 为收益函数，$C(Q)$ 为总成本函数，$L(Q)$ 为利润函数，则 $L(Q)=R(Q)-C(Q)$，边际利润为 $L'(Q)=R'(Q)-C'(Q)$.

【例 3.55】 已知某商品的成本函数为 $C(Q)=100+\frac{Q^2}{4}$，求 $Q=10$ 时的总成本、平均成本及边际成本.

解：在 pycharm 中新建 diff1.py 文件，具体如下.

首先画出成本函数的图形.

```
import matplotlib.pyplot as plt
from numpy import *
Q = arange(-1,2,0.01)
C = 100+1/4*Q**2
plt.figure()
plt.plot(Q,C)
plt.grid(True)
plt.show()
```

运行程序得到成本函数的图形，如图 3-17 所示.

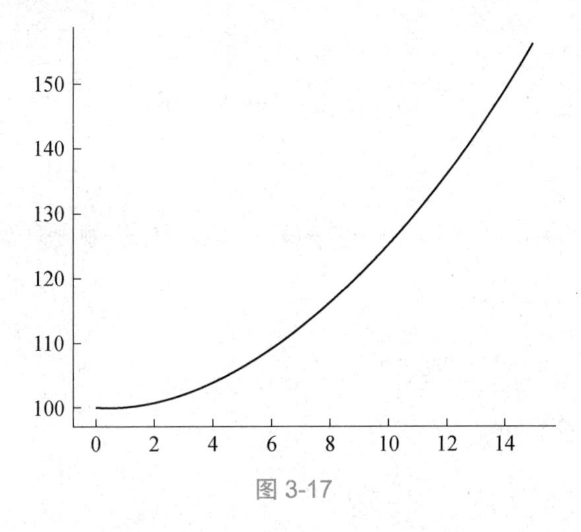

图 3-17

计算 $Q=10$ 的总成本和平均成本.

```
q=10
cb = eval('100+q**2/4')
print("成本函数在 q=10 的值为", cb)

pjcb=(100+q**2/4)/q
pjcb1 = eval('pjcb')
print("q=10 时的平均成本为", pjcb1)
```

运行结果为：

```
成本函数在q=10的值为 125.0
q=10时的平均成本为 12.5
```

即当$Q=10$时，成本$C(10)=125$，平均成本$\bar{C}(10)=12.5$.

最后计算边际成本.

```
from sympy import *
x = symbols('x')
c = 100+x**2/4
bj= diff(c,x)
print("边际成本为", bj)
x=10
bj1 = eval('x/2')
print("q=10 时的边际成本为", bj1)
```

运行结果为：

```
边际成本为 x/2
q=10 时的边际成本为 5.0
```

即当$Q=10$时，边际成本$C'(10)=5$.

【例 3.56】 已知某产品的需求函数为$P=10-\frac{Q}{5}$，成本函数为$C=50+2Q$，问产量为多少时总利润L最大？

解：（1）模型的建立.

由题目可知，收益为$R=PQ=\left(10-\frac{1}{5}Q\right)Q=10Q-\frac{1}{5}Q^2$，

则利润为

$$L=R-C=10Q-\frac{1}{5}Q^2-(50+2Q)=8Q-\frac{1}{5}Q^2-50.$$

（2）模型的求解.

求L的导数$L'=(8Q-\frac{1}{5}Q^2-50)'=8-\frac{2}{5}Q$.

令$L'=0$，得驻点$Q=20$，

又$L''=\left(8-\frac{2}{5}Q\right)'=-\frac{2}{5}<0$，即$L''(20)<0$.

所以当$Q=20$时总利润最大.

用 python 实现，在 Pycharm 中新建 diff2.py 文件，具体如下

```
from sympy import *
q = symbols('q')
p=10-q/5
c=50+2*q
l = p*q-c    #利润=收益-成本
```

```
ds_1= diff(l,q)    #求函数的一阶导数
ds_2= diff(l,q,2)    #求函数的二阶导数
ans = solve(ds_1, q)    # 求拐点
print("函数的一阶导数为", ds_1)
print("函数的二阶导数为", ds_2)
print("一阶导数为 0 的点是", ans)    #求驻点

ans_1 = ds_2.evalf(subs={q:200})    #判断函数在 q=200 的值大于 0 还是小于 0
print("二阶导数在 q=200 的值为", ans_1)
```

运行结果为：

```
函数的一阶导数为 8 - 2*q/5
函数的二阶导数为 -2/5
一阶导数为 0 的点是 [20]
二阶导数在 q=200 的值为 -0.400000000000000
```

由运行结果可知，驻点为$Q=20$，$L''(20)=-0.4<0$，即$Q=20$为最大利润点.

2. 行程模型

【例 3.57】 某城市有两条东西和南北交叉、且上下相互垂直的立交桥，如图 3-18 所示.

现在有一辆汽车在桥下南方 100m 处，以 20m/s 的速度向北行驶，而另一辆汽车在桥上西方 150m 处，以同样 20m/s 的速度向东行驶，已知桥高为 10m，问经过多长时间两辆汽车之间距离为最小？并求最小距离.

图 3-18

解：1）模型假设

（1）假设辆汽车之间的距离为为$S(t)$，其中t为时间；

（2）汽车行驶时，忽略桥面的摩擦力等因素.

2）模型的分析与建立

由已知有，

$$\begin{aligned}S(t)&=\sqrt{(100-20t)^2+(150-20t)^2+10^2}\\&=\sqrt{800t^2-10000t+32600},\quad(t\geqslant0)\end{aligned}$$

对$S(t)$求导，

$$S'(t)=\left(\sqrt{(100-20t)^2+(150-20t)^2+10^2}\right)'$$
$$=\frac{1}{2\sqrt{800t^2-10000t+32600}}(800t^2-10000t+32600)'$$
$$=\frac{1}{2\sqrt{800t^2-10000t+32600}}(2\times 800t-10000)$$
$$=\frac{800t-5000}{\sqrt{800t^2-10000t+32600}}$$

令 $S'(t)=0$，得到唯一驻点 $t_0=6.25\text{s}$，即为最值点.

当 $t=0$ 时，两车的初始距离为 $S(0)=\sqrt{32600}\approx 180.55\text{m}$.

经过 $t_0=6.25\text{s}$ 后，两车有最小距离

$$S_{\min}=\sqrt{800\times 6.25^2-10000\times 6.25+32600}\approx 36.74\text{m}.$$

3）模型的评价与推广

为了方便运算，我们还可以 $S(t)=\sqrt{800t^2-10000t+32600}\ (t\geqslant 0)$ 为目标函数. 这是因为当 $S>0$ 时，S 和 S^2 同时有最大值或最小值. 而新的目标函数 y 是一个二次函数，也可用初等数学的方法求出其最小值.

此类模型，也可以推广到航海问题中.

3. 农业模型

【例 3.58】 某农作物生长过程中，其高度 h（单位：cm）与生长天数 d 之间的关系可以用函数 $h(d)=5d^{\frac{2}{3}}$ 描述. 现在要计算第 10 天到第 20 天之间，农作物平均每天增长的高度，以及农作物在第 12 天长高的瞬时生长速率.

解：1）模型假设

（1）假设农作物在第 10 天到第 20 天生长不受自然因素影响；

（2）假设农作物的生长是连续的.

2）模型的分析与建立

（1）计算第 10 天到第 20 天农作物高度的增长量 $\Delta h=h(20)-h(10)$；

（2）计算第 10 天到第 20 天之间的天数 $\Delta d=20-10=10$；

（3）计算这段时间内农作物平均每天增长的高度.

平均每天增长高度 $\bar{h}=\dfrac{\Delta h}{\Delta d}=1.36\text{cm}$，

农作物在第 d 天长高的瞬时生长速率为 $h'(d)=\left(5d^{\frac{2}{3}}\right)'=5\times\dfrac{2}{3}d^{-\frac{1}{3}}=\dfrac{10}{3\sqrt[3]{d}}$.

所以，在第 12 天，农作物长高的瞬时生长速率为

$$h'(12)=\frac{10}{3\sqrt[3]{12}}.$$

用 python 实现，在 Pycharm 中新建 diff3.py 文件，具体如下：

```
from math import pow
```

```
def height(d):
    return 5 * pow(d, 2/3)    #定义 h(d)函数

day_10_height = height(10)
day_20_height = height(20)
growth_amount = day_20_height - day_10_height
days_interval = 20 - 10
average_daily_growth = growth_amount / days_interval
print("这段时间内农作物平均每天增长了 %.2f cm 高度. " % average_daily_growth)

from sympy import *
d = symbols('d')
h=5*d**(2/3)
ds_1= diff(h,d)    #对 h(d)求导
ans_1 = ds_1.evalf(subs={d:12})    #求第 12 天的值
print("第 12 天的瞬时生长速率为",'%.2f'% ans_1)    #输出结果保留两位有效小数
```

运行结果为：

```
这段时间内农作物平均每天增长了 1.36cm 高度.
第 12 天的瞬时生长速率为 1.46cm
```

3.13 知识点总结

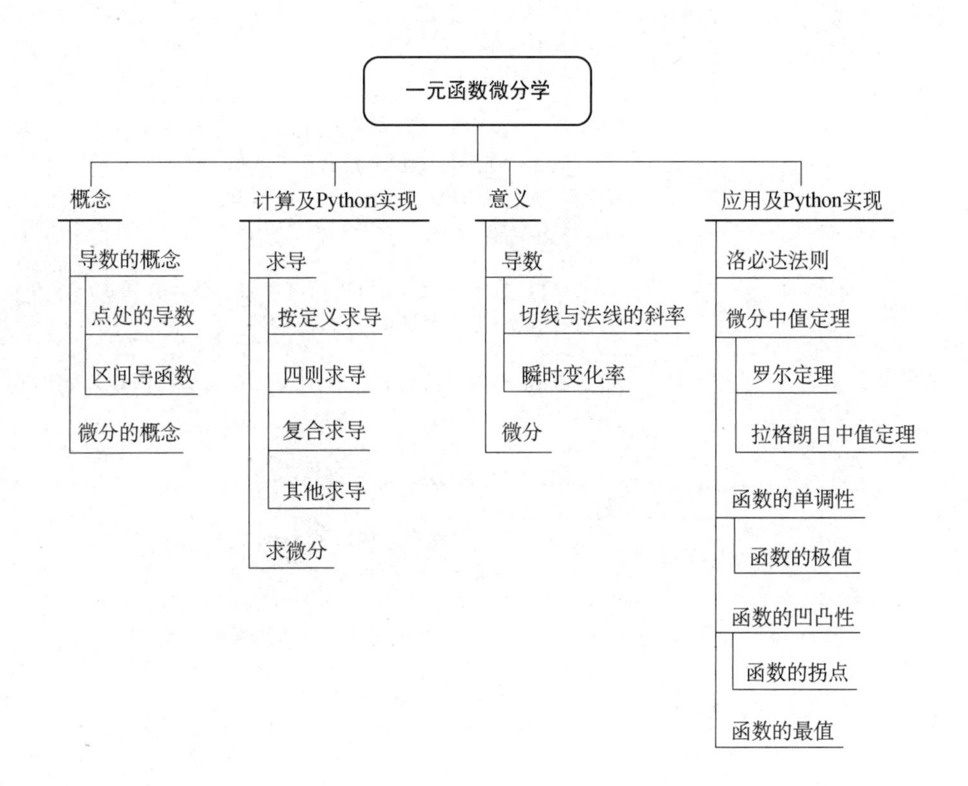

微分学	定义	导数	点处导数： $\left.\frac{\mathrm{d}y}{\mathrm{d}x}\right\|_{x=x_0}=f'(x_0)=y'\|_{x=x_0}=\lim\limits_{h\to0}\frac{f(x_0+h)-f(x_0)}{h}$ 或 $\left.\frac{\mathrm{d}y}{\mathrm{d}x}\right\|_{x=x_0}=f'(x_0)=y'\|_{x=x_0}=\lim\limits_{x\to x_0}\frac{f(x)-f(x_0)}{x-x_0}$ 区间导（函）数：$\frac{\mathrm{d}y}{\mathrm{d}x}=f'(x)=y'=\lim\limits_{h\to0}\frac{f(x+h)-f(x)}{h}$
		微分	$\mathrm{d}y=y'\mathrm{d}x$
	计算	按定义求导	见导数的定义
		四则求导	若函数 u，v 可导，则有 （1）$(u\pm v)'=u'\pm v'$ （2）$(uv)'=u'v\pm uv'$； （3）$\left(\frac{u}{v}\right)'=\frac{u'v-uv'}{v^2}$
		复合函数求导	$y=f(u)$，$u=v(x)$，则 $y'=f'(u)u'(x)$
		其他求导方法	隐函数求导、对数求导、反函数求导、参数方程求导
	几何意义	切线的斜率	$k=y'\|_{x=x_0}=f(x_0)$，切线方程：$y-y_0=f'(x)(x-x_0)$
	应用	洛必达法则	$\lim\limits_{x\to()}f(x)=0$，$\lim\limits_{x\to()}g(x)=0$，且 $\lim\limits_{x\to()}\frac{f'(x)}{g'(x)}$ 极限存在，则 $\lim\limits_{x\to()}\frac{f(x)}{g(x)}=\lim\limits_{x\to()}\frac{f'(x)}{g'(x)}$
		微分中值定理	拉格朗日中值定理：若 $f(x)\in C[a,b]$，且 $f(x)$ 在 (a,b) 上可导，则存在 $\xi\in(a,b)$ 满足 $f(b)-f(a)=f'(\xi)(b-a)$. 罗尔定理：当 $f(b)=f(a)$ 时，$f'(\xi)=0$； 柯西中值定理：（略）
		单调性	$x\in[a,b]$，且 $f(x)$ 在 (a,b) 内可导，若 $f'(x)>0$（$f'(x)<0$），则 $f(x)$ 在 $[a,b]$ 上单调递增（单调递减）
		凹凸性	$f(x)$ 在 (a,b) 内二阶可导，若 $f''(x)>0$（$f''(x)<0$），则 $f(x)$ 在 (a,b) 为凹的（凸的）
		极值点与拐点	（1）极值点处连续且左右单调性不一致 极值第一判别法： $x=a$ 处左右单调性不一致，则 $x=a$ 为极值点. 极值第二判别法： 极小（大）值 $f(a)$：$f'(a)=0$ 且 $f''(a)>0(f''(a)<0)$ （2）拐点 $(a,f(a))$ 处连续且左右凹凸性不一致
	最值问题		在极值点处和断点处确定最值 特殊：开区间内的唯一极小（大）值为最小（大）值

3.14 复习测试题

本章参考答案

一、选择题

（1）已知函数 $f(x)$ 满足 $\lim\limits_{\Delta x\to 0}\dfrac{f(x_0+2\Delta x)-f(x_0)}{\Delta x}=6$，则 $f'(x_0)=$（　　）.

A. 1　　B. 2　　C. 3　　D. 6

（2）若已知 x_0 是 $f(x)$ 的极值点，则 x_0 必为（　　）.

A. 驻点　　B. 驻点或不可导点

C. 不可导点　　D. 最值点

（3）已知函数 $\dfrac{x^2}{2}+y^2=3$，求点 $(2,-1)$ 处切线方程（　　）.

A. $y=x+3$　　B. $y=x-3$

C. $y=2x-3$　　D. $y=2x-5$

（4）$\lim\limits_{x\to 0^+}\left(\dfrac{1}{x}\right)^x=$（　　）.

A. 1　　B. 2

C. 0　　D. 不存在

（5）已知函数 $f(x)=ax+\dfrac{b}{x}$ 在点 $x=-1$ 处取得极大值，则常数 a 和 b 应满足条件（　　）.

A. $a-b<0$，$b<0$　　B. $a-b=0$，$b>0$

C. $a+b=0$，$b<0$　　D. $a+b=0$，$b>0$

（6）若点 $(1,2)$ 为曲线 $y=ax^3+bx^2$ 的拐点，则常数 a 与 b 的值应分别为（　　）.

A. -1 和 3　　B. 3 和 -1

C. -2 和 6　　D. 6 和 -2

二、填空题

（1）$f'(x_0)=a$，则 $\lim\limits_{\Delta x\to 0}\dfrac{f'(x_0+4\Delta x)-f(x_0-\Delta x)}{\Delta x}=$________.

（2）已知 $y=x^3\cdot 3^x$，则 $y'=$________.

（3）$y=x^x$，则 $\mathrm{d}y=$________.

（4）若函数 $y=\mathrm{e}^{ax}$，则 $y^{(n)}=$________.

（5）$\lim\limits_{x\to 0}\left(\dfrac{1}{x}-\dfrac{\ln(1+x)}{x^2}\right)=$________.

（6）函数 $f(x)\begin{cases}ax^2, & x>1\\ b, & x=1\\ \cos(x-1)+cx^3, & x<1\end{cases}$ 在点 $x=1$ 处可导，则________.

三、计算题

（1）设函数 $f(x)=\begin{cases}\sin x, & x\geqslant 0\\ x^2, & x<0\end{cases}$，求 $f'(0)$.

（2）求方程 $\mathrm{e}^x-\mathrm{e}^y-xy=0$ 所确定的函数的导数 $\dfrac{\mathrm{d}y}{\mathrm{d}x}$.

（3）求由摆线 $\begin{cases}x=a(t-\sin t)\\ y=a(1-\cos t)\end{cases}$ 所表示的函数的导数.

（4）证明方程 $x^5-5x+1=0$ 有且仅有一个小于 1 的正实根.

（5）验证函数 $f(x)=\dfrac{1}{3}x^3-x$ 在区间 $\left[-\sqrt{3},\sqrt{3}\right]$ 上满足拉格朗日中值定理的条件，若满足，试求出使 $2\sqrt{3}f'(\xi)=f\left(\sqrt{3}\right)-f\left(-\sqrt{3}\right)$ 的点 ξ.

（6）求曲线 $y=3x^4-4x^3+1$ 的拐点及凹凸区间.

四、综合题

（1）函数 $f(x)=\dfrac{1}{(1+\mathrm{e}^x)}$，求 $f(x)$ 在 $(-\infty,\infty)$ 内的单调性、拐点和水平渐进线.

（2）铁路线上 AB 段的距离为 100km，工厂 C 距 A 处为 18km，$AC\perp AB$，为运输需要，要在 AB 段上选定一点 D 向工厂修筑一条公路. 已知铁路运费与公路运费之比为 4：5，为使货物从供应站 B 运到工厂 C 的运费最省，问 D 点应选在何处？

3.15 课程思政拓展阅读

数学与诗词的浪漫邂逅：微积分中的中国古典韵味

在浩渺的知识海洋中，微积分如一叶孤舟，承载着探索未知的勇者. 它不仅是现代科学的基石，更是了解宇宙奥秘的钥匙. 然而，在这个由严密的公式和逻辑构成的领域里，隐藏着一种不经意的美学与创造力. 这种美，不同于绘画或音乐的直观震撼，而是一种更加内敛、更加精致的美——它如山间细流，涓涓细流中蕴含着深邃与诗意.

古老的中华文化，以其博大精深、和谐典雅而著称于世. 中国古典美学，一种根植于这片土地的艺术观念，始终强调天人合一、以和为贵. 无论是行云流水的书法（见图 3-19），还是寂静深远的山水画，都透露着一种追求平衡与自然共鸣的哲学思想. 在这样的文化底蕴中，若将微积分的理性之美与中国古典美学的情感之美相结合，又会擦出怎样的火花？这种跨界的结合，又会如何引领我们重新审视这个精彩纷呈的世界？

图 3-19

本文旨在探究微积分中的美学元素，并尝试将其与中国古典美学的理念相融合，揭示数学与艺术、科学与哲学之间的奇妙交汇. 我们将沿着微积分的优雅结构、解决问题中的美感之旅，穿梭于艺术和哲学的边界，探寻那些隐藏在数字符号和严谨公式背后的深意与诗情.

这不仅是一场对微积分美学的深情赞歌，也是一次穿越时空的文化对话. 我们将一同驭风破浪，探索微积分与中国古典美学的完美和谐，领略数学与艺术交织出的非凡魅力.

微积分与中国古典哲学

微积分，这一数学的珍珠，以其精确与逻辑之美闻名. 在其精细的结构中，我们能窥见与中国古典哲学的奇妙共鸣.

在中国哲学中，阴阳是宇宙万物相互作用的基本原理，象征着对立和谐与平衡的统一. 微积分中的导数与积分，恰如阴阳两极，相辅相成. 导数，揭示了变化的瞬间之美，如阴中寻阳；而积分，则累积这些微小变化，展现了从局部到整体的和谐过渡，如阳中藏阴. 这种微妙的平衡与转换，不禁让人想起古代哲学中的天人合一之思，寓意着宇宙间万物相连的深刻道理.

道家哲学中的“无为而治”，强调顺应自然，少有人为的干预. 在微积分中，我们发现了类似的思想——最小作用量原理. 这一原理指出，在自然界中，许多物理过程都倾向于采取使得某种量（如能量）最小化的路径. 这不仅是物理学的基本原则，也是微积分的核心应用之一. 它体现了一种尽可能少的干预，让自然规律以最优雅的方式展现出来，与道家的无为而治不谋而合.

通过将微积分的核心概念与中国古典哲学的基本思想相联系，展现了数学与哲学间的深刻对话. 这种跨学科的探索，不仅丰富了我们对微积分的理解，也为我们理解中国古典哲学提供了一个全新的视角.

微积分与中国古典艺术

微积分的曲线与中国古典艺术的线条，在看似平行的世界中，却有着不经意的交汇. 这一部分将探讨它们之间的相似之美.

中国书法，以其流畅的线条和变化多端的笔触著称. 每一笔一画，都蕴含着力与美的平衡，恰似一首无言的诗. 在微积分中，曲线不仅仅是函数的图形，它们代表了变化的连续性和优雅. 例如，微分方程中的解曲线，不仅揭示了自然现象的规律，也呈现了一种难以言喻的美感. 这种美，与书法中力透纸背的线条相似，都体现了简洁与复杂并存的美学.

中国古典园林，以其精致的布局和对称与不对称的和谐融合而闻名（见图 3-20）. 园林中的每一池水、每一座山，都经过精心设计，呈现出自然与人工的完美结合. 微积分中的几何形态，如抛物线、椭圆等，也展现了类似的和谐之美. 这些形态不仅在自然界中随处可见，也是工程设计中的常用元素. 它们的优雅曲线和对称性，与中国园林中追求的自然美学不谋而合.

图 3-20

通过微积分与中国古典艺术的比较，我们不仅能发现数学与艺术之间的相似美感，还能感受到文化之间的深刻共鸣. 这种跨领域的探索，让我们对微积分的美学价值有了更深层次的认识，同时也赋予了中国古典艺术新的时代意义.

微积分与中国古典诗词

微积分的逻辑之美与中国古典诗词的意境之美，在这一部分中我们将探讨两者之间的深层联系.

中国古诗词以其隽永的意境和深刻的情感著称. 诗中往往以自然景物为载体，寄托着诗人的哲思和情感. 在这些优美的文字中，我们可以发现数学的影子. 例如，对比例和和谐的描写，反映了数学中对美的追求. 微积分中的函数曲线，就如同诗中描绘的山水画卷，每一点都是故事的一部分，共同构成一个完整而和谐的世界. 微积分的这种整体美感，与古诗词中追求和谐统一的美学观念不谋而合.

古代的文人墨客，他们在自然观察和内心感悟中，常常洞察到世界的本质. 他们的诗词不仅仅是文字的堆砌，更是对自然规律的领悟. 同样，数学家通过微积分的语言，探索宇宙的秘密. 微积分中的洞见和顿悟，与古诗词中的灵光一现颇有相似之处. 两者都在追求对世界更深刻的理解，都在用自己的方式诠释着宇宙的奥秘.

在微积分与中国古典诗词的对话中，我们不仅能看到数学与文学之间的交融，还能感受到不同时空背景下对美和真理追求的共同心声. 这种跨时空的交流，让我们更加深刻地感受到文化的多样性和丰富性.

微积分在古代中国科技中的隐喻

微积分不仅是抽象的数学概念，它在古代中国的科技发展中也隐含着深刻的影响. 通过探索这些联系，我们能更好地理解微积分与传统文化之间的互动.

中国古代建筑，如雄伟的长城、精巧的园林建筑，都展现了古人对平衡、对称与美的追求. 这些建筑在设计时，无形中运用了微积分中的原理，如力学平衡、结构优化等. 微积分在这些结构中的应用，虽不如今日那般明显，却是对自然法则深刻理解的体现. 这种设计中对平衡和和谐的追求，在某种程度上与微积分中寻求数学形式和实际功能之间的和谐相似.

中国古代的天文学和历法计算，是古人智慧的结晶，其中蕴含着丰富的数学知识. 这些天文观测和历法的制定，虽然未直接应用微积分，但其中的原理与微积分中探求宇宙规律的精神相通. 例如，对天体运动的观测和预测，反映了对时间和空间连续变化的理解，这正是微积分所擅长的领域. 微积分以其独特的方式，解释了这些古老科技背后的数学原理.

我们看到微积分不仅是现代数学的工具，它在中国古代科技和文化中也有着潜在的影响. 这种跨时代的对话，让我们对中国传统文化中隐藏的数学智慧有了更深的认识.

通过深入探索微积分与中国古典美学的交汇点，我们发现数学不仅仅是冰冷的符号和公式，它同样充满了美感和诗意. 微积分与中国古典哲学、艺术、诗词乃至古代科技的融合，展示了数学与文化的深刻互动. 这种跨领域的探索不仅丰富了我们对微积分的理解，也为我们提供了一个全新的视角来欣赏中国传统文化的美.

我们不仅赞颂了微积分的美学价值，也探讨了中国古典美学的现代意义. 数学与艺术的交织，为我们打开了一个全新的世界，让我们在科学的严谨与艺术的自由之间，找到了一条通往理解和欣赏世界多样性之路.

通过阅读上述文章，请你思考：

（1）微积分中还潜藏哪些中国元素？

（2）你对古人的智慧有着怎样的看法？

第 4 章　一元函数积分学

4.1　不定积分

本章课件

4.1.1　原函数

引例 4.1【交通灯黄灯的设计问题】　作为“智能制造”和“互联网+”时代的产物，智能驾驶将引领汽车产业商业模式创新. 利用传感器、人工智能和控制系统等先进技术的汽车智能驾驶系统正日益广泛应用. 我们都知道，“红灯停，绿灯行，黄灯亮了等一等”的交通规则. 当黄色信号灯亮起时，我们需要停车，但是有些司机并没有遵守黄灯亮了等一等的规则，在黄色信号灯亮起的时候，依然选择通行，导致在信号灯转为红色时，车辆还没有驶离十字路口，造成闯红灯的事实. 那么为什么黄灯亮时，需要等一等呢？

实际上，驾驶员驶进十字路口在看到黄色信号灯亮起时，需要做出决定：是停车还是通过路口，而对于智能驾驶汽车也是一样. 如果决定通过，必须在黄灯闪烁的时间内快速通过十字路口，也就涉及十字路口距离的问题；如果决定停车，也必须有足够的距离让驾驶员能停得住车，也就是说需要进行距离计算. 这个问题可以总结为：**已知车辆的速度函数，求解车辆在某一时刻的位置**. 通过本章学习我们就能解决这个问题.

定义 1[原函数]　若在区间 I 上满足 $F'(x)=f(x)$，则称函数 $F(x)$ 为 $f(x)$ 在区间 I 上的一个原函数.

例如，$(\sin x)'=\cos x$，所以 $\sin x$ 是 $\cos x$ 的一个原函数；

$(\sin x+2)'=\cos x$，所以 $\sin x+2$ 也是 $\cos x$ 的一个原函数；

$(\sin x+C)'=\cos x$，所以 $\sin x+C$ 也是 $\cos x$ 的一个原函数，其中 C 是任意常数.

根据上面的例子，我们可以思考下面两个问题：

① $f(x)$ 的原函数唯一吗？

② $f(x)$ 的原函数究竟有多少个？如何统一表示出来？

第一个问题的答案很显然，$f(x)$ 的原函数不止一个，有无穷多个. 进一步观察上面的例子，发现任意两个原函数相差一个常数.

第二个问题要用数学的抽象思维来解答，即如何表示无穷多个？根据第一个问题的答案，我们用 $F(x)+C$ (C 是任意常数)来表示 $f(x)$ 的全体原函数.

4.1.2 不定积分的概念

定义 2[不定积分] 设 $F(x)$ 是 $f(x)$ 函数在某区间 I 上的一个原函数，C 是任意常数，则称 $f(x)$ 的全体原函数 $F(x)+C$ 为函数 $f(x)$ 的**不定积分**，记作 $\int f(x)\mathrm{d}x$，即 $\int f(x)\mathrm{d}x=F(x)+C$.

其中，$f(x)$ 称为**被积函数**，$f(x)\mathrm{d}x$ 称为**积分表达式**，x 称为**积分变量**，符号“$\int$”称为**积分号**，C 是任意常数，称为**积分常数**.

注意：不定积分表示的是全体的原函数，所以在不定积分的结果中不能漏写 C.

计算原则：求 $f(x)$ 的不定积分时，只要找出 $f(x)$ 的任意一个原函数 $F(x)$，然后再添加任意常数 C 即可.

【例 4.1】 根据原函数的定义，写出下列函数的不定积分.

（1）$\int \cos x\mathrm{d}x$；　　（2）$\int \mathrm{e}^x\mathrm{d}x$.

解：（1）因为 $(\sin x)'=\cos x$，所以 $\sin x$ 是 $\cos x$ 的一个原函数，则

$$\int \cos x\mathrm{d}x=\sin x+C.$$

（2）因为 $(\mathrm{e}^x)'=\mathrm{e}^x$，所以 e^x 是 e^x 的一个原函数，则

$$\int \mathrm{e}^x\mathrm{d}x=\mathrm{e}^x+C.$$

【例 4.2】 设 $f(x)$ 的一个原函数是 $\cos x$，求 $\int f'(x)\mathrm{d}x$.

解：由题意，知 $f(x)=(\cos x)'=-\sin x$，所以 $\int f'(x)\mathrm{d}x=-\sin x+C$.

同步练习 1：根据原函数的定义，写出下列函数的不定积分.

（1）$\int C\mathrm{d}x$；　　（2）$\int \sin x\mathrm{d}x$；

（3）$\int \frac{1}{\cos^2 x}\mathrm{d}x$；　　（4）$\int \frac{1}{x}\mathrm{d}x$.

4.1.3 不定积分的性质

根据不定积分的定义，我们可以得到下面的性质（证明从略）.

性质 1：由原函数和不定积分的定义，积分和导数（微分）互为逆运算，两者有如下关系：

（1）$\left(\int f(x)\mathrm{d}x\right)'=\left(F(x)+C\right)'=f(x)$；

（2）$\mathrm{d}\int f(x)\mathrm{d}x=\mathrm{d}\left(F(x)+C\right)=f(x)\mathrm{d}x$；

即先积分后求导（或微分），等于被积函数（被积表达式）

（3）$\int F'(x)\mathrm{d}x=\int f(x)\mathrm{d}x=F(x)+C$；

（4）$\int \mathrm{d}F(x)=\int f(x)\mathrm{d}x=F(x)+C$.

先求导（或微分），等于全体原函数

【例 4.3】 根据积分与导数的关系进行计算.

（1） $\left(\int \sin(x+3)\mathrm{d}x\right)'$； (2) $\mathrm{d}\int \arctan x\mathrm{d}x$.

解：(1) $\left(\int \sin(x+3)\mathrm{d}x\right)' = \sin(x+3)$ ；

（2） $\mathrm{d}\int \arctan x\mathrm{d}x = \arctan x\mathrm{d}x$.

性质 2 **被积函数中的不为零的常数因子可以提到积分号外，即**

$$\int kf(x)\mathrm{d}x = k\int f(x)\mathrm{d}x \text{，}(k \neq 0) .$$

思考：上式中 $k=0$ 时成立吗？为什么？

性质 3 **两个函数的代数和的不定积分等于每个函数的不定积分的代数和，即**

$$\int \left[f_1(x) \pm f_2(x)\right]\mathrm{d}x = \int f_1(x)\mathrm{d}x \pm \int f_2(x)\mathrm{d}x .$$

性质 3 可推广至有限个函数的代数和的情况.

4.1.4 不定积分的基本公式

由于不定积分运算是导数（微分）运算的逆运算，所以由导数的基本公式可以相应地推导出下列不定积分的基本公式.

（1） $\int \mathrm{d}x = x + C$ ；

（2） $\int x^{\alpha}\mathrm{d}x = \dfrac{1}{\alpha+1}x^{\alpha+1} + C$ ，$(\alpha \neq -1)$ ；

（3） $\int \dfrac{1}{x}\mathrm{d}x = \ln|x| + C$ ；

（4） $\int \mathrm{e}^x\mathrm{d}x = \mathrm{e}^x + C$ ；

（5） $\int a^x\mathrm{d}x = \dfrac{a^x}{\ln a} + C$ ，$(a > 0$，且 $a \neq 1)$ ；

（6） $\int \cos x\mathrm{d}x = \sin x + C$ ；

（7） $\int \sin x\mathrm{d}x = -\cos x + C$ ；

（8） $\int \dfrac{1}{\sin^2 x}\mathrm{d}x = \int \csc^2 x\mathrm{d}x = -\cot x + C$ ；

（9） $\int \dfrac{1}{\cos^2 x}\mathrm{d}x = \int \sec^2 x\mathrm{d}x = \tan x + C$ ；

（10） $\int \sec x \cdot \tan x\mathrm{d}x = \sec x + C$ ；

（11） $\int \csc x \cdot \cot x\mathrm{d}x = -\csc x + C$ ；

（12） $\int \dfrac{1}{1+x^2}\mathrm{d}x = \arctan x + C$ ；

（13） $\int \dfrac{1}{\sqrt{1-x^2}}\mathrm{d}x = \arcsin x + C$.

上述公式是求不定积分的基础，必须熟记.

直接积分法

4.1.5 不定积分的计算与 Python 实现

1. 直接积分法

在积分过程中，利用不定积分的基本公式和性质可以直接计算一些简单的不定积分，或将被积函数经过适当的恒等变形，再利用不定积分的基本公式和性质求出结果的方法称为**直接积分法**.

【例 4.4】 求积分 $\int(3\mathrm{e}^x+\cos x)\,\mathrm{d}x$.

解：原式$=\int 3\mathrm{e}^x\mathrm{d}x+\int\cos x\mathrm{d}x=3\int\mathrm{e}^x\mathrm{d}x+\int\cos x\mathrm{d}x$

$$=3\mathrm{e}^x+C_1+\sin x+C_2=3\mathrm{e}^x+\sin x+C .$$

注意 C_1和C_2均为任意常数，考虑到任意常数的和仍然是任意常数，故可以合成最后结果中的一个 C.

下面利用 Python 求 $\int(3\mathrm{e}^x+\cos x)\,\mathrm{d}x$.

解：在 PyCharm 中新建 integrate1.py 文件，内容如下：

```
from sympy import *
x = symbols('x ')  #定义变量 x
f =3*exp(x)+cos(x)   #定义被积函数表达式
integr_f = integrate(f, x)   #求不定积分
print("不定积分为", integr_f )   #输出结果
```

运行程序，命令窗口显示所得结果：

```
不定积分为 3*exp(x) + sin(x)
```

【例 4.5】 求不定积分 $\int\frac{1}{x\sqrt{x}}\,\mathrm{d}x$.

解：$\int\frac{1}{x\sqrt{x}}\,\mathrm{d}x=\int x^{-\frac{3}{2}}\mathrm{d}x=-2x^{-\frac{1}{2}}+C=-\frac{2}{\sqrt{x}}+C$.

下面利用 Python 求 $\int\frac{1}{x\sqrt{x}}\,\mathrm{d}x$.

解：在 PyCharm 中新建 integrate2.py 文件，内容如下：

```
from sympy import *
x = symbols('x')                              #定义变量 x
f =1/（x*sqrt(x)）                             #定义被积函数表达式
integ_f = integrate(f, x, )                   #求不定积分
print("不定积分为",integ_f )                   #输出结果
```

运行程序，命令窗口显示所得结果：

```
不定积分为 -2/sqrt(x)
```

【例 4.6】 求不定积分 $\int\sqrt{x}(x-5)\mathrm{d}x$.

解：$\int\sqrt{x}(x-5)\mathrm{d}x=\int\left(x^{\frac{3}{2}}-5x^{\frac{1}{2}}\right)\mathrm{d}x=\frac{x^{\frac{3}{2}+1}}{\frac{3}{2}+1}-\frac{5x^{\frac{1}{2}+1}}{\frac{1}{2}+1}+C$

$$=\frac{2}{5}x^{\frac{5}{2}}+\frac{10}{3}x^{\frac{3}{2}}+C=\frac{2}{5}x^2\sqrt{x}-\frac{10}{3}x\sqrt{x}+C .$$

下面利用 Python 求 $\int\sqrt{x}(x-5)\mathrm{d}x$.

解：在 PyCharm 中新建 integrate3.py 文件，内容如下：

```
from sympy import *
x = symbols('x')                    #定义变量 x
f =sqrt(x)*(x-5)                     #定义被积函数表达式
integ_f = integrate(f, x, )          #求不定积分
print("不定积分为",integ_f)          #输出结果
```

运行程序，命令窗口显示所得结果：

```
不定积分为 2*sqrt(x)*(x-5)**2/5 +2*sqrt(x)*(x-5)/3 - 20*sqrt(x)/3
```

【例 4.7】 求不定积分 $\int \frac{1}{\sin^2 x\cos^2 x}\mathrm{d}x$.

解：$\int \frac{1}{\sin^2 x\cos^2 x}\mathrm{d}x = \int \frac{\sin^2 x+\cos^2 x}{\sin^2 x\cos^2 x}\mathrm{d}x = \int\left(\frac{1}{\sin^2 x}+\frac{1}{\cos^2 x}\right)\mathrm{d}x$

$$= \int \frac{1}{\sin^2 x}\mathrm{d}x + \int \frac{1}{\cos^2 x}\mathrm{d}x = \tan x - \cot x + C$$

$$= \frac{-2\cos 2x}{\sin 2x} + C .$$

注：为了与 Python 运算结果保持一致

下面利用 Python 求 $\int \frac{1}{\sin^2 x\cos^2 x}\mathrm{d}x$.

解：在 PyCharm 中新建 integrate4.py 文件，内容如下：

```
from sympy import *
x = symbols('x')                    #定义变量 x
f =1/((sin(x))**2*(cos(x))**2)       #定义被积函数表达式
integ_f = integrate(f, x, )          #求不定积分
print("不定积分为",integ_f)          #输出结果
```

运行程序，命令窗口显示所得结果：

```
不定积分为 -2*cos(2*x)/sin(2*x)
```

【例 4.8】 求不定积分 $\int \frac{x^4}{1+x^2}\mathrm{d}x$.

解：$\int \frac{x^4}{1+x^2}\mathrm{d}x = \int \frac{x^4-1+1}{1+x^2}\mathrm{d}x = \int\left(x^2-1+\frac{1}{1+x^2}\right)\mathrm{d}x$

$$= \frac{x^3}{3} - x + \arctan x + C .$$

下面利用 Python 求 $\int \frac{x^4}{1+x^2}\mathrm{d}x$.

解：在 PyCharm 中新建 integrate5.py 文件，内容如下：

```
from sympy import *
x = symbols('x')                    #定义变量 x
f =x**4/(1+x**2)                     #定义被积函数表达式
integ_f = integrate(f, x, )          #求不定积分
print("不定积分为",integ_f)          #输出结果
```

运行程序，命令窗口显示所得结果：

```
不定积分为 x**3/3 - x + atan(x)
```

【例 4.9】 求不定积分 $\int \frac{x^2-1}{1+x}\mathrm{d}x$.

解：$\int \frac{x^2-1}{1+x}\mathrm{d}x = \int \frac{(x-1)(x+1)}{1+x}\mathrm{d}x = \int (x-1)\mathrm{d}x = \frac{1}{2}x^2 - x + C$.

下面利用 Python 求 $\int \frac{x^2-1}{1+x}\mathrm{d}x$.

解：在 PyCharm 中新建 integrate6.py 文件，内容如下：

```
from sympy import *
x = symbols('x')                    #定义变量 x
f =(x**2-1)/(1+x)                   #定义被积函数表达式
integ_f = integrate(f, x, )          #求不定积分
print("不定积分为",integ_f)          # 输出结果
```

运行程序，命令窗口显示所得结果：

```
不定积分为 x**2/2 - x
```

【例 4.10】【遇黄灯刹车问题】 一辆开启智能驾驶功能的小汽车以 26.4km/h 的速度正常行驶，在距离交通路口 10m 处突然发现黄灯亮起，小汽车立即刹车制动，如果制动后的速度为 $v(t)=7.3-2.7t$（单位：m/s），问制动距离是多少？能否停在停止线内？

解：当速度为零时，先计算出制动所用的时间，即 $7.3-2.7t=0$，得 $t\approx 2.704\text{s}$，即开始制动 2.704s 后汽车停下来.

设汽车制动后路程函数为 $S=S(t)$，根据题意 $S'(t)=v(t)=7.3-2.7t$，则

$$S(t)=\int v(t)\,\mathrm{d}t=\int (7.3-2.7t)\mathrm{d}t = 7.3t-\frac{2.7}{2}t^2+C.$$

当 $t=0$ 时，$S=0$，代入上式，得 $C=0$. 于是得到制动后路程函数为

$$S(t)=7.3t-1.35t^2$$

将 $t\approx 2.704\text{s}$ 代入上式，得

$$S(2.704)\approx 9.87\text{m}$$

即智能驾驶汽车能成功停在停止线内.

同步练习 2：求下列不定积分并利用 Python 实现.

（1）$\int x^2\sqrt{x}\mathrm{d}x$；（2）$\int \frac{\cos 2x}{\sin x+\cos x}\mathrm{d}x$；

（3）$\int \frac{x^2}{1+x^2}\mathrm{d}x$；（4）$\int (x^2+x+1)\,\mathrm{d}x$；

（5）$\int \left(\mathrm{e}^x-\frac{1}{x}+2^x\right)\mathrm{d}x$；（6）$\int \frac{1}{x^2(1+x^2)}\mathrm{d}x$；

（7）$\int \frac{x^2+x-6}{x-2}\mathrm{d}x$；（8）$\int \frac{\cos 2x}{\sin^2 x}\mathrm{d}x$.

2. 第一类换元法（凑微分法）

第一类换元法

显然，利用直接积分法所能求的不定积分是非常有限的.

【例 4.11】 求不定积分$\int \cos(2x)\mathrm{d}x$.

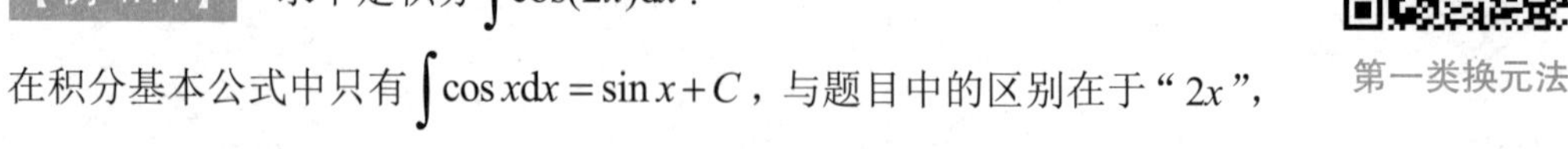

在积分基本公式中只有$\int \cos x\mathrm{d}x = \sin x + C$，与题目中的区别在于“$2x$”，根据第 2 章所介绍的知识，将“$2x$”看成一个整体，就可以应用这个公式.

解：令$u = 2x$，对该式左右两边求微分，有$\mathrm{d}u = \mathrm{d}(2x) = 2\mathrm{d}x$，对比题目略有不同，转化一下即有$\mathrm{d}x = \frac{1}{2}\mathrm{d}u$，故

$$\int \cos(2x)\mathrm{d}x = \int \cos(2x)\cdot\frac{1}{2}\mathrm{d}(2x) \underline{\underline{\text{令}u=2x}} \frac{1}{2}\int \cos u\mathrm{d}u = \frac{1}{2}\sin u + C$$

$$\underline{\underline{u=2x\text{回代}}} \frac{1}{2}\sin(2x) + C.$$

定理 1 设$f(u)$具有原函数$F(u)$且$u = \varphi(x)$，$\varphi'(x)$是连续函数，那么

$$\int f[\varphi(x)]\varphi'(x)\mathrm{d}x = F[\varphi(x)] + C.$$

注意：凑微分法的基本思想是“**凑**”. 先观察被积函数的结构，找到一个整体，再作变量代换$u = \varphi(x)$ $(\mathrm{d}\varphi(x) = \varphi'(x)\mathrm{d}x)$，把原不定积分凑成可以直接利用基本积分公式$\int f(u)\mathrm{d}u$的形式，利用已知$f(u)$的原函数是$F(u)$得到积分，称为**第一类换元法**.

【例 4.12】 求不定积分$\int (2x+3)^2\mathrm{d}x$.

解：很明显，括号的作用就是提醒要将括号里看成是一个整体，令$u = 2x + 3$，

$$\mathrm{d}u = \mathrm{d}(2x+3) = \mathrm{d}(2x) = 2\mathrm{d}x \text{，故 } \mathrm{d}x = \frac{1}{2}\mathrm{d}u$$

$$\int (2x+3)^2\mathrm{d}x \underline{\underline{\text{令}u=2x+3}} \frac{1}{2}\int u^2\mathrm{d}u = \frac{1}{6}u^3 + C$$

$$\underline{\underline{u=2x+3\text{回代}}} \frac{1}{6}(2x+3)^3 + C.$$

下面利用 Python 求$\int (2x+3)^2\mathrm{d}x$.

解：在 PyCharm 中新建 integrate7.py 文件，内容如下：

```
from sympy import *
x = symbols('x')                    #定义变量 x
f =(2*x+3)**2                  #定义被积函数表达式
integ_f = integrate(f, x, )         #求不定积分
print("不定积分为",integ_f)       #输出结果
```

运行程序，命令窗口显示所得结果：

```
不定积分为 4*x**3/3 + 6*x**2 + 9*x
```

【例 4.13】 求不定积分$\int \frac{\ln x}{x}\mathrm{d}x$.

解：令 $u=\ln x$ ， $\mathrm{d}u=\mathrm{d}(\ln x)=\frac{1}{x}\mathrm{d}x$ ，观察被积函数，故

$$原式=\int \ln x\mathrm{d}(\ln x)\underline{\underline{令u=\ln x}}\int u\mathrm{d}u=\frac{1}{2}u^2+C$$

$$\underline{\underline{u=\ln x回代}}\frac{1}{2}(\ln x)^2+C .$$

下面利用 Python 求 $\int\frac{\ln x}{x}\mathrm{d}x$.

解：在 PyCharm 中新建 integrate8.py 文件，内容如下：

```
from sympy import *
x = symbols('x')                    #定义变量 x
f =log(x)/x                 #定义被积函数表达式
integ_f = integrate(f, x, )              #求不定积分
print("不定积分为",integ_f )       #输出结果
```

运行程序，命令窗口显示所得结果：

```
不定积分为 log(x)**2/2
```

【例 4.14】 求不定积分 $\int xe^{x^2}\mathrm{d}x$.

解：因为 $x\mathrm{d}x=\frac{1}{2}\mathrm{d}x^2$ ，所以

$$\int xe^{x^2}\mathrm{d}x=\frac{1}{2}\int e^{x^2}\mathrm{d}x^2\underline{\underline{令x^2=u}}\frac{1}{2}\int e^u\mathrm{d}u=\frac{1}{2}e^u+C$$

$$\underline{\underline{u=x^2回代}}\frac{1}{2}e^{x^2}+C .$$

下面利用 Python 求 $\int xe^{x^2}\mathrm{d}x$.

解：在 PyCharm 中新建 integrate9.py 文件，内容如下：

```
from sympy import *
x = symbols('x')                    #定义变量 x
f =x*exp(x**2)                 #定义被积函数表达式
integ_f = integrate(f, x, )              #求不定积分
print("不定积分为",integ_f )       #输出结果
```

运行程序，命令窗口显示所得结果：

```
不定积分为 exp(x**2)/2
```

在对上述换元积分法熟悉以后，可不必写出中间变量，解法如下述诸例.

【例 4.15】 求不定积分 $\int\frac{\sin x}{1+\cos^2 x}\mathrm{d}x$.

解：因为 $\sin x\mathrm{d}x=-\mathrm{d}(\cos x)$ ，所以

$$\int\frac{\sin x}{1+\cos^2 x}\mathrm{d}x=-\int\frac{1}{1+\cos^2 x}\mathrm{d}(\cos x)=-\arctan\cos x+C .$$

下面利用 Python 求 $\int\frac{\sin x}{1+\cos^2 x}\mathrm{d}x$.

解：在 PyCharm 中新建 integrate10.py 文件，内容如下：

```
from sympy import *
x = symbols('x')                    #定义变量 x
f =sin(x)/(1+(cos(x))**2)           #定义被积函数表达式
integ_f = integrate(f, x, )         #求不定积分
print("不定积分为",integ_f)          #输出结果
```

运行程序，命令窗口显示所得结果：

```
不定积分为 -atan(cos(x))
```

【例 4.16】 求不定积分 $\int \cot x \mathrm{d}x$.

解：$\int \cot x \mathrm{d}x = \int \frac{\cos x}{\sin x}\mathrm{d}x = \int \frac{1}{\sin x}\mathrm{d}(\sin x) = \ln|\sin x| + C$.

下面利用 Python 求 $\int \cot x \mathrm{d}x$.

解：在 PyCharm 中新建 integrate11.py 文件，内容如下：

```
from sympy import *
x = symbols('x')                    #定义变量 x
f =cot(x)                  #定义被积函数表达式
integ_f = integrate(f, x, )         #求不定积分
print("不定积分为",integ_f)          #输出结果
```

运行程序，命令窗口显示所得结果：

```
不定积分为 log(sin(x))
```

为了熟练地掌握不定积分的凑微分法，总结应用凑微分法的常见积分类型，具体如下：

（1）$\int f(ax+b)\mathrm{d}x = \frac{1}{a}\int f(ax+b)\,\mathrm{d}(ax+b)$；

（2）$\int xf(ax^2+b)\mathrm{d}x = \frac{1}{2a}\int f(ax^2+b)\mathrm{d}(ax^2+b)$；

（3）$\int \mathrm{e}^x f(\mathrm{e}^x)\mathrm{d}x = \int f(\mathrm{e}^x)\,\mathrm{d}(\mathrm{e}^x)$；

（4）$\int \frac{1}{x} f(\ln x)\mathrm{d}x = \int f(\ln x)\mathrm{d}(\ln x)$；

（5）$\int \cos x f(\sin x)\mathrm{d}x = \int f(\sin x)\mathrm{d}(\sin x)$，

$\int \sin x f(\cos x)\,\mathrm{d}x = -\int f(\cos x)\mathrm{d}(\cos x)$；

（6）$\int \frac{1}{\cos^2 x} f(\tan x)\mathrm{d}x = \int f(\tan x)\,\mathrm{d}(\tan x)$，

$\int \frac{1}{\sin^2 x} f(\cot x)\mathrm{d}x = -\int f(\cot x)\,\mathrm{d}(\cot x)$；

（7）$\int \frac{1}{\sqrt{1-x^2}} f(\arcsin x)\,\mathrm{d}x = \int f(\arcsin x)\mathrm{d}(\arcsin x)$，

$\int \frac{1}{x^2+1} f(\arctan x)\,\mathrm{d}x = \int f(\arctan x)\mathrm{d}(\arctan x)$.

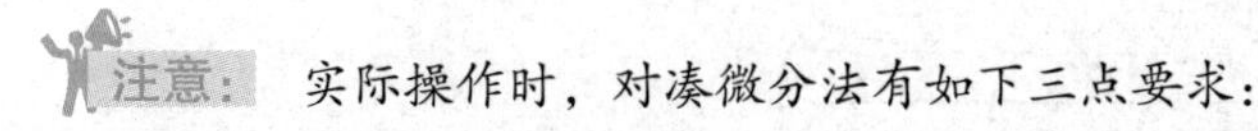

注意：实际操作时，对凑微分法有如下三点要求：

（1）被积函数的外函数很容易积分，一般都是基本积分公式中的；

（2）在微分算子 d 后尝试凑成被积函数的内函数的微分；

（3）凑好的微分一定要先计算，计算后和原来的表达式至多相差一个常数；否则这种凑微分的方法对题目就不适用.

【例 4.17】 求不定积分 $\int \frac{\mathrm{e}^x}{1+\mathrm{e}^x}\mathrm{d}x$.

解：$\int \frac{\mathrm{e}^x}{1+\mathrm{e}^x}\mathrm{d}x = \int \frac{1}{1+\mathrm{e}^x}\mathrm{d}(\mathrm{e}^x) = \int \frac{1}{1+\mathrm{e}^x}\mathrm{d}(1+\mathrm{e}^x) = \ln(1+\mathrm{e}^x)+C$.

下面利用 Python 求 $\int \frac{\mathrm{e}^x}{1+\mathrm{e}^x}\mathrm{d}x$.

解：在 PyCharm 中新建 integrate12.py 文件，内容如下：

```
from sympy import *
x = symbols('x')                    #定义变量 x
f =exp(x)/(1+exp(x))              #定义被积函数表达式
integ_f = integrate(f, x, )         #求不定积分
print("不定积分为",integ_f)         #输出结果
```

运行程序，命令窗口显示所得结果：

```
不定积分为 log(exp(x) + 1)
```

【例 4.18】 求不定积分 $\int \frac{(2-\arctan x)^2}{1+x^2}\mathrm{d}x$.

解：$\int \frac{(2-\arctan x)^2}{1+x^2}\mathrm{d}x = \int (2-\arctan x)^2 \cdot \frac{1}{1+x^2}\mathrm{d}x = \int (2-\arctan x)^2 \mathrm{d}(\arctan x)$

$$= \int (2-\arctan x)^2 \mathrm{d}(2-\arctan x) = -\frac{1}{3}(2-\arctan x)^3 + C .$$

下面利用 Python 求 $\int \frac{(2-\arctan x)^2}{1+x^2}\mathrm{d}x$.

解：在 PyCharm 中新建 integrate13.py 文件，内容如下：

```
from sympy import *
x = symbols('x')                    #定义变量 x
f =(2-atan(x))**2/(1+x**2)          #定义被积函数表达式
integ_f = integrate(f, x, )         #求不定积分
print("不定积分为",integ_f)         #输出结果
```

运行程序，命令窗口显示所得结果：

```
不定积分为 -(2 - atan(x))**3/3
```

【例 4.19】 求不定积分 $\int \frac{1}{x^2-a^2}\mathrm{d}x$（常数 $a \neq 0$）.

解：先对被积函数进行恒等变形

$$\frac{1}{x^2-a^2}=\frac{1}{2a}\left(\frac{1}{x-a}-\frac{1}{x+a}\right)$$

于是

$$\begin{aligned}\int\frac{1}{x^2-a^2}\mathrm{d}x&=\frac{1}{2a}\int\left(\frac{1}{x-a}-\frac{1}{x+a}\right)\mathrm{d}x\\&=\frac{1}{2a}\left(\int\frac{1}{x-a}\mathrm{d}x-\int\frac{1}{x+a}\mathrm{d}x\right)\\&=\frac{1}{2a}\left[\int\frac{1}{x-a}(x-a)'\mathrm{d}x-\int\frac{1}{x+a}(x+a)'\mathrm{d}x\right]\\&=\frac{1}{2a}\left[\int\frac{1}{x-a}\mathrm{d}(x-a)-\int\frac{1}{x+a}\mathrm{d}(x+a)\right]\\&=\frac{1}{2a}(\ln|x-a|-\ln|x+a|)+C=\frac{1}{2a}\ln\left|\frac{x-a}{x+a}\right|+C.\end{aligned}$$

下面利用 Python 求 $\int\frac{1}{x^2-a^2}\mathrm{d}x$.

解：在 PyCharm 中新建 integrate14.py 文件，内容如下：

```
from sympy import *
x,a = symbols('x a')                    #定义变量 x
f =1/(x**2-a**2)          #定义被积函数表达式
integ_f = integrate(f, x, )             #求不定积分
print("不定积分为",integ_f)       #输出结果
```

运行程序，命令窗口显示所得结果：

```
不定积分为 (log(-a + x)/2 - log(a + x)/2)/a
```

【例 4.20】 求不定积分 $\int\frac{1}{a^2+x^2}\mathrm{d}x$.

解：$\int\frac{1}{a^2+x^2}\mathrm{d}x=\frac{1}{a^2}\int\frac{1}{1+\frac{x^2}{a^2}}\mathrm{d}x=\frac{1}{a^2}\int\frac{1}{1+\left(\frac{x}{a}\right)^2}\mathrm{d}x$

$$=\frac{1}{a}\int\frac{1}{1+\left(\frac{x}{a}\right)^2}\mathrm{d}\left(\frac{x}{a}\right)=\frac{1}{a}\arctan\frac{x}{a}+C.$$

下面利用 Python 求 $\int\frac{1}{a^2+x^2}\mathrm{d}x$.

解：在 PyCharm 中新建 integrate15.py 文件，内容如下：

```
from sympy import *
x = symbols('x')                    #定义变量 x
a = symbols('a')                    #定义变量 a
f =1/(a**2+x**2)          #定义被积函数表达式
integ_f = integrate(f, x, )             #求不定积分
print("不定积分为",integ_f)       #输出结果
```

运行程序，命令窗口显示所得结果：

```
不定积分为 (-I*log(-I*a + x)/2 + I*log(I*a + x)/2)/a
```

同步练习 3：求下列不定积分并利用 Python 实现.

（1）$\int\sqrt{2x-1}\mathrm{d}x$；（2）$\int(1-3x)^3\mathrm{d}x$；

（3）$\int\frac{x}{1+x^2}\mathrm{d}x$；（4）$\int\mathrm{e}^x\sin 2\mathrm{e}^x\mathrm{d}x$；

（5）$\int\frac{1+2\ln x}{x}\mathrm{d}x$；（6）$\int\tan x\mathrm{d}x$；

（7）$\int\frac{1}{1-x^2}\mathrm{d}x$；（8）$\int\frac{\mathrm{e}\sqrt{x}}{\sqrt{x}}\mathrm{d}x$；

（9）$\int\frac{\arctan x}{1+x^2}\mathrm{d}x$；（10）$\int\frac{\sin x}{\cos^2 x}\mathrm{d}x$；

（11）$\int\cos x\sin^2 x\mathrm{d}x$；（12）$\int\frac{1}{x^2+4}\mathrm{d}x$.

3. 第二类换元法

利用凑微分法解决了一些不定积分，但有些不定积分，如$\int\frac{\mathrm{d}x}{\sqrt{x^2+a^2}}(a\neq 0)$，$\int\frac{\mathrm{d}x}{1+\sqrt[3]{x}}$等，就难以用凑微分法来求解. 下面通过作变量代换求不定积分，即利用积分第二换元法求解.

定理 函数$x=\varphi(t)$在$[\alpha,\beta]$上可导，$a\leqslant\varphi(t)\leqslant b$，且$\varphi'(t)\neq 0$，又函数$f(x)$在$[a,b]$上有定义，且对于任意的$t\in[\alpha,\beta]$有$G'(t)=f[\varphi(t)]\varphi'(t)$，则函数$f(x)$在$[a,b]$上存在原函数，且

$$\int f(x)\mathrm{d}x=G\left[\varphi^{-1}(x)\right]+C$$

其中，$t=\varphi^{-1}(x)$是$x=\varphi(t)$的反函数.

第二类换元法

【例 4.21】 求不定积分$\int\frac{1}{1+\sqrt{1+x}}\mathrm{d}x$.

解：令$\sqrt{1+x}=t$，则$x=t^2-1$，$x=t^2-1$，$\mathrm{d}x=2t\mathrm{d}t$，于是

$$\int\frac{1}{1+\sqrt{1+x}}\mathrm{d}x=\int\frac{2t}{1+t}\mathrm{d}t=2\int\frac{t+1-1}{1+t}\mathrm{d}t=2\left(\int\mathrm{d}t-\int\frac{\mathrm{d}t}{1+t}\right)$$

$$=2t-2\ln|1+t|+C=2\sqrt{1+x}-2\ln\left(1+\sqrt{1+x}\right)+C.$$

下面利用 Python 求$\int\frac{1}{1+\sqrt{1+x}}\mathrm{d}x$.

解：在 PyCharm 中新建 integrate15.py 文件，内容如下：

```
from sympy import *
x = symbols('x')                    #定义变量 x
f =1/(1+sqrt(1+x))          #定义被积函数表达式
integ_f = integrate(f, x, )              #求不定积分
print("不定积分为",integ_f )       #输出结果
```

运行程序，命令窗口显示所得结果：

```
不定积分为 2*sqrt(x + 1) - 2*log(sqrt(x + 1) + 1)
```

【例 4.22】 求不定积分$\int\frac{1}{\sqrt{x}+\sqrt[3]{x}}\mathrm{d}x$.

解：被积函数中含有二次、三次根式，要消去二次、三次根式，可以令 x 是变量 t 的 2 与 3 的最小公倍数次方，即 $x=t^6$.

令 $\sqrt[6]{x}=t$，则 $x=t^6$，$\mathrm{d}x=6t^5\mathrm{d}t$，于是

$$\int\frac{1}{\sqrt{x}+\sqrt[3]{x}}\mathrm{d}x=\int\frac{1}{t^2+t^3}\cdot 6t^5\mathrm{d}t=6\int\frac{t^3}{1+t}\mathrm{d}t=6\int\frac{t^3+1-1}{1+t}\mathrm{d}t$$

$$=6\int\left(t^2-t+1-\frac{1}{1+t}\right)\mathrm{d}t=2t^3-3t^2+6t-6\ln|1+t|+C$$

$$=2\sqrt{x}-3\sqrt[3]{x}+6\sqrt[6]{x}-6\ln\left|1+\sqrt[6]{x}\right|+C.$$

下面利用 Python 求 $\int\frac{1}{\sqrt{x}+\sqrt[3]{x}}\mathrm{d}x$.

解：在 PyCharm 中新建 integrate16.py 文件，内容如下：

```
from sympy import *
x = symbols('x')                    #定义变量 x
f =1/(sqrt(x)+x**1/3)          #定义被积函数表达式
integ_f = integrate(f, x, )         #求不定积分
print("不定积分为",integ_f )       #输出结果
```

运行程序，命令窗口显示所得结果：

```
不定积分为 6*log(sqrt(x) + 3)
```

【注】 由于 Python 运算是近似计算，结果可能有偏差.

下面讨论被积函数中含有被开方因式为二次式的根式的情况.

*【例 4.23】 求不定积分 $\int\frac{x^2}{\sqrt{1-x^2}}\mathrm{d}x$.

解：设 $x=\sin t$，则 $\mathrm{d}x=\cos t\mathrm{d}t$，

当 $-\frac{\pi}{2}<t<\frac{\pi}{2}$ 时，$x=\sin t$ 存在反函数，且 $|\cos t|=\cos t$，所以

$$\int\frac{x^2}{\sqrt{1-x^2}}\mathrm{d}x=\int\frac{\sin^2 t\cos t}{\cos t}\mathrm{d}t=\int\sin^2 t\mathrm{d}t$$

$$=\int\frac{1-\cos 2t}{2}\mathrm{d}t=\frac{1}{2}\int\mathrm{d}t-\frac{1}{4}\int\cos 2t\mathrm{d}(2t)$$

$$=\frac{1}{2}t-\frac{1}{4}\sin 2t+C=\frac{1}{2}t-\frac{1}{2}\sin t\cos t+C.$$

为了将 $\sin t$ 和 $\cos t$ 换成 x 的函数，可根据 $x=\sin t$ 作出辅助直角三角形，如图 4-1 所示，则

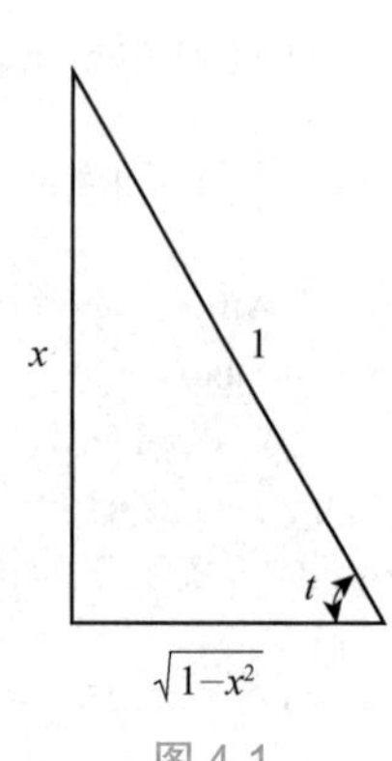

图 4-1

$$t=\arcsin x,\quad \cos t=\sqrt{1-x^2}$$

从而有

$$\int\frac{x^2}{\sqrt{1-x^2}}\mathrm{d}x=\frac{1}{2}\arcsin x-\frac{x}{2}\sqrt{1-x^2}+C$$

下面利用 Python 求$\int \frac{x^2}{\sqrt{1-x^2}} \mathrm{d}x$.

解：在 PyCharm 中新建 integrate17.py 文件，内容如下：

```
from sympy import *
x = symbols('x')                #定义变量 x
f =x**2/sqrt(1-x**2)          #定义被积函数表达式
integ_f = integrate(f, x, )            #求不定积分
print("不定积分为",integ_f)      #输出结果
```

运行程序，命令窗口显示所得结果：

```
不定积分为 -x*sqrt(1 - x**2)/2 + asin(x)/2
```

第二换元法常用于含有根式的积分，有时也用于某些多项式，如$\int \frac{1}{\left(x^2+a^2\right)^2} \mathrm{d}x$也可用函数的三角代换求出结果.

利用第二换元法所设的变量通常有：

（1）当被积函数含有根式$\sqrt{a^2-x^2}$时，可令$x=a\sin t$，$t\in\left(-\frac{\pi}{2},\frac{\pi}{2}\right)$；

（2）当被积函数含有根式$\sqrt{a^2+x^2}$时，可令$x=a\tan t$，$t\in\left(-\frac{\pi}{2},\frac{\pi}{2}\right)$；

（3）当被积函数含有根式$\sqrt{x^2-a^2}$时，可令$x=a\sec t$，$t\in\left(0,\frac{\pi}{2}\right)$.

*【例 4.24】 求不定积分$\int \sqrt{a^2-x^2} \mathrm{d}x \ (a>0)$.

解：设$x=a\sin t$，则$\mathrm{d}x=a\cos t\mathrm{d}t$. 当$-\frac{\pi}{2}<t<\frac{\pi}{2}$时，$x=a\sin t$存在反函数，且$|\cos t|=\cos t$，则$\sqrt{a^2-x^2}=a\cos t$，作辅助直角三角形，如图 4-2 所示. 因此

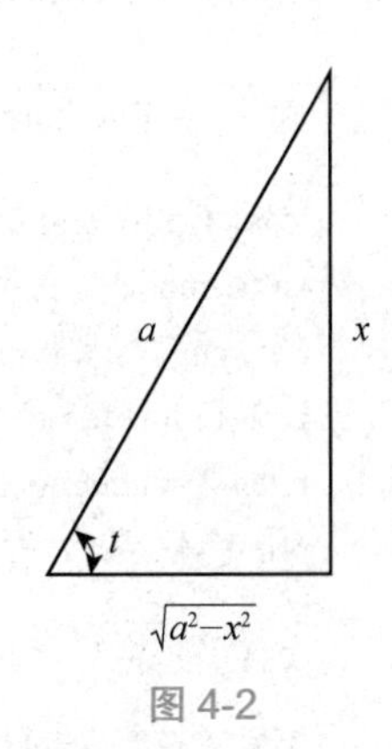

图 4-2

$$
\begin{aligned}
\int \sqrt{a^2-x^2} \mathrm{d}x &= a^2 \int \cos^2 t \mathrm{d}t \\
&= \frac{a^2}{2}\left(t+\frac{1}{2}\sin 2t\right)+C \\
&= \frac{1}{2}\left[a^2 t+(a\sin t)(a\cos t)\right]+C \\
&= \frac{a^2}{2}\arcsin\frac{x}{a}+\frac{x}{2}\sqrt{a^2-x^2}+C.
\end{aligned}
$$

下面利用 Python 求$\int \sqrt{a^2-x^2} \mathrm{d}x$.

解：在 PyCharm 中新建 integrate18.py 文件，内容如下：

```
from sympy import *
x = symbols('x')                #定义变量 x
a = symbols('a')                #定义变量 a
f =sqrt(a**2-x**2)          #定义被积函数表达式
```

```
integ_f = integrate(f, x, )            #求不定积分
print("不定积分为",integ_f )           #输出结果
```

运行程序，命令窗口显示所得结果：

```
不定积分为 Piecewise((-I*a**2*acosh(x/a)/2 - I*a*x/(2*sqrt(-1 + x**2/a**2)) + I*x**3/(2*a*sqrt(-1 + x**2/a**2)), Abs(x**2/a**2) > 1), (a**2*asin(x/a)/2 + a*x*sqrt(1 - x**2/a**2)/2, True))
```

【注】 由于 Python 运算是近似计算，结果可能有偏差.

【例 4.25】 求不定积分 $\int \frac{1}{\sqrt{x^2+a^2}}\mathrm{d}x$.

解：令 $x=a\tan t$，则 $\mathrm{d}x=a\sec^2 t\mathrm{d}t$，$\sqrt{x^2+a^2}=a\sec t$，所以

$$\int \frac{1}{\sqrt{x^2+a^2}}\mathrm{d}x=\int \frac{a\sec^2 t\mathrm{d}t}{a\sec t}=\int \sec t\mathrm{d}t=\ln\left|\sec t+\tan t\right|+C.$$

根据 $\tan t=\frac{x}{a}$，作辅助直角三角形(见图 4-3)，有 $\frac{\sqrt{x^2+a^2}}{a}=\sec t$.

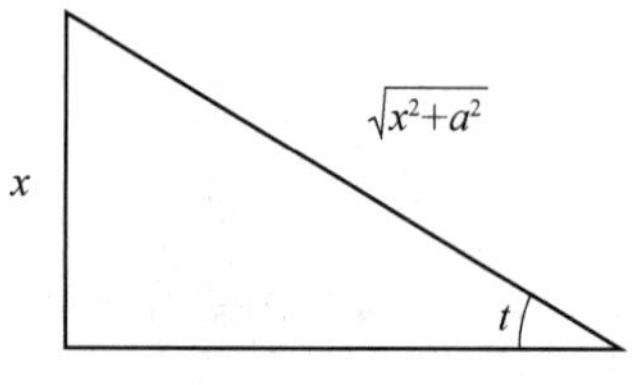

图 4-3

回代可得

$$\int \frac{1}{\sqrt{x^2+a^2}}\mathrm{d}x=\ln\left|\frac{x+\sqrt{x^2+a^2}}{a}\right|+C$$

$$=\ln\left|x+\sqrt{x^2+a^2}\right|+C_1, (C_1=C-\ln a).$$

下面利用 Python 求 $\int \frac{1}{\sqrt{x^2+a^2}}\mathrm{d}x$.

解：在 PyCharm 中新建 integrate19.py 文件，内容如下：

```
from sympy import *
x = symbols('x')                       #定义变量 x
a = symbols('a')                       #定义变量 a
f =1/sqrt(a**2+x**2)                   #定义被积函数表达式
integ_f = integrate(f, x, )            #求不定积分
print("不定积分为",integ_f )           #输出结果
```

运行程序，命令窗口显示所得结果：

```
不定积分为 asinh(x/a)
```

同步练习 4：求下列不定积分并利用 Python 实现.

（1）$\int x\sqrt{x-3}\mathrm{d}x$；（2）$\int \frac{\sqrt{x}}{1+x}\mathrm{d}x$；

（3）$\int \frac{1}{1-\sqrt{2x+1}}\mathrm{d}x$；*（4）$\int \frac{\sqrt{1+x^2}}{x^2}\mathrm{d}x$；

（5）$\int \frac{\sqrt{x^2-1}}{x}\mathrm{d}x$；（6）$\int \frac{1}{x^2\sqrt{1+x^2}}\mathrm{d}x$；

*（7）$\int\sqrt{x^2+4}\mathrm{d}x$；　　　　（8）$\int\frac{1}{\sqrt{1+x}}\mathrm{d}x$.

分部积分法

4. 分部积分法

思考：$\int x\mathrm{e}^x\mathrm{d}x$ 该如何计算？

利用直接积分法和换元积分法都无法求出该积分，因此转换思路：利用积分与导数之间互为逆运算的关系进行求解. 观察到 $\mathrm{e}^x\mathrm{d}x=\mathrm{d}(\mathrm{e}^x)$，原积分可以转变成 $\int x\mathrm{d}(\mathrm{e}^x)$，在微分的四则运算公式中有 $\mathrm{d}(uv)=u\mathrm{d}v+v\mathrm{d}u$，两者相互可以关联. 这就是分部积分的思想.

设函数 $u=u(x)$，$v=v(x)$ 均具有连续导数，则

$$\mathrm{d}(uv)=u\mathrm{d}v+v\mathrm{d}u \quad 移项 \quad u\mathrm{d}v=\mathrm{d}(uv)-v\mathrm{d}u,$$

两边同时积分得

$$\int u\mathrm{d}v=\int\mathrm{d}(uv)-\int v\mathrm{d}u=uv-\int v\mathrm{d}u.$$

称这个公式为分部积分公式.

注意：分部积分的关键在于 u 和 v 的选取，一般采用的规则为“反、对、幂、三、指”. “反”，指的是反三角函数，如 $\arcsin x$；“对”，指的是对数函数，如 $\ln x$；“幂”，指的是幂函数，如 x^2；“三”，指的是三角函数，如 $\sin x$；“指”，指的是指数函数，如 e^x. 按照这五种函数的顺序，排在前面的设为 u，排在后面的设为 $\mathrm{d}v$（一定要注意不是设为 v，因为分部积分公式中是 $u\mathrm{d}v$），然后再解出 v，这样有了 u 和 v，直接利用公式则可以很快进行计算.

【例 4.26】　求不定积分 $\int x\mathrm{e}^x\mathrm{d}x$.

解：x 是幂函数，e^x 是指数函数，根据五种函数的排序“反、对、幂、三、指”（注意不是题目中两种函数的顺序）令 $u=x$，$\mathrm{d}v=\mathrm{e}^x\mathrm{d}x\Rightarrow v=\mathrm{e}^x$（或者直接设为 $v'=\mathrm{e}^x\Rightarrow v=\mathrm{e}^x$），利用分部积分公式，有

$$\int x\mathrm{e}^x\mathrm{d}x=\int x\mathrm{d}(\mathrm{e}^x)=\int u\mathrm{d}v=uv-\int v\mathrm{d}u=x\mathrm{e}^x+\int\mathrm{e}^x\mathrm{d}x=x\mathrm{e}^x-\mathrm{e}^x+C.$$

思考：为什么会有“反、对、幂、三、指”这样的顺序？不按照这样的顺序，随便取 u 和 v 是否可以？读者请自行尝试计算.

下面利用 Python 求 $\int x\ln x\mathrm{d}x$.

解：在 PyCharm 中新建 integrate20.py 文件，内容如下：

```
from sympy import *
x = symbols('x')                #定义变量 x
f =x*exp(x)         #定义被积函数表达式
integ_f = integrate(f, x, )         #求不定积分
print("不定积分为",integ_f )      #输出结果
```

运行程序，命令窗口显示所得结果：

```
不定积分为 (x - 1)*exp(x)
```

【例 4.27】 求不定积分$\int x\ln x\mathrm{d}x$.

解：x是幂函数，$\ln x$是对数函数，根据五种函数的排序"反、对、幂、三、指"（注意不是题目中两种函数的顺序）令$u=\ln x$，$\mathrm{d}v=x\mathrm{d}x\Rightarrow v=\frac{1}{2}x^2$（或者直接设为$v'=x\Rightarrow v=\frac{1}{2}x^2$），注意这时候要将$\mathrm{d}u$计算出来，$\mathrm{d}u=\mathrm{d}(\ln x)=\frac{1}{x}\mathrm{d}x$，再利用分部积分公式，有

$$\int x\ln x\mathrm{d}x=\frac{1}{2}\int \ln x\mathrm{d}(x^2)=\frac{1}{2}\left[x^2\ln x-\int x^2\mathrm{d}(\ln x)\right]=\frac{1}{2}\left[x^2\ln x-\int x^2\cdot\frac{1}{x}\mathrm{d}x\right]$$
$$=\frac{1}{4}x^2(2\ln x-1)+C.$$

下面利用 Python 求$\int x\ln x\mathrm{d}x$.

解：在 PyCharm 中新建 integrate21.py 文件，内容如下：

```
from sympy import *
x = symbols('x')                    #定义变量 x
f =x*log(x)          #定义被积函数表达式
integ_f = integrate(f, x, )          #求不定积分
print("不定积分为",integ_f )        #输出结果
```

运行程序，命令窗口显示所得结果：

```
不定积分为 x**2*log(x)/2 - x**2/4
```

【例 4.28】 求不定积分$\int \ln x\mathrm{d}x$.

问题又来了，这里的被积函数只有一个，怎么采用"反、对、幂、三、指"的顺序？可将$\ln x$看成$1\cdot\ln x=x^0\ln x$，则有，

令$u=\ln x$，$\mathrm{d}v=\mathrm{d}x\Rightarrow v=x$，则

$$\int \ln x\mathrm{d}x=x\ln x-\int x\mathrm{d}(\ln x)=x\ln x-\int x\cdot\frac{1}{x}\mathrm{d}x=x\ln x-x+C.$$

下面利用 Python 求$\int \ln x\mathrm{d}x$.

解：在 PyCharm 中新建 integrate22.py 文件，内容如下：

```
from sympy import *
x = symbols('x')                    #定义变量 x
f =log (x)          #定义被积函数表达式
integ_f = integrate(f, x, )          #求不定积分
print("不定积分为",integ_f )        #输出结果
```

运行程序，命令窗口显示所得结果：

```
不定积分为 x*log(x) - x
```

【例 4.29】 求不定积分$\int \arcsin x\mathrm{d}x$.

解：令 $u=\arcsin x$， $\mathrm{d}v=\mathrm{d}x \Rightarrow v=x$， 则

$$\int \arcsin x\mathrm{d}x = x\arcsin x - \int x\mathrm{d}(\arcsin x) = x\arcsin x - \int \frac{x}{\sqrt{1-x^2}}\mathrm{d}x$$

$$= x\arcsin x + \frac{1}{2}\int \frac{\mathrm{d}(1-x^2)}{\sqrt{1-x^2}} = x\arcsin x + \sqrt{1-x^2} + C .$$

下面利用 Python 求 $\int \arcsin x\mathrm{d}x$.

解：在 PyCharm 中新建 integrate23.py 文件，内容如下：

```
from sympy import *
x = symbols('x')                  #定义变量 x
f =asin(x)          #定义被积函数表达式
integ_f = integrate(f, x, )              #求不定积分
print("不定积分为",integ_f)       #输出结果
```

运行程序，命令窗口显示所得结果：

```
不定积分为  x*asin(x) + sqrt(1 - x**2)
```

*【例 4.30】 求 $\int \mathrm{e}^x \cos x\mathrm{d}x$.

解：令 $u=\mathrm{e}^x$， $\cos x\mathrm{d}x=\mathrm{d}(\sin x)=\mathrm{d}v$， 则

$$\int \mathrm{e}^x \cos x\mathrm{d}x = \mathrm{e}^x \sin x - \int \sin x\mathrm{d}(\mathrm{e}^x) = \mathrm{e}^x \sin x - \int \mathrm{e}^x \sin x\mathrm{d}x$$

$$= \mathrm{e}^x \sin x + \int \mathrm{e}^x \mathrm{d}(\cos x)$$

$$= \mathrm{e}^x(\sin x+\cos x) - \int \cos x\mathrm{d}(\mathrm{e}^x)$$

$$= \mathrm{e}^x(\sin x+\cos x) - \int \boxed{\mathrm{e}^x \cos x\mathrm{d}x}$$

出现了循环！

移项 $$2\int \mathrm{e}^x \cos x\mathrm{d}x = \mathrm{e}^x(\sin x+\cos x)+C_1$$

故 $$\int \mathrm{e}^x \cos x\mathrm{d}x = \frac{1}{2}\mathrm{e}^x(\sin x+\cos x)+C .$$

本题也可以令 $u=\cos x$， $\mathrm{d}v=\mathrm{e}^x \Rightarrow v=\mathrm{e}^x$ 进行解答，请读者自行计算.

下面利用 Python 求 $\int \mathrm{e}^x \cos x\mathrm{d}x$.

解：在 PyCharm 中新建 integrate24.py 文件，内容如下：

```
from sympy import *
x = symbols('x')                  #定义变量 x
f =exp(x)*cos(x)          #定义被积函数表达式
integ_f = integrate(f, x, )              #求不定积分
print("不定积分为",integ_f)       #输出结果
```

运行程序，命令窗口显示所得结果：

```
不定积分为  exp(x)*sin(x)/2 + exp(x)*cos(x)/2
```

同步练习 5：求下列不定积分并利用 Python 实现.

（1）$\int x\cos 2x\mathrm{d}x$；（2）$\int x^2\ln x\mathrm{d}x$；

（3）$\int \mathrm{e}^{\sqrt{x}}\mathrm{d}x$；（4）$\int x\mathrm{e}^{2x}\mathrm{d}x$；

（5）$\int \arcsin x\mathrm{d}x$；（6）$\int x\sin x\mathrm{d}x$；

（7）$\int \arctan x\mathrm{d}x$；*（8）$\int \mathrm{e}^x\sin x\mathrm{d}x$.

4.1.6 不定积分的应用与 Python 实现

【例 4.31】【求曲线方程】 已知曲线 $y=f(x)$ 过点 $(0,0)$，且在点 (x,y) 处的切线斜率为 $k=3x^2+1$，求该曲线方程.

解：依题意，$\dfrac{\mathrm{d}y}{\mathrm{d}x}=k=3x^2+1$，

故曲线方程为 $y=\int(3x^2+1)\mathrm{d}x=x^3+x+C$.

又因为曲线过点 $(0,0)$，即 $f(0)=0$，代入上式可得，$C=0$.

所以曲线方程为 $y=f(x)=x^3+x$.

【例 4.32】【学生宿舍的规划问题】 2019 年年底的一项统计数据显示：新欣寄宿学校的在校人数以 $280\mathrm{e}^{0.2x}$ 的速度递增，其中 $x=0$ 对应 2019 年，学校目前在校生 2000 人，学校宿舍 700 间，每间最多可容纳 6 人.

（1）请预测 2029 年学校有多少学生？

（2）到 2029 年学校最多能容纳多少学生？若不能容纳，还需修建多少间宿舍？

解：（1）模型假设与变量说明.

① 假设今后 10 年学校的在校人数均按 $280\mathrm{e}^{0.2x}$ 的速度递增，不会出现其他变化；

② 假设现有宿舍 10 年后还能正常使用；

③ 设从 2019 年起的第 x 年新欣学校的在校生人数为 $P(x)$；

④ 假设 2019 年新欣学校在校生增加人数为 0 人，即 $P(0)=2000$.

（2）模型的分析与建立.

由题意知，学校在校生人数的增长率为

$$P'(x)=\frac{\mathrm{d}P}{\mathrm{d}x}=280\mathrm{e}^{0.2x}.$$

由微分的概念可知，在区间 $[x,x+\mathrm{d}x]$ 上，可将学校在校生人数的增长率视为常数，增加的人数为

$$\mathrm{d}P=280\mathrm{e}^{0.2x},$$

对上式进行不定积分，可得从第 x 年到第 $x+\mathrm{d}x$ 年学校的总学生人数为

$$\int\mathrm{d}P=\int 280\mathrm{e}^{0.2x}\mathrm{d}x$$

解得

$$P(x)=1400\mathrm{e}^{0.2x}+C.$$

又知

$$P(0)=2000\text{，所以 }C=600\text{，}$$

所以 $$P(x)=1400\mathrm{e}^{0.2x}+600.$$

所以 2029 年新欣学校的在校生人数为 $P(10)=1400\mathrm{e}^2+600\approx 10945$ 人.

（3）模型求解

在 PyCharm 中新建 integrate25.py 文件，内容如下：

```
from sympy import *
x = symbols('x')                    #定义变量 x
f =1400*exp(0.2*x)+600          #定义被积函数表达式
integ_f = integrate(f, (x,0,10))          #求不定积分
print("在校生人数为",integ_f )       #输出结果
```

运行程序，命令窗口显示所得结果：

```
在校生人数为 10944.6785385
```

通过计算可以知道，10 年后学校在校生约 10945 人，而学校现有宿舍 700 间，按每间 6 人计，最多可容纳 700×6=4200 名学生，差 10945−4200=6745 个床位，若仍按照 6 人安排，则还需修建 $6745\div 6\approx 1125$ 间宿舍.

*【例 4.33】【生活垃圾的总量预测模型】 我们国家是一个人口大国. 随着生产水平和生活质量的不断提升，由此而产生的垃圾给生态环境及人类生存带来了极大的威胁，成为重要的社会问题. 通过查阅相关文献资料，搜集了生活垃圾产量的数据. 城市生活垃圾增长速度为 0.08 亿吨/年，仅 2019 年生活垃圾产量就达 3.4 亿吨，预测到 2029 年生活垃圾产量约 6 亿吨. 在此基础上建立城市生活垃圾产量短期预测模型，并分析模型的准确性和实用性.

解：（1）模型假设

① 假设 2019 年我国生活垃圾产量为 3.4 亿吨，即 $R(0)=3.4$ 亿吨；

② 设第 t 年我国的生活垃圾为 $R(t)$（t 从 2019 年计）亿吨，生活垃圾的增长速度为 k 亿吨/年.

（2）模型的分析与建立

根据题意，结合微分的概念，从第 t 年到第 $t+\Delta t$ 年生活垃圾的增长量为

$$\Delta R(t)=R(t+\Delta t)-R(t)=kR(t)\cdot\Delta t$$

方程两边同时除以 Δt，并令 $\Delta t\to 0$，由此可以得到垃圾增长率为

$$\frac{\mathrm{d}R}{\mathrm{d}t}=kR(t)$$

（3）模型求解

将 $k=0.08$ 代入模型，可得

$$\frac{\mathrm{d}R}{\mathrm{d}t}=0.08R(t)$$

变形可得 $$\frac{\mathrm{d}R}{R(t)}=0.08\mathrm{d}t$$

两边不定积分得

$$R(t)=Ce^{0.08t}.$$

又因为 $R(0)=3.4$，代入上式，可得 $C=3.4$.

所以，第 t 年我国的生活垃圾为 $R(t)=3.4e^{0.08t}$.

由此可知，2029 年生活垃圾产量约为 $R(10)=3.4e^{0.8}\approx7.5668$ 亿吨.

在思考这一问题时，生活垃圾的年增长速度可能会受社会发展水平、人们的环保意识等的变化而变化. 因此，此模型所得的结果仅能进行短期的初步预测.

在 PyCharm 中新建 integrate26.py 文件，内容如下：

```
from sympy import *
t = symbols('t')
R = Function('R')
eq1 = diff(R(t),t)-0.08*R(t)
print("垃圾产量为",dsolve(eq1,R(t),ics={R(0):3.4}))
```

运行程序，命令窗口显示所得结果：

```
垃圾产量为 Eq(R(t), 3.4*exp(0.08*t))
```

拓展思考：请查阅更多资料，建立我国的生活垃圾产量预测模型.

【例 4.34】【石油的消耗量】 石油被称为黑色的金子，也是现代工业不可缺少的黑色血液，更是一个国家发展的重要基础. 石油对一个国家经济与社会的发展有着极为重要的影响，更是国家生存与发展的战略物资. 为了更好地使用石油，保障国家战略储备，就要了解石油的消耗量. 查阅相关资料，近年来，世界范围内每年的石油消耗率呈指数增长，增长指数大约为 0.07. 2000 年起，石油消耗率大约为 161，设 $R(t)$ 表示从 2000 年起第 t 年的石油消耗率，根据统计资料可以估算出 $R(t)=161e^{0.07t}$. 试用此式估算从 2000 年到 2040 年间石油消耗的总量.

解：（1）模型假设

① 设从 2000 年起到第 t 年石油消耗总量为 $T(t)$ 亿桶（t 从 2000 年计）；

② 2000 年初石油消耗量为 0 亿桶，即 $T(0)=0$ 亿桶；

③ 从 2000 年起第 t 年的石油消耗率为 $R(t)=161e^{0.07t}$.

（2）模型分析与建立

依题意，石油消耗率 $R(t)=161e^{0.07t}$ 是石油消耗量 $T(t)$ 的导数，即石油消耗量是石油消耗率的一个原函数，即

$$\frac{dT}{dt}=R(t)=161e^{0.07t}.$$

（3）模型求解

两边同时不定积分可得 $T(t)=\int R(t)dt=\int 161e^{0.07t}dt$，

解得
$$T(t)=2300e^{0.07t}+C,$$

把 $T(0)=0$ 代入上式，可得 $C=-2300$，

所以
$$T(t)=2300\mathrm{e}^{0.07t}-2300.$$

所以从2000年到2040年间石油消耗总量为

$$T(40)=2300\mathrm{e}^{2.8}-2300\approx 35523\text{亿桶}$$

在PyCharm中新建integrate27.py文件，内容如下：

```
from sympy import *
x = symbols('x')                    #定义变量 x
f =161*exp(0.07*x)          #定义被积函数表达式
integ_f = integrate(f, x)          #求不定积分
print("石油消耗总量为",integ_f)       #输出结果
```

运行程序，命令窗口显示所得结果：

```
石油消耗总量为 2300.0*exp(0.07*x)
```

同步练习6：建立相关数学模型并尝试利用Python求解.

1.【医院血液供给问题】 预计在今后25天，某地方医院的血液供给变化率为 $f(t)=3\sqrt{t}-12$，其中天数是从今天开始计算的.

（1）什么时候医院的血液供给达到最小值？

（2）从现在到血液供给达到最小值，医院的血液供给共下降了多少？

2.【曲线方程】 设曲线 $y=f(x)$ 过点 $(1,2)$ 且过该点的切线的斜率为 $k=2x$，求曲线方程.

3. 某工厂生产一种产品，已知其边际成本 $\mathrm{MC}=160x^{-\frac{1}{3}}$，其中的 x（件）为该产品产量. 若当产量 $x=512$ 时，成本 $C(512)=17240$ 元，求成本函数 $C(x)$.

*4.【高速公路上汽车总数模型】从A市到B市有条长30km的高速公路，某天公路上距A市 x km处的汽车密度（以每千米多少车辆计）$\rho(x)=300+300\sin(2x+0.2)$，请计算该高速公路上汽车总数.

4.2 定积分

4.2.1 引例4.2

钓鱼岛及其附属岛屿是中国领土不可分割的一部分，如图4-4（a）和（b）分别是不同角度的钓鱼岛的航拍图片.

请思考，如何借助数学工具精确计算钓鱼岛的面积？

为解决这个问题，先认识曲边梯形的概念.

定义1 将直角梯形的斜腰换成连续曲线段后的图形，称为曲边梯形（见图4-5）.

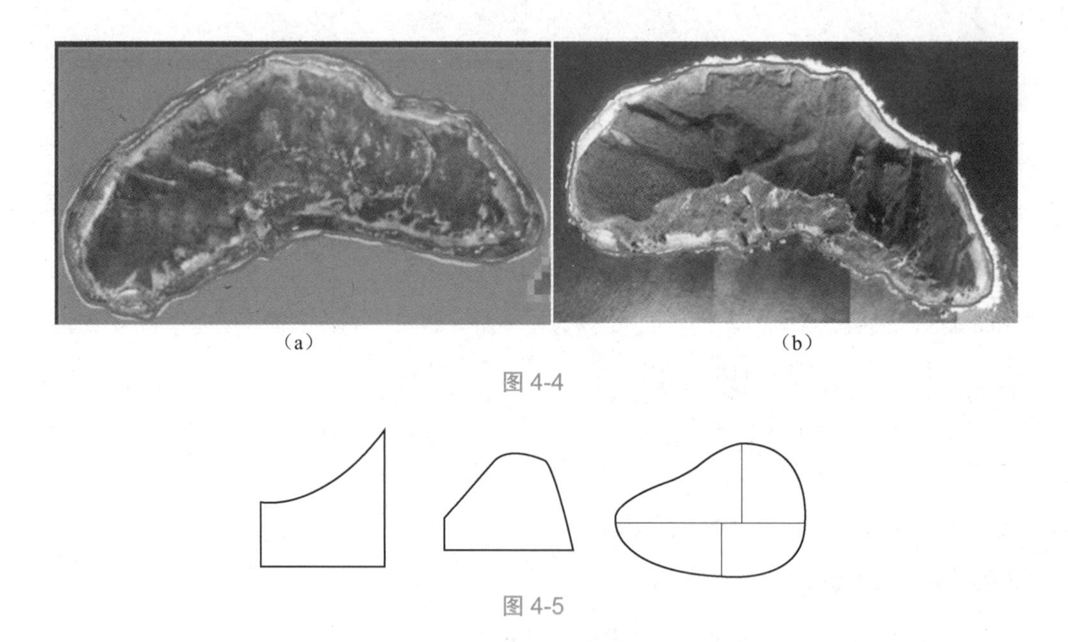

（a）　　（b）

图 4-4

图 4-5

由其他曲线围成的图形，可以用两组互相垂直的平行线分割成若干个矩形与曲边梯形.

引例 4.2 中钓鱼岛的平面图，是一个不规则的平面图形，它可以分割成不同的曲边梯形，从而计算其面积.

要计算图 4-6 所示钓鱼岛的不规则平面图的面积，先探讨图 4-7 所示曲边梯形面积的计算.

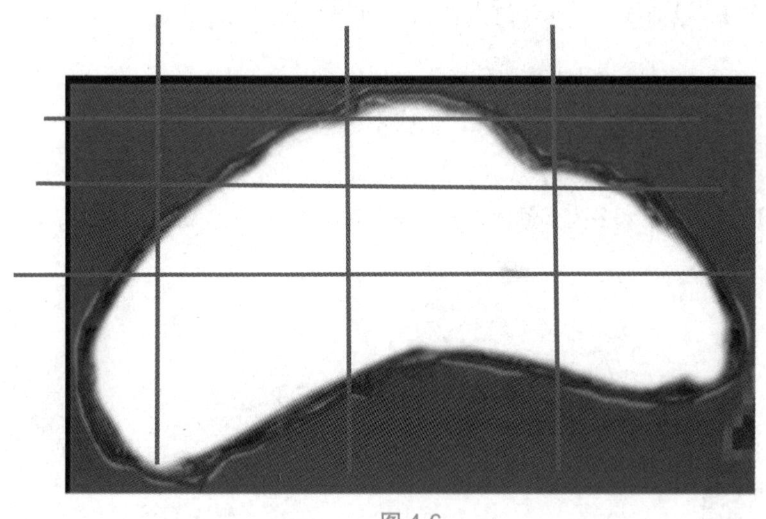

图 4-6

图 4-7 中，平面图形 A 由曲线 $y=f(x)$，$x=a$，$x=b$ 及 x 轴所围成，如何计算 A 的面积呢？

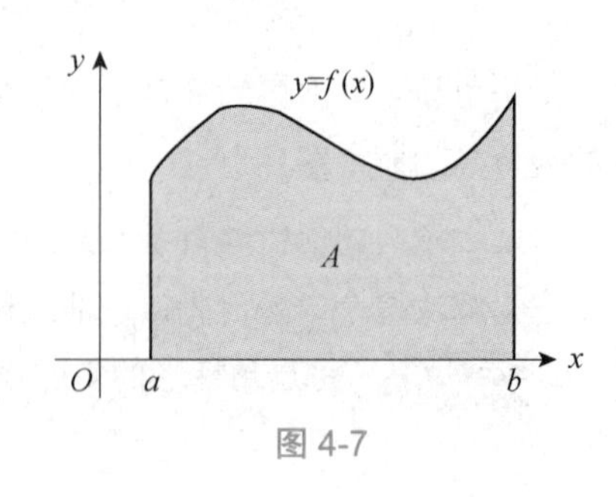

图 4-7

通过极限内容的学习，我们了解了刘徽的“割圆术”，用圆内接正多边形的面积去无限逼近圆的面积（见图 4-8），并以此求圆周率. 割圆术的思想，其实是以直代曲，无限分割.

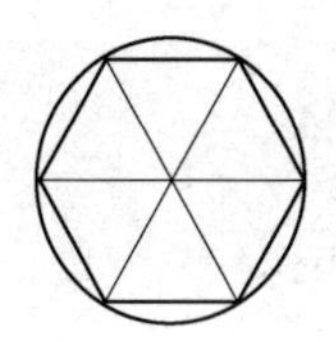

圆内接正六边形　圆内接正十二边形

图 4-8

请问，由割圆术求圆面积的方法，能应于计算图 4-7 所示单曲边梯形面积吗？

接下来计算图 4-7 所示曲边梯形的面积，以直代曲，用小矩形面积近似代替小曲边梯形的面积，如图 4-9 所示.

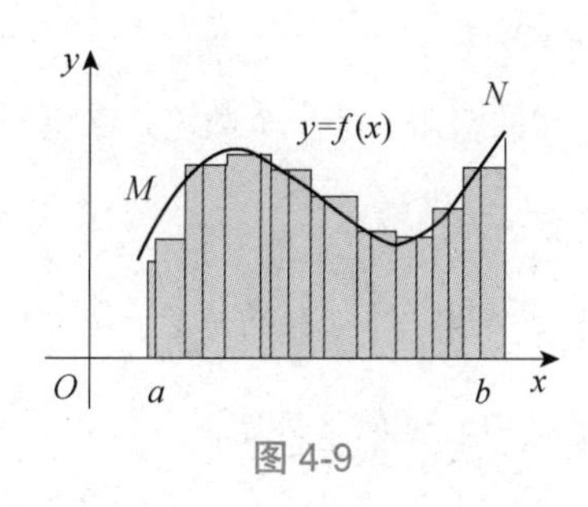

图 4-9

将所有小矩形面积加起来，再求极限，便得到曲边梯形的面积. 请思考在这个过程中，它包含了几个步骤？

以上，求曲边梯形的面积，在本小节中其实是一个定积分的实际应用问题.

学习了定积分的知识，就可以尝试求上述曲边梯形的面积了，也就可以近似计算钓鱼岛的面积了.

4.2.2　定积分的概念与性质

定义 2　设函数 $f(x)$ 在区间 $[a,b]$ 上有界，任取一组分点 $a=x_0<x_1<\cdots<x_n=b$，把区间 $[a,b]$ 分成 n 个小区间

$$[x_0,x_1],[x_1,x_2],\cdots,[x_{i-1},x_i],\cdots,[x_{n-1},x_n],$$

第 i 个区间长度记为

$$\Delta x_i=x_i-x_{i-1}(i=1,2,\cdots,n).$$

在每个小区间 $[x_{i-1},x_i]$ 上任取一点 $\xi_i(i=1,2,\cdots,n)$，

求和（简称为积分和）$\sum\limits_{i=1}^{n}f(\xi_i)\Delta x_i$，

记 $\Delta x=\max\limits_{1\leqslant i\leqslant n}\{|\Delta x_i|\}$，当 $\Delta x\to 0$ 时，积分和的极限存在且相同，则称函数 $f(x)$ 在区间 $[a,b]$ 上可积，并称积分和的极限为函数 $f(x)$ 在区间 $[a,b]$ 上的定积分，记作 $\int_a^b f(x)\mathrm{d}x$，即有

$$\int_a^b f(x)\mathrm{d}x = \lim_{\Delta x \to 0}\sum_{i=1}^{n} f(\xi_i)\Delta x_i$$

其中，$f(x)$ 叫作被积函数，$f(x)\mathrm{d}x$ 叫作被积表达式，x 叫作积分变量，a 叫作积分下限，b 叫作积分上限，$[a,b]$ 叫作积分区间.

由定义 2 可以看出，定积分就是一个特殊的极限，是一个积分和的极限.

由此，可知曲线 $f(x)\left(f(x)\geqslant 0\right)$，$x$ 轴及两条直线 $x=a$，$x=b$ 所围成的曲边梯形面积 A 等于函数 $f(x)$ 在区间 $[a,b]$ 上的定积分，即

$$A=\int_a^b f(x)\mathrm{d}x .$$

关于定积分的概念，应注意以下两点：

（1）定积分 $\int_a^b f(x)\mathrm{d}x$ 是积分和的极限，是一个数值，定积分值只与被积函数 $f(x)$ 及积分区间 $[a,b]$ 有关，而与积分变量的记法无关.

$$\int_a^b f(x)\mathrm{d}x=\int_a^b f(t)\mathrm{d}t=\int_a^b f(u)\mathrm{d}u .$$

（2）在定积分 $\int_a^b f(x)\mathrm{d}x$ 的定义中，做如下规定：

当 $a=b$ 时，$\int_a^b f(x)\mathrm{d}x=0$；

当 $a\neq b$ 时，$\int_b^a f(x)\mathrm{d}x=-\int_a^b f(x)\mathrm{d}x$.

4.2.3 定积分的几何意义

由定积分的定义，可得到定积分的几何意义.

设 $f(x)$ 在 $[a,b]$ 上连续，由曲线 $y=f(x)$，直线 $x=a$，$x=b$ 及 x 轴所围成曲边梯形的面积记为 A.

（1）当 $f(x)\geqslant 0$ 时，$\int_a^b f(x)\mathrm{d}x=A$（见图 4-10）.

特别地，如果在 $[a,b]$ 上 $f(x)=1$，则 $\int_a^b f(x)\mathrm{d}x=\int_a^b \mathrm{d}x=b-a$.

从几何上看，上述是积分表示以区间为底、高为 1 的矩形的面积（见图 4-11）.

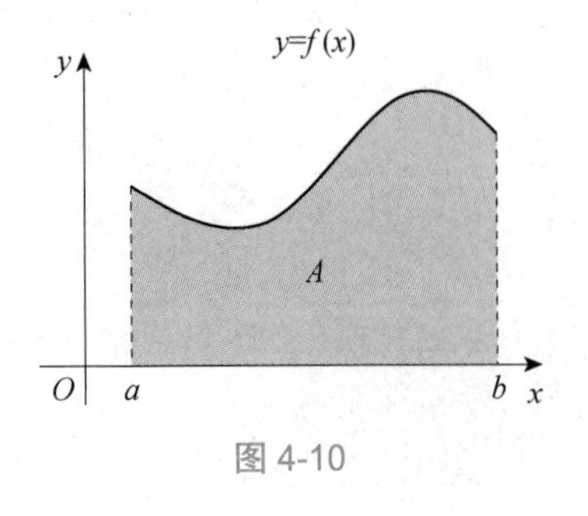

图 4-10

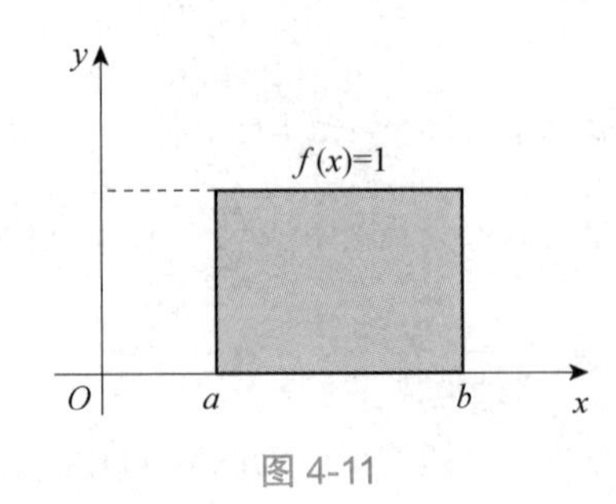

图 4-11

（2）当 $f(x) \leqslant 0$ 时，$\int_a^b f(x)\mathrm{d}x = -A$（见图 4-12）. 定积分 $\int_a^b f(x)\mathrm{d}x$ 表示该曲边梯形的面积 A 的负值.

（3）对于一般情况，当 $f(x)$ 在 $[a,b]$ 上有正有负时（见图 4-13），定积分 $\int_a^b f(x)\mathrm{d}x$ 表示曲线所围成的各个小曲边梯形面积的代数和，即

$$\int_a^b f(x)\mathrm{d}x = A_1 - A_2 + A_3 .$$

其中，A_1，A_2，A_3 分别是三部分曲边梯形的面积，它们都是正数.

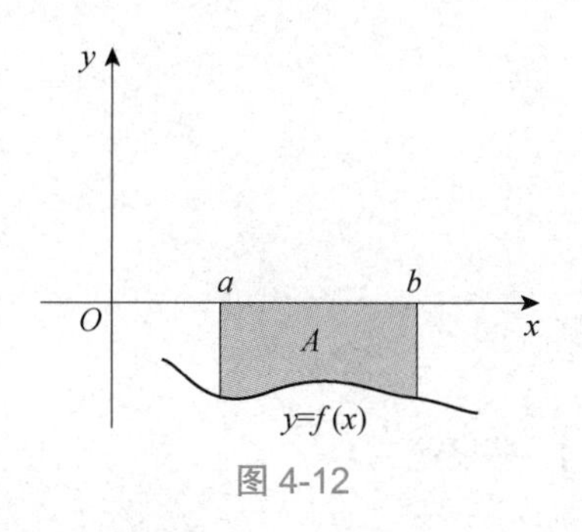

图 4-12

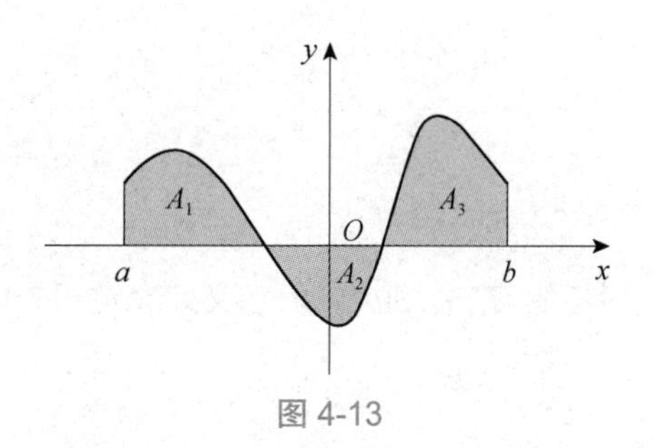

图 4-13

【例 4.35】 由几何意义计算下列定积分的值.

（1）$\int_0^2 x\mathrm{d}x$； （2）$\int_0^{2\pi} \cos x\mathrm{d}x$. （3）$\int_0^R \sqrt{R-x^2}\mathrm{d}x$.

解：（1）根据定积分的几何意义，$\int_0^2 x\mathrm{d}x$ 表示由直线 $y=x$，$x=0$，$x=2$ 及 x 轴所围成图形的面积（见图 4-14）. 这一图形为三角形，其面积为

$A=\frac{1}{2}\times 2\times 2=2$，所以，$\int_0^2 x\mathrm{d}x = A = 2$.

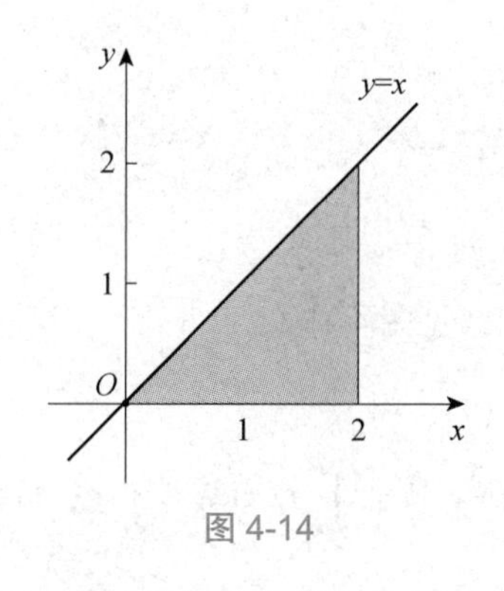

图 4-14

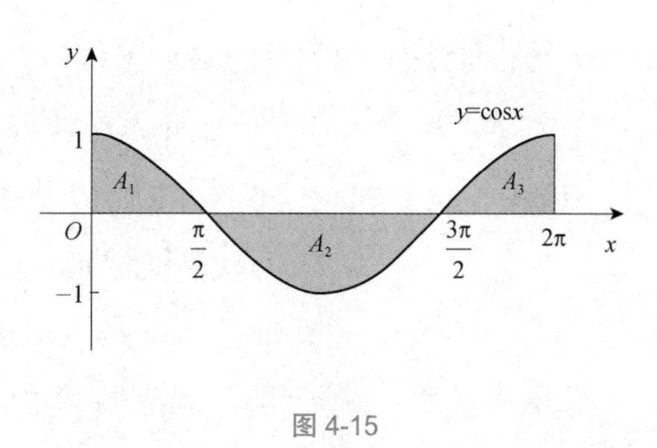

图 4-15

（2）根据定积分的几何意义，$\int_0^{2\pi} \cos x\mathrm{d}x$ 表示由曲线 $y=\cos x$、直线 $x=0$，$x=2\pi$ 及 x 轴所围成图形的面积的代数和（见图 4-15）. 由余弦函数的性质可知，该图形在 x 轴上方和下方的面积相等，即 $A_1 + A_3 = A_2$，所以

$$\int_0^{2\pi} \cos x\mathrm{d}x = A_1 - A_2 + A_3 = 0 .$$

（3）根据定积分的几何意义，$\int_0^R \sqrt{R-x^2}\mathrm{d}x$ 表示曲线 $y=\sqrt{R^2-x^2}$ ，直线 $x=0$ 及 x 轴所围成的圆的第一象限部分的面积（见图 4-16）. 其面积为 $A=\frac{1}{4}\pi R^2$.

所以，
$$\int_0^R \sqrt{R-x^2}\mathrm{d}x=\frac{1}{4}\pi R^2.$$

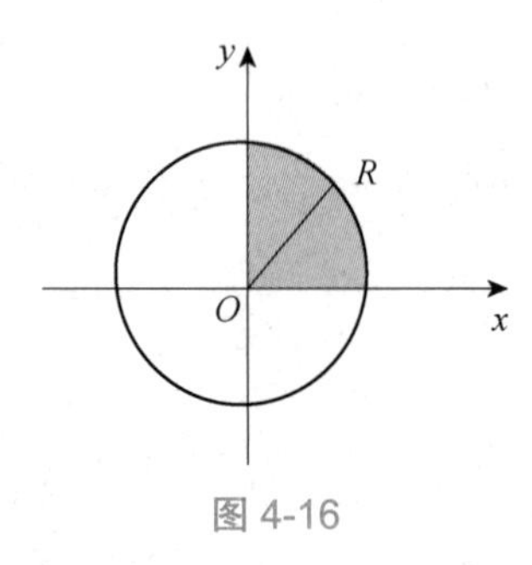

图 4-16

同步练习 7：利用几何意义计算定积分的值.

（1）$\int_{-1}^{1}|x|\mathrm{d}x$ ；　　（2）$\int_0^{2\pi}\sin x\mathrm{d}x$ ；

（3）$\int_1^3(x+2)\mathrm{d}x$ ；　　（4）$\int_{-2}^{2}\sqrt{4-x^2}\mathrm{d}x$.

假设以下所涉及的函数在所讨论的区间上都是可积的.

性质 1　两个函数代数和的积分等于两个函数积分的代数和
$$\int_a^b[f(x)\pm g(x)]\mathrm{d}x=\int_a^b f(x)\mathrm{d}x\pm\int_a^b g(x)\mathrm{d}x.$$

这个性质可以推广到任意有限个函数的代数和的情形，即
$$\int_a^b\left[f_1(x)\pm f_2(x)\pm\cdots\pm f_n(x)\right]\mathrm{d}x=\int_a^b f_1(x)\mathrm{d}x\pm\int_a^b f_2(x)\mathrm{d}x\pm\cdots\pm\int_a^b f_n(x)\,\mathrm{d}x.$$

性质 2　常数因子 k 可以提到积分号前
$$\int_a^b kf(x)\mathrm{d}x=k\int_a^b f(x)\mathrm{d}x.$$

性质 3　（定积分对积分区间的可加性）对任意的 a，b，c ，都有
$$\int_a^b f(x)\mathrm{d}x=\int_a^c f(x)\mathrm{d}x+\int_c^b f(x)\mathrm{d}x$$ （见图 4-17）.

强调：不论 a，b，c 的相对位置如何，上式总成立.

性质 4　（比较性质）在区间 $[a,b]$ 上，若 $f(x)\leqslant g(x)$ ，则有 $\int_a^b f(x)\mathrm{d}x\leqslant\int_a^b g(x)\mathrm{d}x$.

这个性质可以用来比较定积分的大小.

性质 5　（估值定理）设 M 和 m 分别是 $f(x)$ 在区间 $[a,b]$ 上的最大值和最小值，则有 $m(b-a)\leqslant\int_a^b f(x)\mathrm{d}x\leqslant M(b-a)$.

这个性质可以用来估算定积分的取值范围.

性质 6　（积分中值定理）如果函数 $f(x)$ 在区间 $[a,b]$ 上连续，则在区间 $[a,b]$ 上至少存在一

点ξ，使得$\int_a^b f(x)\mathrm{d}x=f(\xi)(b-a)$，$\xi\in[a,b]$．

积分中值定理的几何意义是：在$[a,b]$上至少存在一点ξ，使得以区间$[a,b]$为底、以连续曲线$y=f(x)$为曲边的曲边梯形的面积等于同底边、高为$f(\xi)$的矩形的面积（见图4-18）．

通常称$f(\xi)=\dfrac{1}{(b-a)}\int_a^b f(x)\mathrm{d}x$ 为连续函数$y=f(x)$在区间$[a,b]$上的**平均值**，它是曲线$f(x)$在区间$[a,b]$上的平均高度．

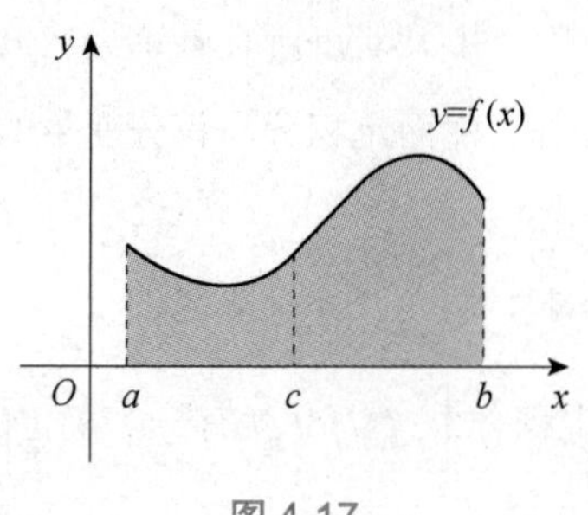

图 4-17

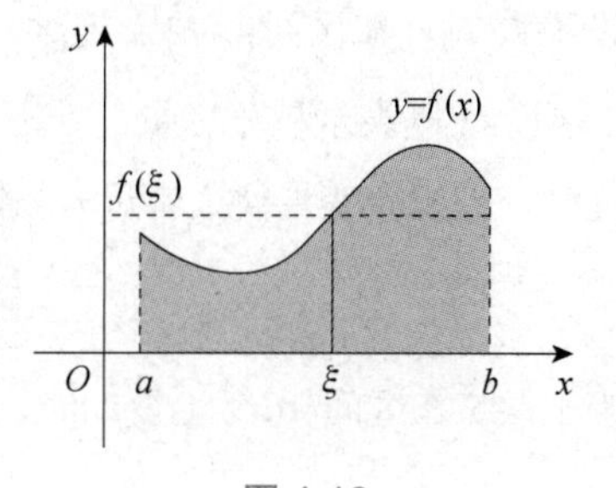

图 4-18

【例 4.36】 利用定积分的性质比较大小．

（1）$\int_0^1 x^2\mathrm{d}x$与$\int_0^1 x^3\mathrm{d}x$；（2）$\int_0^1 x\mathrm{d}x$与$\int_0^1 \mathrm{e}^x\mathrm{d}x$．

解：（1）当$x\in[0,1]$时，有$x^2\geqslant x^3$，故$\int_0^1 x^2\mathrm{d}x\geqslant\int_0^1 x^3\mathrm{d}x$．

（2）当$x\in[0,1]$时，有$\mathrm{e}^x>x$，故$\int_0^1 \mathrm{e}^x\mathrm{d}x>\int_0^1 x\mathrm{d}x$．

【例 4.37】 估计定积分$\int_{-1}^3(\mathrm{e}^x-x)\mathrm{d}x$值的范围．

解：先求$f(x)=\mathrm{e}^x-x$在区间$[-1,3]$上的最大值和最小值．

求导得

$$f'(x)=\mathrm{e}^x-1.$$

令$f'(x)=\mathrm{e}^x-1=0$，得驻点$x=0$，则$f(0)=1$．又

$$f(-1)=1+\frac{1}{\mathrm{e}}，\quad f(3)=\mathrm{e}^3-3.$$

所以$f(x)=\mathrm{e}^x-x$在$[-1,3]$上的最大值$M=\mathrm{e}^3-3$，最小值$m=1$．

由估值定理得

$$4\leqslant\int_{-1}^3(\mathrm{e}^x-x)\mathrm{d}x\leqslant 4\mathrm{e}^3-12.$$

同步练习 8：1. 利用定积分的性质比较下列定积分的大小．

（1）$\int_{-1}^0 \mathrm{e}^x\mathrm{d}x$与$\int_{-1}^0 \mathrm{e}^{-x}\mathrm{d}x$；（2）$\int_0^\pi \sin x\mathrm{d}x$与$\int_0^\pi \cos x\mathrm{d}x$；

（3）$\int_1^\mathrm{e} \ln x\mathrm{d}x$与$\int_1^\mathrm{e} \ln^2 x\mathrm{d}x$．

*2. 估计下列定积分值的范围．

（1）$\int_{-1}^1(4x^4-2x^3+5)\mathrm{d}x$；（2）$\int_0^{\frac{\pi}{2}}(1+\cos^2 x)\mathrm{d}x$．

4.2.4 定积分的计算与 Python 实现

计算函数 $f(x)$ 在区间 $[a,b]$ 上的定积分，可以直接按照定义用积分和的极限的方法，但通常情况下利用这种方法计算是比较困难的. 因此，我们必须寻求更简便有效的求定积分的方法.

1. 微积分学基本定理

1）积分上限函数

设函数 $f(x)$ 在区间 $[a,b]$ 上连续，且设 x 为 $[a,b]$ 上一点，则 $f(x)$ 在其部分区间 $[a,x]$ 上可积. 在这里，x 既表示积分变量，又表示定积分的积分上限. 然而定积分与积分变量的记号无关，为了区别，把积分变量换成字母 t，改写成

$$\int_a^x f(t)\mathrm{d}t\text{，}\quad x\in[a,b].$$

当上限 x 在区间 $\left[a,b\right]$ 上变动时，对于每一个 x，定积分 $\int_a^x f(t)\mathrm{d}t$ 就有一个确定的值与之相对应，所以 $\int_a^x f(t)\mathrm{d}t$ 是 x 的函数，记作 $\Phi(x)$，即

$$\Phi(x)=\int_a^x f(t)\mathrm{d}t\quad（a\leqslant x\leqslant b）.$$

函数 $\Phi(x)$ 称为**积分上限函数或变上限函数**.

函数 $\Phi(x)$ 在几何上表示右侧一边可以变动的曲边梯形 $aACx$ 的面积（见图 4-19）.

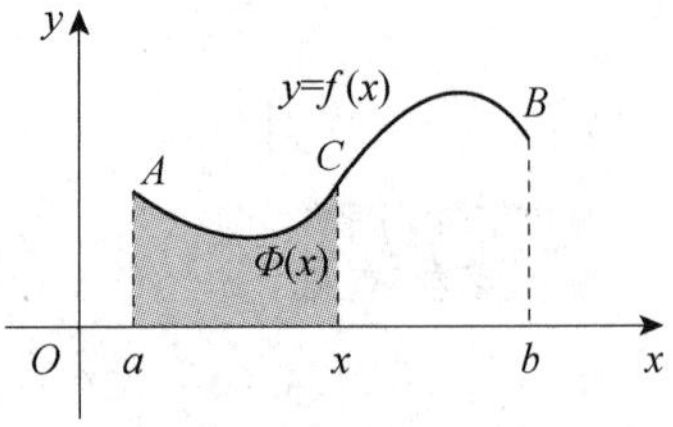

图 4-19

2）微积分学基本定理

积分上限函数 $\Phi(x)=\int_a^x f(t)\mathrm{d}t$ 与函数 $f(x)$ 之间有什么关系呢？关于这个问题，有如下定理.

定理 若函数 $f(x)$ 在区间 $[a,b]$ 上连续，则积分上限函数 $\Phi(x)=\int_a^x f(t)\mathrm{d}t$ 在 $[a,b]$ 上可导，且导数为

$$\Phi'(x)=\left(\int_a^x f(t)\mathrm{d}t\right)'=f(x)\quad（a\leqslant x\leqslant b）$$

这一定理称为**微积分基本定理**，该定理说明积分上限函数 $\Phi(x)=\int_a^x f(t)\mathrm{d}t$ 是连续函数 $f(x)$ 的一个原函数，不仅揭示定积分与不定积分的关系，而且肯定了连续函数的原函数的存在性.

定理（原函数存在定理） 若函数 $f(x)$ 在区间 $[a,b]$ 上连续，则 $f(x)$ 在区间 $[a,b]$ 上的原函数一定存在，且其中一个原函数是

$$\Phi(x)=\int_a^x f(t)\mathrm{d}t.$$

【例 4.38】 求下列函数的导数.

（1）$\Phi(x)=\int_2^x \ln t\mathrm{d}t$；　　（2）$\Phi(x)=\int_0^{\sin x} t\mathrm{e}^t\mathrm{d}t$.

解：（1）$\Phi'(x)=\dfrac{\mathrm{d}}{\mathrm{d}x}\int_2^x \ln t\mathrm{d}t=\ln x$.

下面利用 Python 求 $\Phi(x)=\int_2^x \ln t\mathrm{d}t$ 的导数.

在 PyCharm 中新建 integrate28.py 文件，内容如下：

```
from sympy import *
x,t = symbols('x t')
f=log(t)
y=diff(integrate(f,(t,2,x)),x)
print("导数为",y)
```

运行程序，命令窗口显示所得结果：

```
导数为 log(x)
```

（2）积分上限 $\sin x$ 是 x 的函数，所以变上限函数 $\Phi(x)=\int_0^{\sin x} t\mathrm{e}^t\mathrm{d}t$ 可以看作是由 $\Phi(x)=\int_0^u t\mathrm{e}^t\mathrm{d}t$ 和 $u=\sin x$ 复合而成的函数.

由复合函数求导法则得

$$\Phi'(x)=\frac{\mathrm{d}}{\mathrm{d}x}\int_0^{\sin x} t\mathrm{e}^t dt=\left(\int_0^u t\mathrm{e}^t dt\right)'\cdot(\sin x)'=\mathrm{e}^{\sin x}\sin x\cos x .$$

下面利用 Python 求 $\Phi(x)=\int_0^{\sin x} t\mathrm{e}^t\mathrm{d}t$ 的导数.

在 PyCharm 中新建 integrate29.py 文件，内容如下：

```
from sympy import *
x,t = symbols('x t')
f=t*exp(t)
y=diff(integrate(f,(t,0,sin(x))),x)
print("导数为",y)
```

运行程序，命令窗口显示所得结果：

```
导数为 (sin(x) - 1)*exp(sin(x))*cos(x) + exp(sin(x))*cos(x)
```

一般地，若 $f(x)$ 为连续函数，$u(x)$ 为可导函数，则

$$\frac{\mathrm{d}}{\mathrm{d}x}\int_a^{u(x)} f(t)\mathrm{d}t=f[u(x)]\cdot u'(x) .$$

【例 4.39】 求下列极限.

（1）$\lim\limits_{x\to 0}\dfrac{\int_0^x \sin t\mathrm{d}t}{x^2}$；　　（2）$\lim\limits_{x\to+\infty}\dfrac{\int_1^x\left(1+\dfrac{1}{t}\right)^t\mathrm{d}t}{x}$.

解：（1）当 $x\to 0$ 时，$\int_0^x \sin t\mathrm{d}t\to 0$，$x^2\to 0$，因此该极限是 $\dfrac{0}{0}$ 型未定式，用洛必达法则求极限，有

$$\lim_{x\to 0}\frac{\int_0^x \sin t\mathrm{d}t}{x^2}=\lim_{x\to 0}\frac{\left(\int_0^x \sin t\mathrm{d}t\right)'}{\left(x^2\right)'}=\lim_{x\to 0}\frac{\sin x}{2x}=\frac{1}{2}.$$

下面利用 Python 求 $\lim\limits_{x\to 0}\dfrac{\int_0^x \sin t\mathrm{d}t}{x^2}$ 的极限.

在 PyCharm 中新建 integrate29.py 文件，内容如下：

```
from sympy import *
x,t = symbols('x t')
f=integrate(sin(t),(t,0,x))/x**2
y=limit(f,x,0)
print("极限为",y)
```

行程序，命令窗口显示所得结果：

```
极限为 1/2
```

（2）当 $x\to+\infty$ 时，该极限是 $\dfrac{\infty}{\infty}$ 型，由洛必达法则求极限，有

$$\lim_{x\to+\infty}\frac{\int_1^x\left(1+\frac{1}{t}\right)^t\mathrm{d}t}{x}=\lim_{x\to+\infty}\frac{\left(\int_1^x\left(1+\frac{1}{t}\right)^t\mathrm{d}t\right)'}{(x)'}=\lim_{x\to+\infty}\left(1+\frac{1}{x}\right)^x=\mathrm{e}.$$

同步练习 9：1. 求下列函数的导数并用 Python 实现.

（1）$y=\int_0^x\sqrt{1+t^2}\mathrm{d}t$；

（2）$y=\int_0^x \mathrm{e}^{t^2}\mathrm{d}t$；

（3）$y=\int_0^x \cos t\mathrm{d}t$；

*（4）$y=\int_0^{x^2}\sin t\mathrm{d}t$.

2. 求下列极限.

（1）$\lim\limits_{x\to 0}\dfrac{\int_0^x\sin(2t)\mathrm{d}t}{x^2}$；

（2）$\lim\limits_{x\to 0}\dfrac{\int_0^x(\mathrm{e}^t-1)\mathrm{d}t}{x}$；

（3）$\lim\limits_{x\to 0}\dfrac{\int_1^x(\mathrm{e}^{2t}-1)\mathrm{d}t}{x^2}$；

（4）$\lim\limits_{x\to 1}\dfrac{\int_1^x\sin(\pi t)\mathrm{d}t}{1+\cos\pi x}$.

2. 微积分学基本公式

在变速直线运动中，物体的位移函数 $S(t)$ 与速度函数 $v(t)$ 之间的关系是 $S'(t)=v(t)$，物体在时间间隔 $[a,b]$ 内所经过的路程为 $\int_a^b v(t)\mathrm{d}t$；而物体从时刻 a 到时刻 b 所经过的路程还可以表示为 $S(b)-S(a)$，所以

$$\int_a^b v(t)\mathrm{d}t=S(b)-S(a).$$

也就是说，$\int_a^b v(t)\mathrm{d}t$ 等于 $v(t)$ 的原函数 $S(t)$ 在积分区间 $[a,b]$ 上的增量，这一结论在一定条件下具有普遍性.

定理 设函数 $F(x)$ 是连续函数 $f(x)$ 在 $[a,b]$ 上的一个原函数，则

$$\int_a^b f(x)\mathrm{d}x = F(b)-F(a) = F(x)\Big|_a^b .$$

证明 已知 $F(x)$ 是函数 $f(x)$ 在 $[a,b]$ 上的一个原函数，由微积分学基本定理可知，$\Phi(x)=\int_a^x f(t)\mathrm{d}t$ 也是函数 $f(x)$ 在 $[a,b]$ 上的一个原函数，所以

牛顿-莱布尼茨公式

$$F(x)-\Phi(x)=C \text{（}C\text{ 为常数）}.$$

将 $x=a$ 代入上式得（此时 $\Phi(x)=\int_a^a f(t)\mathrm{d}t=0$）

$$F(a)=C .$$

所以

$$F(x)-\int_a^x f(t)\mathrm{d}t = F(a) .$$

将 $x=b$ 代入上式得

$$F(b)-\int_a^b f(t)\mathrm{d}t = F(a) .$$

即

$$\int_a^b f(t)\mathrm{d}x = F(b)-F(a) .$$

这一公式称为**牛顿-莱布尼茨（Newton-Leibniz）公式**，也称为**微积分基本公式**. 它表明定积分的值等于被积函数的任一个原函数在积分上限与积分下限的函数值之差. 这样，我们就可以借助于不定积分来解决定积分的问题. 牛顿-莱布尼茨公式给定积分提供了一个有效简便的计算方法，大大简化了定积分的计算过程.

【例 4.40】 求下列定积分的值.

（1）$\int_0^1 x^3\mathrm{d}x$；　　（2）$\int_0^3 (\sin x-\mathrm{e}^x)\mathrm{d}x$.

解:（1）由牛顿-莱布尼茨公式得

$$\int_0^1 x^3\mathrm{d}x = \frac{1}{4}x^4\Big|_0^1 = \frac{1}{4}\times 1^4 - \frac{1}{4}\times 0^4 = \frac{1}{4} .$$

下面利用 Python 求 $\int_0^1 x^3\mathrm{d}x$.

在 PyCharm 中新建 integrate31.py 文件，内容如下：

```
from sympy import *
x = symbols('x')
y=x**3
f=integrate(y,(x,0,1))
print("定积分为",f)
```

运行程序，命令窗口显示所得结果：

```
定积分为 1/4
```

（2）因为 $\int(\sin x-\mathrm{e}^x)\mathrm{d}x=\int\sin x\mathrm{d}x-\int\mathrm{e}^x\mathrm{d}x=-\cos x-\mathrm{e}^x+C$，所以

$$\int_0^3(\sin x-\mathrm{e}^x)\mathrm{d}x=(-\cos-\mathrm{e}^x)\Big|_0^3=(-\cos 3-\mathrm{e}^3)-(-\cos 0-\mathrm{e}^0)$$
$$=2-\cos 3-\mathrm{e}^3.$$

下面利用 Python 求 $\int_0^3(\sin x-\mathrm{e}^x)\mathrm{d}x$.

在 PyCharm 中新建 integrate32.py 文件，内容如下：

```
from sympy import *
x = symbols('x')
y=sin(x)-exp(x)
f=integrate(y,(x,0,3))
print("定积分为",f)
```

运行程序，命令窗口显示所得结果：

```
定积分为 -exp(3) - cos(3) + 2
```

【例 4.41】 设 $f(x)=\begin{cases}4x-1, & x\leqslant\dfrac{\pi}{2}\\ \sin x, & x>\dfrac{\pi}{2}\end{cases}$，求 $\int_0^\pi f(x)\mathrm{d}x$.

解：被积函数是分段函数，可以利用定积分区间的可加性，将区间 $[0,\pi]$ 分成 $\left[0,\dfrac{\pi}{2}\right]$ 和 $\left[\dfrac{\pi}{2},\pi\right]$ 分别求积分再求和.

$$\int_0^\pi f(x)\mathrm{d}x=\int_0^{\frac{\pi}{2}}f(x)\mathrm{d}x+\int_{\frac{\pi}{2}}^{\pi}f(x)\mathrm{d}x=\int_0^{\frac{\pi}{2}}(4x-1)\mathrm{d}x+\int_{\frac{\pi}{2}}^{\pi}\sin x\mathrm{d}x$$
$$=(2x-x)\Big|_0^{\frac{\pi}{2}}-\cos x\Big|_{\frac{\pi}{2}}^{\pi}=\frac{\pi^2}{2}-\frac{\pi}{2}+1.$$

下面利用 Python 求定积分.

在 PyCharm 中新建 integrate33.py 文件，内容如下：

```
from sympy import *
from scipy import integrate
x = symbols('x')
def f(x):          #定义分段函数
    if x > pi/2:
        return sin(x)
    else:
        return 4*x-1
result= integrate.quad(f, 0, pi)   #计算定积分
print("定积分的结果：", result)
```

运行程序，命令窗口显示所得结果：

```
定积分的结果：(4.364005873749782, 5.1514348342607263e-14)
```

【例 4.42】 求定积分 $\int_{-1}^{3}|2-x|\mathrm{d}x$.

解：根据积分区间可加性，得

$$\int_{-1}^{3}|2-x|\mathrm{d}x=\int_{-1}^{2}|2-x|\mathrm{d}x+\int_{2}^{3}|2-x|\mathrm{d}x=\int_{-1}^{2}(2-x)\mathrm{d}x+\int_{2}^{3}(x-2)\mathrm{d}x$$

$$=\left(2x-\frac{1}{2}x^2\right)\Bigg|_{-1}^{2}+\left(\frac{1}{2}x^2-2x\right)\Bigg|_{2}^{3}=\frac{9}{2}+\frac{1}{2}=5.$$

下面利用 Python 求 $\int_{-1}^{3}|2-x|\mathrm{d}x$.

在 PyCharm 中新建 integrate34.py 文件，内容如下：

```
from scipy import *
def f(x):          #定义被积函数
    return abs(2-x)
result, error= integrate.quad(f, -1, 3)   #计算定积分
print("定积分结果：", result)
```

运行程序，命令窗口显示所得结果：

```
定积分结果： 5.0
```

【例 4.43】 求定积分 $\int_{0}^{\pi}\sqrt{1-\sin^2 x}\mathrm{d}x$.

解：$\int_{0}^{\pi}\sqrt{1-\sin^2 x}\mathrm{d}x=\int_{0}^{\pi}|\cos x|\mathrm{d}x=\int_{0}^{\frac{\pi}{2}}\cos x\mathrm{d}x-\int_{\frac{\pi}{2}}^{\pi}\cos x\mathrm{d}x$

$$=\int_{0}^{\frac{\pi}{2}}\cos x\mathrm{d}x-\int_{\frac{\pi}{2}}^{\pi}\cos x\mathrm{d}x=\sin x\Big|_{0}^{\frac{\pi}{2}}-\sin x\Big|_{\frac{\pi}{2}}^{\pi}=2 .$$

同步练习 10：求下列定积分并用 Python 实现.

（1） $\int_{0}^{1}\mathrm{e}^x\mathrm{d}x$ ；　　（2） $\int_{0}^{\frac{\pi}{2}}3\sin x\mathrm{d}x$ ；

（3） $\int_{0}^{2}(3x^2-x+2)\mathrm{d}x$ ；　　（4） $\int_{0}^{2}|1-x|\,\mathrm{d}x$.

3. 定积分的换元积分法与分部积分法

由前文可知，可以用牛顿–莱布尼茨公式来计算定积分，而其中的关键是找到被积函数的一个原函数，这实际上将定积分计算问题归结为求原函数（或不定积分）问题.

对求不定积分的换元积分法和分部积分法略加改变，就可以得到求定积分的换元积分法和分部积分法.

定积分的换元积分法

1）定积分的换元积分法

引例 4.3 求定积分 $\int_{0}^{3}\frac{x}{\sqrt{1+x}}\mathrm{d}x$.

分析：关键是找到被积函数 $\frac{x}{\sqrt{1+x}}$ 的一个原函数，这时，可以先不看上下限，$\int\frac{x}{\sqrt{1+x}}\mathrm{d}x$ 是

我们非常熟悉的不定积分，求之须去根号.

解：设 $\sqrt{1+x}=t$，则 $x=t^2-1$，$\mathrm{d}x=2t\mathrm{d}t$.

再考虑上下限的变化，当 $x=0$ 时，$t=1$；当 $x=3$ 时，$t=2$.

将替换后的积分变量代入原式，得

$$\int_0^3\frac{x}{\sqrt{1+x}}\mathrm{d}x=\int_1^2\frac{t^2-1}{t}\cdot 2t\mathrm{d}t=2\int_1^2(t^2-1)\mathrm{d}t$$

$$=2\left(\frac{1}{3}t^3-t\right)\bigg|_1^2=\frac{8}{3}.$$

定理 如果函数 $f(x)$ 在 $[a,b]$ 上连续，函数 $x=\varphi(t)$ 在 $[\alpha,\beta]$ 上满足条件：

（1）$x=\varphi(t)$ 在 $[\alpha,\beta]$ 上具有连续导数 $\varphi'(t)$；

（2）$\varphi(\alpha)=a$，$\varphi(\beta)=b$；

（3）当 t 在 $[\alpha,\beta]$ 上变化时，相应的 x 值在 $[a,b]$ 上变化.

则有

$$\int_a^b f(x)\mathrm{d}x=\int_\alpha^\beta f[\varphi(t)]\varphi'(t)\mathrm{d}t.$$

该公式叫作定积分的换元积分公式.

在应用换元积分公式计算定积分时需要注意以下两点：

（1）从左到右应用公式，相当于不定积分的第二类换元积分法. 计算时，用 $x=\varphi(t)$ 把原积分变量 x 换成新变量 t，积分限也必须由原来的积分限 a 和 b 相应地换为新变量 t 的积分限 α 和 β，求出新变量 t 的积分后，不必代回原来的变量 x，直接求出积分值. 这是与不定积分的不同之处.

（2）从右到左应用公式，相当于不定积分的第一类换元积分法（即凑微分法）. 一般不用替换新的积分变量，这时，原积分的上下限不需要改变，只要求出被积函数的一个原函数，就可以直接应用牛顿-莱布尼茨公式求出定积分的值.

【例 4.44】 计算 $\int_0^9\frac{1}{1+\sqrt{x}}\mathrm{d}x$.

解：设 $\sqrt{x}=t$，则 $x=t^2$，$\mathrm{d}x=2t\mathrm{d}t$. 当 $x=0$ 时，$t=0$；当 $x=9$ 时，$t=3$.

根据定理，得

$$\int_0^9\frac{1}{1+\sqrt{x}}\mathrm{d}x=\int_0^3\frac{2t}{1+t}\mathrm{d}t=2\int_0^3\frac{(1+t)-1}{1+t}\mathrm{d}t$$

$$=2\int_0^3\left(1-\frac{1}{1+t}\right)\mathrm{d}t=2(t-\ln|1+t|)\big|_0^3$$

$$=6-2\ln 4.$$

下面利用 Python 求 $\int_0^9\frac{1}{1+\sqrt{x}}\mathrm{d}x$.

在 PyCharm 中新建 integrate36.py 文件，内容如下：

```
from sympy import *
x = symbols('x')
y=1/(1+sqrt(x))
```

```
f=integrate(y,(x,0,9))
print("定积分为",f)
```

运行程序，命令窗口显示所得结果：

```
定积分为 6 - 2*log(4)
```

【例 4.45】 计算$\int_0^2 \sqrt{4-x^2}\mathrm{d}x$.

解：设$x = 2\sin t$，则$\mathrm{d}x = 2\cos t\mathrm{d}t$. 当$x = 0$时，$t = 0$；当$x = 2$时，$t = \frac{\pi}{2}$. 则

$$\int_0^2 \sqrt{4-x^2}\mathrm{d}x = 4\int_0^{\frac{\pi}{2}} \cos^2 t\mathrm{d}t = 2\int_0^{\frac{\pi}{2}} (1+\cos 2t)\mathrm{d}t$$

$$= 2\left(t + \frac{1}{2}\sin 2t\right)\Big|_0^{\frac{\pi}{2}} = \pi.$$

下面利用 Python 求$\int_0^2 \sqrt{4-x^2}\mathrm{d}x$.

在 PyCharm 中新建 integrate37.py 文件，内容如下：

```
from sympy import *
x = symbols('x')
y=sqrt(4-x**2))
f=integrate(y,(x,0,2))
print("定积分为",f)
```

运行程序，命令窗口显示所得结果：

```
定积分为 pi
```

由以上例题可以看出，计算时，积分变量由 x 换成 t，积分限也换成了 t 的积分限，但最后不必像求不定积分那样还要将变量换回 x.

【例 4.46】 计算$\int_0^{\frac{\pi}{2}} \cos^5 x\sin x\mathrm{d}x$.

解：$\int_0^{\frac{\pi}{2}} \cos^5 x\sin x\mathrm{d}x = -\int_0^{\frac{\pi}{2}} \cos^5 x\mathrm{d}(\cos x) = -\frac{1}{6}\cos^6 x\Big|_0^{\frac{\pi}{2}} = \frac{1}{6}$.

下面利用 Python 求$\int_0^{\frac{\pi}{2}} \cos^5 x\sin x\mathrm{d}x$.

在 PyCharm 中新建 integrate38.py 文件，内容如下：

```
from sympy import *
x = symbols('x')
y=(cos(x))**5*sin(x)
f=integrate(y,(x,0,pi/2))
print("定积分为",f)
```

运行程序，命令窗口显示所得结果：

```
定积分为 1/6
```

在求原函数时，如果用凑微分法，此时并没有引入新的积分变量，因此积分限不变.

【例 4.47】 证明：设 $f(x)$ 在 $[-a,a]$ 上连续，若

（1）$f(x)$ 为偶函数，则 $\int_{-a}^{a} f(x)\mathrm{d}x = 2\int_{0}^{a} f(x)\mathrm{d}x$；

（2）$f(x)$ 为奇函数，则 $\int_{-a}^{a} f(x)\mathrm{d}x = 0$.

证明 由定积分区间的可加性，得

$$\int_{-a}^{a} f(x)\mathrm{d}x = \int_{-a}^{0} f(x)\mathrm{d}x + \int_{0}^{a} f(x)\mathrm{d}x \qquad ①$$

对于 $\int_{-a}^{0} f(x)\mathrm{d}x$，令 $x=-t$，得

$$\int_{-a}^{0} f(x)\mathrm{d}x = -\int_{a}^{0} f(-t)\mathrm{d}t = \int_{0}^{a} f(-t)\mathrm{d}t = \int_{0}^{a} f(-x)\mathrm{d}x \qquad ②$$

将②式代入①式，得

$$\int_{-a}^{a} f(x)\mathrm{d}x = \int_{0}^{a} f(-x)\mathrm{d}x + \int_{0}^{a} f(x)\mathrm{d}x = \int_{0}^{a} [f(-x)+f(x)]\mathrm{d}x.$$

（1）若 $f(x)$ 是偶函数，则 $f(-x)=f(x)$，所以

$$\int_{-a}^{a} f(x)\mathrm{d}x = \int_{0}^{a} [f(-x)+f(x)]\mathrm{d}x = \int_{0}^{a} [f(x)+f(x)]\mathrm{d}x = 2\int_{0}^{a} f(x)\mathrm{d}x.$$

（2）若 $f(x)$ 是奇函数，则 $f(-x)=-f(x)$，所以

$$\int_{-a}^{a} f(x)\mathrm{d}x = \int_{0}^{a} [f(-x)+f(x)]\mathrm{d}x = \int_{0}^{a} [-f(x)+f(x)]\mathrm{d}x = 0.$$

上述结论可简化奇函数与偶函数在对称区间上的积分.

【例 4.48】 计算下列定积分的值.

（1）$\int_{-1}^{1} x^4|x|\mathrm{d}x$； （2）$\int_{-3}^{3} \frac{x^3\cos x}{\sqrt{1+x^6}}\mathrm{d}x$.

解：（1）因为被积函数 $x^4|x|$ 是 $[-1,1]$ 上的偶函数，所以

$$\int_{-1}^{1} x^4|x|\mathrm{d}x = 2\int_{0}^{1} x^4|x|\mathrm{d}x = 2\int_{0}^{1} x^5\mathrm{d}x = \frac{2}{6}x^6\Big|_0^1 = \frac{1}{3}.$$

（2）因为被积函数 $\frac{x^3\cos x}{\sqrt{1+x^6}}$ 在 $[-3,3]$ 上为奇函数，所以

$$\int_{-3}^{3} \frac{x^3\cos x}{\sqrt{1+x^6}}\mathrm{d}x = 0.$$

同步练习 11：求下列定积分并用 Python 实现.

（1）$\int_{\mathrm{e}}^{\mathrm{e}^2} \frac{\ln x}{x}\mathrm{d}x$； （2）$\int_{0}^{2} x\mathrm{e}^{x^2}\mathrm{d}x$；

（3）$\int_{0}^{\frac{\pi}{2}} \sin^5 x\cos x\mathrm{d}x$； （4）$\int_{-1}^{1} \frac{x}{\sqrt{5-4x}}\mathrm{d}x$；

（5）$\int_{0}^{1} (1+2x)^4\mathrm{d}x$； （6）$\int_{0}^{1} \mathrm{e}^x\cos\mathrm{e}^x\mathrm{d}x$；

（7）$\int_{0}^{1} \frac{1}{x+3}\mathrm{d}x$； （8）$\int_{\frac{\pi}{4}}^{\frac{\pi}{2}} \cos 2x\mathrm{d}x$.

2）定积分的分部积分法

定积分的换元积分公式主要解决了一些涉及复合函数的定积分计算问题，下面介绍定积分的分部积分法.

设函数 $u(x)$ 和 $v(x)$ 在区间 $[a,b]$ 上有连续的导数，则

$$[u(x)\cdot v(x)]' = u'(x)\cdot v(x) + u(x)\cdot v'(x),$$

从而

$$uv' = (uv)' - u'v.$$

定积分的分部积分法

在等式两端分别在区间 $[a,b]$ 上做定积分，得

$$\int_a^b uv'\mathrm{d}x = \int_a^b (uv)'\mathrm{d}x - \int_a^b u'v\mathrm{d}x.$$

由牛顿-莱布尼茨公式可得

$$\int_a^b uv'\mathrm{d}x = (uv)\Big|_a^b - \int_a^b u'v\mathrm{d}x,$$

或

$$\int_a^b u\mathrm{d}v = (uv)\Big|_a^b - \int_a^b v\mathrm{d}u.$$

上式叫作**定积分的分部积分公式**.

【例 4.49】 计算 $\int_1^5 \ln x\mathrm{d}x$.

解：$\int_1^5 \ln x\mathrm{d}x = x\ln x\Big|_1^5 - \int_1^5 x\mathrm{d}(\ln x) = 5\ln 5 - \int_1^5 \mathrm{d}x = 5\ln 5 - 4$.

下面利用 Python 求 $\int_1^5 \ln x\mathrm{d}x$.

在 PyCharm 中新建 integrate39.py 文件，内容如下：

```
from sympy import *
x = symbols('x')
y=log(x)
f=integrate(y,(x,1,5))
print("定积分为",f)
```

运行程序，命令窗口显示所得结果：

```
定积分为 -4 + 5*log(5)
```

【例 4.50】 计算 $\int_0^{\frac{\pi}{2}} x^2 \sin x\mathrm{d}x$.

解：
$$\begin{aligned}\int_0^{\frac{\pi}{2}} x^2 \sin x\mathrm{d}x &= -\int_0^{\frac{\pi}{2}} x^2\mathrm{d}\cos x = -x^2\cos x\Big|_0^{\frac{\pi}{2}} + \int_0^{\frac{\pi}{2}} \cos x\mathrm{d}x^2 \\ &= 0 + \int_0^{\frac{\pi}{2}} 2x\cos x\mathrm{d}x = 2\int_0^{\frac{\pi}{2}} x\mathrm{d}\sin x \\ &= 2\left(x\sin x\Big|_0^{\frac{\pi}{2}} - \int_0^{\frac{\pi}{2}} \sin x\mathrm{d}x\right) = 2\left(\frac{\pi}{2} + \cos x\Big|_0^{\frac{\pi}{2}}\right) \\ &= \pi - 2.\end{aligned}$$

下面利用 Python 求 $\int_0^{\frac{\pi}{2}} x^2 \sin x dx$.

在 PyCharm 中新建 integrate40.py 文件，内容如下：

```
from sympy import *
x = symbols('x')
y=x**2*sin(x)
f=integrate(y,(x,0,pi/2))
print("定积分为",f)
```

运行程序，命令窗口显示所得结果：

```
定积分为 -2 + pi
```

【例 4.51】 计算 $\int_0^2 xe^x dx$.

解：$\int_0^2 xe^x dx = xe^x\Big|_0^2 - \int_0^2 e^x dx = 2e^2 - e^x\Big|_0^2 = e^2 + 1$.

下面利用 Python 求 $\int_0^{\frac{\pi}{2}} x^2 \sin x dx$.

在 PyCharm 中新建 integrate41.py 文件，内容如下：

```
from sympy import *
x = symbols('x')
y=x*exp(x)
f=integrate(y,(x,0,2))
print("定积分为",f)
```

运行程序，命令窗口显示所得结果：

```
定积分为 1 + exp(2)
```

【例 4.52】 求 $\int_0^4 e^{\sqrt{x}} dx$.

解：先换元，设 $\sqrt{x} = t$ ，则 $x = t^2$ ， $dx = 2tdt$. 当 $x = 0$ 时， $t = 0$ ；当 $x = 4$ 时， $t = 2$. 则

$$\int_0^4 e^{\sqrt{x}} dx = 2\int_0^2 te^t dt ,$$

又由例 4.51 知

$$\int_0^2 te^t dt = e^2 + 1 .$$

所以

$$\int_0^4 e^{\sqrt{x}} dx = 2(e^2 + 1) .$$

下面利用 Python 求 $\int_0^4 e^{\sqrt{x}} dx$.

在 PyCharm 中新建 integrate42.py 文件，内容如下：

```
from sympy import *
x = symbols('x')
y=exp(sqrt(x))
f=integrate(y,(x,0,4))
print("定积分为",f)
```

运行程序，命令窗口显示所得结果：

```
定积分为 2 + 2*exp(2)
```

同步练习 12：求下列定积分并用 Python 实现.

（1）$\int_0^{\pi} x\sin x\mathrm{d}x$；（2）$\int_0^1 x\mathrm{e}^{-x}\mathrm{d}x$；

（3）$\int_1^2 x\ln x\mathrm{d}x$；（4）$\int_0^1 \arctan x\mathrm{d}x$.

4.2.5 定积分的应用与 Python 实现

以曲边梯形（见图 4-20）面积为例介绍定积分的应用.

（1）选取一个变量为积分变量，并确定其变化区间$[a,b]$，在区间上任取一小区间并记为$[x,x+\mathrm{d}x]$.

（2）以点 x 处的函数值为高，以$[x,x+\mathrm{d}x]$为底的矩形面积作为 ΔA 的近似值 $\Delta A \approx f(x)\mathrm{d}x$，其中 $f(x)\mathrm{d}x$ 称为面积微元，记为 $\mathrm{d}A = f(x)\mathrm{d}x$，于是曲边梯形的面积为

$$A=\int_a^b \mathrm{d}A=\int_a^b f(x)\mathrm{d}x$$

此方法称为**微元法或积分元素法**.

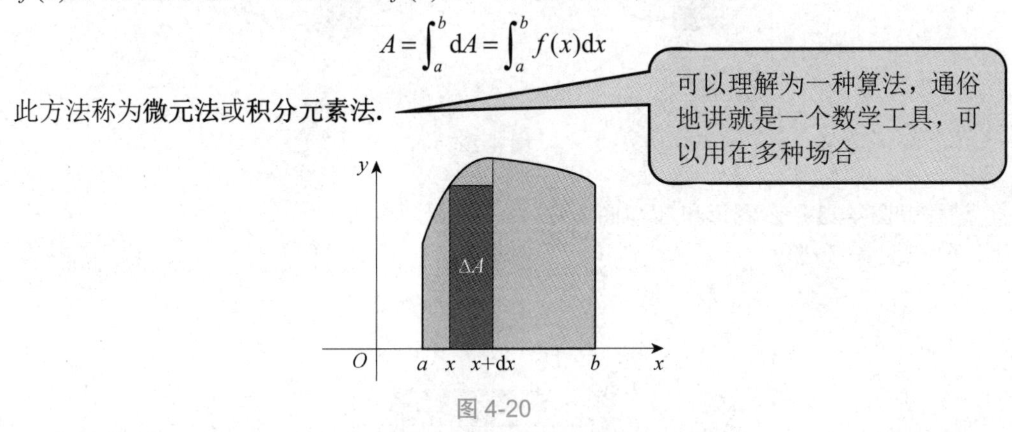

图 4-20

接下来，将微元法或积分元素法应用于几何、物理、经济等领域.

1. 几何应用

用定积分求平面图形的面积.

请讨论，利用微元法，怎么计算图 4-21 所示的曲边梯形的面积？

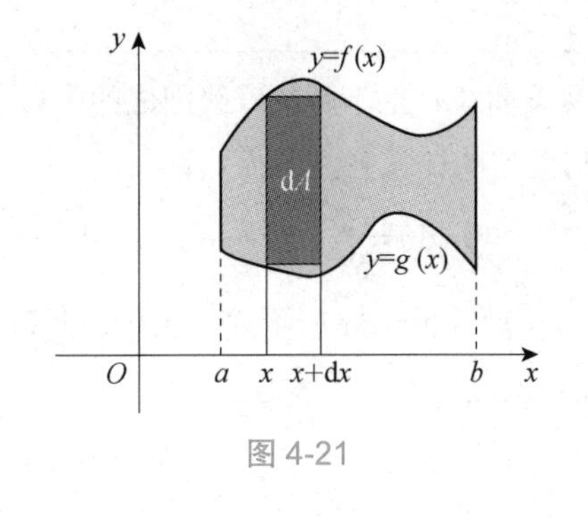

图 4-21

定积分求平面面积

经过探究，你发现了什么？请写在以下空白处.

（1）选取了一个小区间______________，确定积分区间为______________；

（2）选取一个面积微元__________________；

（3）对面积微元进行积分_________________.

对此，可总结出，图 4-21 所示的曲边梯形的面积的计算公式为

$$A=\int_a^b \mathrm{d}A=\int_a^b [f(x)-g(x)]\mathrm{d}x.$$

像图 4-21 所示，由上下两条曲线，左右两条直线围成的图形，称为 **X 型图形**. 它还可以演变成图 4-22 所示的图形.

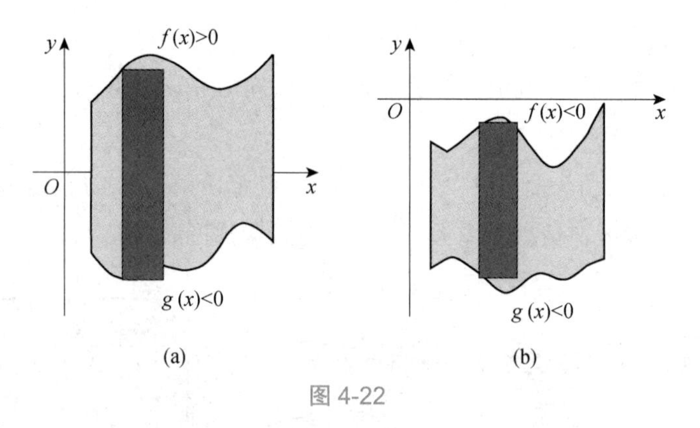

图 4-22

请探究图 4-23 所示图形和 X 型图形有什么区别？

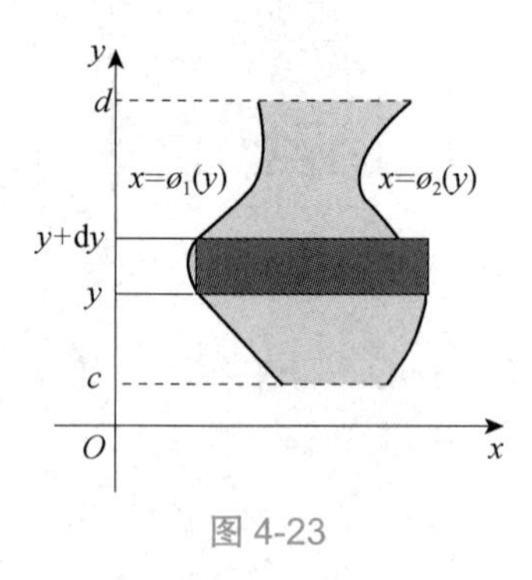

图 4-23

相同点是：____________________________________；

不同点是：____________________________________.

将图 4-23 所示，由左右两条曲线，上下两条直线围成的图形，称为 **Y 型图形**.

由微元法，得到 Y 型图形面积的计算公式为

$$A=\int_c^d \mathrm{d}A=\int_c^d [\phi_2(y)-\phi_1(y)]\mathrm{d}y.$$

【例 4.53】 求由曲线 $y=x^2$ 和 $y=\sqrt{x}$ 所围成的图形的面积 A（见图 4-24）.

解： 两曲线的交点为 $(0,0)$ 和 $(1,1)$.

积分区间为 $[0,1]$，

面积微元为 $\mathrm{d}A=\left(\sqrt{x}-x^2\right)\mathrm{d}x$，

$\therefore$ 面积 $A=\int_0^1\mathrm{d}A=\int_0^1\left(\sqrt{x}-x^2\right)\mathrm{d}x$

$$=\left(\frac{2}{3}x^{\frac{3}{2}}-\frac{1}{3}x^3\right)\Bigg|_0^1=\frac{1}{3}.$$

下面利用 Python 求曲线 $y=x^2$ 和 $y=\sqrt{x}$ 所围成的图形的面积 A.

图 4-24

解：在 PyCharm 中新建 jf1.py 文件，具体如下：

```
import matplotlib.pyplot as plt
from numpy import *
x = arange(0,2,0.05)
y1 = x**2
y2 =sqrt(x)
plt.figure()
plt.plot(x,y1,x,y2,[0,2],[0,2],[0,2],[0,2])
plt.show()
```

定积分求面积 X 型图形

画出曲线围成的图形，如图 4-25 所示.

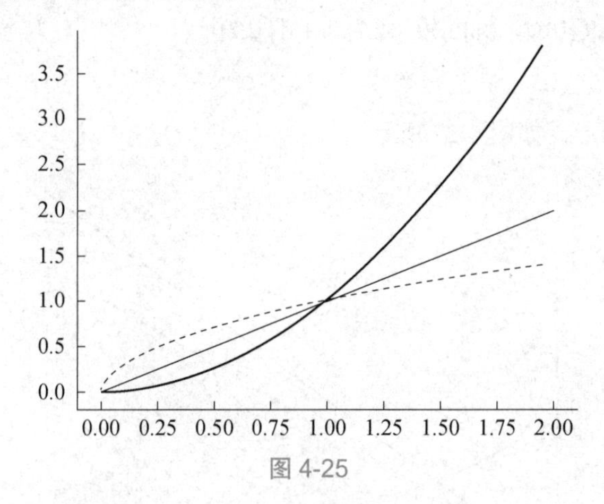

图 4-25

再计算围成的图形的面积：

```
from sympy import *
x= symbols('x')
f = sqrt(x)
g = x**2
A = integrate(f-g,(x,0,1))
print("面积为", A)
```

运行结果为：

```
面积为 1/3
```

即曲线 $y=x^2$ 和 $y=\sqrt{x}$ 所围成的图形的面积 $A=\dfrac{1}{3}$.

【例 4.54】 求抛物线 $2y^2=x$ 与直线 $x-2y=4$ 所围成的图形的面积 A.

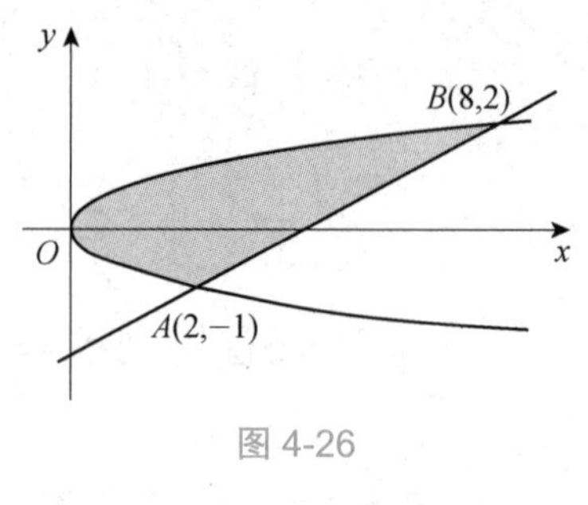

图 4-26

解：两曲线的交点为 $(2,-1)$ 和 $(8,2)$.

积分区间为 $[-1,2]$，

面积微元为 $\mathrm{d}A=\left(2y+4-\frac{1}{2}y^2\right)$，

$$\therefore \text{面积 } A=\int_{-1}^{2}\mathrm{d}A=\int_{-1}^{2}\left(2y+4-\frac{1}{2}y^2\right)\mathrm{d}y$$

$$=\left(y^2+4y-\frac{1}{6}y^3\right)\Big|_{-1}^{2}=9.$$

下面利用 Python 求抛物线 $2y^2=x$ 与直线 $x-2y=4$ 所围成的图形的面积 A.

在 PyCharm 中新建 jf2.py 文件，内容如下：

```
import matplotlib.pyplot as plt
from numpy import *
x = arange(0,10,0.05)
y1 = sqrt(x*1/2)
y2= -sqrt(x*1/2)
y3 =(x-4)/2
plt.figure()
plt.plot(x,y1,x,y2,x,y3,[0,10],[-2,2],[0,10],[-2,2],[0,10],[-2,2])
plt.show()
```

定积分求面积 Y 型图形

画出曲线围成的图形，如图 4-27 所示.

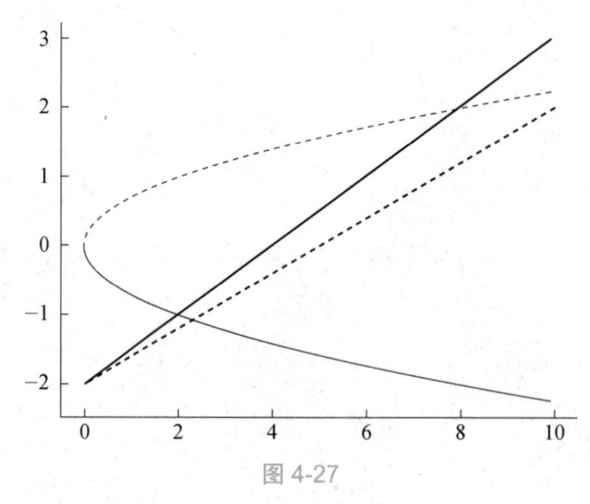

图 4-27

再计算围成的图形的面积：

```
from sympy import *
y= symbols('y')
x1 = 2*y**2
x2= 2*y+4
A = integrate(x2-x1,(y,-1,2))
print("面积为", A)
```

运行结果为：

```
面积为 9
```

即抛物线 $2y^2 = x$ 与直线 $x-2y=4$ 所围成的图形的面积 $A=9$.

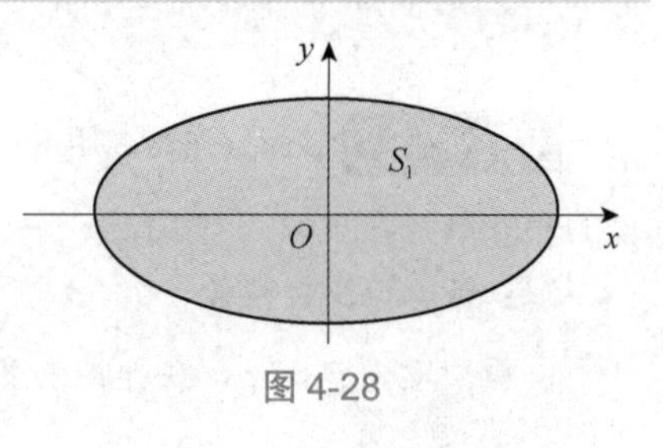

图 4-28

【例 4.55】 用 Python 求椭圆 $\frac{x^2}{25}+\frac{y^2}{16}=1$ 面积.

解：椭圆（见图 4-28）的面积 $S=4S_1$，S_1 为椭圆在第一象限与两坐标轴围成的图形的面积.

在第一象限，椭圆方程可转化为 $y=\frac{4}{5}\sqrt{25-x^2}$.

```
from sympy import *
x= symbols('x')
y = 4*sqrt(25-x**2)/5
A = integrate(y,(x,0,5))
print("面积为", A)
```

定积分求椭圆面积

运行结果为：

```
面积为 5*pi
```

即 $S_1=5\pi$，则椭面积为 $S=4S_1=4\times5\pi=20\pi$.

由此可总结出，椭圆的面积为 $S=\pi ab$，当 $a=b$ 时 $S=\pi a^2$，椭圆变成了圆.

同步练习 13：求下列各曲线围成的图形的面积.

（1） $y=\frac{1}{x}$ 与直线 $y=x$ 及 $x=4$；（2） $y=\mathrm{e}^x$，$y=\mathrm{e}^{-x}$ 与直线 $x=1$.

同步练习 14：求下列各曲线围成的图形的面积.

（1）抛物线 $y^2=2x$ 与直线 $y=x-4$；（2） $y=\sqrt{x}$ 与直线 $x=1$ 及 $y=2$.

2. 其他领域的应用

1）物理应用

微元法或积分元素法，不仅能应用于求几何图形的面积，还可以用于计算变力沿直线做功和液体的静压力等物理领域.

设物体在连续变力 $F(x)$ 作用下，沿 x 轴从 $x=a$ 移动到 $x=b$，力的方向与运动方向一致，如图 4-29 所示，请探究如何计算变力 $F(x)$ 所做的功呢？

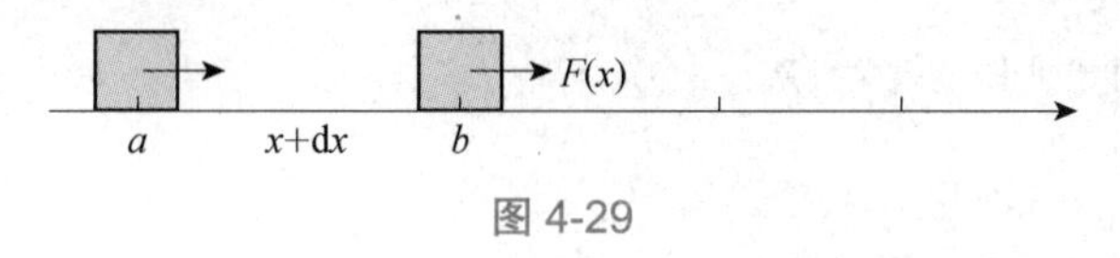

图 4-29

与计算平面图形的面积的一样，在区间 $[a,b]$ 上，选取一个小区间 $[x,x+\mathrm{d}x]$，在该小区间上变力 $F(x)$ 所做的功元素为

第 4 章 一元函数积分学

$$\mathrm{d}W = F(x)\mathrm{d}x,$$

则变力 $F(x)$ 在区间 $[a,b]$ 上所做的总功为

$$W = \int_a^b \mathrm{d}W = \int_a^b F(x)\mathrm{d}x.$$

【例 4.56】 有一弹簧，用 8N 的力可以将弹簧拉长 0.02m，求把弹簧拉长 0.4m 时拉力所做的功.

解：设 k 为比例系数.

由胡克定律 $F = kx$，在弹性限度内，弹簧所受的拉力与拉长量成正比，则有

$$8 = 0.02k,$$

定积分的物理应用

解得 $k = 400(\mathrm{N/m})$

所示 $F(x) = 400x$.

积分区间为 $[0,0.4]$，功元素为 $\mathrm{d}W = 400x\mathrm{d}x$.

```
from sympy import *
x= symbols('x')
F = 400*x
W = integrate(F,(x,0,0.4))
print("变力所做的功为", W)
```

运行结果为

```
变力所做的功为 32.0000000000000
```

即变力所做的功为 $W = \int_0^{0.4} \mathrm{d}W = \int_0^{0.4} 400x\mathrm{d}x = 200x^2\Big|_0^{0.4} = 32(\mathrm{J})$.

【例 4.57】 一个圆形蓄水池，高 5m，底面半径为 3m，要把蓄水池中的水全部抽出来需要做多少功？

解：如图 4-30 所示，选取一个小区间 $[x, x+\mathrm{d}x]$，在该小区间上重力 $g(x)$ 为

$$g(x) = \rho v = \rho \cdot \pi \times 3^2 \mathrm{d}x = 9.8 \times 9\pi \mathrm{d}x = 88.2\pi \mathrm{d}x.$$

x+dx

图 4-30

所做的功元素为

$$\mathrm{d}W = 88.2\pi \cdot x\mathrm{d}x.$$

用 python 求解：

```
from sympy import *
x= symbols('x')
g= 88.2*pi*x
W = integrate(g,(x,0,5))
print("要把水全部抽出所做的功为", W)
```

运行结果为：

```
要把水全部抽出所做的功为 1102.5*pi
```

取 $\pi = 3.14$，要把水全部抽出所做的功大约为 3462J，即变力 $g(x)$ 在区间 $[0,5]$ 上所做的总

功为

$$W=\int_0^5 \mathrm{d}W=\int_0^5 88.2\pi\cdot x\mathrm{d}x=88.2\pi\cdot\frac{1}{2}x^2\Big|_0^5\approx 3462(\mathrm{J}).$$

2）经济应用

在经济领域，常见的量有边际成本、边际收益、边际利润与总成本、收益与利润等.

一般地，设 $y=f(x)$ 是经济量的函数，如需求函数、生产函数、成本函数、总收益函数等，则导数 $f'(x)$ 称为 $y=f(x)$ 的边际函数或变化率. 在经济管理中，可以利用积分法，根据边际函数求出总函数在区间 $[a,b]$ 上的改变量.

（1）已知某产品总产量的变化率为 $Q'(p)=f(p)$，则从时间 $p=a$ 到 $p=b$ 的总产量 $Q=\int_a^b f(p)\mathrm{d}p$.

（2）已知某产品总产量的变化率为 $C'(q)=f(q)$，则从产量 $q=a$ 到 $q=b$ 的总成本 $C=\int_a^b f(q)\mathrm{d}q$.

（3）已知某产品产品收益的变化率为 $R'(q)=f(q)$，则销售 N 个产品的总收益为 $R=\int_0^N f(q)\mathrm{d}q$.

【例 4.58】 设某产品在时刻 t 总产量的变化率为 $f(t)=50+6t-0.5t^2$，求从 $t=2$ 到 $t=4$ 的总产量.

解： 总产量的导数就是 $f(t)$，即

$$Q'(t)=f(t)$$

所以 $Q=\int_2^4 f(t)\mathrm{d}t=\int_2^4(50+6t-0.6t^2)\mathrm{d}t=(50t+3t^2-0.2t^3)\Big|_2^4=124.8$.

【例 4.59】 某产品的边际成本和边际收益分别为 $C'(x)=2-x$，$R'(x)=20-4x$，固定成本为 $C_0=22$，求该产品的利润函数.

解： 成本函数为

$$C=C(x)+C_0=\int_0^x C'(x)\mathrm{d}x+C_0$$

$$=\int_0^x(2-x)\mathrm{d}x+22=2x-\frac{1}{2}x^2+22.$$

定积分的经济应用

收益函数为

$$R=\int_0^x R'(x)\mathrm{d}x=\int_0^x(20-4x)\mathrm{d}x=20x-2x^2.$$

利润函数

$$L=R-C=20x-2x^2-\left(2x-\frac{1}{2}x^2+22\right)=18x-\frac{3}{2}x^2-22.$$

【例 4.60】 已知某产品产品收益的变化率为 $f(Q)=20-\frac{1}{10}Q$，求

（1）生产 40 个单位产品的总收益；

（2）生产 40 个单位到 60 个单位产品的总收益.

（用 python 求解）

解：（1）在 PyCharm 中新建 jf3.py 文件，内容如下：

```
from sympy import *
q= symbols('q')
f = 20-q/10
R = integrate(f,(q,0,40))
print("生产 40 个单位产品的总收益为", R)
```

运行结果为：

```
生产 40 个单位产品的总收益为 720
```

即生产 40 个单位产品的总收益 $R=\int_0^{40} f(Q)\mathrm{d}Q=\int_0^{40}\left(20-\frac{1}{10}Q\right)\mathrm{d}Q=720$.

在 PyCharm 中新建 jf4.py 文件，内容如下：

```
from sympy import *
q= symbols('q')
f = 20-q/10
R = integrate(f,(q,40,60))
print("生产 40 个到 60 个单位产品的总收益为", R)
```

运行结果为：

```
生产 40 个单位到 60 个单位产品的总收益为 300
```

即生产 40 个单位到 60 个单位产品的总收益为

$$R=\int_{40}^{60} f(Q)\mathrm{d}Q=\int_{40}^{60}\left(20-\frac{1}{10}Q\right)\mathrm{d}Q=300 .$$

3）环保应用

工业废水排放总量是环境统计主要指标之一，按照中国国家工业废水排放标准，排放总量是指由工厂区内所有排放口排到厂区外部的工业废水总量.

已知某时刻 t，某项污染物的排放速率为 $Q'(t)=v(t)$ ，则从时间 $t=a$ 到 $t=b$ 的总排放量 $Q=\int_a^b v(t)\mathrm{d}t$.

【例 4.61】 某实验室对某工厂废水排放总量的核定中，获取 1 升废水的样本，得到该工厂的排放速率为 $v(t)=1.1t$ ，求一个月内该工厂的工业废水排放总量.

解：在 PyCharm 中新建 jf5.py 文件，内容如下

```
from sympy import *
t= symbols('t')
v= 1.1*t
Q = integrate(v,(t,0,30))
print("该工厂一个月内工业废水排放总量为", Q)
```

运行结果为：

```
该工厂一个月内工业废水排放总量为 495.000000000000
```

即该工厂一个月内工业废水排放总量为$Q=\int_0^{30}1.1t\mathrm{d}t=1.1\times\frac{1}{2}t^2\Big|_0^{30}=495$.

同步练习 15：在半径为 1m 的半球形水池中装满了水，要把池中水全部吸尽，需做多少功？

同步练习 16：已知某产品的边际收益为$R'(q)=7-2q$，边际成本为$C'(q)=2$，固定成本为 3 万元，求该产品生产 100 台时的总利润.

4.3 知识点总结

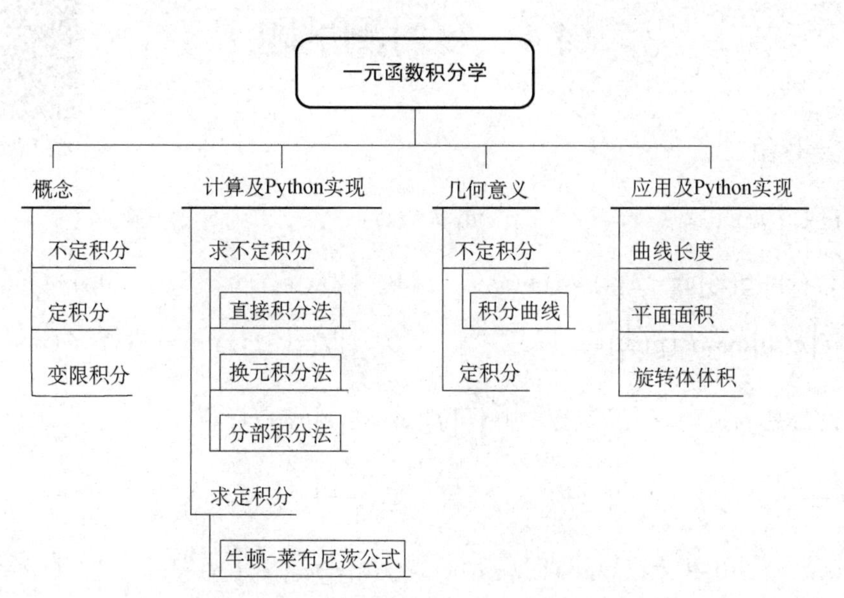

	概念	不定积分	$\int f(x)\mathrm{d}x=F(x)+C$（$F'(x)=f(x)$）
		定积分	$\int_a^b f(x)\mathrm{d}x=F(x)\big\|_a^b=F(b)-F(a)$（$F'(x)=f(x)$）
	计算	直接积分法	$\int[k_1f(x)+k_2g(x)]\mathrm{d}x=k_1F(x)+k_2G(x)+C$ $\int_a^b[k_1f(x)+k_2g(x)]\mathrm{d}x=[k_1F(x)+k_2G(x)]\big\|_a^b$
		第一换元积分法	$\int f[\varphi(x)]\varphi'(x)\mathrm{d}x=\int f[\varphi(x)]\mathrm{d}\varphi(x)=\int f(u)\mathrm{d}u$ $\int_a^b[f(\varphi(x))\varphi'(x)]\mathrm{d}x=\int_{\varphi(a)}^{\varphi(b)}[f(u)]\mathrm{d}u=F(u)\big\|_{\varphi(a)}^{\varphi(b)}$
		第二换元积分法	$\int f(x)\mathrm{d}x=\int f[\varphi(t)]\mathrm{d}\varphi(t)=\int f[\varphi(t)]\mathrm{d}\varphi(t)$ $\int_a^b[f(x)]\mathrm{d}x=\int_{\varphi^{-1}(a)}^{\varphi^{-1}(b)}f[\varphi(t)\varphi'(t)]\mathrm{d}t=F(t)\big\|_{\varphi^{-1}(a)}^{\varphi^{-1}(b)}$

续表

<table>
<tr><td rowspan="6">积分学</td><td>计算</td><td>分部积分法</td><td>$\int f(x)g'(x)\mathrm{d}x=\int f(x)\mathrm{d}g(x)=f(x)g(x)-\int g(x)\mathrm{d}f(x)$
$\int_a^b f(x)g'(x)\mathrm{d}x=f(x)g(x)\Big|_a^b-\int_a^b f'(x)g(x)\mathrm{d}x$</td></tr>
<tr><td>几何意义</td><td>积分曲线</td><td>积分曲线：$F(x)+C$</td></tr>
<tr><td rowspan="3">应用</td><td>平面曲线长度</td><td>$L=\int_a^b\sqrt{1+y'^2}\mathrm{d}x$</td></tr>
<tr><td>平面面积</td><td>X 型：$S=\int_a^b\left|f(x)\right|\mathrm{d}x$；Y 型：$S=\int_c^d\left|\varphi(y)\right|\mathrm{d}y$</td></tr>
<tr><td>旋转体体积</td><td>X 型绕 x 轴：$V=\int_a^b\pi f^2(x)\mathrm{d}x$
Y 型绕 y 轴：$V=\int_c^d\pi\varphi^2(y)\mathrm{d}y$</td></tr>
</table>

4.4 复习测试题

本章参考答案

一、选择题

（1）已知 $\int f(x)\mathrm{d}x=F(x)+C$，$\int g(x)\mathrm{d}x=G(x)+C$，则下列等式正确的（　　）.

A. $\int[f(x)+g(x)]\mathrm{d}x=F(x)g(x)+C$　　B. $\int f(x)g(x)\mathrm{d}x=F(x)+G(x)+C$

C. $\int f[g(x)]\mathrm{d}x=F\left(g(x)\right)+C$　　D. $\int[f(x)-g(x)]\mathrm{d}x=F(x)-G(x)+C$

（2）设 $2x$ 是 $f(x)$ 的一个原函数，则 $\int_0^{\frac{\pi}{2}}[f'(x)-\sin x]\mathrm{d}x=$（　　）.

A. $\pi-1$　　B. $\pi+1$　　C. $\frac{\pi^2}{4}-1$　　D. $\frac{\pi^2}{4}+1$

（3）函数 $f(x)$ 在 $\mathbf{R}$ 上可导，$f(x)=f'(x)$，$f(0)=m$. 若 $\int_{-1}^1\frac{f(x)}{\mathrm{e}^x}\mathrm{d}x=8$，则 $m=$（　　）.

A. 1　　B. 2　　C. 3　　D. 4

（4）已知函数 $f(x)$ 在区间 $[0,3]$ 上连续，且 $\int_0^3 xf(x)\mathrm{d}x=2$，则 $\int_0^9 f(\sqrt{x})\mathrm{d}x=$（　　）.

A. 2　　B. 4　　C. 6　　D. 8

（5）椭圆曲线 $\frac{x^2}{4}+y^2=1$ 围成的平面图形绕 x 轴旋转一周而成的旋转体的体积 $V=$（　　）.

A. $\frac{8\pi}{3}$　　B. $\frac{\pi}{3}$　　C. $\frac{4\pi}{3}$　　D. $\frac{2\pi}{3}$

二、填空题

（1）设 $\sin x$ 是 $f(x)$ 的一个原函数，则 $\int[f(x)+x]\mathrm{d}x=$______________.

（2）设 $f(x)$ 的一个原函数为 $x\mathrm{e}^x$，则 $\left(\int f(x)\mathrm{d}x\right)'=$______________.

（3）已知 $f(x)$ 的一个原函数为 $F(x)$，则 $\int f(x)f'(x)\mathrm{d}x=$ ______________.

（4）如果 $\int_0^1\left(x^3+kx\right)\mathrm{d}x=2$，则 $k=$ ______________;

（5）$\int_{-1}^{1}x^3\mathrm{e}^{x^2}\mathrm{d}x$ ______________;

（6）$\lim\limits_{n\to\infty}\int_0^1 x^n\mathrm{d}x$ ______________.

三、计算题

（1）求不定积分 $\int\frac{2+x}{1+x^2}\mathrm{d}x$.

（2）已知 $\ln\left(1+x^2\right)$ 是函数 $f(x)$ 的一个原函数，求 $\int xf'(x)\mathrm{d}x$.

（3）求不定积分 $\int x\cos(x+2)\mathrm{d}x$.

（4）求不定积分 $\int x\cos(x+2)\mathrm{d}x$.

（5）已知函数 $f(x)=\int_1^x\sqrt{(t-1)^2+1}\mathrm{d}t$，求曲线 $y=f(x)$ 的凹凸区间和拐点.

（6）计算广义积分 $\int_{\sqrt{\mathrm{e}-1}}^{+\infty}\frac{1}{1+x^2}\mathrm{d}x$.

四、综合题

（1）设函数 $f(x)=\frac{1+x}{\sqrt{1+x^2}}$，

①求曲线 $y=f(x)$ 的水平渐近线方程;

②求由曲线 $y=f(x)$ 和直线 $x=-1$，$x=1$ 及 $y=0$ 围成的平面图形绕 x 轴旋转而成的旋转体体积 V.

（2）已知某产品的边际成本 $C'(Q)=0.5Q+10$（万元/百台），边际收益 $R'(Q)=20-2Q$（万元/百台）.

① 产量 Q 从 300 台增加到 500 台时，总成本和总收益各是多少？

② 产量为多少时可获得最大利润？

4.5 课程思政拓展阅读

微积分的发现是人类精神的最高胜利

1. 微积分早期的思想基础

在 25 岁以前的伽利略就做了一系列实验，发现了许多有关物体在地球引力场运动的基本事实，最基本的就是自由落体定律. 开普勒在 1619 年前后归纳出著名的行星运动三大定律. 这些成就对后来绝大部分的数学分支都产生了巨大影响. 伽利略的发现导致了现代动力学的诞生，开普勒的发现则产生了现代天体力学. 他们在创立这些学科的过程中都感到需要一种新的数学工具，这就是研究运动与变化过程的微积分.

有趣的是，积分学的起源可追溯至古希腊时代，但直到 17 世纪微分学才出现重大突破.

2. 积分思想的渊源

求积问题就是求图形的面积、体积问题. 该问题的历史十分悠久，可以追溯到古代各个文明对一些简单图形进行的求面积和体积，如求三角形、四边形、圆或球、圆柱、圆锥等的面积或体积，以及 17 世纪欧洲人对圆面积、球体积、曲边三角形、曲边四边形等的面积的计算. 这些问题直到牛顿和莱布尼茨建立微积分才从根本上得到了解决. 求积问题是促使微积分产生的主要因素之一.

在积分思想发展的过程中，有一批伟大的数学家为此做出了杰出的贡献. 古希腊时代伟大的数学家、力学家阿基米德，我国古代著名数学家刘徽、祖冲之父子等为积分思想的形成和发展做出了重要的贡献.

16 和 17 世纪是微积分思想发展最为活跃的时期，其杰出的代表有意大利天文学家、力学家伽利略和德国天文学家、数学家、物理学家开普勒，以及卡瓦列里等. 他们的工作为牛顿、莱布尼茨创立微积分理论奠定了基础.

3. 微分学思想的起源

微分学主要来源于两个问题的研究，一个是作曲线切线的问题，一个是求函数最大值、最小值的问题. 这两个问题古希腊学者曾经考虑过，但古希腊学者对这两个问题的讨论远不及对面积、体积、弧长问题讨论得那么广泛和深入.

在这两个问题的研究上做出先驱工作的是费马. 费马在 1629 年给出了求函数极大、极小值的方法. 不过这个方法直至八九年后才较多地为人所知.

开普勒已经观察到，一个函数的增量通常在函数的极大值、极小值处变得无限地小. 费马利用这一事实找到了求函数极大值、极小值的方法. 费马还创造了求曲线的切线的方法. 这些方法的实质都是求导数. 曲线的切线问题和函数的极大值、极小值问题都是微分学的基本问题. 正是对这两个问题的研究促进了微分学的诞生. 费马在这两个问题上都做出了重要贡献，被称为微积分学的先驱.

费马处理这两个问题的方法是一致的，都是先取增量，而后让增量趋向于零. 而这正是微分学的实质所在，也正是这种方法不同于古典方法的实质所在. 费马还曾讨论过曲线下面积的求法. 这是积分学的前期工作. 他把曲线下的面积分割为小的面积元素，利用矩形和曲线的解析方程，求出这些和的近似值，以及在面积元素个数无限增加，而每个面积元素无限小时，将表达式表示为和式的极限的方式. 但是，他没有认识到所进行的运算本身的重要意义，而是将运算停留在求面积问题本身，只是回答一个具体的几何问题. 只有牛顿和莱布尼茨才把这一问题上升到一般概念，认为这是一种不依赖于任何几何的或物理的结构性运算，并给予特别的名称——微积分.

4. 微积分的创立

17 世纪，科学技术获得了巨大的发展. 精密科学从当时的生产与社会生活中获得巨大动力；航海学激发了学者对天文学及光学的高度兴趣；造船学、机器制造与建筑、堤坝及运河的修建、弹道学及一般的军事问题等，促进了力学的发展.

在这些学科的发展和实际生产中，迫切需要处理下面四类问题：

（1）已知物体运动的路程和时间的关系，求物体在任意时刻的速度和加速度. 反过来，已知物体的加速度与速度，求物体在任意时刻的速度与经过的路程. 计算平均速度可用运动的路程除以运动的时间，但是计算瞬时速度，运动的距离和时间都是 0，这就碰到了 0/0 的问题. 人类第一次碰到这样的问题.

（2）求曲线的切线. 这是一个纯几何问题，但对于科学应用具有重大意义. 例如，在光学中，透镜的设计就用到曲线的切线和法线的知识. 在运动学问题中也遇到曲线的切线问题，运动物体在它的轨迹上任一点处的运动方向，就是轨迹的切线方向.

（3）求函数的最大值和最小值问题. 在弹道学中这涉及炮弹的射程问题，在天文学中涉及行星和太阳的最近和最远距离问题.

（4）求积问题. 求曲线的长度、曲线所围区域的面积、曲面所围的体积、物体的重心，这些问题从古希腊开始研究，其中的某些计算，在现在看来只是微积分的简单练习，而过去曾经使古希腊人大为头痛. 事实上，阿基米德所写的著作几乎都是在讨论这类问题，而他所取得的结果就标志着古希腊数学的高潮.

正是在科学和生产中遇到的这些重要问题，才促进了微积分的诞生与发展.

通过阅读上述文章，请思考：

（1）微积分创立的历史背景给你怎样的启发？

（2）请和同学讨论为什么说**“微积分的发现是人类精神的最高胜利”**？

第5章 线性代数

本章课件

5.1 矩阵的概念

每年的“五一”或者“国庆黄金周”来临之际，很多人都在规划着自己的出行路线. 某个家庭在假期准备从所在地的C_1城市出发，坐飞机飞往C_2至C_6五个城市去旅游. 如图5-1所示，从第i个城市到第j个城市的直接航程票价（单位：百元）记录在表格中的第i行第j列的位置上，其中∞表示无直接航班. 请你帮助该家庭设计一张从C_1城市到其他城市间的票价最便宜的路线图.

	C_1	C_2	C_3	C_4	C_5	C_6
C_1	0	50	∞	40	25	10
C_2	50	0	15	20	∞	25
C_3	∞	15	0	10	20	∞
C_4	40	20	10	0	10	25
C_5	25	∞	20	10	0	55
C_6	10	25	∞	25	55	0

图5-1

在上述任务中，城市到城市之间的航程票价用表格表示，这个6行6列的二维表格在数学上可以用“**矩阵**”表示.

在数学上，矩阵是指纵横排列的二维数据表，最早来自方程组的系数及常数所构成的方阵. 矩阵是线性代数中的常见工具，也常见于统计分析等应用数学学科中.

矩阵是线性代数中的重要内容及研究对象，是描述和求解线性方程组最基本和最有用的工具. 矩阵在数学的其他分支及自然科学、现代经济学、管理学和工程技术等领域具有广泛的应用. 随着计算机技术的发展，矩阵的应用更为广泛.

定义5.1 把$m \times n$个数排成的m行n列的数据表

$$\begin{pmatrix} a_{11} & a_{12} & \cdots & a_{1n} \\ a_{21} & a_{22} & \cdots & a_{2n} \\ \cdots & \cdots & \cdots & \cdots \\ a_{m1} & a_{m2} & \cdots & a_{mn} \end{pmatrix}$$

称为 m 行 n 列矩阵，用字母 $\boldsymbol{A}$ 表示，简记为

$$\boldsymbol{A}=\boldsymbol{A}_{m\times n}=(a_{ij})_{m\times n}$$

$m\times n$ 个数称为矩阵 $\boldsymbol{A}$ 的元素，a_{ij} 称为矩阵 $\boldsymbol{A}$ 第 i 行第 j 列的元素.

若矩阵 $\boldsymbol{A}$ 的行数与列数都等于 n，则称 $\boldsymbol{A}$ 为 n 阶方阵，记为 $\boldsymbol{A}_n$.

【例 5.1】 用矩阵表示下列问题，并指出它是几行几列的矩阵.

（1）某校 23 级电信 1 班 3 名同学期末考试成绩见表 5.1.

表 5.1

学号	电工	高等数学	大学英语	计算机
2023001	90	95	85	96
2023002	87	90	92	95
2023003	98	96	93	96

解：上述问题可以用矩阵 $\boldsymbol{A}$ 表示，

$$\boldsymbol{A}=\begin{pmatrix}90 & 95 & 85 & 96\\87 & 90 & 92 & 95\\98 & 96 & 93 & 96\end{pmatrix}$$

其中 $\boldsymbol{A}$ 是一个 3 行 4 列的矩阵.

（2）某医院药物储藏柜存放的 4 类药品，如果能共存一格就用 1 表示，不能共存一格就用 0 表示，其存储单见表 5.2.

表 5.2

药品类名	A	B	C	D
A	1	1	0	0
B	1	1	0	1
C	0	0	1	1
D	0	1	1	1

解：上述问题可以用矩阵 $\boldsymbol{A}$ 表示，

$$\boldsymbol{A}=\begin{pmatrix}1 & 1 & 0 & 0\\1 & 1 & 0 & 1\\0 & 0 & 1 & 1\\0 & 1 & 1 & 1\end{pmatrix}$$

其中 $\boldsymbol{A}$ 是一个 4 行 4 列的矩阵.

用 Python 实现例 5.1 和例 5.2 中的矩阵.

（1）在 Pycharm 中新建 matrix1.py 文件，内容如下：

```
import numpy as np
A=np.matrix([[90,95,85,96],[87,90,92,95],[98,96,93,96]])
print("矩阵 A=",A)
```

运行结果如下：

```
矩阵 A= [[90 95 85 96]
        [87 90 92 95]
        [98 96 93 96]]
```

（2）再创建一个文件，内容如下：

```
import numpy as np
A=np.matrix([[1,1,0,0],[1,1,0,1],[0,0,1,1],[0,1,1,1]])
print("矩阵 A=",A)
```

运行结果如下：

```
矩阵 A= [[1 1 0 0]
        [1 1 0 1]
        [0 0 1 1]
        [0 1 1 1]]
```

由此可见，矩阵可以用Numpy库中的matirx()函数生成. 在matirx()函数中，按行输入每个元素，输入时使用下述规则：最外层为一个 [ ]，里面每行也要在一个 [ ] 内输入各元素，同一行中不同元素用逗号分隔，不同行也用逗号分隔.

同步练习 1：某商场 5 月份各类商品的销售额（单位：万元）见表 5.3，请用矩阵表示.

表 5.3

商品	食品	服装	家私	珠宝
1	80	20	12	30
2	50	25	15	50
3	60	10	10	25
4	90	30	25	40

5.2 矩阵的分类

在 $\boldsymbol{A}=\boldsymbol{A}_{m\times n}=(a_{ij})_{m\times n}$ 中，当 m 或 n 或 a_{ij} 取特殊值时就得到特殊的矩阵. 一般地，常见的特殊矩阵有以下几种：

（1）只有一行的矩阵 $\boldsymbol{A}=(a_1,a_2,\dots,a_n)$ 称为行矩阵（或行向量）.

（2）只有一列的矩阵 $\boldsymbol{A}=\begin{pmatrix} a_1 \\ a_2 \\ \cdots \\ a_n \end{pmatrix}$ 称为列矩阵（或列向量）.

（3）元素全是零的矩阵称为零矩阵，记作 $\boldsymbol{O}$. 例如，

$$\boldsymbol{O}_{2\times 2}=\begin{pmatrix} 0 & 0 \\ 0 & 0 \end{pmatrix},\quad \boldsymbol{O}_{1\times 4}=\begin{pmatrix} 0 & 0 & 0 & 0 \end{pmatrix}.$$

(4) 形如

$$\begin{pmatrix} \lambda_1 & 0 & \cdots & 0 \\ 0 & \lambda_2 & \cdots & 0 \\ \cdots & \cdots & \cdots & \cdots \\ 0 & 0 & \cdots & \lambda_n \end{pmatrix}$$

的方阵称为**对角阵**，记作

$$\boldsymbol{A} = \text{diag}(\lambda_1, \lambda_2, \ldots, \lambda_n)$$

特别地，方阵

$$\begin{pmatrix} 1 & 0 & \cdots & 0 \\ 0 & 1 & \cdots & 0 \\ \cdots & \cdots & \cdots & \cdots \\ 0 & 0 & \cdots & 1 \end{pmatrix}$$

称为**单位矩阵**，记作 $\boldsymbol{I}$ 或 $\boldsymbol{E}_n$

(5) 形如

$$\boldsymbol{A} = \begin{pmatrix} a_{11} & a_{12} & \cdots & a_{1n} \\ 0 & a_{22} & \cdots & a_{2n} \\ \cdots & \cdots & \cdots & \cdots \\ 0 & 0 & \cdots & a_{nn} \end{pmatrix}, \quad \boldsymbol{B} = \begin{pmatrix} a_{11} & 0 & \cdots & 0 \\ a_{21} & a_{22} & \cdots & 0 \\ \cdots & \cdots & \cdots & \cdots \\ a_{n1} & a_{n2} & \cdots & a_{nn} \end{pmatrix}$$

的矩阵称为三角矩阵，其中 $\boldsymbol{A}$ 称为上三角矩阵，$\boldsymbol{B}$ 称为下三角矩阵.

5.3 矩阵的运算

引例 5.1

在期末考中，总是遇到要统计总分和平均分的问题. 例如，已知某校 23 级电信 1 班 3 名同学的 4 个科目第一次考试成绩，用矩阵 $\boldsymbol{A}$ 表示如下：

$$\boldsymbol{A} = \begin{pmatrix} 90 & 87 & 95 & 92 \\ 94 & 96 & 86 & 90 \\ 93 & 98 & 79 & 95 \end{pmatrix}$$

矩阵的线性运算

另外第二次考试成绩用矩阵 $\boldsymbol{B}$ 表示如下：

$$\boldsymbol{B} = \begin{pmatrix} 95 & 98 & 92 & 90 \\ 96 & 92 & 96 & 93 \\ 95 & 92 & 99 & 100 \end{pmatrix}$$

那么如何计算这 3 名同学的总成绩和平均分呢？如果按照期末考试成绩占 50%的比例录入教务系统，那么以上 3 名同学应录入教务系统的期末考试成绩分别是多少？

上述问题涉及矩阵的加法、矩阵的乘法等运算.

和实数的运算一样，矩阵也有运算法则，常见的有矩阵加减法、矩阵乘法、矩阵的逆运算、矩阵的数乘.

定义 5.2 两个矩阵 $\boldsymbol{A}_{m\times n}$ 和 $\boldsymbol{B}_{p\times q}$ 称为同型矩阵，当且仅当它们的行数和列数分别相等，即 $m=p$，$n=q$.

定义 5.3 两个矩阵 $\boldsymbol{A}$ 和 $\boldsymbol{B}$，如果 $\boldsymbol{A}$ 和 $\boldsymbol{B}$ 是同型矩阵，且对应元素相等，即 $a_{ij}=b_{ij}(i=1,2,\dots,m; j=1,2,\dots,n)$，则称矩阵 $\boldsymbol{A}$ 和 $\boldsymbol{B}$ 相等，记作 $\boldsymbol{A}=\boldsymbol{B}$.

定义 5.4 两个同型矩阵 $\boldsymbol{A}$ 和 $\boldsymbol{B}$，

其中

$$\boldsymbol{A}=\begin{pmatrix} a_{11} & a_{12} & \cdots & a_{1n} \\ a_{21} & a_{22} & \cdots & a_{2n} \\ \cdots & \cdots & \cdots & \cdots \\ a_{m1} & a_{m2} & \cdots & a_{mn} \end{pmatrix},\quad \boldsymbol{B}=\begin{pmatrix} b_{11} & b_{12} & \cdots & b_{1n} \\ b_{21} & b_{22} & \cdots & b_{2n} \\ \cdots & \cdots & \cdots & \cdots \\ b_{m1} & b_{m2} & \cdots & b_{mn} \end{pmatrix}$$

则称

$$\boldsymbol{C}=\begin{pmatrix} a_{11}\pm b_{11} & a_{12}\pm b_{12} & \cdots & a_{1n}\pm b_{1n} \\ a_{21}\pm b_{21} & a_{22}\pm b_{22} & \cdots & a_{2n}\pm b_{2n} \\ \cdots & \cdots & \cdots & \cdots \\ a_{m1}\pm b_{m1} & a_{m2}\pm b_{m2} & \cdots & a_{mn}\pm b_{mn} \end{pmatrix}$$

为矩阵 $\boldsymbol{A}$ 与 $\boldsymbol{B}$ 的和/差.

定义 5.5 称 $\boldsymbol{B}=k\boldsymbol{A}$ 为 $\boldsymbol{A}_{m\times n}$ 的数乘，具体如下：

$$\boldsymbol{B}=k\boldsymbol{A}=k\begin{pmatrix} a_{11} & a_{12} & \cdots & a_{1n} \\ a_{21} & a_{22} & \cdots & a_{2n} \\ \cdots & \cdots & \cdots & \cdots \\ a_{m1} & a_{m2} & \cdots & a_{mn} \end{pmatrix}=\begin{pmatrix} ka_{11} & ka_{12} & \cdots & ka_{1n} \\ ka_{21} & ka_{22} & \cdots & ka_{2n} \\ \cdots & \cdots & \cdots & \cdots \\ ka_{m1} & ka_{m2} & \cdots & ka_{mn} \end{pmatrix}$$

【例 5.2】 已知 $\boldsymbol{A}=\begin{pmatrix} 3 & 1 & 0 & 2 \\ -1 & 2 & 1 & 4 \\ 1 & 4 & 3 & 2 \end{pmatrix}$，$\boldsymbol{B}=\begin{pmatrix} 1 & 0 & 2 & 0 \\ 2 & -1 & 0 & 1 \\ 0 & -2 & 1 & 1 \end{pmatrix}$，求 $2\boldsymbol{A}+3\boldsymbol{B}$.

解：

$$\begin{aligned} 2\boldsymbol{A}+3\boldsymbol{B} &= 2\begin{pmatrix} 3 & 1 & 0 & 2 \\ -1 & 2 & 1 & 4 \\ 1 & 4 & 3 & 2 \end{pmatrix}+3\begin{pmatrix} 1 & 0 & 2 & 0 \\ 2 & -1 & 0 & 1 \\ 0 & -2 & 1 & 1 \end{pmatrix} \\ &= \begin{pmatrix} 6 & 2 & 0 & 4 \\ -2 & 4 & 2 & 8 \\ 2 & 8 & 6 & 4 \end{pmatrix}+\begin{pmatrix} 3 & 0 & 6 & 0 \\ 6 & -3 & 0 & 3 \\ 0 & -6 & 3 & 3 \end{pmatrix}=\begin{pmatrix} 9 & 2 & 6 & 4 \\ 4 & 1 & 2 & 11 \\ 2 & 2 & 9 & 7 \end{pmatrix} \end{aligned}$$

在 Pycharm 中新建 matrix2.py 文件，内容如下：

```
import numpy as np
A=np.matrix([[3,1,0,2],[-1,2,1,4],[1,4,3,2]])
B=np.matrix([[1,0,2,0],[2,-1,0,1],[0,-2,1,1]])
C=2*A+3*B
print("2A+3B=",C)
```

运行结果如下：

```
2A+3B= [[ 9   2   6   4]
        [ 4   1   2 11]
        [ 2   2   9   7]]
```

【例 5.3】 求解引例 5.1 中 3 名同学 4 个科目考试成绩的总分.

解：

$$\boldsymbol{C}=\boldsymbol{A}+\boldsymbol{B}=\begin{pmatrix}90&87&95&92\\94&96&86&90\\93&98&79&95\end{pmatrix}+\begin{pmatrix}95&98&92&90\\96&92&96&93\\95&92&99&100\end{pmatrix}$$

$$=\begin{pmatrix}195&185&197&192\\190&198&182&193\\198&190&178&195\end{pmatrix}$$

【例 5.4】 已知 23 级某个班一个小组一天的阳光长跑的距离（单位：km）用矩阵表示如下：

$$\boldsymbol{A}=\begin{pmatrix}5&3&4&3\\4&3&5&3.5\\5&4.5&3&5.5\end{pmatrix}$$

该小组跑了 5 天，求每名同学 5 天分别跑的总路程.

解：总路程（km）用矩阵 $\boldsymbol{B}$ 表示，

$$\boldsymbol{B}=5\boldsymbol{A}=\begin{pmatrix}5\times5&3\times5&4\times5&3\times5\\4\times5&3\times5&5\times5&3.5\times5\\5\times5&4.5\times5&3\times5&5.5\times5\end{pmatrix}$$

$$=\begin{pmatrix}25&15&20&15\\20&15&25&17.5\\25&22.5&15&27.5\end{pmatrix}$$

【例 5.5】 已知 $\boldsymbol{A}=\begin{pmatrix}6&8&7\\4&6&6\\2&4&8\end{pmatrix}$，$\boldsymbol{B}=\begin{pmatrix}10&18&21\\16&20&10\\8&10&20\end{pmatrix}$，且 $\boldsymbol{A}+2\boldsymbol{X}=\boldsymbol{B}$，求矩阵 $\boldsymbol{X}$.

解：由 $\boldsymbol{A}+2\boldsymbol{X}=\boldsymbol{B}$，得

$$\boldsymbol{X}=\frac{1}{2}(\boldsymbol{B}-\boldsymbol{A})=\frac{1}{2}\left[\begin{pmatrix}10&18&21\\16&20&10\\8&10&20\end{pmatrix}-\begin{pmatrix}6&8&7\\4&6&6\\2&4&8\end{pmatrix}\right]$$

$$=\frac{1}{2}\begin{pmatrix}4&10&14\\12&14&4\\6&6&12\end{pmatrix}=\begin{pmatrix}2&5&7\\6&7&2\\3&3&6\end{pmatrix}$$

在 Pycharm 中新建 matrix3.py 文件，内容如下：

```
import numpy as np
A=np.matrix([[6,8,7],[4,6,6,],[2,4,8]])
```

```
B=np.matrix([[10,18,21],[16,20,10],[8,10,20]])
X=1/2*(B-A)
print("X=",X)
```

运行结果如下：

```
X=
matrix([[2. , 5. , 7],
        [6. , 7. , 2. ],
        [3. , 3. , 6. ]])
```

同步练习 2：1. 已知 $\boldsymbol{A}=\begin{pmatrix}-8 & 9 & 4\\ 5 & 7 & 2\end{pmatrix}$，$\boldsymbol{B}=\begin{pmatrix}3 & 1 & 2\\ -6 & 4 & 7\end{pmatrix}$，求 $3\boldsymbol{A}-2\boldsymbol{B}$.

2. 已知 $\boldsymbol{A}=\begin{pmatrix}5 & x & 4\\ 8 & 2 & z\end{pmatrix}$，$\boldsymbol{B}=\begin{pmatrix}1 & 9 & 0\\ 8 & y & 3\end{pmatrix}$，且 $\boldsymbol{A}+\boldsymbol{B}=\begin{pmatrix}6 & 7 & 4\\ 16 & 12 & 20\end{pmatrix}$，求 x，y，z.

引例 5.2

设甲乙两家公司分别生产Ⅰ、Ⅱ、Ⅲ三种型号的计算机，月产量（单位：台）为

$$\begin{array}{cc} & \text{Ⅰ}\quad\ \text{Ⅱ}\quad\ \text{Ⅲ} \\ \boldsymbol{A}=\begin{array}{c}\text{甲}\\ \text{乙}\end{array} & \begin{pmatrix}25 & 20 & 18\\ 24 & 16 & 27\end{pmatrix}=\begin{pmatrix}a_{11} & a_{12} & a_{13}\\ a_{21} & a_{22} & a_{23}\end{pmatrix}\end{array}$$

如果生产这三种型号的计算机每台的利润（单位：万元/台）为

$$\boldsymbol{B}=\begin{array}{c}\text{Ⅰ}\\ \text{Ⅱ}\\ \text{Ⅲ}\end{array}\begin{pmatrix}0.5\\ 0.2\\ 0.7\end{pmatrix}=\begin{pmatrix}b_{11}\\ b_{21}\\ b_{31}\end{pmatrix}$$

那么这两家公司的月利润（单位：万元）分别是多少?

在引例 5.2 中，依题意，甲乙两家公司各自的月利润应为Ⅰ、Ⅱ、Ⅲ三种型号的计算机的产量乘以每台计算机的利润，再求和，

即甲公司的月利润为：$25\times0.5+20\times0.2+18\times0.7=29.1$ 万元；

乙公司的月利润为：$24\times0.5+16\times0.2+27\times0.7=34.1$ 万元.

写成矩阵的形式有：

$$\begin{aligned}\boldsymbol{C}=\boldsymbol{AB}&=\begin{pmatrix}25 & 20 & 18\\ 24 & 16 & 27\end{pmatrix}\begin{pmatrix}0.5\\ 0.2\\ 0.7\end{pmatrix}\\ &=\begin{pmatrix}25\times0.5+20\times0.2+18\times0.7\\ 24\times0.5+16\times0.2+27\times0.7\end{pmatrix}=\begin{pmatrix}29.1\\ 34.1\end{pmatrix}\end{aligned}$$

通过引例 5.2 可以看到

$$\begin{aligned}\boldsymbol{C}=\boldsymbol{AB}&=\begin{pmatrix}a_{11} & a_{12} & a_{13}\\ a_{21} & a_{22} & a_{23}\end{pmatrix}\begin{pmatrix}b_{11}\\ b_{21}\\ b_{31}\end{pmatrix}\\ &=\begin{pmatrix}a_{11}\times \mathrm{b}_{11}+a_{12}\times b_{21}+a_{13}\times b_{31}\\ a_{21}\times b_{11}+a_{22}\times b_{21}+a_{23}\times b_{31}\end{pmatrix}\end{aligned}$$

可以看出，甲公司的月利润是产量矩阵的第一行乘以利润矩阵的对应元素，再相加得到；而乙公司的月利润是产量矩阵的第二行乘以利润矩阵的对应元素，再相加得到. 在线性代数里，这样的矩阵运算称为矩阵的乘法.

定义 5.6 设矩阵 $\boldsymbol{A}=(a_{ij})_{m\times s}$，$\boldsymbol{B}=(b_{ij})_{s\times n}$，规定 $\boldsymbol{AB}=\boldsymbol{C}=(c_{ij})_{m\times n}$，其中

$$c_{ij}=\sum_{k=1}^{s}(a_{ik}\cdot b_{kj})=a_{i1}\cdot b_{1j}+\cdots+a_{is}\cdot b_{sj}(i=1,2,\cdots,m;j=1,2,\cdots,n)$$

称 $\boldsymbol{C}$ 为矩阵 $\boldsymbol{A}$ 与 $\boldsymbol{B}$ 的乘积，记为 $\boldsymbol{C}=\boldsymbol{A}\cdot\boldsymbol{B}$ 或 $\boldsymbol{C}=\boldsymbol{AB}$.

【注】 关于矩阵乘法，需要注意以下几点.

（1）条件：左矩阵 $\boldsymbol{A}$ 的列数等于右矩阵 $\boldsymbol{B}$ 的行数.

（2）方法：左行右列法——矩阵乘积 $\boldsymbol{C}$ 的元素 c_{ij} 等于左矩阵 $\boldsymbol{A}$ 的第 i 行与右矩阵 $\boldsymbol{B}$ 的第 j 列对应元素乘积的和.

（3）结果：左行右列——左矩阵 $\boldsymbol{A}$ 的行数为 $\boldsymbol{C}$ 的行数，右矩阵 $\boldsymbol{B}$ 的列数为 $\boldsymbol{C}$ 的列数.

【例 5.6】 $\boldsymbol{A}=\begin{pmatrix}2&2\\1&-2\\3&1\end{pmatrix}$，$\boldsymbol{B}=\begin{pmatrix}1&-2&-3\\2&-1&0\end{pmatrix}$，求 $\boldsymbol{AB}$ 和 $\boldsymbol{BA}$.

$$\boldsymbol{AB}=\begin{pmatrix}2&3\\1&-2\\3&1\end{pmatrix}\begin{pmatrix}1&-2&-3\\2&-1&0\end{pmatrix}$$

$$=\begin{pmatrix}2\times1+3\times2 & 2\times(-2)+3\times(-1) & 2\times(-3)+3\times0\\1\times1+(-2)\times2 & 1\times(-2)+(-2)\times(-1) & 1\times(-3)+(-2)\times0\\3\times1+1\times2 & 3\times(-2)+1\times(-1) & 3\times(-3)+1\times0\end{pmatrix}=\begin{pmatrix}8&-7&-6\\-3&0&-3\\5&-7&-9\end{pmatrix}$$

$$\boldsymbol{BA}=\begin{pmatrix}1&-2&-3\\2&-1&0\end{pmatrix}\begin{pmatrix}2&3\\1&-2\\3&1\end{pmatrix}$$

$$=\begin{pmatrix}1\times2+(-2)\times1+(-3)\times3 & 1\times3+(-2)\times(-2)+(-3)\times1\\2\times2(-1)\times+0\times3 & 2\times3+(-1)\times(-2)+0\times1\end{pmatrix}=\begin{pmatrix}-9&4\\3&8\end{pmatrix}$$

为验证计算是否正确，用 Python 计算 $\boldsymbol{AB}$ 和 $\boldsymbol{BA}$.

在 Pycharm 中新建 matrix4.py 文件，内容如下：

```
import numpy as np
A=np.matrix([[2,3],[1,-2],[3,1]])
B=np.matrix([[1,-2,-3],[2,-1,0]])
C=A*B
D=B*A
print("AB=",C)
print("BA=",D)
```

运行结果如下：

```
AB= [[ 8 -7 -6]
```

```
       [-3   0 -3]
       [ 5 -7 -9]]
BA= [[-9   4]
       [ 3   8]]
```

由例 5.6 可以看出 $\boldsymbol{AB} \neq \boldsymbol{BA}$，一般而言，矩阵乘法不满足交换律.

【例 5.7】 已知三个车间生产的篮球数量分别为 100、150、120，排球数量分别为 200、180、210. 已知篮球和排球的单价分别为 50 元/个、45 元/个，成本分别为 20 元/个、15 元/个. 请用矩阵乘法计算篮球和排球的销售总额和成本总额.

解：设三个车间生产的篮球和排球的销售总额和成本总额矩阵为 $\boldsymbol{C}$.

由题意，得三个车间生产的篮球和排球的数量矩阵为

$$\boldsymbol{A} = \begin{pmatrix} 100 & 200 \\ 150 & 180 \\ 120 & 210 \end{pmatrix}$$

矩阵乘法的应用

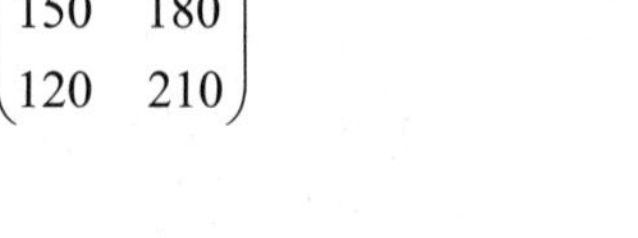

篮球单价和成本价矩阵为

$$\boldsymbol{B} = \begin{pmatrix} 50 & 20 \\ 45 & 15 \end{pmatrix}$$

$$\boldsymbol{C} = \boldsymbol{AB} = \begin{pmatrix} 100 & 200 \\ 150 & 180 \\ 120 & 210 \end{pmatrix}\begin{pmatrix} 50 & 20 \\ 45 & 15 \end{pmatrix}$$

$$= \begin{pmatrix} 100\times50+200\times45 & 100\times20+200\times15 \\ 150\times50+180\times45 & 150\times20+180\times15 \\ 120\times50+210\times45 & 120\times20+210\times15 \end{pmatrix} = \begin{pmatrix} 14000 & 5000 \\ 15600 & 5700 \\ 15450 & 5550 \end{pmatrix}$$

为验证计算是否正确，用 Python 计算 $\boldsymbol{C}$.

在 Pycharm 中新建 matrix5.py 文件，内容如下：

```
import numpy as np
A=np.matrix([[100,200],[150,180],[120,210]])
B=np.matrix([[50,20],[45,15]])
C=A*B
print("C=",C)
```

运行结果如下：

```
C= [[14000   5000]
    [15600   5700]
    [15450   5550]]
```

即计算是正确的.

结果表明：第一个车间生产的篮球和排球的销售总额、成本总额分别为 14000 元和 5000 元；第二个车间生产的篮球和排球的销售总额、成本总额分别为 15600 元和 5700 元；第三个车间生产的篮球和排球的销售总额、成本总额分别为 15450 元和 5550 元.

【例 5.8】 已知 $\boldsymbol{A}=\begin{pmatrix}a_1\\a_2\\a_3\end{pmatrix}$，$\boldsymbol{B}=\begin{pmatrix}b_1 & b_2 & b_3\end{pmatrix}$，求 $\boldsymbol{AB}$，$\boldsymbol{BA}$.

解：$\boldsymbol{C}=\boldsymbol{AB}=\begin{pmatrix}a_1\\a_2\\a_3\end{pmatrix}\begin{pmatrix}b_1 & b_2 & b_3\end{pmatrix}=\begin{pmatrix}a_1b_1 & a_1b_2 & a_1b_3\\a_2b_1 & a_2b_2 & a_2b_3\\a_3b_1 & a_3b_2 & a_3b_3\end{pmatrix}$

$$\boldsymbol{D}=\boldsymbol{BA}=\begin{pmatrix}b_1 & b_2 & b_3\end{pmatrix}\begin{pmatrix}a_1\\a_2\\a_3\end{pmatrix}=a_1b_1+a_2b_2+a_3b_3$$

由例 5.8 可知，当矩阵是行向量和列向量时，它们的乘积截然不同.

同步练习 3：已知 $\boldsymbol{A}=\begin{pmatrix}1 & 1\\1 & 1\end{pmatrix}$，$\boldsymbol{B}=\begin{pmatrix}1 & -1\\-1 & 1\end{pmatrix}$，$\boldsymbol{C}=\begin{pmatrix}2 & -2\\-2 & 2\end{pmatrix}$，计算 $\boldsymbol{AB}$ 和 $\boldsymbol{AC}$，并对计算结果进行总结.

5.4 方阵的行列式

引例 5.3

请观察二元一次方程组 $\begin{cases}a_{11}x_1+a_{12}x_2=b_1\\a_{21}x_1+a_{22}x_2=b_2\end{cases}$ 中的系数，能否构成矩阵？如果能，它们能否用于解方程组.

首先，复习一下中学学过的二元一次方程组的求解.

【例 5.9】 解方程组 $\begin{cases}a_{11}x_1+a_{12}x_2=b_1 & ①\\a_{21}x_1+a_{22}x_2=b_2 & ②\end{cases}$

解：由消元法得

$$(a_{11}a_{22}-a_{12}a_{21})x_1=b_1a_{22}-b_2a_{12}$$

$$(a_{11}a_{22}-a_{12}a_{21})x_2=b_2a_{11}-b_1a_{21}$$

当 $a_{11}a_{22}-a_{12}a_{21}\neq 0$ 时，该方程组有唯一解

$$x_1=\frac{b_1a_{22}-b_2a_{12}}{a_{11}a_{22}-a_{12}a_{21}}$$

$$x_2=\frac{b_2a_{22}-b_1a_{12}}{a_{11}a_{22}-a_{12}a_{21}}$$

在这里，观察解 x_1 和 x_2 的表达式，其分母有何特点？

通过观察发现，两个表达式的分母相同且由方程组的四个系数确定，是由以下数表

$$\begin{pmatrix}a_{11} & a_{12}\\a_{21} & a_{22}\end{pmatrix},\ \begin{pmatrix}b_1 & a_{12}\\b_2 & a_{22}\end{pmatrix},\ \begin{pmatrix}a_{11} & b_1\\a_{21} & b_2\end{pmatrix}$$

的元素运算得到，即

$$\begin{cases} \boxed{a_{11}} x_{11} + \boxed{a_{12}} x_{12} = b_1 \\ \boxed{a_{21}} x_1 + \boxed{a_{22}} x_2 = b_2 \end{cases}$$

数

$$\begin{matrix} a_{11} & a_{12} \\ a_{21} & a_{22} \end{matrix} \quad \Rightarrow \quad \begin{vmatrix} a_{11} & a_{12} \\ a_{21} & a_{12} \end{vmatrix}$$

记

由此，得到二阶行列式的定义.

定义 5.7 表达式 $a_{11}a_{22}-a_{12}a_{21}$ 称为由矩阵 $\begin{pmatrix} a_{11} & a_{12} \\ a_{21} & a_{22} \end{pmatrix}$ 所确定的二阶行列式，用符号 $\begin{vmatrix} a_{11} & a_{12} \\ a_{21} & a_{22} \end{vmatrix}$ 表示，记作 D，即

$$D=\begin{vmatrix} a_{11} & a_{12} \\ a_{21} & a_{22} \end{vmatrix}=a_{11}a_{22}-a_{12}a_{21}$$

5.4.1 二阶行列式的计算——对角线法则

二阶行列式的计算方法如下：

主对角线

副对角线

$$\begin{vmatrix} a_{11} & a_{12} \\ a_{21} & a_{22} \end{vmatrix} = a_{11}a_{12}-a_{12}a_{21}$$

即，主对角线上两元素之积减副对角线上两元素之积.

二阶与三阶行列式的计算

【例 5.10】 求解二元线性方程组 $\begin{cases} 3x_1-2x_2=12 \\ 2x_1+x_2=1 \end{cases}$.

解：$\because D=\begin{vmatrix} 3 & -2 \\ 2 & 1 \end{vmatrix}=3-2\times(-2)=7$

$$D_1=\begin{vmatrix} 12 & -2 \\ 1 & 1 \end{vmatrix}=12-1\times(-2)=14$$

$$D_2=\begin{vmatrix} 3 & 12 \\ 2 & 1 \end{vmatrix}=3-2\times 12=-21$$

$$\therefore x_1=\frac{D_1}{D}=\frac{14}{7}=2,\quad x_2=\frac{D_1}{D}=\frac{-21}{7}=-3.$$

即方程的解为 $\begin{cases} x_1=2 \\ x_2=-3 \end{cases}$.

定义 5.8 设有 9 个数排成 3 行 3 列的数表

$$\begin{matrix} a_{11} & a_{12} & a_{13} \\ a_{21} & a_{22} & a_{23} \\ a_{31} & a_{32} & a_{33} \end{matrix}$$

引进记号 $\begin{vmatrix} a_{11} & a_{12} & a_{13} \\ a_{21} & a_{22} & a_{23} \\ a_{31} & a_{32} & a_{33} \end{vmatrix}=a_{11}a_{22}a_{33}+a_{21}a_{32}a_{13}+a_{31}a_{23}a_{12}$

$$-a_{31}a_{22}a_{13}-a_{21}a_{12}a_{33}-a_{11}a_{23}a_{32}$$

称为三阶行列式.

5.4.2 三阶行列式的计算——对角线法则

三阶行列式的计算方法如下：

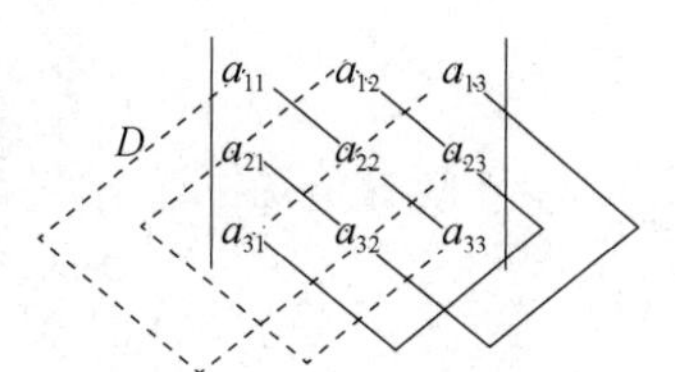

实线上的三个元素的乘积冠以正号，

虚线上的三个元素的乘积冠以负号.

$$D = a_{11}a_{22}a_{33} + a_{12}a_{23}a_{31} + a_{13}a_{21}a_{32} - a_{13}a_{22}a_{31} - a_{12}a_{21}a_{33} - a_{11}a_{23}a_{32}$$

注意：

① 对角线法则只适用于二阶与三阶行列式.

② 三阶行列式包括 6 项，每一项都是位于不同行、不同列的三个元素的乘积，其中三项为正，三项为负.

【例 5.11】 计算行列式 $D = \begin{vmatrix} 1 & 2 & -4 \\ -2 & 2 & 1 \\ -3 & 4 & -2 \end{vmatrix}$.

解：由对角线法则，有

$$\begin{aligned} D &= 1\times2\times(-2)+2\times1\times(-3)+(-4)\times(-2)\times4 \\ &\quad -1\times1\times4-2\times(-2)-(-4)\times2\times(-3) \\ &= -4-6+32-4-8-24 \\ &= -14 \end{aligned}$$

为求行列式，需调用 Numpy 库中线性代数 linalg 模块里的 det()函数.

在 Pycharm 中新建 matrix6.py 文件，内容如下：

```
import numpy as np
A=np.matrix([[1,2,-4],[-2,2,1],[-3,4,1]])
D=np.linalg.det(A)
print("A=",A)
print("D=",D)
```

运行结果如下：

```
A= [[ 1   2 -4]
    [-2   2   1]
    [-3   4 -2]]
D= -14.00
```

【例 5.12】 求解方程 $\begin{vmatrix} 1 & 1 & 1 \\ 2 & 3 & x \\ 4 & 9 & x^2 \end{vmatrix} = 0$.

解：由对角线法则，有

$$\begin{aligned}D&=3x^2+4x+18-9x-2x^2-12\\&=x^2-5x+6\end{aligned}$$

由 $x^2-5x+6=0$，得方程的解为 $x_1=2$ 或 $x_2=3$.

同步练习 4：

1. 若行列式 $\begin{vmatrix}1&2&5\\1&3&-2\\2&5&x\end{vmatrix}=0$，求 x.

2. 计算下列行列式.

（1）$\begin{vmatrix}1&2&3\\3&1&2\\2&3&1\end{vmatrix}$　　（2）$\begin{vmatrix}x&y&x+y\\y&x+y&x\\x+y&x&y\end{vmatrix}$.

5.4.3　*n* 阶行列式的计算

定义 5.9　对于 n 阶方阵

$$A=\begin{pmatrix}a_{11}&a_{12}&\cdots&a_{1n}\\a_{21}&a_{22}&\cdots&a_{2n}\\\cdots&\cdots&\cdots&\cdots\\a_{n1}&a_{n1}&\cdots&a_{nn}\end{pmatrix}\text{，其对应的行列式}|A|=\begin{vmatrix}a_{11}&a_{12}&\cdots&a_{1n}\\a_{21}&a_{22}&\cdots&a_{2n}\\\cdots&\cdots&\cdots&\cdots\\a_{n1}&a_{n1}&\cdots&a_{nn}\end{vmatrix}\text{称为 }n\text{ 阶行列式.}$$

特别地，有：

n 阶行列式的计算

（1）$A=\begin{pmatrix}\lambda_1&0&\cdots&0\\0&\lambda_2&\cdots&0\\\cdots&\cdots&\cdots&\cdots\\0&0&\cdots&\lambda_n\end{pmatrix}$，则 $|A|=\lambda_1\lambda_2\cdots\lambda_n$.

（2）对上三角矩阵或者下三角矩阵，有如下结果.

$$A=\begin{pmatrix}a_{11}&a_{12}&\cdots&a_{1n}\\0&a_{22}&\cdots&a_{2n}\\\cdots&\cdots&\cdots&\cdots\\0&0&\cdots&a_{nn}\end{pmatrix}\text{或 }A=\begin{pmatrix}a_{11}&0&\cdots&0\\a_{21}&a_{22}&\cdots&0\\\cdots&\cdots&\cdots&\cdots\\a_{n1}&a_{n2}&\cdots&a_{nn}\end{pmatrix}\text{，则 }|A|=a_{11}a_{12}\cdots a_{nn}.$$

对于 *n* 阶行列式的计算，常用行列式的性质进行计算.

定义 5.10　将行列式 D 的行与列互换后得到的行列式，称为 D 的转置行列式，记为 D^T 或 D'，即若

$$D=\begin{vmatrix}a_{11}&a_{12}&\cdots&a_{1n}\\a_{21}&a_{22}&\cdots&a_{23}\\\vdots&\vdots&&\vdots\\a_{n1}&a_{n2}&\cdots&a_{nn}\end{vmatrix}\text{，则 }D^T=\begin{vmatrix}a_{11}&\cdots&a_{n1}\\a_{12}&\cdots&a_{n2}\\\vdots&&\vdots\\a_{1n}&\cdots&a_{nn}\end{vmatrix}$$

性质 1　行列式与它的转置行列式相等，即 $D^T=D$.

性质 2　交换行列式的两行（列），行列式变号.

推论　若行列式中有两行（列）的对应元素相同，则此行列式为零.

性质 3　用数 k 乘行列式的某一行（列），等于用数 k 乘此行列式，即

$$D_1=\begin{vmatrix} a_{11} & a_{12} & & a_{1n} \\ \vdots & \vdots & \cdots & \vdots \\ ka_{i1} & ka_{i2} & \cdots & ka_{in} \\ \vdots & \vdots & & \vdots \\ a_{n1} & a_{n2} & \cdots & a_{nn} \end{vmatrix}=k\begin{vmatrix} a_{11} & a_{12} & & a_{1n} \\ \vdots & \vdots & \cdots & \vdots \\ a_{i1} & a_{i2} & \cdots & a_{i3} \\ \vdots & \vdots & & \vdots \\ a_{n1} & a_{n2} & \cdots & a_{nn} \end{vmatrix}=kD$$

第 i 行（列）乘以 k，记为 $r_i\times k$（或 $c_i\times k$）.

推论 1　行列式的某一行（列）中所有元素的公因数可以提到行列式符号的外面.

推论 2　行列式中若有两行（列）元素对应成比例，则此行列式为零.

性质 4　若行列式的某一行（列）的元素都是两数之和，则该行列式等于两个行列式之和，即

$$\begin{vmatrix} a_{11} & a_{12} & & a_{1n} \\ \vdots & \vdots & \cdots & \vdots \\ b_{i1}+a_{i1} & b_{i2}+a_{i2} & \cdots & b_{in}+a_{in} \\ \vdots & \vdots & & \vdots \\ a_{n1} & a_{n2} & \cdots & a_{nn} \end{vmatrix}=\begin{vmatrix} a_{11} & a_{12} & & a_{1n} \\ \vdots & \vdots & \cdots & \vdots \\ b_{i1} & b_{i2} & \cdots & b_{in} \\ \vdots & \vdots & & \vdots \\ a_{n1} & a_{n2} & \cdots & a_{nn} \end{vmatrix}+\begin{vmatrix} a_{11} & a_{12} & & a_{1n} \\ \vdots & \vdots & \cdots & \vdots \\ a_{i1} & a_{i2} & \cdots & a_{in} \\ \vdots & \vdots & & \vdots \\ a_{n1} & a_{n2} & \cdots & a_{nn} \end{vmatrix}.$$

性质 5　将行列式的某一行（列）的所有元素都乘以数 k 后加到另一行（列）对应位置的元素上，行列式不变.

【注】以数 k 乘第 j 行加到第 i 行上，记作 r_i+kr_j；以数 k 乘第 j 列加到第 i 列上，记作 c_i+kc_j.

$$\begin{vmatrix} a_{11} & a_{12} & & a_{1n} \\ \vdots & \vdots & \cdots & \vdots \\ a_{i1}+ka_{j1} & a_{i2}+ka_{j2} & \cdots & a_{in}+ka_{jn} \\ \vdots & \vdots & & \vdots \\ a_{n1} & a_{n2} & \cdots & a_{nn} \end{vmatrix}=\begin{vmatrix} a_{11} & a_{12} & & a_{1n} \\ \vdots & \vdots & \cdots & \vdots \\ a_{i1} & a_{i2} & \cdots & a_{in} \\ \vdots & \vdots & & \vdots \\ a_{n1} & a_{n2} & \cdots & a_{nn} \end{vmatrix}$$

1. 行列式的计算方法 1

计算行列式时，常用行列式的性质把它转化为三角形行列式来计算. 例如，转化为上三角形行列式的步骤如下：

如果第一列第一个元素为 0，先将第一行与其他行交换使得第一列第一个元素不为 0；然后把第一行分别乘以适当的数加到其他各行，使得第一列除第一个元素外其余元素全为 0；

再用同样的方法处理除第一行和第一列后余下的低一阶行列式，如此继续下去，直至使它成为上三角形行列式，这时主对角线上元素的乘积就是所求行列式的值.

【例 5.13】　若 $D=\begin{vmatrix} 1 & 2 & -1 \\ 1 & 1 & 2 \\ 1 & 2 & 1 \end{vmatrix}$，则 $D^T=D$.

【例 5.14】　$D=\begin{vmatrix} 1 & 2 & -1 \\ 1 & 1 & 2 \\ 2 & 2 & 4 \end{vmatrix}=0$，因为第三行是第二行的 2 倍.

【例 5.15】 计算行列式$D=\begin{vmatrix}3 & 6 & 12\\ 2 & 3 & 0\\ 5 & 1 & 2\end{vmatrix}$.

解：先对第一行提取公因数 3，得

$$D=\begin{vmatrix}3 & 6 & 12\\ 2 & 3 & 0\\ 5 & 1 & 2\end{vmatrix}=3\begin{vmatrix}1 & 2 & 4\\ 2 & 3 & 0\\ 5 & 1 & 2\end{vmatrix}$$

再r_2-2r_1，r_3-5r_2并提取公因子，得

$$D=3\begin{vmatrix}1 & 2 & 4\\ 0 & -7 & -8\\ 0 & -9 & -18\end{vmatrix}=27\begin{vmatrix}1 & 2 & 4\\ 0 & 7 & 8\\ 0 & 1 & 2\end{vmatrix}$$

$r_2\leftrightarrow r_3$然后r_3-7r_2，得

$$D=27\begin{vmatrix}1 & 2 & 4\\ 0 & 1 & 2\\ 0 & 7 & 8\end{vmatrix}=27\begin{vmatrix}1 & 2 & 4\\ 0 & 1 & 8\\ 0 & 0 & -6\end{vmatrix}=27\times(-6)=-162 .$$

在 Pycharm 中新建 matrix7.py 文件，内容如下：

```
import numpy as np
A=np.matrix([[3,6,12],[2,3,0],[5,1,2]])
D=np.linalg.det(A)
print("A=",A)
print("D=",round(D))   # round(D)表示输出时，用整数表示
```

运行结果如下：

```
A= [[ 3   6 12]
    [ 2   3   0]
   [ 5   1   2]]
D= -162
```

【例 5.16】 计算行列式$D=\begin{vmatrix}1 & 2 & 3 & 4\\ 2 & 3 & 4 & 1\\ 3 & 4 & 1 & 2\\ -3 & -2 & -2 & -3\end{vmatrix}$.

解：执行操作$c_1+(c_2+c_3+c_4)$并提取公因数 10，得

$$D=\begin{vmatrix}1 & 2 & 3 & 4\\ 2 & 3 & 4 & 1\\ 3 & 4 & 1 & 2\\ -3 & -2 & -2 & -3\end{vmatrix}=\begin{vmatrix}10 & 2 & 3 & 4\\ 10 & 3 & 4 & 1\\ 10 & 4 & 1 & 2\\ -10 & -2 & -2 & -3\end{vmatrix}=10\begin{vmatrix}1 & 2 & 3 & 4\\ 1 & 3 & 4 & 1\\ 1 & 4 & 1 & 2\\ -1 & -2 & -2 & -3\end{vmatrix}$$

再计算r_2-r_1，r_3-r_1，r_4+r_1，得

$$D=10\begin{vmatrix}1 & 2 & 3 & 4\\ 0 & 1 & 1 & -3\\ 0 & 2 & -2 & -2\\ 0 & 0 & 1 & 1\end{vmatrix}$$

然后 $r_3 - 2r_2$，得

$$D = 10\begin{vmatrix} 1 & 2 & 3 & 4 \\ 0 & 1 & 1 & -3 \\ 0 & 0 & -4 & 4 \\ 0 & 0 & 1 & 1 \end{vmatrix}$$

$r_3 \leftrightarrow r_4$，然后 $r_4 + 4r_3$，得

$$D = -10\begin{vmatrix} 1 & 2 & 3 & 4 \\ 0 & 1 & 1 & -3 \\ 0 & 0 & 1 & 1 \\ 0 & 0 & -4 & 4 \end{vmatrix} = -10\begin{vmatrix} 1 & 2 & 3 & 4 \\ 0 & 1 & 1 & -3 \\ 0 & 0 & 1 & 1 \\ 0 & 0 & 0 & 8 \end{vmatrix} = -80.$$

在 Pycharm 中新建 matrix8.py 文件，内容如下：

```
import numpy as np
A=np.matrix([[1,2,3,4],[2,3,4,1],[3,4,1,2],[-3,-2,-2,-3]])
D=np.linalg.det(A)
print("A=",A)
print("D=",round(D))   # round(D)表示输出时，用整数表示
```

运行结果如下：

```
A= [[ 1   2   3   4]
    [ 2   3   4   1]
    [ 3   4   1   2]
    [-3 -2 -2 -3]]
D= -80
```

2. 行列式的计算方法 2

行列式等于它的任一行（列）的各元素与其对应的代数余子式乘积之和，即

$$D = a_{i1}A_{i1} + a_{i2}A_{i2} + \cdots a_{in}A_{in} (i = 1, 2, \cdots, n)$$

其中，A_{ij} 表示去掉 i 行和 j 列后保持相应矩阵元素位置不变构成的行列式乘以 $(-1)^{i+j}$，如

$$A_{22} = (-1)^{2+2}\begin{vmatrix} a_{11} & a_{13} & \cdots & a_{1n} \\ a_{31} & a_{33} & \cdots & a_{3n} \\ \vdots & \vdots & & \vdots \\ a_{n1} & a_{n2} & \cdots & a_{nn} \end{vmatrix}.$$

根据行列式性质 5，于是得到一个借助行列式的展开式，而相对比较快捷的行列式计算方法.

【例 5.17】 计算 n 阶行列式 $D = \begin{vmatrix} a & b & b & \cdots & b \\ b & a & b & \cdots & b \\ b & b & a & \cdots & b \\ \cdots & \cdots & \cdots & \cdots & \cdots \\ b & b & b & \cdots & a \end{vmatrix}$.

解：将 $2,3,4,\ldots,n$ 列都加到第一列，再提取公因式，得

$$D=\begin{vmatrix}a+(n-1)b & b & b & \cdots & b\\ a+(n-1)b & a & b & \cdots & b\\ a+(n-1)b & b & a & \cdots & b\\ \cdots & \cdots & \cdots & \cdots & \cdots\\ a+(n-1)b & b & b & \cdots & a\end{vmatrix}=[a+(n-1)b]\begin{vmatrix}1 & b & b & \cdots & b\\ 1 & a & b & \cdots & b\\ 1 & b & a & \cdots & b\\ \cdots & \cdots & \cdots & \cdots & \cdots\\ 1 & b & b & \cdots & a\end{vmatrix}$$

再将 $2,3,4,\cdots,n$ 行都减去第一行，得

$$D=[a+(n-1)b]\begin{vmatrix}1 & b & b & \cdots & b\\ 0 & a-b & 0 & \cdots & 0\\ 0 & 0 & a-b & \cdots & 0\\ \cdots & \cdots & \cdots & \cdots & \cdots\\ 0 & 0 & 0 & \cdots & a-b\end{vmatrix}=[a+(n-1)b](a-b)^{n-1}$$

同步练习 5：求下列行列式的值.

（1）$\begin{vmatrix}0 & 0 & 1 & 0\\ 0 & 1 & 0 & 0\\ 0 & 0 & 0 & 1\\ 1 & 0 & 0 & 0\end{vmatrix}$；（2）$\begin{vmatrix}x & a & \cdots & a\\ a & x & \cdots & a\\ \vdots & \vdots & & \vdots\\ a & a & \cdots & x\end{vmatrix}$.

5.5 方阵的逆矩阵

在数的运算中，当数 $a\neq 0$ 时，有 $aa^{-1}=a^{-1}a=1$，则 a^{-1} 称为 a 的倒数.

类似地，在矩阵计算中，单位矩阵 $\boldsymbol{E}$ 相当于数的乘法运算中的 1，那么，有如下定义.

定义 5.11 对于 n 阶矩阵 $\boldsymbol{A}$，如果存在一个矩阵 $\boldsymbol{B}$，使得 $\boldsymbol{AB}=\boldsymbol{BA}=\boldsymbol{E}$，则矩阵 $\boldsymbol{A}$ 称为可逆矩阵，$\boldsymbol{B}$ 称为 $\boldsymbol{A}$ 的逆矩阵，记为 $\boldsymbol{B}=\boldsymbol{A}^{-1}$.

1. 逆矩阵的求法 1——伴随矩阵法

矩阵 $\boldsymbol{A}$ 的逆矩阵 $\boldsymbol{A}^{-1}=\dfrac{\boldsymbol{A}^*}{|\boldsymbol{A}|}$，记

$$\boldsymbol{A}=\begin{pmatrix}a_{11} & a_{12} & \cdots & a_{1n}\\ a_{21} & a_{22} & \cdots & a_{2n}\\ \vdots & \vdots & \ddots & \vdots\\ a_{n1} & a_{n2} & \cdots & a_{nn}\end{pmatrix}$$

$\boldsymbol{A}^*=\begin{pmatrix}A_{11} & A_{21} & \cdots & A_{n1}\\ A_{12} & A_{22} & \cdots & A_{n2}\\ \vdots & \vdots & \ddots & \vdots\\ A_{1n} & A_{2n} & \cdots & A_{nn}\end{pmatrix}$ 称为 $\boldsymbol{A}$ 的伴随矩阵，其中 $A_{ij}=(-1)^{i+j}D_{ij}$，D_{ij} 为 $\boldsymbol{A}$ 中去掉 i 行和 j 列后保持相应矩阵元素位置不变构成的行列式，如 $D_{22}=\begin{vmatrix}a_{11} & a_{13} & \cdots & a_{1n}\\ a_{31} & a_{33} & \cdots & a_{3n}\\ \vdots & \vdots & & \vdots\\ a_{n1} & a_{n2} & \cdots & a_{nn}\end{vmatrix}$.

【例 5.18】 已知 $\boldsymbol{A}=\begin{pmatrix}2 & 1 & -1\\ 2 & 1 & 0\\ 1 & -1 & 1\end{pmatrix}$，求 $\boldsymbol{A}^{-1}$.

求方阵的逆矩阵

解：$\because |\boldsymbol{A}|=3$

再求 $\boldsymbol{A}$ 的代数余子式，

$A_{11}=(-1)^{1+1}\begin{vmatrix}1 & 0\\ -1 & 1\end{vmatrix}=1$； $A_{12}=(-1)^{1+2}\begin{vmatrix}2 & 0\\ 1 & 1\end{vmatrix}=-2$； $A_{13}=(-1)^{1+3}\begin{vmatrix}2 & 1\\ 1 & -1\end{vmatrix}=-3$；

$A_{21}=(-1)^{2+1}\begin{vmatrix}1 & -1\\ -1 & 1\end{vmatrix}=0$； $A_{22}=(-1)^{2+2}\begin{vmatrix}2 & -1\\ 1 & 1\end{vmatrix}=3$； $A_{23}=(-1)^{2+3}\begin{vmatrix}2 & 1\\ 1 & -1\end{vmatrix}=3$；

$A_{31}=(-1)^{3+1}\begin{vmatrix}1 & -1\\ 1 & 0\end{vmatrix}=1$； $A_{32}=(-1)^{3+2}\begin{vmatrix}2 & -1\\ 2 & 0\end{vmatrix}=-2$； $A_{33}=(-1)^{3+3}\begin{vmatrix}2 & 1\\ 2 & 1\end{vmatrix}=0$.

$$\therefore \boldsymbol{A}^*=\begin{pmatrix}A_{11} & A_{12} & A_{13}\\ A_{21} & A_{22} & A_{23}\\ A_{31} & A_{32} & A_{33}\end{pmatrix}^T=\begin{pmatrix}1 & 0 & 1\\ -2 & 3 & -2\\ -3 & 3 & 0\end{pmatrix}$$

$$故\ \boldsymbol{A}^{-1}=\frac{1}{|\boldsymbol{A}|}\boldsymbol{A}^*=\frac{1}{3}\begin{pmatrix}1 & 0 & 1\\ -2 & 3 & -2\\ -3 & 3 & 0\end{pmatrix}=\begin{pmatrix}\frac{1}{3} & 0 & \frac{1}{3}\\ -\frac{2}{3} & 1 & -\frac{2}{3}\\ -1 & 1 & 0\end{pmatrix}.$$

在 Pycharm 中新建 matrix9.py 文件，内容如下：

```
import numpy as np
A=np.matrix([[2,1,-1],[2,1,0],[1,-1,1]])
B=np.linalg.inv(A)
print("A=",A)
print("逆矩阵 B=",B)
```

运行结果如下：

```
A= [[ 2   1 -1]
    [ 2   1   0]
    [ 1 -1   1]]
逆矩阵 B= [[ 0.33333333    0.          0.33333333]
           [-0.66666667    1.         -0.66666667]
           [-1.            1.          0.        ]]
```

同步练习 6：（用伴随矩阵法求逆矩阵）已知 $\boldsymbol{A}=\begin{pmatrix}1 & 2 & 3\\ 2 & 0 & 1\\ -1 & 1 & 0\end{pmatrix}$，求 $\boldsymbol{A}^{-1}$.

2. 逆矩阵的求法 2——初等变换法

利用初等变换法求逆短阵的思路见图 5-2.

即将矩阵 $\boldsymbol{A}$ 通过初等变换变为单位矩阵 $\boldsymbol{E}$ 的同时，对单位矩阵 $\boldsymbol{E}$ 进行同步的初等变换，便得到矩阵 $\boldsymbol{A}$ 的逆矩阵.

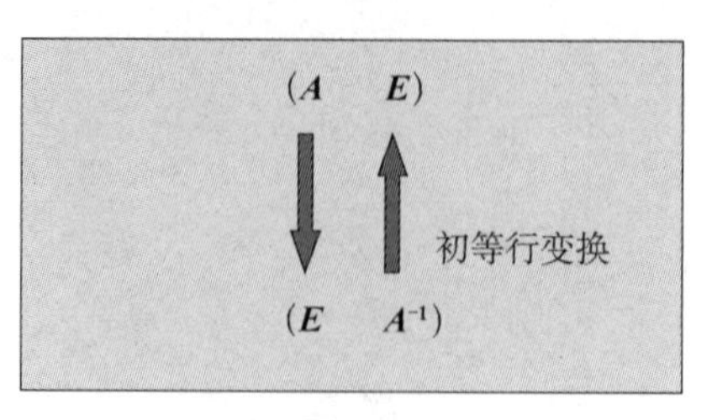

图 5-2

【例 5.19】 已知 $A=\begin{pmatrix}2 & 1 & -1\\ 2 & 1 & 0\\ 1 & -1 & 1\end{pmatrix}$，求 A^{-1}.

解：$[A,E]=\begin{pmatrix}2 & 1 & -1 & 1 & 0 & 0\\ 2 & 1 & 0 & 0 & 1 & 0\\ 1 & -1 & 1 & 0 & 0 & 1\end{pmatrix}\xrightarrow{r_3\leftrightarrow r_1}\begin{pmatrix}1 & -1 & 1 & 0 & 0 & 1\\ 2 & 1 & 0 & 0 & 1 & 0\\ 2 & 1 & -1 & 1 & 0 & 0\end{pmatrix}$

$$\xrightarrow[r_3-2r_1]{r_2-2r_1}\begin{pmatrix}1 & -1 & 1 & 0 & 0 & 1\\ 0 & -3 & -2 & 0 & 1 & -2\\ 0 & 3 & -3 & 1 & 0 & -2\end{pmatrix}\rightarrow\cdots\rightarrow\begin{pmatrix}1 & 0 & 0 & \frac{1}{3} & 0 & \frac{1}{3}\\ 0 & 1 & 0 & -\frac{2}{3} & 1 & -\frac{2}{3}\\ 0 & 0 & 1 & -1 & 1 & 0\end{pmatrix}$$

故 $A^{-1}=\begin{pmatrix}\frac{1}{3} & 0 & \frac{1}{3}\\ -\frac{2}{3} & 1 & -\frac{2}{3}\\ -1 & 1 & 0\end{pmatrix}$.

同步练习 7：（1）（用初等变换法）已知 $A=\begin{pmatrix}1 & 2 & -3\\ 0 & 1 & 2\\ 1 & -1 & 1\end{pmatrix}$，求 A^{-1}.

（2）（用 Python 实现）已知 $A=\begin{pmatrix}4 & 3 & 8\\ 1 & -3 & 6\\ -2 & 0 & 2\end{pmatrix}$，求 A^{-1}.

5.6 矩阵的应用及其 Python 实现

5.6.1 线性方程组的求解

中学阶段，我们学习过求解二元一次方程组、三元一次方程组，这些方程组都叫作线性方程组. 常见的线性方程组一般表示为

$$\begin{cases}a_{11}+x_1+a_{12}x_2+\cdots+a_{1n}x_n=b_1\\ a_{21}+x_1+a_{22}x_2+\cdots+a_{2n}x_n=b_1\\ \qquad\vdots\\ a_{m1}+x_1+a_{m2}x_2+\cdots+a_{mn}x_n=b_m\end{cases}$$

线性方程组的求解

记作 $$AX = b \tag{1}$$

其中，

$A=\begin{pmatrix} a_{11} & a_{12} & \cdots & a_{1n} \\ a_{21} & a_{22} & \cdots & a_{2n} \\ \vdots & \vdots & \vdots & \vdots \\ a_{m1} & a_{m1} & \cdots & a_{mn} \end{pmatrix}$称为系数矩阵，$X=\begin{pmatrix} x_1 \\ x_2 \\ \vdots \\ x_n \end{pmatrix}$为未知数矩阵，$b=\begin{pmatrix} b_1 \\ b_2 \\ \vdots \\ b_m \end{pmatrix}$，$B=(A\ b)$称为增广矩阵

（1）当$b=\begin{pmatrix} b_1 \\ b_2 \\ \vdots \\ b_m \end{pmatrix}$的元素$b_i(i=1,2,\dots,m)$不全为0时，式（1）称为非齐次线性方程组；

（2）当$b=\begin{pmatrix} b_1 \\ b_2 \\ \vdots \\ b_m \end{pmatrix}$的元素$b_i(i=1,2,\dots,m)$全为0时，式（1）称为齐次线性方程组.

此时式（1）变为以下的形式：

$$\begin{cases} a_{11}x_1 + a_{12}x_2 + \cdots a_{1n}x_n = 0 \\ a_{21}x_1 + a_{22}x_2 + \cdots a_{2n}x_n = 0 \\ \qquad \vdots \\ a_{m1}x_1 + a_{m2}x_2 + \cdots a_{mn}x_n = 0 \end{cases}$$

中学阶段学习的线性方程组，它们有个共同的特点：方程组的方程个数和未知数的个数相同，求出的解也是唯一的一组解. 随着方程组中方程数量的增加，未知数的数量也增加，那么方程组是否有解呢？只有在有解的情况下，我们才去求解该方程组.

影响线性方程组的解是否存在的一个重要概念是系数矩阵A的秩.

定义 5.12 在$A=(a_{ij})_{m\times n}$中，任取k行k列交叉处元素按原来相对位置组成的k $(1\leqslant k\leqslant \min\{m,n\})$阶行列式，称为$A$的一个$k$阶子式.

定义 5.13 设$A=(a_{ij})_{m\times n}$有r阶子式不为0，任何$r+1$阶子式（如果存在的话）全为0，称r为矩阵A的秩，记作$r(A)$或秩(A).

关于矩阵的秩$r(A)$、未知数的个数n与线性方程组的个数之间的关系，有以下定理.

定理 1 对于齐次线性方程组$AX=O$，有

① 若$r(A)=n$，则方程组只有零解；

② 若$r(A)<n$，则方程组有无穷多个非零解.

定理 2 设A与B分别是n元非齐次线性方程组$AX=b$的系数矩阵和增广矩阵，有

① 若$r(A)\neq r(B)$，则方程组无解；

② 若$r(A)=r(B)$，则方程组有解，且当$r(A)=n$时，方程组有唯一解；当$r(A)<n$时，方程组有无穷多个解.

下面介绍用 Python 求解线性方程组，常见的命令有 A.rref()［0］，A.rank()，A.inv().

【例 5.20】 用 Python 求解齐次线性方程组$\begin{cases} x_1+2x_2+2x_3+x_4=0 \\ 2x_1+x_2+2x_3+2x_4=0 \\ x_1-x_2-4x_3-3x_4=0 \end{cases}$.

在 Pycharm 中新建 matrix10.py 文件，内容如下：

```
from sympy import *
init_printing(use_unicode=True)
A=Matrix([[1,2,2,1],[2,1,-2,-2],[1,-1,-4,-3]])
r=A.rank()             #求系数矩阵A的秩，判断是否有非零解
print("A 的秩为 r=",r)
print(A.rref()[0])  #求出线性方程组解的系数矩阵
```

运行结果如下：

```
A 的秩为 r= 2
Matrix([[1, 0, -2, -5/3],
        [0, 1,   2, 4/3],
        [0, 0,   0, 0]])
```

由运行结果可看出，系数矩阵 $\boldsymbol{A}$ 的秩 $r(\boldsymbol{A})=2<4$（未知数个数），则方程组有无穷多个解.

由经过初等变换后的系数矩阵 $\boldsymbol{A}=\begin{pmatrix} 1 & 0 & -2 & -\frac{5}{3} \\ 0 & 1 & 2 & \frac{4}{3} \\ 0 & 0 & 0 & 0 \end{pmatrix}$，可以得到同解方程组$\begin{cases} x_1-2x_3-\frac{5}{3}x_4=0 \\ x_2+2x_3+\frac{4}{3}x_4=0 \end{cases}$，

则通解可以表示为

$$\begin{cases} x_1=2k_1+\frac{5}{3}k_2 \\ x_2=-2k_1-\frac{4}{3}k_2 \\ x_1=k_1 \\ x_4=k_2 \end{cases}$$

其中，k_1 和 k_2 为任意常数.

【例 5.21】 用 Python 求解齐次线性方程组$\begin{cases} 2x_1-x_2+3x_3=5 \\ 3x_1-x_2+5x_3=5 \\ 4x_1-x_2+x_3=9 \end{cases}$.

在 Pycharm 中新建 matrix11.py 文件，内容如下：

```
from sympy import *
init_printing(use_unicode=True)
A=Matrix([[2,-1,3],[3,1,-5],[4,-1,1]])
A1=Matrix([[2,-1,3,5],[3,1,-5,5],[4,-1,1,9]])
r1=A.rank()
r2=A1.rank()             #方程组有唯一解
print("系数矩阵 A 的秩 r1=",r1)
```

```
print("增广矩阵B的秩r2=",r2)
print("初等变换后的增广矩阵为",A1.rref()[0])
```

运行结果如下：

```
系数矩阵A的秩r1= 3
增广矩阵B的秩r2= 3
初等变换后的增广矩阵为
 Matrix([ [1, 0, 0, 2],
          [0, 1, 0, -1],
          [0, 0, 1, 0]])
```

由运行结果可看出，系数矩阵 $\boldsymbol{A}$ 与增广矩阵 $\boldsymbol{B}$ 的秩相等，即 $r(\boldsymbol{A})=r(\boldsymbol{B})=3$，则方程组有唯一解.

由经过初等变换后的系数矩阵 $\boldsymbol{A}=\begin{pmatrix}1&0&0&2\\0&1&0&-1\\0&0&1&0\end{pmatrix}$，可以得到方程组的解为 $\begin{cases}x_1=2\\x_2=-1\\x_3=0\end{cases}$.

同步练习 8：

1. 用 Python 求解齐次线性方程组 $\begin{cases}x_1+x_2-3x_3-x_4=0\\3x_1+x_2-3x_3+4x_4=0\\x_1+5x_2-9x_3-8x_4=0\end{cases}$.

2. 用 Python 求解非齐次线性方程组 $\begin{cases}x_1+4x_2-3x_3=1\\x_1+2x_2-3x_3=0\\-x_1+6x_2-4x_3=3\end{cases}$.

5.6.2 线性规划的 Python 实现

在生产实践中，经常遇到如何利用现有资源来安排生产，以获得最大经济效益的问题. 此类问题就是运筹学中的数学规划问题，数学规划问题中最常见、最基础的是线性规划问题. 常见的线性规划可以分为连续规划、整数规划和 0–1 规划. 本小节将介绍如何用 Python 求解线性规划问题.

【例 5.22】【生产组织与计划】 某机床厂生产两种机床的单位利润（单位：千元）和每台机器的加工时间（单位：h）见表 5.4，问该厂应生产甲、乙机床各几台，才能使总利润最大？

表 5.4

机器种类及单位利润	机床		
	甲	乙	加工时间/h
A	2	1	10
B	1	1	8
C	0	1	7
单位利润/千元	4	3	求最大值

（1）问题的分析

设该厂生产甲、乙两种机床的数量分别为x_1与x_2（台），要求使得利润$L=4x_1+3x_2$达到最大. 该问题限制条件如下：

① 每天A机器最大加工时间：$2x_1+x_2\leqslant 10$；

② 每天B机器最大加工时间：$x_1+x_2\leqslant 8$；

③ 每天C机器最大加工时间：$x_2\leqslant 7$；

④ 两种机床的产量都必须是非负的：$x_1\geqslant 0$，$x_2\geqslant 0$.

生产组织与计划模型的 Python 实现

（2）模型的建立

把上述实际问题转化为如下的线性规划问题：

$$\max L=4x_1+3x_2$$
$$s.t.\begin{cases}2x_1+x_2\leqslant 10\\ x_1+x_2\leqslant 8\\ x_2\leqslant 7\\ x_1，x_2\geqslant 0\end{cases}$$

（3）模型的求解

在 Pycharm 中新建 linpro1.py 文件，内容如下：

```
from scipy import optimize
from sympy import *

L = Matrix([4,3])        #确定目标函数的系数矩阵L
A = Matrix([[2,1],[1,1]])  #确定约束条件的系数矩阵A
B = Matrix([[10],[8]])       #确定约束条件的常数矩阵B
#求解目标函数
res = optimize.linprog(-L,A,B, method='simplex')   #求最大值，故用-L
print(res)   #最优值是显示结果的相反数
```

运行结果如下：

```
     con: array([], dtype=float64)
      fun: -26.0
message: 'Optimization terminated successfully.'
      nit: 3
    slack: array([0., 0.])
  status: 0
success: True
        x: array([2., 6.])
```

【注】 fun为目标函数的最优值，nit为迭代的次数，slack为松弛变量，status表示优化结果状态，x为最优解.

解得$x_1=2$，$x_2=6$，此线性规划问题最优值为L=26.

即生产甲、乙两种机床的数量分别2台与6台时，所得利润达到最大，最大值L=26千元.

【例 5.23】【选课策略】

大学生选修课的选择，涉及学生综合素质和专业素质的发展，一直以来是学校和学生非常重视的问题. 某校计算机学院的选修课策略见表 5.5.

表 5.5

课程编号	课程名称	学分	所属类别	先修课要求
1	微积分	5	数学	
2	线性代数	4	数学	
3	最优化方法	4	数学，运筹学	微积分，线性代数
4	数据结构	3	数学，计算机	计算机编程
5	应用统计	4	数学，运筹学	微积分，线性代数
6	计算机模拟	3	计算机，运筹学	计算机编程
7	计算机编程	2	计算机	
8	预测理论	2	运筹学	应用统计
9	数学实验	3	计算机，运筹学	计算机编程

学生选择课程时，要求至少选两门数学课程、三门运筹学课程和两门计算机课程.

① 为了使选修课程门数最少，学生应学习哪些课程？

② 若要使学生的选修课程最少，但学分尽量多，应学习哪些课程？

（1）问题 1 的分析

这是一个 0–1 规划问题，设决策变量 x_i， $x_i=1$ 表示选修编号为 i 的课程， $x_i=0$ 表示编号为 i 的课程不选.

设目标函数为 Z：Z 为先修课程总数最少，即 $\mathrm{Min}\ Z=\sum_{i=1}^{9}x_i$.

约束条件如下：

① 至少 2 门数学课程： $x_1+x_2+x_3+x_4+x_5\geqslant 2$；

② 至少 3 门运筹学课程： $x_3+x_5+x_6+x_8+x_9\geqslant 3$；

③ 至少 2 门计算机课程： $x_4+x_6+x_7+x_9\geqslant 2$.

对先修课程要求进行分析，得到，若 $x_3=1$，必有 $x_1=x_2=1$，即

$$\begin{cases}x_3\leqslant x_1\\x_3\leqslant x_2\end{cases}，亦即\ 2x_3-x_1-x_2\leqslant 0 .$$

同理 $x_4\leqslant x_7$，即 $x_4-x_7\leqslant 0$， $2x_5-x_1-x_2\leqslant 0$， $x_6-x_7\leqslant 0$， $x_8-x_5\leqslant 0$，

$$2x_9-x_1-x_2\leqslant 0 .$$

（2）模型 1 的建立

所以，将上述问题转为 0–1 规划问题，即

$$\mathrm{Min}\ Z=\sum_{i=1}^{9}x_i$$

$$
s.t.\begin{cases}2x_3-x_1-x_2\leqslant 0\\2x_5-x_1-x_2\leqslant 0\\2x_9-x_1-x_2\leqslant 0\\x_4-x_7\leqslant 0\\x_6-x_7\leqslant 0\\x_8-x_5\leqslant 0\end{cases}
$$

选课策略的

Python 实现

（3）模型 1 的求解

在 Pycharm 中新建 linpro2.py 文件，内容如下：

```
import pulp
#实例化该问题
model = pulp.LpProblem("大学生选课问题", pulp.LpMinimize) #求最小值
x1 = pulp.LpVariable('x1', lowBound=0, cat='Binary')    #限制约束变量为0-1型
x2 = pulp.LpVariable('x2', lowBound=0, cat='Binary')    #限制约束变量为0-1型
x3 = pulp.LpVariable('x3', lowBound=0, cat='Binary')    #限制约束变量为0-1型
x4 = pulp.LpVariable('x4', lowBound=0, cat='Binary')    #限制约束变量为0-1型
x5 = pulp.LpVariable('x5', lowBound=0, cat='Binary')    #限制约束变量为0-1型
x6 = pulp.LpVariable('x6', lowBound=0, cat='Binary')    #限制约束变量为0-1型
x7 = pulp.LpVariable('x7', lowBound=0, cat='Binary')    #限制约束变量为0-1型
x8 = pulp.LpVariable('x8', lowBound=0, cat='Binary')    #限制约束变量为0-1型
x9 = pulp.LpVariable('x9', lowBound=0, cat='Binary')    #限制约束变量为0-1型
#目标函数
model += x1+x2+x3+x4+x5+x6+x7+x8+x9
#约束条件
model +=x1+x2+x3+x4+x5>= 2
model += x3+x5+x6+x8+x9>= 3
model += x4+x6+x7+x9>= 3
#先修课程约束条件
model += 2*x3-x1-x2 <= 0
model += 2*x5-x1-x2 <= 0
model += 2*x9-x1-x2 <= 0
model += x4-x7 <= 0
model += x6-x7 <= 0
model += x8-x5 <= 0

model.solve()    #求解问题
pulp.LpStatus[model.status]

print("x1={}".format(x1.varValue))   #打印最优解
print("x2={}".format(x2.varValue))
print("x3={}".format(x3.varValue))
print("x4={}".format(x4.varValue))
print("x5={}".format(x5.varValue))   #打印最优解
print("x6={}".format(x6.varValue))
print("x7={}".format(x7.varValue))
```

```
print("x8={}".format(x8.varValue))
print("x9={}".format(x9.varValue))
print("最少选课为",pulp.value(model.objective),"门")    #打印最优值
```

运行结果如下：

```
Result - Optimal solution found
Objective value:                6.00000000
Enumerated nodes:               0
Total iterations:               0
Time (CPU seconds):             0.02
Time (Wallclock seconds):       0.02
Option for printingOptions changed from normal to all
Total time (CPU seconds):       0.02    (Wallclock seconds):       0.02
x1=1.0   x2=1.0   x3=1.0   x4=0.0
x5=0.0   x6=1.0   x7=1.0   x8=0.0   x9=1.0
最少选课为 6.0 门
```

从运行结果看，$x_1 = x_2 = x_3 = x_6 = x_7 = x_9 = 1$，要先修的课程为微积分、线性代数、最优化方法、计算机模拟、计算机编程、数学实验这6门课程，此时总学分为$5+4+4+3+2+3=21$.

（4）问题2的分析

对于问题2，既要保证选修课程最少，又要使学分尽量多，这是个双目标规划没问题.

课程最少时，目标函数为$\text{Min } Z = \sum_{i=1}^{9} x_i$.

学分最多时，目标函数为

$$\begin{aligned}\text{Max } W = {} & 5x_1 + 4x_2 + 4x_3 + 3x_4 + 4x_5 \\ & + 3x_6 + 2x_7 + 2x_8 + 3x_9.\end{aligned}$$

则可以将问题转化为单目标函数：$\text{Min } Z - M$.

① 以课程最少为目标，不管学分多少，则最优解和问题①一致，也是选6门课，总学分为21.

② 以学分最多为目标，不管课程多少，则最优解显然是选修全部课程，即选9门课，总学分为$5+4+4+3+4+3+2+2+3=30$.

③ 在课程最少的前提下以学分最多为目标，增加一个约束条件$\sum_{i=1}^{9} x_i = 6$.

此时解得最优解为$x_1 = x_2 = x_3 = x_5 = x_7 = x_9 = 1$，其他为0，总学分由21增至22.

同步练习9：用Python求解下列线性规划问题.

（1）【背包问题】　一个旅行者的背包最多只能装20kg物品. 现有4件物品的质量分别为4kg、6kg、6kg和8kg，4件物品的价值分别为1000元、1500元、900元、2100元. 这位旅行者应携带哪些物品使得携带物品的总价值最大？

（2）【零件加工】　某产品由2件甲零件和3件乙零件组装而成. 两种零件必须在设备A和B

上加工，每件甲零件在A和B上的加工时间分别为5min和9min，每件乙零件在A和B上的加工时间分别为4min和10min. 现有2台设备A和3台设备B，每天加工时间为8h. 为了保持两种设备均衡负荷生产，要求一种设备每天加工的总时间不超过另一种设备加工总时间1h. 请问怎样安排生产可使得每天加工的产品产量最大？

5.7 知识点总结

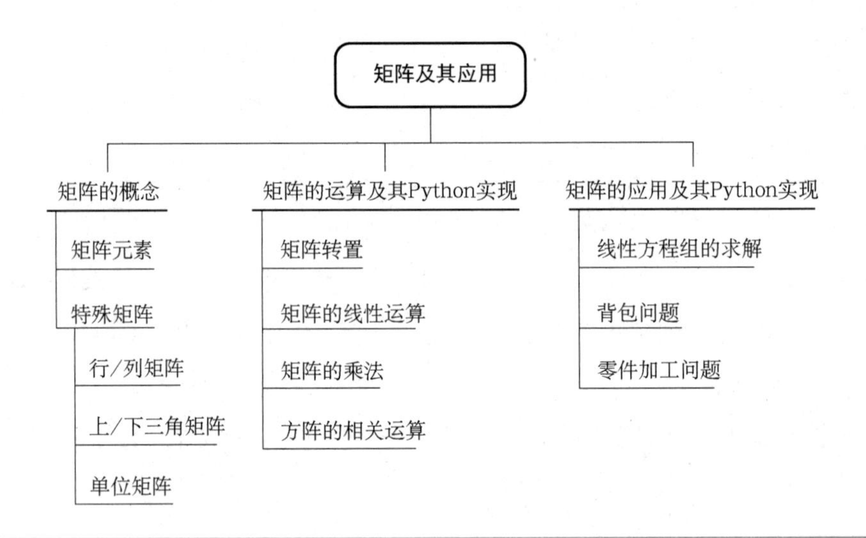

矩阵	概念	有序的数字或者字符组成的表格	
	运算	$\boldsymbol{C}=\boldsymbol{A}\pm\boldsymbol{B}$	$c_{ij}=a_{ij}\pm b_{ij}$
		$\boldsymbol{C}_{m\times n}=\boldsymbol{A}_{m\times s}\boldsymbol{B}_{s\times n}$	$c_{ij}=\sum\limits_{k=1}^{s}a_{ik}b_{kj}$
		方阵 $\boldsymbol{A}$ 的 $\lvert\boldsymbol{A}\rvert$	1. 按定义计算 2. 展开式计算 3. 转化为上（下）三角矩阵再计算 4. 利用性质计算
		求方阵 $\boldsymbol{A}$（$\lvert\boldsymbol{A}\rvert\neq 0$ 时）的逆矩阵 $\boldsymbol{A}^{-1}$	1. 利用伴随矩阵法计算 2. 利用初等变换法计算 3. 特殊分块矩阵的逆矩阵
	应用	克拉姆法则	$\boldsymbol{AX}=\boldsymbol{B}$ 且 $D=\lvert\boldsymbol{A}\rvert\neq 0$，则 $x_i=\dfrac{D_i}{D}$
		逆矩阵解方程组	$\boldsymbol{AX}=\boldsymbol{B}$ 且 $\lvert\boldsymbol{A}\rvert\neq 0$，则 $\boldsymbol{X}=\boldsymbol{A}^{-1}\boldsymbol{B}$
		初等变换解方程组	$\boldsymbol{AX}=\boldsymbol{B}$ 且 $\lvert\boldsymbol{A}\rvert\neq 0$，则初等行变换： $[\boldsymbol{A},\boldsymbol{B}]\to\left[\boldsymbol{E},\boldsymbol{A}^{-1}\boldsymbol{B}\right]$，即是 $\boldsymbol{X}=\boldsymbol{A}^{-1}\boldsymbol{B}$

5.8 复习测试题

本章参考答案

一、选择题

1. 设 $\boldsymbol{A}$、$\boldsymbol{B}$ 是 3 阶方阵，$\boldsymbol{E}$ 是同阶单位矩阵，下列算式正确的是（　　）.

A. $\boldsymbol{A}^2+4\boldsymbol{A}+4\boldsymbol{E}=(\boldsymbol{A}+2\boldsymbol{E})^2$　　B. $\boldsymbol{A}^2-\boldsymbol{B}^2(\boldsymbol{A}-\boldsymbol{B})(\boldsymbol{A}+\boldsymbol{B})$

C. $(\boldsymbol{AB})^{-1}-\boldsymbol{A}^{-1}\boldsymbol{B}^{-1}$　　D. $\boldsymbol{A}^k\boldsymbol{B}^k=(\boldsymbol{AB})^k$

2. 若矩阵满足 $\boldsymbol{AB}=\boldsymbol{O}$，下列命题正确的是（　　）.

A. $\boldsymbol{A}=\boldsymbol{O}$ 或者 $\boldsymbol{B}=\boldsymbol{O}$　　B. $|\boldsymbol{A}|=\boldsymbol{O}$ 或者 $|\boldsymbol{B}|=0$

C. $\boldsymbol{A}$ 若可逆，则 $\boldsymbol{B}=\boldsymbol{O}$　　D. $\boldsymbol{A}$ 若可逆，则 $|\boldsymbol{B}|=0$

3. 已知 $|\boldsymbol{A}|=0$，$\boldsymbol{\alpha}_1$ 与 $\boldsymbol{\alpha}_2$ 是方程 $\boldsymbol{AX}=\boldsymbol{B}(\neq\boldsymbol{O})$ 的两个不同的解向量，则 $\boldsymbol{AX}=\boldsymbol{O}$ 的解有（　　）.

A. $\boldsymbol{\alpha}_1+\boldsymbol{\alpha}_2$　　B. $\kappa\boldsymbol{\alpha}_1$　　C. $\kappa(\boldsymbol{\alpha}_1+\boldsymbol{\alpha}_2)$　　D. $\kappa(\boldsymbol{\alpha}_1-\boldsymbol{\alpha}_2)$

4. 已知 3 阶矩阵 $\boldsymbol{A}$，有 $|\boldsymbol{A}|=\lambda$，下列命题错误的是（　　）.

A. $\boldsymbol{A}^{-1}=\boldsymbol{A}^*/\lambda$　　B. $|\boldsymbol{AA}^*|=\lambda^n$

C. $\boldsymbol{AA}^*=\lambda\boldsymbol{E}$　　D. $|\boldsymbol{A}^*|=\lambda^{n-1}$

5. 若齐次线性方程组 $\begin{cases}\lambda x_1+x_2+x_3=0\\ \lambda x_1+3x_2-x_3=0\\ -x_2+\lambda x_3=0\end{cases}$ 仅有零解，则（　　）.

A. $\lambda\neq0$ 且 $\lambda\neq1$　　B. $\lambda=1$　　C. $\lambda=0$ 或 $\lambda=1$　　D. $\lambda=0$

二、填空题

（1）若 $\begin{vmatrix}a & c\\ b & d\end{vmatrix}=3$，则 $\begin{vmatrix}2a & 3c\\ 2b & 3d\end{vmatrix}=$________.

（2）$\begin{pmatrix}1 & -2\\ 4 & 0\end{pmatrix}\begin{pmatrix}-1 & 3\\ 1 & 2\end{pmatrix}=\begin{pmatrix} & \\ & \end{pmatrix}$.

（3）已知 $\boldsymbol{A}=\begin{pmatrix}1 & -1 & 8\\ 3 & 2 & 4\\ 0 & 0 & 2\end{pmatrix}$，则 $|2\boldsymbol{A}^{-1}|=$________.

（4）若 $\begin{vmatrix}\lambda-3 & 1 & -1\\ 1 & \lambda-5 & 1\\ -1 & 1 & \lambda-3\end{vmatrix}=0$，则 $\lambda=$________.

（5）行列式 $\begin{vmatrix}0 & 0 & a & 0\\ 0 & b & 0 & 0\\ c & 0 & 0 & 0\\ 0 & 0 & 0 & d\end{vmatrix}=$________.

(6) $\boldsymbol{A}=\begin{pmatrix}1 & 2\\3 & 4\end{pmatrix}$，则 $(2\boldsymbol{A})^{-1}=$__________.

三、计算题

(1) 已知 $\boldsymbol{A}=\begin{pmatrix}3 & 1 & 0 & 2\\-1 & 2 & 1 & 4\\1 & 4 & 3 & 2\end{pmatrix}$，$\boldsymbol{B}=\begin{pmatrix}1 & 0 & 2 & 0\\2 & -1 & 0 & 1\\0 & -2 & 1 & 1\end{pmatrix}$，求 $2\boldsymbol{A}+3\boldsymbol{B}$.

(2) 已知 $\boldsymbol{A}=\begin{pmatrix}2 & 0 & -1\\1 & 3 & 2\end{pmatrix}$，$\boldsymbol{B}=\begin{pmatrix}1 & 7 & -1\\4 & 2 & 3\\2 & 0 & 1\end{pmatrix}$，求 $(\boldsymbol{AB})^T$.

(3) 计算行列式 $\begin{vmatrix}1 & -3 & 1 & 2\\-1 & 1 & 2 & 4\\0 & -2 & 1 & 7\\-3 & 4 & -2 & 1\end{vmatrix}$.

(4) 设矩阵 $\boldsymbol{A}$，满足关系式 $\boldsymbol{B}+\boldsymbol{E}=\boldsymbol{B}\boldsymbol{A}^{-1}$，且 $\boldsymbol{B}=\begin{pmatrix}1 & -2 & 0\\1 & 1 & 0\\0 & 0 & 3\end{pmatrix}$，求 $\boldsymbol{A}$.

(5) 解非线性方程组 $\begin{cases}x_1+5x_2-x_3-x_4=-1\\x_1-2x_2+x_3+3x_4=3\\3x_1+8x_2-x_3+x_4=1\\x_1-9x_2+3x_3+7x_4=7\end{cases}$.

四、综合题

(1) t 为何值时，下列非齐次方程有无穷多解？求其通解.

$$\begin{cases}x_1+3x_2=4\\2x_1+x_2-x_3=3\\3x_1+2x_2+tx_3=-2\end{cases}$$

(2) 设三角形 P 三顶点的坐标为 (x_1,y_1)，(x_2,y_2)，(x_3,y_3).

求：(a) 三角形 P 的面积；(b) 顶点坐标为（0,1），（2,0），（4,3），（3,5）的四边形面积.

5.9 课程思政拓展阅读

线性代数与人脸识别

随着人工智能技术的兴起，“刷脸”在生活中经常遇到. 大学上课从点名考勤变成“刷脸”考勤、火车站进站检票变成“刷脸”认证、使用支付宝或者微信支付时也需要“刷脸”，可以说“刷脸”技术无处不在. 那么到底什么是“刷脸”呢？

其实，“刷脸”在计算机视觉领域里，其专业称谓是“人脸识别”，是图像识别的一个分支.

人脸识别近些年成为科技行业中风靡全球的名词，据报道其百度日均搜索高达1930条. 人脸识别是基于人的脸部关键特征信息（见图5-3）进行分析计算并进行身份识别的一种生物识别技术，与指纹识别、虹膜识别并称为“三大能够进入实用阶段的生物特征识别技术”.

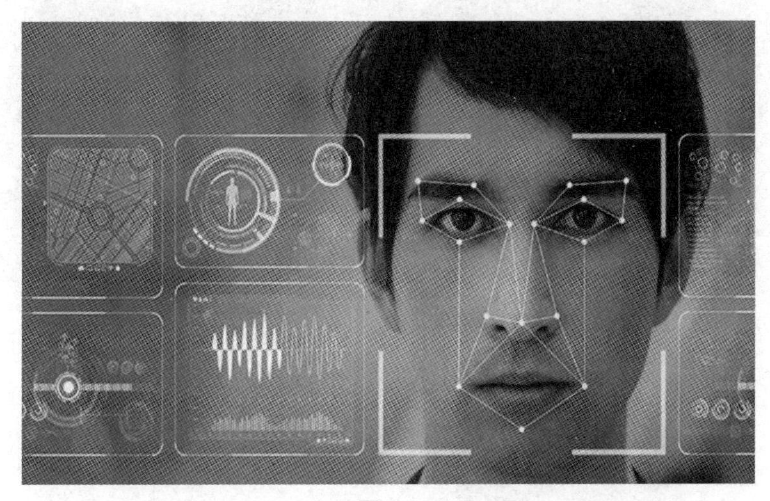

图 5-3

人脸识别是通过设备（如智能手机摄像头）采集人脸的基本信息，从而达到辨识、定位、确认身份的作用.

那么，人脸识别是怎么实现的呢？

人脸识别的核心是基于算法模型，算法模型其实就是基于线性代数中的矩阵展开的.

人脸识别技术是通过检测人脸，对脸部进行一些关键点的定位，通过核心算法获得人脸的特征值，然后将特征值与本人的特征进行一个相似度对比，从而得到一个人脸识别的结果.

下面介绍如何通过线性变换进行人脸识别.

图5-4中有两张相片是同一个人的，怎样从中分辨出这个人？

图 5-4

对于这个问题，肉眼是很容易分辨出来的，但计算机应怎么办呢？其中一种方法就是将之线性化. 首先，给出此人更多的照片，如图 5-5 所示.

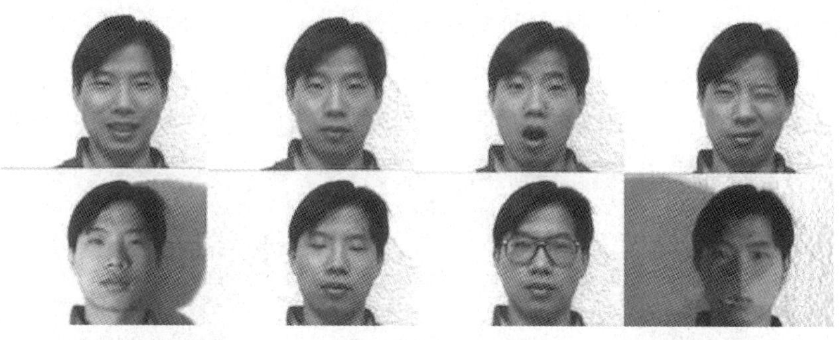

图 5-5

将其中某张照片分为眼、鼻、嘴三个部位，这是人脸最重要的三个部位. 通过某种算法，可用三个实数来分别表示这三个部位，比如图 5-6 中的 150、30、20.

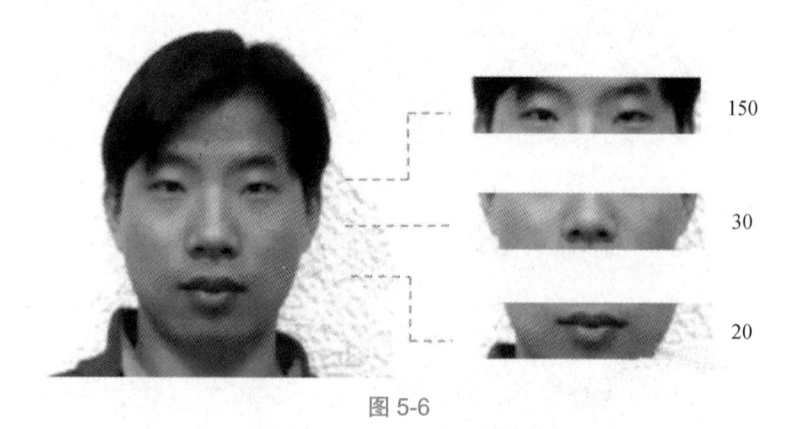

图 5-6

将所有这些照片分别算出来，用三维坐标来表示得到的结果，如基于图 5-6 得到的结果就是（150,30,20）. 将这些三维坐标用点标注在空间直角坐标系中，发现这些点都落在某平面上，或该平面的附近，如图 5-7 所示. 因此，可认为此人的脸线性化为了该平面.

将人脸线性化为平面后，再给出一张新的照片，按照刚才的方法算出这张照片的三维坐标，发现不在平面上或者平面附近，就可以判断不是此人的照片，如图 5-8 所示.

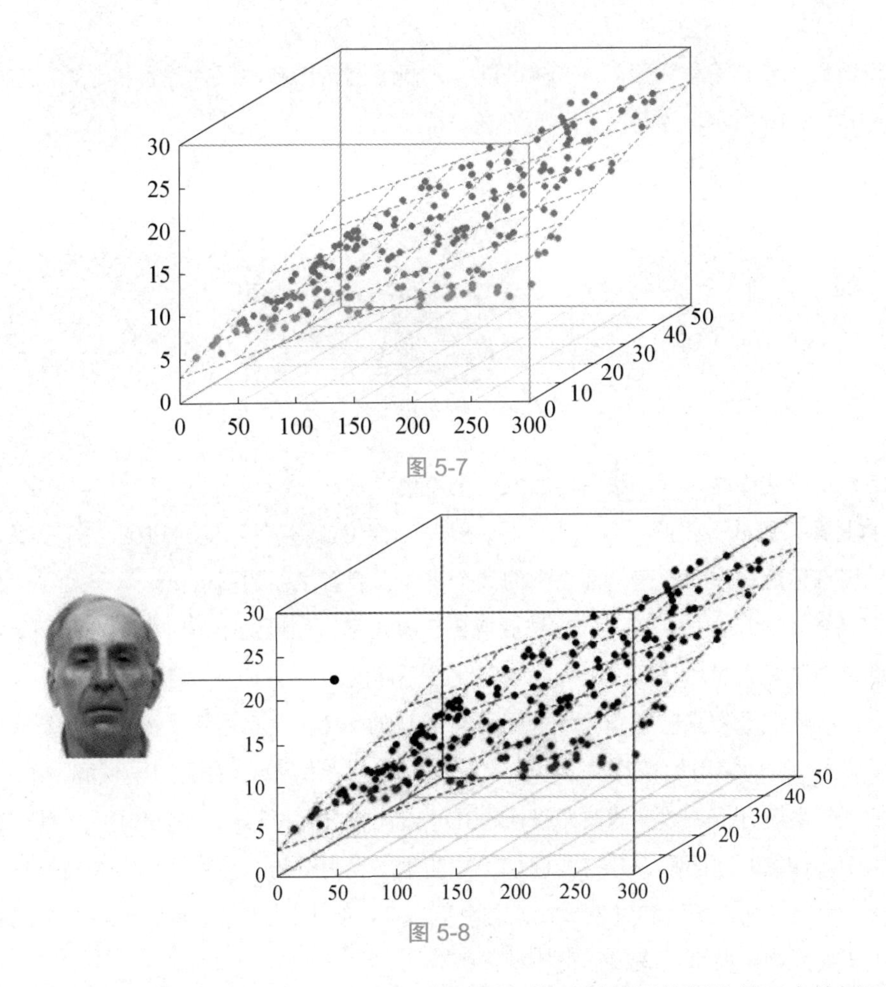

图 5-7

图 5-8

总结，人脸识别就是把之前的人脸线性化为平面，然后判断新的照片是否在该平面内.

这里涉及两个数学问题：

（1）怎么表示人脸线性化后的平面？

（2）怎么判断人脸是否在该平面内？

线性代数提供了这两个数学问题的解决方案.

第一个问题，怎么表示人脸线性化后的平面？线性代数提供了向量或向量空间（见图 5-9）来表示平面、直线及立体等线性的几何对象.

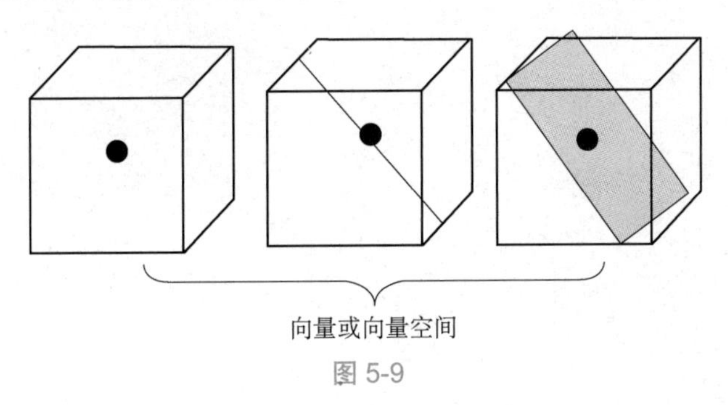

图 5-9

第二个问题，怎么判断人脸是否在该平面内？线性代数提供了关于向量和向量空间的函数，也就矩阵函数，或者简称为矩阵. 这样可以很方便地判断出新的照片是否在之前线性化得到的平面上. 如图 5-10 所示，不等于就表示不在平面上.

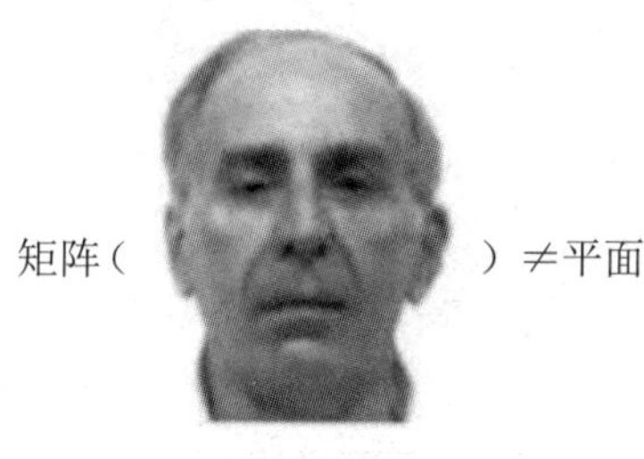

图 5-10

人脸识别就这样达成啦，我们再回顾整个流程.

① 将目标人脸的多张照片分为眼、鼻、嘴三个部位，用某种算法提取出三个实数，将这些三维坐标用点标注在空间直角坐标系中的某个平面上或者平面的附近.

② 将待检测人脸，按照①中的方法提取出三维坐标，如果这个三维坐标在平面上或者在平面的附近，则这两张照片是同一个人，否则就是不同的人.

综上，线性代数在人脸识别领域起了不可或缺的作用. 除此之外，线性代数是应用最为广泛的数学学科，它的应用领域几乎可以涵盖所有的工程技术领域、社会科学领域. 例如，电路分析、线性信号系统分析、数字滤波器设计、3D 游戏的制作；日常会计工作中，单位成本问题；工程施工中，计算断面面积、开挖或回填土方测量、受力分析；餐饮业中，构造一份有营养的减肥食谱；气象方面，天气和气象预报；航空运输业，航班调度，监视飞行及机场的维护运作；经济学中，投入产出模型、人口迁徙模型，等等.

第6章 数据分析初步

现实世界中的数据大部分是不完整、不一致的“脏数据”，无法直接进行数据挖掘，或挖掘结果差强人意. 数据挖掘项目中花费时间最长的就是数据获取和预处理，约占项目时间的80%. 最简单的解释可以概括为“数据是困难的”. 在真实的数据中可能包含了大量的缺失值和噪声，也可能因为人工录入错误导致异常点存在，非常不利于算法模型的训练. 为了提高数据挖掘的质量便产生了数据预处理技术.

6.1 数据清洗

数据清洗就是对各种“脏数据”进行对应方式的处理，以得到标准的、干净的、连续的数据，提供给数据统计或数据挖掘等使用. 数据清洗主要是删除原始数据集中的无关数据、重复数据和平滑噪声数据，筛选掉与挖掘主题无关的数据，处理缺失值、异常值等. 数据清洗主要包含三个方面，即缺失值、异常值、重复值的处理. 在做这三个方面的处理前，第一步要做的是判断数据的质量，即做数据质量分析. 数据质量分析主要是检查数据中是否有“脏数据”，即不符合要求及不能直接做数据分析的数据. 只有做好数据质量分析才能得到可信的数据，为下一步的数据预处理奠定基础，提高后续数据挖掘的准确性及有效性.

本小节将从缺失值分析与处理、异常值分析与处理、重复值处理三个方面来阐述数据清洗的方法与步骤.

6.1.1 缺失值分析与处理

数据的缺失值（又称为空缺值）主要包括记录的缺失和记录中某个字段信息的缺失.

由于有些信息获取代价太大或者暂时无法获取，或者因为数据采集设备故障、存储设备故障、传输媒体故障等非人为因素，或者因为填报错误、漏填等一些人为因素，或者因为数据本身的属性值不存在等，造成数据的缺失.

先通过一个例子来说明数据的缺失值对统计分析与预测结果的影响. 某班学生打球兴趣爱好统计如图6-1所示.

姓名	体重/kg	性别	打球Y/N
Mr.Amit	58	M	Y
Mr.Anil	61	M	Y
Miss Swati	58	F	N
Miss Richa	55		Y
Mr.Steve	55	M	N
Miss Reena	64	F	Y
Miss Rashm	57		Y
Mr.Kunal	57	M	N

性别	人数	打球的人数	打球的百分比
F	2	1	50%
M	4	2	50%
Missing	2	2	100%

姓名	体重/kg	性别	打排球Y/N
Mr.Amit	58	M	Y
Mr.Anil	61	M	Y
Miss Swati	58	F	N
Miss Richa	55	F	Y
Mr.Steve	55	M	N
Miss Reena	64	F	Y
Miss Rashm	57	F	Y
Mr.Kunal	57	M	N

性别	人数	打球的人数	打排球的百分比
F	4	3	75%
M	4	2	50%

图 6-1　某班学生打球兴趣爱好统计

请思考，图 6-1 中，左边的数据缺失了 Miss Richa 和 Miss Rashm 的性别信息，对统计的结果有什么影响？

注意图 6-1 中的缺失值：在左侧，没有处理缺失值，男性（M）打球的百分比高于女性（F）；在右侧，显示了处理缺失值后的数据（基于性别），可以看到女性（F）打球的百分比高于男性（M）.

这说明了数据集中若存在缺失值会减少模型的拟合，或者可能导致模型偏差，因为没有正确地分析变量的行为和关系，可能导致错误的预测或分类.

数据缺失在许多研究领域都是一个复杂的问题. 对数据挖掘来说，空值的存在，造成了以下影响：第一，系统丢失了大量的有用信息；第二，系统中所表现出的不确定性更加显著，系统中蕴涵的确定性成分更难以把握；第三，包含空值的数据会使挖掘过程陷入混乱，导致不可靠的输出.

接下来，介绍如何处理缺失值. 缺失值处理的方法主要有以下几种.

1. 删除

1）成列删除（Listwise Deletion）

删除任何变量丢失的观察结果，这种方法的主要优点之一是简单，但是降低了模型的准确性，因为它减少了样本数量. 该方法适用于某些样本有多个特征存在缺失值，且存在缺失值的样本占整个数据集样本数量的比例不高的情形.

2）成对删除（Pairwise Deletion）

这种方法的优点是，保留了许多可用于分析的信息；缺点之一是对不同的变量使用不同的样本大小. 某个特征存在缺失值较多，且该特征对数据分析的目标影响不大时，可以将该特征删除.

删除记录示例如图 6-2 所示.

Gender	Manpower	Sales
M	25	343
~~F~~		~~280~~
M	33	358
~~M~~		~~332~~
F	25	269
M	29	323
	~~26~~	~~250~~
M	32	289

（a）成列删除

Gender	Manpower	Sales
M	25	343
F	—	280
M	33	358
M	—	332
F	25	
M	29	323
—	26	250
M	32	289

（b）成对删除

图 6-2　删除记录示例

2. 数据插补

这类方法是用一定的值去填充缺失值，从而使信息表完备化. 通常，基于统计学原理，根据决策表中其余对象取值的分布情况来对一个空值进行填充（插补），例如用其余对象的平均值进行填充（插补）等. 数据插补常见的方法有以下几种.

1）人工补齐

由于最了解数据的是用户自己，因此使用人工补齐方法产生的数据偏离最小，可能是填充效果最好的一种. 一般来说，该方法很费时，当数据规模很大、缺失值很多时，该方法是不可行的.

2）特殊值填充

将缺失值作为一种特殊的属性值来处理，它不同于其他的任何属性值，如所有的缺失值都用“null”填充. 这样可能导致严重的数据偏离，一般不推荐使用.

3）平均值填充

将信息表中缺失值的属性分为数值属性和非数值属性分别进行处理. 如果缺失值是数值型的，就用其他对象取值的平均值来填充；如果缺失值是非数值型的，就根据统计学中的众数原理，用该属性在其他所有对象的取值次数最多的值（出现频率最高的值）来补齐该缺失值.

如图 6-3 所示，Manpower 和 Sales 两列的属性值都是数值型的，所以采用其他对象的取值的平均值来填充该缺失值，Manpower 列其他所有对象的取值的平均值为

$$(25+33+25+29+26+32)/6=28.3$$

所以，Manpower 列两个缺失值处就填入 28.3.

而 Sales 列其他所有对象的取值的平均值为

$$(343+280+358+332+323+250+289)/7=310.7$$

所以，Sales 列缺失值处就填入 310.7.

Gender	Manpower	Sales
M	25	343
F	**28.3**	280
M	33	358
M	**28.3**	332
F	25	**310.7**
M	29	323
M	26	250
M	32	289

图 6-3　平均值填充

Gender 列的属性值是非数值型，根据众数原理，M 是取值次数最多的值，因此 Gender 列缺失值处就填入 M.

4）插值法

使用插值法可以计算缺失值的估计值，所谓的插值法就是通过两点(x_0,y_0)和(x_1,y_1)来估计中间点的值. 假设$y=f(x)$是一条直线，通过已知的两点来计算函数$f(x)$，然后只要知道x就能求出y，以此方法来估计缺失值. 当然也可以假设函数$f(x)$不是直线，而是其他函数. 插值法示意图如图 6-4 所示.

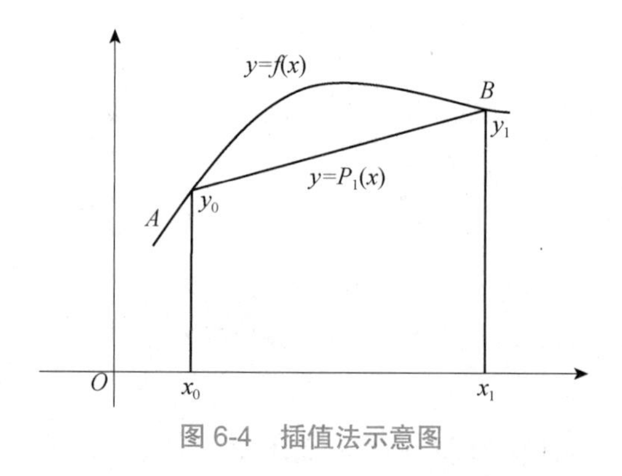

图 6-4　插值法示意图

举个简单的例子说明如何用插值法补齐缺失值.

在 PyCharm 中输入如下代码：

```
import pandas as pd
import numpy as np
df=pd.DataFrame(np.random.randn(5,3),index=list('abcde'),columns=['one','two','three'])
df.ix[1,:-1]=np.nan
df.ix[1:-1:2]=np.nan
print (df)
```

运行，得到图 6-5（a）所示的表格. 由图 6-5（a）所示表格可以看出，这是个 5 行 3 列、有 6 个缺失值的随机数构成的矩阵.

在 PyCharm 中再输入如下代码：

```
print(df.interpolate())
```

运行，得到图 6-5（b）所示的表格，由该表格中可以看到，所有的缺失值都补齐了.

	1	2	3
a	0.387696	0.805861	−1.436265
b	**NaN**	**NaN**	**NaN**
c	−1.130978	−0.473273	−0.543434
d	**NaN**	**NaN**	**NaN**
e	−1.686495	−0.309732	−0.385860

（a）含有缺失值的数据

	1	2	3
a	0.387696	0.805861	−1.436265
b	**−0.371641**	**0.166294**	**−0.989850**
c	−1.130978	−0.473273	−0.543434
d	**−1.408736**	**−0.391502**	**−0.464647**
e	−1.686495	−0.309732	−0.385860

（b）插值法补齐后的数据

图 6-5　插值法填补数据的缺失值

可以计算图 6-5（b）所示表中的缺失值，实际为前一个值和后一个值的平均数，因为 interpolate()函数是直线形的.

拓展学习 1：

interpolate()函数用于一维、高维数据的插值，在 Scipy 库中包含大量的插值函数，如拉格朗日插值函数、样条插值函数、高维插值函数等，使用前要用 from scipy.interpolate import * 引入相应的插值函数.

如 f= scipy.interpolate.lagrange(x,y) 为拉格朗日插值，x，y 为对应的自变量和因变量数据.

拓展学习 2：

在上述代码中，index=list('abcde')中的 index 可以是数字，也可以是时间格式，那么在插值的时候，interpolate()中 method 就要相应地变成 value 和 time.示例如下：

```
df.index=[1,2,3,4,5]
print(df.interpolate(method='value'))

df.index=pd.date_range(20140102,periods=5)
print(df.interpolate(method='time'))
```

再举个例子（见图 6-6），说明如何用拉格朗日插值法填补缺失值.

time	count	time	count
2018/5/1	106684	2018/5/9	160264
2018/5/2	106644	2018/5/10	152704
2018/5/3	176520	2018/5/11	110049
2018/5/4	152311	2018/5/12	136951
2018/5/5	160264	2018/5/13	**NAN**
2018/5/6	**NAN**	2018/5/14	143165
2018/5/7	182263	2018/5/15	136951
2018/5/8	172887	2018/5/16	**NAN**

（a）插补前的数据

time	count	time	count
2018/5/1	106684	2018/5/9	160264
2018/5/2	106644	2018/5/10	152704
2018/5/3	176520	2018/5/11	110049
2018/5/4	152311	2018/5/12	136951
2018/5/5	160264	2018/5/13	163853
2018/5/6	168217	2018/5/14	143165
2018/5/7	182263	2018/5/15	136951
2018/5/8	172887	2018/5/16	130737

（b）插补后的数据

图 6-6　利用拉格朗日插值法插补数据

在 PyCharm 中输入如下代码：

```
    if (data[i].isnull())[j]:
    # 如果 data[i][j]为空，则调用函数 ployinterp_column() 为其插值
                data[i][j] = ployinterp_column(data[i], j)
    data.to_excel(outputfile)  # 将完成插值后的 data 写入 excel
    print("拉格朗日法插补完成，插补后的文件位于：" + str(outputfile))
```

```
# -*- coding: utf-8 -*-
# 拉格朗日插值法插补缺失值

import pandas as pd  # 导入 pandas 库
from scipy.interpolate import lagrange  # 导入拉格朗日函数
inputfile = u'C:\\Users\\jinla\\Desktop\\lgrrchzhi.xlsx'
outputfile = u'C:\\Users\\jinla\\Desktop\\lgrrchzhi_1.xlsx'
data = pd.read_excel(inputfile)
data[u'count'][(data[u'count'] < 100000) | (data[u'count'] > 200000)] = None  # 将异常值清空
def ployinterp_column(s, n, k=2):
                              # k=2 表示用空值的前后两个数值来拟合曲线，从而预测缺失值
    y = s[list(range(n - k, n)) + list(range(n + 1, n + 1 - k))]
                              # 取值，range() 函数返回一个左闭右开（[left,right)）的序列数
    y = y[y.notnull()]
    # 取上一行数值列表中的非空值，保证 y 的每行都有数值，便于拟合函数
    return lagrange(y.index, list(y))(n)  # 调用拉格朗日函数并添加索引
    for i in data.columns:
          # 如果 i 在 data 的列名中，data.columns 生成的是 data 的全部列名
    for j in range(len(data)):
          # len(data)返回了 data 的长度，若此长度为 5，则 range(5)会产生从 0 开始计数的整数列表
```

处理缺失值的其他方法还有以下几种，在此就不一一展开论述.

（1）热卡填充（又称为就近补齐）；

（2）K 最近邻法（K-means Clustering）；

（3）使用所有可能的值填充；

（4）组合完整化法；

（5）回归；

（6）期望值最大化法（Expectation Maximization，EM）；

（7）多重填补（Multiple Imputation，MI）；

（8）C4.5 法.

就几种基于统计的方法而言，删除法和平均值填充法差于热卡填充、EM 和 MI；回归是比较好的一种方法，但仍比不上热卡填充和 EM；EM 缺少 MI 包含的不确定成分. 值得注意的是，这些方法直接处理的是模型参数的估计而不是缺失值预测本身. 它们适合于处理无监督学习的问题，而对有监督学习来说，情况就不尽相同了. 例如，可以删除包含缺失值的对象用完整的数据集来进行训练，但预测时不能忽略包含缺失值的对象. 另外，C4.5 法和使用所有可能的值

填充方法也有较好的补齐效果，人工补齐和特殊值填充则一般不推荐使用.

补齐处理只是将未知值补以主观估计值，不一定完全符合客观事实，在对不完备信息进行补齐处理的同时，或多或少地改变了原始的信息系统. 而且，对缺失值不正确地填充往往是将新的噪声引入数据中，使数据挖掘任务产生错误的结果.

3. 不处理

直接对包含缺失值的数据集进行数据挖掘，这类方法包括贝叶斯网络和人工神经网络等.

大多数数据挖掘系统都是在数据挖掘之前的数据预处理阶段采用删除法和数据插补法对缺失值进行处理的，并不存在一种处理缺失值的方法可以适合于任何情况. 无论采用哪种方法，都无法避免主观因素对原系统的影响，并且在缺失值过多的情形下将系统完备化是不可行的. 从理论上来说，贝叶斯网络考虑了一切，但是只有当数据集较小或满足某些条件（如多元正态分布)时完全贝叶斯分析才是可行的. 而现阶段人工神经网络在数据挖掘中的应用仍很有限. 值得一提的是，采用不精确信息处理数据的不完备性已得到了广泛的研究. 不完备数据的表达方法所依据的理论主要有可信度理论、概率论、模糊集合论、可能性理论等.

6.1.2 异常值分析与处理

重视异常值，分析其产生的原因，常常会成为发现问题进而改进决策的契机.

异常值处理常用方法见表 6.1.

表 6.1 异常值处理常用方法

处理方法	方法描述
删除含有异常值的记录	直接将含有异常值的记录删除
视为缺失值	将异常值视为缺失值，利用缺失值处理的方法进行处理
平均值修正	可用前后两个观测值的平均值修正该异常值
不处理	直接在具有异常值的数据集上进行挖掘建模

异常值的分析方法主要有以下 3 种.

1. 简单统计量分析

做一个描述性统计，进而查看哪些数据不合理. 最常用的是最大值和最小值判断，判断最大值和最小值是否超出合理范围. 如年龄的最大值 199，则存在异常.

2. 3σ 原则

异常值被定义为一组测定值中与平均值的偏差超过 3 倍标准差的值. 距离平均值 3σ 之外的值的概率为 $P(|x-u|>3\sigma)\leqslant 0.003$ 时，属于极个别的小概率事件，被认为是异常值.

3σ 原则具有一定的局限性，即此原则只对正态分布或近似正态分布的数据有效，而对其他数据无效.

3. 箱线图分析

此时异常值被定义为不在范围［QL−1.5IQR,QU+1.5IQR］中的值. 其中，

（1）QL 为下四分位数：表示全部观测值中有四分之一的数据取值比它小；

（2）QU 为上四分位数，表示全部观测值中有四分之一的数据取值比它大；

（3）IQR 称为四分位数间距，是上四分位数 QU 和下四分位数 QL 之差，之间包含了全部观测值的一半.

四分位数具有一定的鲁棒性：25%的数据可以变得任意远而不会很大地扰动四分位数，所以异常值不能对这个标准施加影响. 箱线图识别异常值的结果比较客观.

6.1.3 重复值处理

重复数据处理是数据分析经常面对的问题之一. 对重复数据进行处理前，需要分析重复数据产生的原因及去除这部分数据后可能造成的不良影响. 常见的数据重复分为两种，一种为记录重复，即一个或者多个特征某几个记录的值完全相同；另一种为特征重复，即存在一个或者多个特征名称不同但数据完全相同的情况.

在 Pandas 库中，duplicated()表示找出重复的行，默认是判断全部列，返回布尔类型的结果. 对于完全没有重复的行，返回 False；对于有重复的行，第一次出现的那一行返回 False，其余的行返回 True. 与 duplicated()对应的，drop_duplicates()表示去重，即删除布尔类型为 True 的所有行，默认是判断全部列.


```
import pandas as pd
import numpy as np
from pandas import DataFrame,Series

#读取文件
datafile = u'C:\\Users\\jinla\\Desktop\\cfzhi.xlsx'   #文件所在位置，u 为防止路径中有中文名称，此处没有，可以省略
data = pd.read_excel(datafile)   #datafile 是 Excel 文件，所以用 read_excel，如果是 csv 文件则用 read_csv
examDf = DataFrame(data)
examDf   #输出源数据，直观地查看哪些行是重复的
print(examDf)
```

上述程序运行结果见表 6.2.

表 6.2　单个指标判断数据重复值

	name	height	birthday	constellation	blood
0	Jay	175	1979	摩羯座	O
1	Jay	175	1979	摩羯座	O
2	Jolin	156	1980	处女座	A
3	Jolin	156	1980	NaN	A

续表

	name	height	birthday	constellation	blood
4	Hannah	165	1993	狮子座	B
5	JJ	173	1981	白羊座	O
6	Eason	173	1974	狮子座	O

输入以下代码，将把重复行删除，并把重复的行显示为 True.

```
#去重
print(examDf.duplicated())   #判断是否有重复行，重复的显示为 True，
examDf.drop_duplicates()   #删除重复行
print(examDf.drop_duplicates())
```

运行结果如下（删除了第 1 行 Jay 的数据）：

```
0    False
1    True
2    False
3    False
4    False
5    False
6    False
dtype：bool
```

```
      name    height  birthday  constellation  blood
0     Jay     175     1979      摩羯座          O
2     Jolin   156     1980      处女座          A
3     Jolin   156     1980      NaN            A
4     Hannah  165     1993      狮子座          B
5     JJ      173     1981      白羊座          O
6     Eason   173     1974      狮子座          O
```

由上述的数据可以发现，第 2 行和第 3 行其实都是 Jolin 的信息，那么也是需要去重的. duplicated()默认是判断全部列，那么加入以下代码，就可以判断指定某一列了.

```
print(examDf.duplicated('name'))   #判断 name 列是否有重复行，重复的显示为 True
examDf.drop_duplicates('name')   #删除重复行
print(examDf.drop_duplicates('name'))
```

运行结果如下（去除了第 3 行 Jolin 的数据）：

```
0    False
1    True
2    False
3    True
4    False
5    False
6    False
dtvpe：bool
```

```
      name    height  birthday  constellation  blood
0     Jay     175     1979      摩羯座          O
2     Jolin   156     1980      处女座          A
4     Hannah  165     1993      狮子座          B
5     JJ      173     1981      白羊座          O
6     Eason   173     1974      狮子座          O
```

仅仅根据 name 列判断是否重复，难免会把重名的另一个人的信息误删. 如在表 6.3 中，同名的杨洋，如果只用姓名判断是否重复并将其删除，就会出错.

虽然名字都叫杨洋，但是他们是不同的两个人，一个是男的，一个是女的. 仅根据 name 判断是否重复的话，肯定会将其中一人的信息判断为重复数据，那么就增加几个判断条件，比如根据姓名、性别、生日三个条件来判断的话，误删的几率就会大大地减少.

表 6.3 多个指标判断数据重复值

	name	height	sex	birthday	constellation	blood
0	杨洋	175	man	1991	处女座	AB
1	杨洋	168	woman	1989	双子座	O
2	Jay	175	man	1979	摩羯座	O
3	Jay	175	man	1979	摩羯座	O
4	Jolin	156	woman	1980	处女座	A
5	Jolin	156	woman	1980	NaN	A
6	Hannah	165	woman	1993	狮子座	B
7	JJ	173	man	1981	白羊座	O
8	Eason	173	man	1974	狮子座	O

输入以下代码，就可以增加多个指标去判断数据是否重复，这样可以避免误删.

```
import pandas as pd
import numpy as np
from pandas import DataFrame,Series

#读取文件
datafile = u'C:\\Users\\jinla\\Desktop\\cfzhi2.xlsx'  #文件所在位置，u 为防止路径中有中文名称，此处没有，可以省略
data = pd.read_excel(datafile)  #datafile 是 Excel 文件，所以用 read_excel，如果是 csv 文件则用 read_csv
examDf = DataFrame(data)
examDf#  输出源数据，直观地查看哪些行是重复的

print(examDf.duplicated(['name','sex','birthday']))  #判断 name，sex，birthday 列是否有重复行，重复的显示为 True，
examDf.drop_duplicates(['name','sex','birthday'])  #删除重复行

print(examDf.drop_duplicates(['name','sex','birthday']))
```

运行结果如下：

```
0    False
1    False
2    False
3    True
4    False
5    True
6    False
7    False
8    False
dtype: bool
```

	name	height	sex	birthday	constellation	blood
0	杨洋	175	man	1991	处女座	AB
1	杨洋	168	woman	1989	双子座	O
2	Jay	175	man	1979	摩羯座	O
4	Jolin	156	woman	1980	处女座	A
6	Hannah	165	woman	1993	狮子座	B
7	JJ	173	man	1981	白羊座	O
8	Eason	173	man	1974	狮子座	O

由上述运行结果可以看出，两条“杨洋”的记录是不同的，如果仅仅是以名字判断是否重

复，就会误删一条“杨洋”的数据记录.

拓展学习：

drop_duplicates()函数（Python 中也常称函数为方法）的基本语法如下：

```
pandas.DataFrame(Series).drop_duplicates(self, subset=None, keep='first', inplace=False)
```

使用 drop_dupilicates()去重时，当且仅当 subset 参数中的特征存在重复的时候才会执行去重操作，去重时可以选择保留哪一个，甚至可以不保留. drop_duplicates()的常用参数及其说明见表 6.4.

表 6.4 drop_duplicates()的常用参数及其说明

参数名称	说 明
subset	接收 string sequence，表示去重列，默认为 None，表示全部列
keep	接收特定 string，表示重复时保留第几个数据 first：保留第一个数据 last：保留最后一个数据 False：只要有重复都不保留 默认为 first
inplace	接收 boolean，表示是否在原表上进行操作，默认为 False

6.2 数据标准化

在数据分析中，许多机器学习算法，需要输入的特征要求为标准化的形式. 但在不少的机器学习中，目标函数往往假设其均值在 0 附近且方差为齐次. 若是其中有一个特征的方差远远大于其他特征的方差，那么这个特征就成为影响目标特征的主要因素，导致模型难以学习到其他特征对目标特征的影响.

在另一些数据分析的场合，需要计算样本之间的相似度. 如果样本的特征之间的量纲差异太大，则样本之间的相似度评估结果将会受到量纲大的特征的影响，从而导致对样本相似度的计算存在偏差.

数据的标准化是指将特征数据的分布调整成标准正态分布，也叫高斯分布. 即将数据按比例缩放，使之落入一个小的特定区间. 在某些比较和评价的指标处理系统中经常会用到，去除数据的单位限制，将其转化为无量纲的纯数值，便于不同单位或量级的指标能够进行比较和加权.

常见的数据标准化方法有 Z-score 标准化、Min-Max 标准化、小数定标标准化和 Logistic 标准化.

6.2.1 Z-score 标准化

Z-score 标准化是当前使用最广泛的数据标准化方法. 经过该方法处理的数据具有固定的均

值与标准差.

假设特征 f 的取值集合为 $\{f_1, f_2, \cdots, f_n\}$，则特征取值 f_i 经过 Z-score 标准化后的取值 f_i' 为

$$f_i' = \frac{f_i - \mu}{\sigma} \tag{6-1}$$

其中，$\mu = \frac{1}{n}\sum_{i=1}^{n} f_i$ 为特征 f 的平均值，$\sigma = \sqrt{\frac{1}{n}\sum_{i=1}^{n}(f_i - \mu)^2}$ 为特征 f 的标准差.

经过 Z-score 标准化后的特征值能够直观地反映每个取值距离平均值的标准差的距离，从而了解特征的整体分布情况.

当数据中存在离群值时，为了降低离群值的影响，可以将 Z-score 标准化中的标准差改为平均绝对值偏差. 此时，特征 f 的平均绝对值偏差为

$$s = \frac{1}{n}\sum_{i=1}^{n}|\ f_i - \mu\ | \tag{6-2}$$

那么得到第二个 Z-score 标准化公式为

$$f_i' = \frac{f_i - \mu}{s} \tag{6-3}$$

Z-score 标准化适用于特征的最大值或最小值未知和样本分布非常分散的情况.

在 Sklearn.preprocessing 库中有一个 scale()函数，可以实现数据标准化，该函数默认按照列进行标准化. 首先说明 Sklearn.preprocessing 库中的 scale() 函数的使用方法：

```
sklearn.preprocessing.scale(x, axis=0, with_mean=True, with_std=True,copy=True)
```

根据参数的不同，可以沿任意轴标准化数据集.

scale() 函数中的参数解释如下.

- x：数组或者矩阵；
- axis：int 类型，初始值为 0，axis 用来计算均值和标准方差；
- with_mean：boolean 类型，默认为 True，表示将数据均值规范到 0；
- with_std：boolean 类型，默认为 True，表示将数据方差规范到 1.

scale() 函数的说明如下：

- x.mean（axis=0）用来计算数据 x 每个特征的均值；
- x.std（axis=0）用来计算数据 x 每个特征的方差；
- preprocessing.scale（x）直接标准化数据 x.

【例 6.1】 将下列数据标准化.

$$\boldsymbol{A} = \begin{pmatrix} 1 & -1 & 2 & 3 \\ 2 & 0 & 0 & -2 \\ 0 & 1 & -1 & 0 \\ 1 & 2 & -3 & 1 \end{pmatrix}$$

Python 实现代码如下：

```
from sklearn import preprocessing
import numpy as np

x = np.array([[1., -1., 2., 3.],
              [2., 0., 0., -2],
              [0., 1., -1., 0],
              [1., 2., -3., 1]])

print("标准化之前的均值：", x.mean(axis=0))
print("标准化之前的标准差：", x.std(axis=0))

#标准化
x_scale = preprocessing.scale(x)
print("\n------------------\n 标准化结果：\n", x_scale)
print("\n 标准化之后的均值：", x_scale.mean(axis=0))
print("标准化之后的标准差：", x_scale.std(axis=0))
```

运行结果为：

```
标准化之前的均值： [ 1.    0.5 -0.5   0.5]
标准化之前的标准差： [0.70710678 1.11803399 1.80277564 1.80277564]

------------------
标准化结果：
 [[ 0.          -1.34164079   1.38675049   1.38675049]
 [ 1.41421356  -0.4472136    0.2773501   -1.38675049]
 [-1.41421356   0.4472136   -0.2773501   -0.2773501 ]
 [ 0.           1.34164079  -1.38675049   0.2773501 ]]
标准化之后的均值： [0. 0. 0. 0.]
标准化之后的标准差： [1. 1. 1. 1.]
```

6.2.2 Min-Max 标准化

Min-Max 标准化也称为归一化. 归一化就是把要处理的数据经过处理后（通过某种算法）限制在一定范围内. 首先归一化是为了后面数据处理的方便，其次是保证程序运行时收敛加快. 归一化的具体作用是归纳和统一样本的统计分布性. 归一化在 0～1 统计的是概率分布，归一化在某个区间上统计的是坐标分布. 归一化有同一、统一和合一的意思.

归一化一般是把数据映射到［0, 1］，但也有归一到［−1, 1］的情况，两种情况在 Python 中分别可以通过 MinMaxScaler() 或者 MaxAbsScaler() 函数来实现.

转换公式见式（6-4）.

$$X^* = \frac{X - \min}{\max - \min} \tag{6-4}$$

其中，max 为样本数据的最大值，min 为样本数据的最小值，max−min 为极差. 数据归一化保留了原始数据值之间的联系，是消除量纲和数据取值范围影响最简单的方法.

【例 6.2】 将下列数据归一化.

$$A=\begin{pmatrix}3 & -1 & 2 & 613\\ 2 & 0 & 0 & 232\\ 0 & 1 & -1 & 113\\ 1 & 2 & -3 & 489\end{pmatrix}$$

Python 实现代码为：

```
from sklearn import preprocessing
import numpy as np
x = np.array([[3., -1., 2., 613.],
              [2., 0., 0., 232],
              [0., 1., -1., 113],
              [1., 2., -3., 489]])
min_max_scaler = preprocessing.MinMaxScaler()
#如果是归一到[-1,1],则换成 preprocessing.MinAbsScaler()
x_minmax = min_max_scaler.fit_transform(x)
print(x_minmax)
```

运行结果为：

```
[[1.          0.          1.          1.          ]
 [0.66666667 0.33333333 0.6         0.238       ]
 [0.          0.66666667 0.4         0.          ]
 [0.33333333 1.          0.          0.752       ]]
```

从结果可以看出，A 中的数据，全部都归一化为 0～1 的数据.

如果有新的数据加入测试，例如，在 A 中增加一行

$$y=(7\quad 1\quad -4\quad 987)$$

再将新的数据进行归一化，Python 实现代码为：

```
from sklearn import preprocessing
import pandas as pd

min_max_scaler = preprocessing.MinMaxScaler()
#max_abs_scaler = preprocessing.MaxAbsScaler(),归一化为[-1,1]时选择使用这种方法
x = ([[3., -1., 2., 613.],
              [2., 0., 0., 232],
              [0., 1., -1., 113],
              [1., 2., -3., 489]])  #原数据

y = [7., 1., -4., 987]   #新的数据
x.append(y)   #将 y 添加到 x 的末尾
print('x ： \n', x)
x_minmax = min_max_scaler.fit_transform(x)
print('x_minmax :\n', x_minmax)
```

运行结果为：

```
[[0.42857143 0.          1.          0.57208238]
 [0.28571429 0.33333333 0.66666667 0.13615561]
```

```
[0.         0.66666667 0.5        0.        ]
[0.14285714 1.         0.16666667 0.43020595]
[1.         0.66666667 0.         1.        ]]
```

由运行结果可以看出，每列特征中的最小值为 0，最大值为 1.

6.2.3 小数定标标准化

这种方法通过移动数据的小数点位置来进行标准化. 小数点移动多少位取决于属性 A 的取值中的最大绝对值.

将属性 A 的原始值 x 使用小数定标标准化到 x' 的计算方法是：

$$x' = \frac{x}{10^j} \tag{6-5}$$

其中，j 是满足条件的最小整数. 例如，假定 A 的值为−986 到 917，A 的最大绝对值为 986，为使用小数定标标准化，我们用每个值除以 1000（即 j=3），这样，−986 被标准化为−0.986.

6.2.4 Logistic 标准化

Logistic 标准化是利用 Logistic() 函数的特性，将特征取值映射到[0, 1]区间内. Logistic() 函数也就是 sigmoid() 函数，它的几何形状是一条 sigmoid 曲线（S 形曲线），如图 6-7 所示.

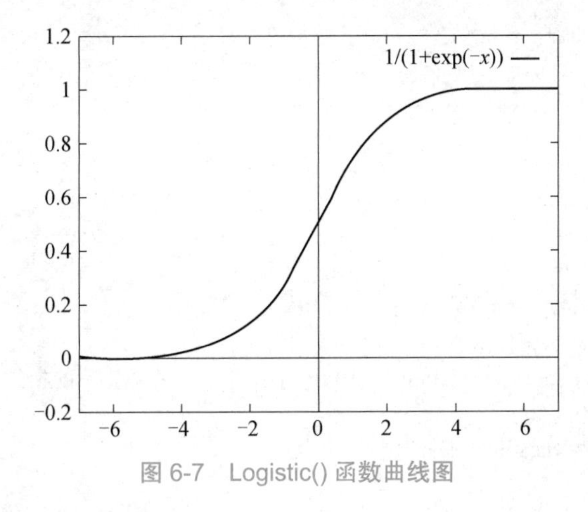

图 6-7 Logistic() 函数曲线图

原始值 x 通过 Logistic() 函数标准化后，得到 $f(x)$，标准化公式如下：

$$f(x) = \frac{1}{1+e^{-x}} \tag{6-6}$$

Logistic 标准化方法适用于特征取值相对比较集中地分布在 0 两侧的情况. 如果特征取值分散且均远离 0，那么标准化后的特征取值聚集在 0 或 1 附近，造成原始特征的分布及取值间的关系被改变. 因此在使用 Logistic 标准化方法前，一定要先分析原始特征取值的分布情况.

【例 6.3】 将表 6.5 所列原始数据分别用小数定标标准化方法和 Logistic 标准化方法将其标准化.

表 6.5　原始数据

	0	1	2	3		0	1	2	3
0	5.1	3.5	1.4	0.2	10	4.9	3.1	1.5	0.1
1	4.9	3	1.4	0.2	11	5.4	3.7	1.5	0.2
2	4.7	3.2	1.3	0.2	12	4.8	3.4	1.6	0.2
3	4.6	3.1	1.5	0.2	13	4.8	3	1.4	0.1
4	5	3.6	1.4	0.2	14	4.3	3	1.1	0.1
5	5.4	3.9	1.7	0.4	15	5.8	4	1.2	0.2
6	4.6	3.4	1.4	0.3	16	5.7	4.4	1.5	0.4
7	5	3.4	1.5	0.2	17	5.4	3.9	1.3	0.4
8	4.4	2.9	1.4	0.2	18	5.1	3.5	1.4	0.3
9	5.1	3.5	1.4	0.2	19	5.7	3.8	1.7	0.3

在 PyCharm 中输入如下代码：

```
# 从 sklearn 中读取 iris 数据集的前 20 行作为原始数据
from sklearn.datasets import load_iris
import pandas as pd

iris=load_iris()
data=iris.data
data=pd.DataFrame(data)
data=data.iloc[:20,:]
```

```
#小数定标标准化
def decimal_scaling(data):   #data:数据集
    import pandas as pd
    import math as math
    data_scale = pd.DataFrame()
    for i in range(data.shape[1]):
        j = len(str(math.ceil(abs(data.iloc[:,i]).max())))     #j:小数定标的指数. 根据每个属性的最大值
的绝对值确定定标的指数
        data.iloc[:,i] = data.iloc[:,i] / (10**j)
    return data
print(decimal_scaling(data))
```

```
#Logistic 标准化
def logistic_scaler(data):
    return 1 / ( 1 + np.exp(- data)) #直接编写公式
print(logistic_scaler2(data))
```

```
#使用下面代码，即可把 data2 保存到工作目录的 data2.xls 中
data2.to_excel('data2.xls',header＝None,index＝False)
```

运行代码，得到小数定标标准化和 Logistic 标准化的结果，分别见表 6.6 和表 6.7.

表 6.6　小数定标标准化结果

	0	1	2	3		0	1	2	3
0	0.51	0.35	0.14	0.02	10	0.54	0.37	0.15	0.02
1	0.49	0.3	0.14	0.02	11	0.48	0.34	0.16	0.02
2	0.47	0.32	0.13	0.02	12	0.48	0.3	0.14	0.01
3	0.46	0.31	0.15	0.02	13	0.43	0.3	0.11	0.01
4	0.5	0.36	0.14	0.02	14	0.58	0.4	0.12	0.02
5	0.54	0.39	0.17	0.04	15	0.57	0.44	0.15	0.04
6	0.46	0.34	0.14	0.03	16	0.54	0.39	0.13	0.04
7	0.5	0.34	0.15	0.02	17	0.51	0.35	0.14	0.03
8	0.44	0.29	0.14	0.02	18	0.57	0.38	0.17	0.03
9	0.49	0.31	0.15	0.01	19	0.51	0.38	0.15	0.03

表 6.7　Logistic 标准化结果

	0	1	2	3		0	1	2	3
0	0.994	0.971	0.802	0.55	10	0.996	0.976	0.818	0.55
1	0.993	0.953	0.802	0.55	11	0.992	0.968	0.832	0.55
2	0.991	0.961	0.786	0.55	12	0.992	0.953	0.802	0.525
3	0.99	0.957	0.818	0.55	13	0.987	0.953	0.75	0.525
4	0.993	0.973	0.802	0.55	14	0.997	0.982	0.769	0.55
5	0.996	0.98	0.846	0.599	15	0.997	0.988	0.818	0.599
6	0.99	0.968	0.802	0.574	16	0.996	0.98	0.786	0.599
7	0.993	0.968	0.818	0.55	17	0.994	0.971	0.802	0.574
8	0.988	0.948	0.802	0.55	18	0.997	0.978	0.846	0.574
9	0.993	0.957	0.818	0.525	19	0.994	0.978	0.818	0.574

上述四种数据标准化方法，每种方法都会因数据的不同而产生不同的效果，在实际的数据分析中，应根据需要选择合适的方法对数据进行标准化. 4 种数据标准化方法的对比见表 6.8.

表 6.8　4 种数据标准化方法的对比

数据标准化方法	各种数据标准化方法的公式、优缺点、适用范围
Z-score	标准化公式：$f_i'=\dfrac{f_i-\mu}{\sigma}$
	优点：无须计算特征值的最大值和最小值
	缺点：需要记录特征的均值和标准差
	适用范围：适用于特征最大值或最小值未知，并且样本分布非常分散的情况
Min-Max	标准化公式：$X^*=\dfrac{X-\min}{\max-\min}$

续表

数据标准化方法	各种数据标准化方法的公式、优缺点、适用范围
Min-Max	优点：对数据做线性变换，保留了原始数据间的关系
	缺点：当数据的最大值和最小值发生变化时，需要对每个样本重新计算
	适用范围：适用于需要保留原始数据间的关系，并且最大值和最小值固定的情况
小数定标	标准化公式：$x' = \dfrac{x}{10^j}$
	优点：简单实用，易于还原标准化后的数据
	缺点：当数据的最大绝对值发生变化时，需要对每个样本重新计算
	适用范围：适用于数据分布比较离散，尤其是分布在多个数量级的情况
Logistic	标准化公式：$f(x) = \dfrac{1}{1+\mathrm{e}^{-x}}$
	优点：简单易用，通过单一映射函数对数据进行标准化
	缺点：对分布离散并且远离 0 的数据处理效果不佳
	适用范围：适用于数据取值分布比较集中，并且均匀分布在 0 两侧的情况

6.3　数据预处理的 Python 实现

数据预处理的步骤主要有异常值判断、重复值处理、缺失值处理及数据降维. 首先介绍数据预处理的异常值判断，即离群点的检测. 离群点检测常用的方法有以下几种.

1）3 倍标准差准则

若数据距离平均值超过 3 倍标准差，可将其视为异常值. $\pm 3\sigma$ 的概率是 99.7%.

2）箱线图

数据超过上四分位数+1.5IQR 距离，超过或者下四分位数−1.5IQR 距离的点为异常值，IQR 是四分位数间距，是 QU 和 QL 的差.

3）基于聚类算法的检测

（1）进行聚类. 选择聚类算法（如 K-Means 算法），将样本集聚类为 K 簇，并找到各簇的质心；

（2）计算各对象到它的最近质心的距离；

（3）计算各对象到它的最近质心的相对距离；

（4）与给定的阈值做比较，若相对距离大于阈值，就认为该对象是离群点.

使用上述三种方法对 data1.csv 数据集进行异常值判断，data1.csv 为存在异常数据的鸢尾花数据集的 Sepal.Length 和 Sepal.Width 属性的数据集. 原数据分布如图 6-8 所示，具体的 Python 程序代码如下：

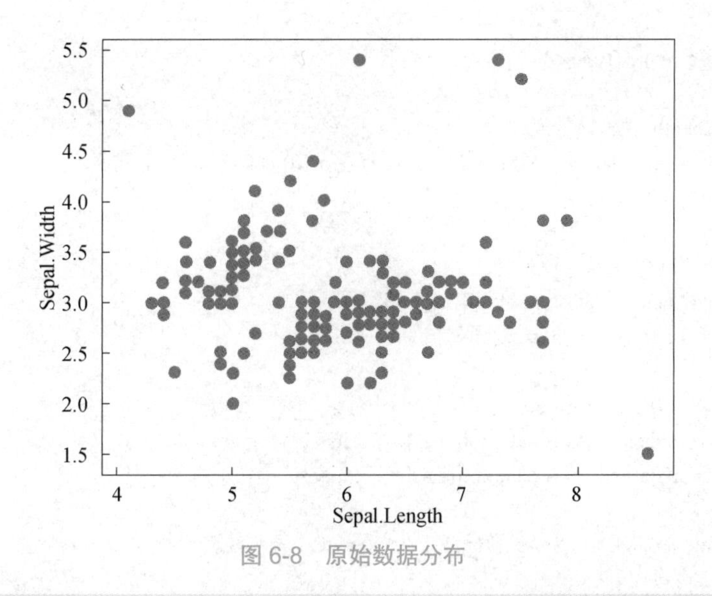

图 6-8　原始数据分布

```
# coding=utf-8
import pandas as pd
import matplotlib.pyplot as plt
import numpy as np

data = pd.read_csv('data1.csv')
columns = list(data.columns)
plt.scatter(data.iloc[:,0],data.iloc[:,1])
plt.xlabel(columns[0])
plt.ylabel(columns[1])
plt.show()

# 3 倍标准差准则
sigma1 = data.iloc[:,0].std()      #Sepal.Length 的标准差
sigma2 = data.iloc[:,1].std()      #Sepal.Width 的标准差
mean1 = data.iloc[:,0].mean()      #Sepal.Length 的均值
mean2 = data.iloc[:,1].mean()      #Sepal.Width 的均值

error_index = [i for i in data.index if (abs(mean1 - data.loc[i][0]) > sigma1*3) or (abs(mean2 -
                        data.loc[i][1]) > sigma2*3)]      #找出异常值的 index
index1 = [i for i in data.index if i not in error_index]      #不是异常值的 index

#散点图绘制
plt.scatter(data.loc[index1][columns[0]],data.loc[index1][columns[1]],c='b')      #不是异常值用蓝色
plt.scatter(data.loc[error_index][columns[0]],data.loc[error_index][columns[1]],c='r')  #异常值用红色
plt.xlabel(columns[0])  #设置 xlabel
plt.ylabel(columns[1])  #设置 ylabel
plt.show()


#箱线图
plt.figure()
```

```
p = data.boxplot(return_type='dict')   #画箱线图

#获取 Sepal.Length 中的异常值
x1 = p['fliers'][0].get_xdata()   # fliers 为异常值标签，[0]为第一个箱线图
y1 = p['fliers'][0].get_ydata()   #y 为异常值

#获取 Sepal.Width 中的异常值
x2 = p['fliers'][1].get_xdata()   # [1]为第二个箱线图
y2 = p['fliers'][1].get_ydata()   #y 为异常值

#找出异常值对应原数据的 index 并在箱线图中标注
index1 = [i for i in data.index if data[columns[0]][i] in y1]
index2 = [i for i in data.index if data[columns[1]][i] in y2]

# 使用 annotate 添加注释，xy 表示标注点坐标, xytext 表示注释坐标
for i in range(len(x1)):
    plt.annotate(index1[i], xy=(x1[i], y1[i]), xytext=(x1[i] + 0.08, y1[i]))
for i in range(len(x2)):
    plt.annotate(index2[i], xy=(x2[i], y2[i]), xytext=(x2[i] + 0.08, y2[i]))
plt.show()

#基于 K-Means 算法异常值检测
from sklearn.cluster import K-Means
model = K-Means(n_clusters = 2)   #分为 2 类
model.fit(data)   #开始聚类
data1 = pd.concat([data, pd.Series(model.labels_, index = data.index)], axis = 1)   #每个样本对应的类
data1.columns = list(data.columns) + [u'聚类类别']   #重命名表头
norm = []
for i in range(2):   #逐一处理
  norm_tmp = data1[['Sepal.Length', 'Sepal.Width']][data1[u'聚类类别'] == i]-model.cluster_centers_[i]
  norm_tmp = norm_tmp.apply(np.linalg.norm, axis = 1)   #求出绝对距离
  norm.append(norm_tmp/norm_tmp.median())   #求相对距离并添加
norm = pd.concat(norm)

threshold = 2.5   #阈值
import matplotlib.pyplot as plt
norm[norm <= threshold].plot(style = 'bo')   #正常值
norm[norm > threshold].plot(style = 'ro')   #异常值
print(norm[norm > threshold].index)   #离群点的 index

plt.rcParams['font.sans-serif'] = ['SimHei']
plt.rcParams['axes.unicode_minus'] = False
plt.xlabel(u'index')
plt.ylabel(u'相对距离')
plt.show()
```

使用 3 倍标准差准则进行异常值检测的结果如图 6-9 所示.

若某个数据距离所有数据平均值超过 3 倍标准差，那么可以将其视为异常值.

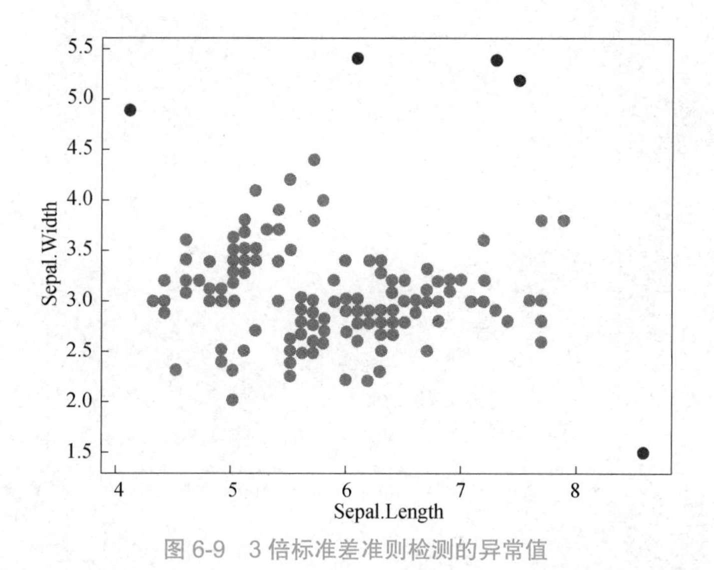

图 6-9　3 倍标准差准则检测的异常值

图 6-10 为箱线图检测出来的异常值，图中的数字为原始数据中异常值对应的索引.

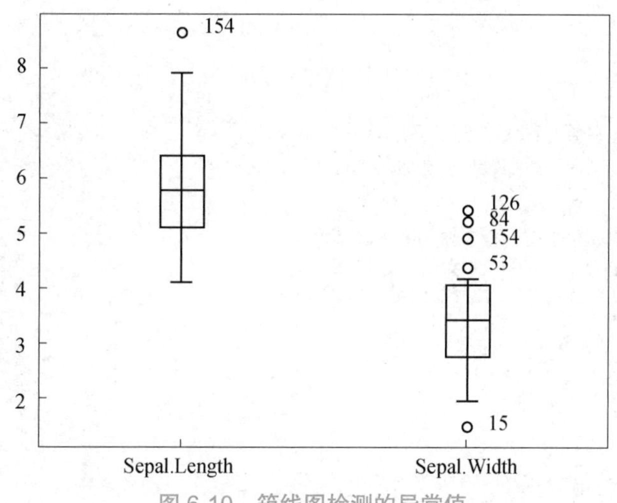

图 6-10　箱线图检测的异常值

图 6-11 为基于 K-Means 算法检测出来的异常值.

对于重复值处理、缺失值处理及数据降维，缺失值的判断和处理在 6.1 小节已做了详细介绍，关于数据降维可查询相关资料. 去除重复样本常用的函数为 drop_duplicates()，所属扩展库为 Pandas.

drop_duplicates()函数的语法如下：

```
DataFrame.drop_duplicates（subset=None，keep='first'，inplace=False）
```

drop_duplicates()参数如下：

subset：column label or sequence of labels，optional，用来指定特定的列，默认所有列.

keep：可设置为'first'，'last'，False，默认为 first，表示删除重复项并保留第一次出现的项，last 则保留最后一次出现的项.

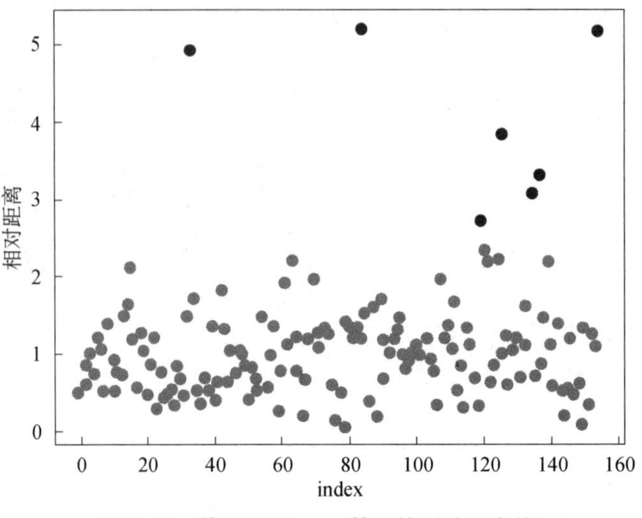

图 6-11　基于 K-Means 算法检测的异常值

inplace：可设置为 boolean，False，表示是否直接在原来数据上修改.

```
# coding=utf-8
import pandas as pd

data = pd.DataFrame({'A':[1,2,3,4,5,6,2,3],
                     'B':['a','a','c','d','e','d','w','s']})

data1 = data.drop_duplicates(['A'],'first',inplace=False)
print(data);print(data1)
'''
data:
   A  B
   1  a
   2  a
   2  c
   4  d
data1:
   A  B
   1  a
   2  a
   4  d
'''
```

6.4　Matplotlib 简介

Matplotlib 在函数设计上参考了 Matlab，其名字以“Mat”开头，中间的“plot”表示绘图，而结尾的“lib”则表示集合.

Matplotlib 是 Python 的一个 2D 绘图库，它以各种硬拷贝格式和跨平台的交互式环境生成出版质量级别的图形. 通过 Matplotlib，开发者仅需要几行代码便可以生成直方图、功率谱、条形图、散点图等.

近年来，Matplotlib 在开源社区的推动下，使其在科学计算领域得到了广泛的应用，成为 Python 中最主流的绘图工具包之一. Matplotlib 中应用最多的是 Matplotlib.pyplot 模块.

Matplotlib.pyplot（以下简称 pyplot）是一个命令风格函数的集合，使得 Matplotlib 的机制更像 Matlab. 每个绘图函数对图形进行了一些更改，如创建图形、在图形中创建绘图区域、在绘图区域绘制线条、使用标签装饰绘图等. 在 pyplot 模块中，各种状态跨函数调用保存，以便跟踪诸如当前图形和绘图区域，并且绘图函数始终指向当前轴域.

通常，使用 Numpy 组织数据，使用 Matplotlib 进行数据图形绘制. 一幅数据图基本上包括如下结构.

- data：数据区，包括数据点、数据曲线；
- axis：坐标轴，包括 x 轴、y 轴及其标签、刻度尺及其标签；
- title：标题，数据图的描述；
- legend：图例，区分图中包含的多种曲线或不同类型的数据.

数据图中还包括图形文本（text）、注解（annotate）等其他描述.

下面以一幅图来说明，用 Matplotlib 绘图，图的基本信息如图 6-12 所示.

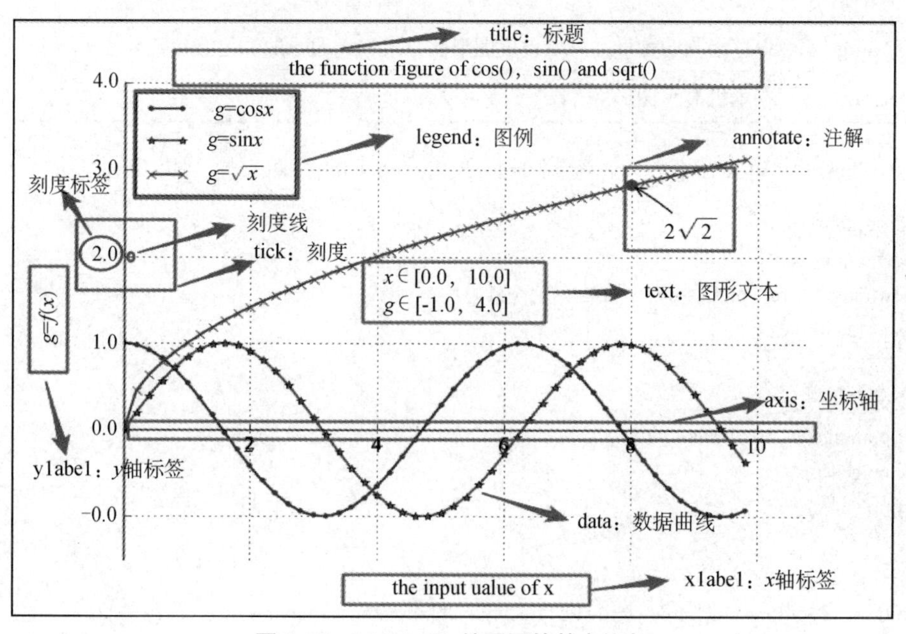

图 6-12　Matplotlib 绘图图的基本信息

使用 Matplotlib 绘图，常见的步骤如：

- 导入 Matplotlib 相关工具包.
- 准备数据，Numpy 数组存储.
- 创建一个空白画布（figure），可以指定画布的大小和像素.

● 绘制原始曲线，添加画布内容，常用的函数包括 plt.title，plt.xlabel，plt.ylabel，plt.xlim，plt.ylim，plt.xticks，plt.yticks，plt.legend，具体见表 6.9；

● 显示、保存绘图结果.

pyplot 中显示与保存绘图结果的常用函数见表 6.10.

表 6.9　pyplot 中添加各类标签的常用函数

函数名称	函数作用
plt.title	在当前图形中添加标题，可以设置标题的名称、位置、颜色、字体大小等参数
plt.xlabel	在当前图形中添加 x 轴名称，可以设置位置、颜色、字体大小等参数
plt.ylabel	在当前图形中添加 y 轴名称，可以设置位置、颜色、字体大小等参数
plt.xlim	指定当前图形 x 轴的范围，只能确定一个数值区间，而无法使用字符串标识
plt.ylim	指定当前图形 y 轴的范围，只能确定一个数值区间，而无法使用字符串标识
plt.xticks	指定 x 轴刻度的数目与取值
plt.yticks	指定 y 轴刻度的数目与取值
plt.legend	指定当前图形的图例，可以指定图例的大小、位置和标签

表 6.10　pyplot 中显示与保存绘图结果的常用函数

函数名称	函数作用
plt.savafig	保存绘制的图形，可以设置图形的分辨率、边缘的颜色等参数
plt.show	在本机显示图形

在 PyCharm 中输入如下代码，绘制 y=sin$x$ 和 y=cos$x$ 的图像.

```
#coding:utf-8
import numpy as np
import matplotlib.pyplot as plt
from pylab import *

# 定义数据部分
x = np.arange(0., 10, 0.2)
y1 = np.cos(x)
y2 = np.sin(x)

# 绘制 2 条函数曲线
plt.plot(x, y1, color='blue', linewidth=1.5, linestyle='o', marker='.', label=r'$y = cos{x}$')
plt.plot(x, y2, color='r', linewidth=1.5, linestyle='-', marker='*', label=r'$y = sin{x}$')

# 设置 x, y 轴的取值范围
plt.xlim(x.min()*0.8, x.max()*0.8)
plt.ylim(-2, 2)

# 设置 x, y 轴的刻度值
```

```
plt.xticks([2, 4, 6, 8, 10], [r'2', r'4', r'6', r'8', r'10'])
plt.yticks([-1.0, 0.0, 1.0, 2.0],
        [r'-1.0', r'0.0', r'1.0', r'2.0', r'3.0', r'4.0'])
# 设置标题，x 轴，y 轴
plt.title('The figure of y=sin(x),y=cos(x)', fontsize=10)
plt.xlabel(r'$the \ input \ value \ of \ x$', fontsize=10, labelpad=6)
plt.ylabel(r'$y = f(x)$', fontsize=10, labelpad=6)
plt.legend(loc='up right')  # 设置图例及位置
plt.grid(True)  # 显示网格线
plt.show()  # 显示绘图
```

运行结果如图 6-13 所示.

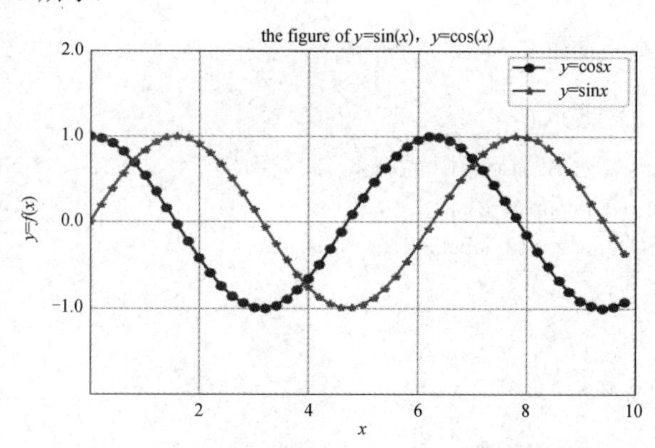

图 6-13 用 Matplotlib 绘制 y=sinx 和 y=cosx 的图像

下面介绍如何用 Matplotlib 绘制子图.

plt.subplot(x,y,n): 将图分成 x*y 块，n 表示这个图是第 n 幅.

在 PyCharm 中输入如下代码：

```
#coding:utf-8
import numpy as np
import matplotlib.pyplot as plt
from pylab import *
mpl.rcParams['font.sans-serif'] = ['SimHei']  #如显示图的中文标题，需要设置字体
x = np.arange(0, 5, 0.1)
y = np.arange(0, 5, 0.1)

# plt.figure(1)
plt.subplot(2, 2, 1)  #将图分成 2*2 块，这是第 1 幅图
plt.plot(x, y, 'go')
plt.title(u'子图 1', fontsize=10)  #显示中文标题
plt.xlabel('x', fontsize=10, labelpad=6)
plt.ylabel(r'$y = f(x)$', fontsize=10, labelpad=6)
plt.subplot(2, 2, 2)  #将图分成 2*2 块，这是第 2 幅图
plt.plot(x, y, 'r--')
plt.title(u'子图 2', fontsize=10)
plt.xlabel('x', fontsize=10, labelpad=6)
plt.ylabel(r'$y = f(x)$', fontsize=10, labelpad=6)
```

```
plt.subplot(2, 1, 2)
plt.plot(x, y, )

# 设置标题，x 轴，y 轴
plt.title(u'全图', fontsize=10)
plt.xlabel('x', fontsize=10, labelpad=6)
plt.ylabel(r'$y = f(x)$', fontsize=10, labelpad=6)

plt.show()
```

运行结果如图 6-14 所示.

```
#将程序中绘图的代码更换如下，得到 3 个子图
plt.subplot(224)
plt.plot(x, y, )
plt.title(u'子图 3', fontsize=10)    #显示中文标题
plt.xlabel('x', fontsize=10, labelpad=6)
plt.ylabel(r'$y = f(x)$', fontsize=10, labelpad=6)

plt.show()
```

运行结果如图 6-15 所示.

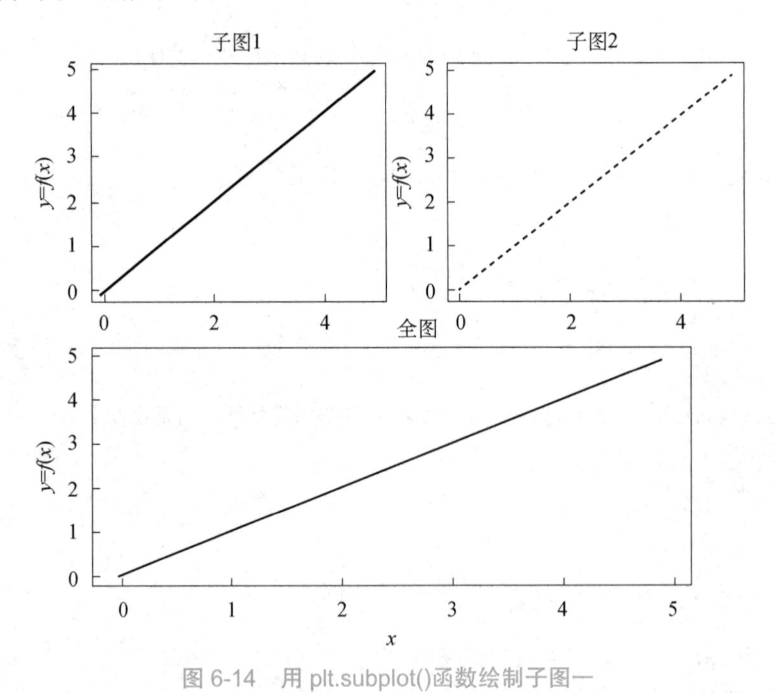

图 6-14　用 plt.subplot()函数绘制子图一

如果需要在曲线上标出坐标值和局部最值，此时就用到 plt.text()和 plt.annotate()函数.

1）plt.text()函数的语法及说明

```
plt.text(x,y,string,fontsize=15,verticalalignment="top",horizontalalignment="right")
```

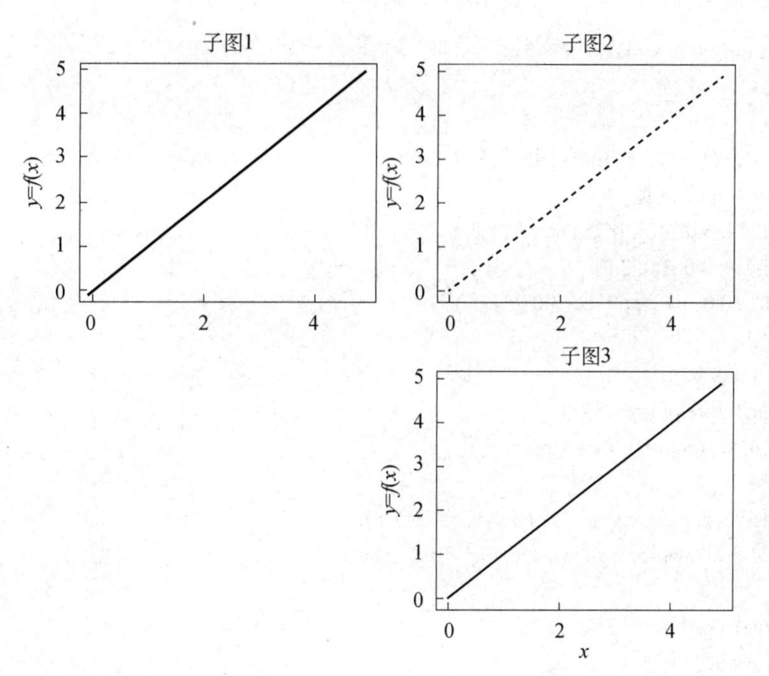

图 6-15　用 plt.subplot()函数绘制子图二

x，y：坐标轴系统中的坐标值；
string：说明文字；
fontsize：字体大小；
verticalalignment：垂直对齐方式 ，可设置为 center，top，bottom，baseline；
horizontalalignment：水平对齐方式 ，可设置为 center，right，left.

2）plt.annotate()函数的语法及说明

```
plt.annotate(s='str' ,xy=(x,y) ,xytext=(l1,l2) ,..)
```

s：注释文本内容；
xy：被注释的坐标点；
xytext：注释文字的坐标位置.

plt.text()和 plt.annotate()函数的应用示例如下：

```
#coding:utf-8
import numpy as np
import matplotlib.pyplot as plt
from pylab import *
mpl.rcParams['font.sans-serif'] = ['SimHei']   #若显示图的中文标题，需要设置字体

x = np.arange(0., 10, 0.2)
y1 = np.cos(x)
```

```
#  设置 x, y 轴的取值范围
```

```
plt.xlim(x.min()*0.8, x.max()*0.8)
plt.ylim(-2, 2)

plt.plot(x, y1, color='blue', linewidth=1.5, linestyle='-', marker='o', label=r'$y = cos{x}$')
# 设置 x, y 轴的刻度值
plt.xticks([2, 4, 6, 8, 10], [r'2', r'4', r'6', r'8', r'10'])
plt.yticks([-1.0, 0.0, 1.0, 2.0],
      [r'-1.0', r'0.0', r'1.0', r'2.0', r'3.0', r'4.0'])
plt.xlabel('x')
plt.ylabel('y=cos(x)')
plt.title('The figure of y=cos(x)')
plt.text(3.14, -1, r'$\pi=100,\cos(\pi)=-1$')

plt.annotate('local max', xy=(6.28, 1), xytext=(3, 1.5),
             arrowprops=dict(facecolor='black', shrink=0.05),)

plt.grid(True)   #显示网格线
plt.show()  #显示图形
```

运行上述程结果如图 6-16 所示.

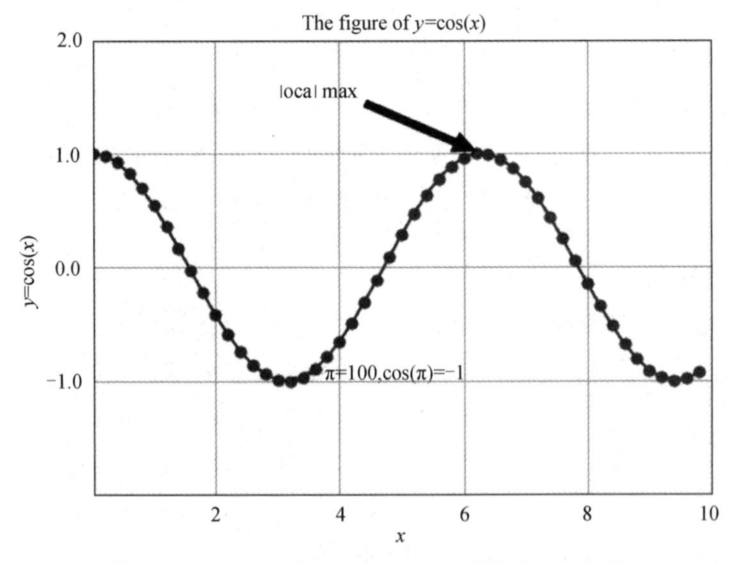

图 6-16　plt.text()和 plt.annotate()函数的应用示例

进而对图中的每个点添加标注文字，代码如下：

```
import matplotlib.pyplot as plt
import numpy as np
x = np.arange(0, 6)
y = x * x
plt.plot(x, y, marker='o')
for xy in zip(x, y):
    plt.annotate("(%s,%s)" % xy, xy=xy, xytext=(-20, 10), textcoords='offset points')
plt.show()
```

运行结果如图 6-17 所示.

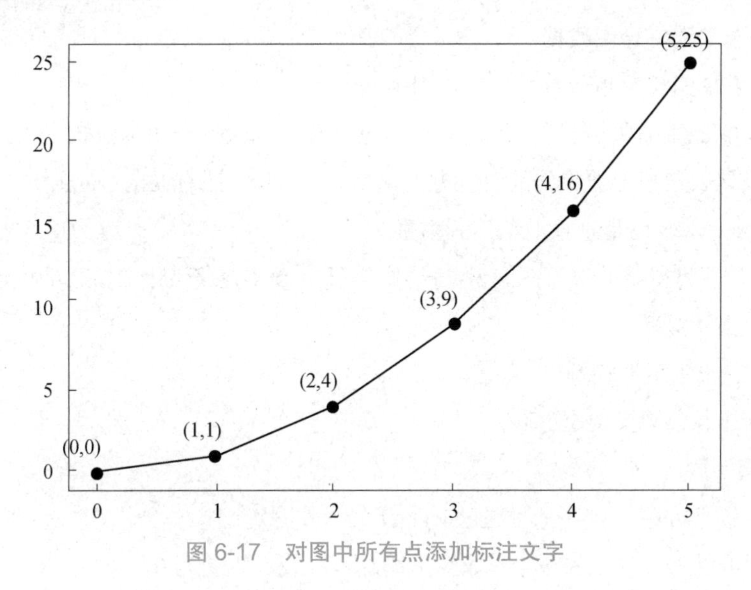

图 6-17　对图中所有点添加标注文字

到此，已经介绍了 Matplotlib 绘图的一些常用基础知识，其他内容可以查看 Matplotlib 官网文档. 接下来介绍用 Matplotlib 绘制常见的统计图.

6.5　直方图和条形图

1. 直方图和条形图的区别

1）概念不同

直方图：直方图是一种统计报告图，形式上是一个个长条矩形. 直方图是用面积表示各组频数，矩形的高度表示各组的频数或频率，宽度则表示各组的组距，因此其高度与宽度均有意义.

条形图：长条矩形的长度表示各类别的频数，宽度表示类别.

2）图的形式不同

由于分组数据具有连续性，直方图中各长条矩形是衔接在一起的，表示数据间的数学关系；而条形图中则是分开排列的，各长条矩形之间留有空隙，区分不同的类.

3）图的功效不同

条形图主要用于展示分类数据，而直方图则主要用于展示数据型数据.

2. 绘图命令

在 Matplotlib 库中，绘制直方图用 plt.hist()函数，绘制条形图用 plt.bar()函数.

1）plt.hist()函数的语法及说明

```
plt.hist(data,bins=40,histtype='bar',align='mid',orientation='vertical',   normed=0,facecolor='blue',edgecolor='black',alpha=0.7, label = 'hist-hist', bottom = 0)
```

参数说明如下.

data：必选参数，绘图数据.

bins：直方图的长条矩形数目，默认为 10.

histtype：指定直方图的类型，默认为 bar，还有 barstacked，sted，stepfilled.

align：设置长条矩形边界值的对齐方式，默认为 mid，还有 left，right.

orientation：水平还是垂直，默认为垂直.

normed：是否将得到的直方图向量归一化，默认为 0，代表不归一化，显示频数；normed=1，表示归一化，显示频率.

facecolor：长条矩形的颜色.

edgecolor：长条矩形边框的颜色.

alpha：透明度.

label：设置直方图的标签，可通过 legend 展示其图例.

bottom：可以为直方图的每个长条矩形添加基准线，默认为 0.

其他参数说明如下.

stacked：当有多个数据时，是否需要将直方图呈堆叠摆放，默认为水平摆放；

log：是否需要对绘图数据进行 log 变换；

rwidth：设置直方图长条矩形宽度的百分比.

在 PyCharm 中输入如下代码：

```
import matplotlib.pyplot as plt
import numpy as np
import matplotlib

# 设置 matplotlib 正常显示中文和负号
matplotlib.rcParams['font.sans-serif']=['SimHei']          #用黑体显示中文
matplotlib.rcParams['axes.unicode_minus']=False            #正常显示负号
# 随机生成（10000），服从正态分布的数据
data = np.random.randn(10000)
plt.hist(data, bins=40, normed=0, facecolor="blue", edgecolor="black", alpha=0.7)
plt.xlabel("区间")  #显示横轴标签
plt.ylabel("频数/频率")  #显示纵轴标签
plt.title("频数/频率分布直方图")  #显示图标题
plt.show()
```

运行结果如图 6-18 所示.

由图 6-18 可以看出，数据落在区间 $[-1, 1]$ 内的频数是最多的，频数从 400 到 700 不等，然后再从 700 回落到 400. 而落在区间 $[-3, -2]$ 和 $[2, 3]$ 内的数据量，频数从 0 到 100 左右，再从 100 左右回落到 0，其频数要远远少于区间 $[-1, 1]$ 内的数据频数，这符合正态分布的数据特征.

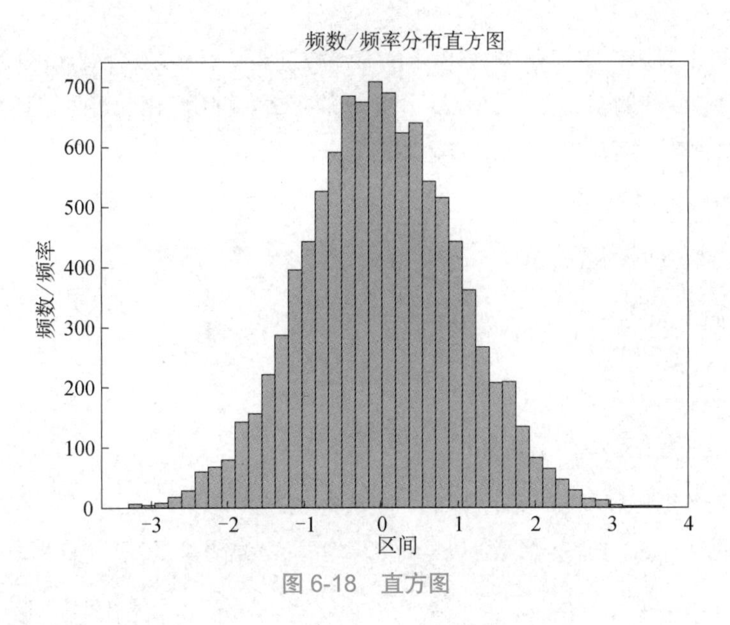

图 6-18　直方图

在 PyCharm 中输入如下代码：

```
# -*- coding: utf-8 -*-
import matplotlib.pyplot as plt
import matplotlib
from matplotlib.font_manager import FontProperties
matplotlib.rcParams['font.sans-serif']=['SimHei']           # 用黑体显示中文
matplotlib.rcParams['axes.unicode_minus']=False             # 正常显示负号
chengji= [90,85,95,78,65,70,89,80]
jibie = [50,70,80,90,100]
plt.hist(chengji, jibie, histtype='bar', rwidth=0.8)
plt.legend()
plt.xlabel(u'成绩')
plt.ylabel(u'频数')
plt.title(u'直方图')
plt.show()
```

运行结果如图 6-19 所示.

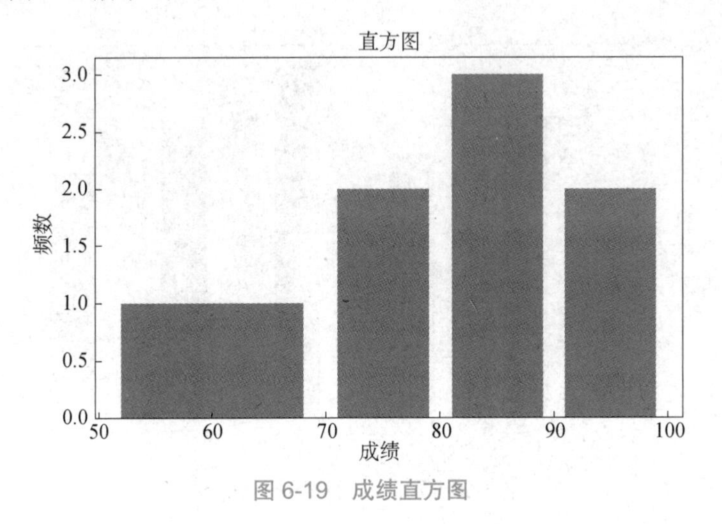

图 6-19　成绩直方图

由图 6-19 可以看出，成绩在 70 分以下的有一位同学，介于 70 分到 80 分之间的有 2 位同学，介于 80 分到 90 分的有 3 名同学，大于 90 分的有 2 名同学. 由此可见，直方图的纵轴展现的是数据出现的频数/频率，横轴展现的是数据划分区间.

2）plt.bar()函数的语法及说明

```
plt.bar(x,y,width,bottom,align)
```

参数说明如下.

x：条形图 x 轴；

y：条形图的高度；

width：长条矩形的宽度，默认是 0.8；

bottom：长条矩形底部的 y 轴坐标值，默认是 0；

align：center / edge，长条矩形是否以 x 轴坐标为中心点或者是以 x 轴坐标为边缘.

在 PyCharm 中输入以下代码：

```
# -*- coding: utf-8 -*-
import matplotlib.pyplot as plt
import matplotlib

# 设置 matplotlib 正常显示中文和负号
matplotlib.rcParams['font.sans-serif']=['SimHei']       # 用黑体显示中文
matplotlib.rcParams['axes.unicode_minus']=False            # 正常显示负号

plt.bar([1, 3, 5, 7, 9], [95, 85, 75, 90, 70], label='语文成绩')
plt.bar([2, 4, 6, 8, 10], [80, 70, 95, 80, 65], label='数学成绩')
plt.legend()
plt.xlabel('科目')
plt.ylabel('成绩')
plt.title(u'条形图')
plt.show()
```

运行结果如图 6-20 所示.

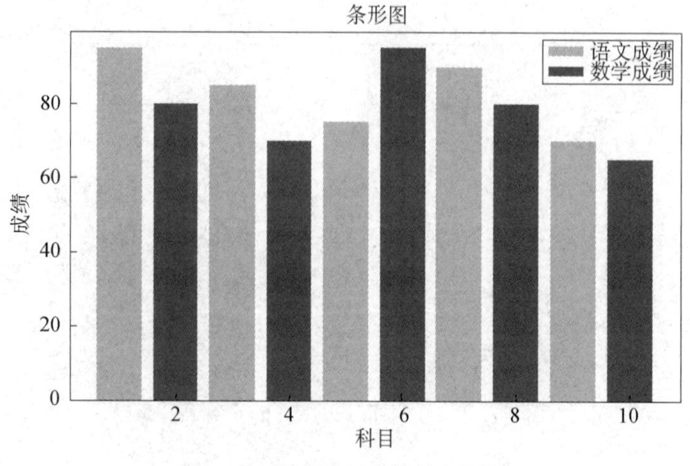

图 6-20　不同科目成绩的条形图

由图 6-20 可以看出，语文和数学成绩分别分为 5 类，其中蓝色（图中浅色）的长条矩形代表语文成绩，橙色（图中深色）的长条矩形代表数学成绩，语文成绩与数学成绩大致分布在 70～90 分.

由此可见，条形图横轴代表的是数据的类型，纵轴代表的是数据值，这和直方图是明显不同的.

6.6 折线图

折线图通常用来表示数据随时间或有序类别变化的趋势，因此非常适用于显示在相等时间间隔下数据的走向变化.

在 PyCharm 中输入以下代码：

```
import matplotlib.pyplot as plt
from pylab import *
import matplotlib as mpl
mpl.rcParams['font.sans-serif'] = ['SimHei']   #若显示图的中文标题，需要设置字体

x1=[1,2,3,4,5,6,7,8,9,10]
y1=[2,1,3,6,4,3,7,3,5,2]
y2=[8,3,9,1,6,4,3,2,8,3]
plt.plot(x1,y1,'ro-' )   #绘制折线图
plt.plot(x1,y2,'b*-')
plt.title(u'折线图', fontsize=10)   #显示中文标题
plt.xlabel('x', fontsize=10, labelpad=6)   #设置 x 轴的标签
plt.ylabel(r'$y = f(x)$', fontsize=10, labelpad=6)   #设置 y 轴的标签

plt.text(9,5,'(9,5)')   #给折线图添加文本注释
plt.text(3,9,'(3,9)')

plt.legend(['折线图 1', '折线图 2'], loc='up right')   #添加图例
plt.grid(True)

plt.show()
```

运行结果如图 6-21 所示.

由图 6-21 中可以看出，折线图是将离散点连接起来的图，绘图比较简单，直接用 plt.plot() 函数即可完成.

绘制折线图常用的 rc 参数名称、解释与取值见表 6.11.

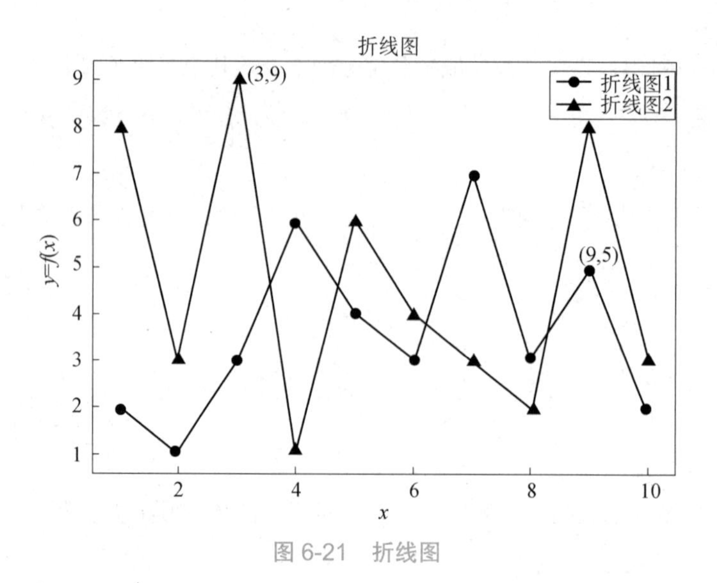

图 6-21　折线图

表 6.11　绘制折线图常用的 rc 参数名称、解释与取值

rc 参数名称	解 释	取 值
lines.linewidth	线条宽度	取 0～10 的数值，默认为 1.5
lines.linestyle	线条样式	可取 "-" "--" "-." "：" 4 种，默认为 "-"
lines.marker	线条上点的形状	可取 "o" "D" "h" "." "," "S" 等 20 种，默认为 None
lines.markersize	点的大小	取 0～10 的数值，默认为 1

注：其中 lines.linestyle 参数 4 种取值与意义见表 6.12.
lines.marker 参数 20 种取值与意义见表 6.13.

表 6.12　lines.linestyle 的取值与意义

lines.linestyle 取值	意 义	lines.linestyle 取值	意 义
-	实线	-.	点画线
--	长虚线	:	短虚线

表 6.13　lines.marker 的取值与意义

lines.marker 取值	意 义	lines.marker 取值	意 义
o	圆圈	.	点
D	菱形	s	正方形
h	六边形 1	*	星号
H	六边形 2	d	小菱形
-	水平线	v	一角朝下的三角形
8	八边形	<	一角朝左的三角形
p	五边形	>	一角朝右的三角形
,	像素	^	一角朝上的三角形
+	加号	\	竖线
None	无	x	X

6.7 知识点总结

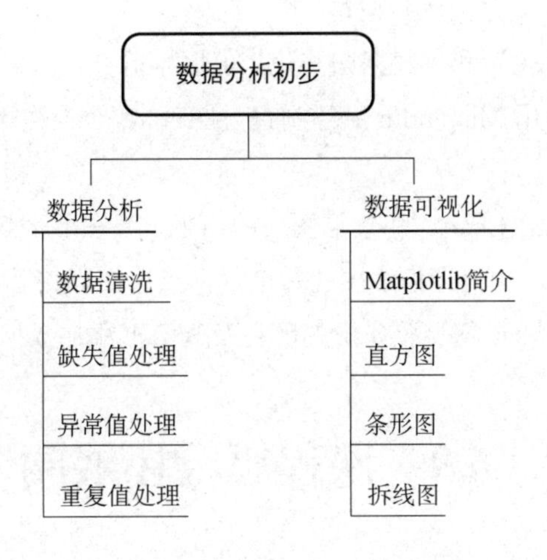

6.8 复习测试题

本章参考答案

一、选择题

1. 在数据清洗过程中，处理缺失值的常用方法不包括以下哪一项？（　　）

A. 直接将缺失值替换为 0　　B. 使用均值或中位数填充

C. 直接将缺失值替换为 0　　D. 使用模型预测填充

2. 以下哪个步骤通常不是数据清洗过程的一部分？（　　）

A. 数据排序　　B. 数据聚合　　C. 数据挖掘　　D. 处理异常值

3. 数据标准化与数据归一化的主要区别在于（　　）.

A. 标准化通常用于将数据缩放到[0, 1]区间，而归一化则用于去除量纲

B. 标准化是去除数据的量纲，而归一化是将数据缩放到特定区间

C. 两者都是去除数据的量纲，只是方法不同

D. 两者都是将数据缩放到特定区间，但归一化更常用于机器学习预处理

4. 在 Python 中，进行数据清洗时常用的库不包括（　　）.

A. Pandas　　B. Numpy　　C. Scikit-learn　　D. Matplotlib

5. 在 Matplotlib 库中，绘制直方图通常使用哪个函数？（　　）

A. plt.plot()　　B. plt.bar()　　C. plt.hist()　　D. plt.scatter()

6. 以下哪个 Python 库不是专门用于数据可视化的？（　　）

A. Matplotlib　　B. Pandas　　C. Seaborn　　C. D. Plotly

二、简答题

1. 在数据清洗过程中，识别并处理缺失值（NA）的常用方法有哪些？（至少列出三种）
2. 数据清洗时，如何识别并处理异常值（离群点）？
3. 数据清洗的基本步骤包括哪些？
4. 解释“数据标准化”和“数据归一化”的区别，并说明它们在数据预处理中的作用.
5. 在 Python 中，使用 Matplotlib 库绘制直方图时，哪个参数用于指定直方图的分组数量（即“桶”的数量）？
6. 描述折线图（Line Chart）和条形图（Bar Chart）在展示数据时的主要区别.
7. 在 Matplotlib 中，如何为折线图的每个数据点添加标签（如具体数值）？
8. 在创建条形图时，如何调整条形的颜色及为条形添加数据标签？

6.9　课程思政拓展阅读

人工智能发展史及其应用

人工智能（Artificial Intelligence，AI）作为近年来发展最迅速的科技领域之一，已经深刻地改变了我们的生活和工作方式. 从简单的语音助手到复杂的自动驾驶系统，AI 技术正在以惊人的速度渗透进各个行业和领域. 本文将详细介绍人工智能的发展史及其在各个领域的广泛应用，并配以相应的图文说明，帮助读者全面理解这一领域的演变与现状.

一、人工智能发展史

1. 起源与早期发展

人工智能的概念最早可以追溯到 20 世纪 50 年代. 1956 年，达特茅斯会议（与会者合影见图 6-22）的举办标志着人工智能正式成为一个独立的研究领域. 在这次会议上，与会者探讨了如何用机器模拟人类智能的多个方面，包括学习、推理、感知和行动等.

图 6-22　达特茅斯会议与会者合影

2. 重要里程碑

（1）1957 年：卡内基梅隆大学建立了世界上第一个人工智能研究实验室，标志着 AI 研究进入了一个新的阶段.

（2）1965 年：Joseph Weizenbaum 发明了第一个人工智能聊天机器人——ELIZA，它能够通过简单的文本对话模拟人类交流.

（3）1979 年：美国国家标准技术研究所开始制定基于知识的推理系统规范语言（知识表示语言 KRL），为 AI 系统的知识表示和推理提供了标准化工具.

（4）1981 年：专家系统 MYCIN 的出现，展示了 AI 在医学诊断领域的潜力.

（5）1997 年：IBM 的计算机深蓝（Deep Blue）击败国际象棋世界冠军加里·卡斯帕罗夫，标志着 AI 在复杂决策任务中的重大突破.

（6）2006 年：谷歌公司推出基于统计学习的语音识别技术，该技术被广泛应用于语音助手和智能家居等领域.

（7）2011 年：IBM 的计算机沃森（Watson）在美国电视节目“危险边缘”中击败两名前著名冠军，展示了其在自然语言处理和知识推理方面的强大能力.

（8）2016 年：AlphaGo 击败围棋世界冠军李世石，展示了强化学习技术在 AI 领域的巨大潜力.

（9）2018 年：DeepMind 推出 AlphaZero，它能够通过学习而无须人类知识，自主掌握多个棋类游戏的高超水平.

二、人工智能的原理

人类能够用五官感知信息，然后所有的这些信息能够转化成神经系统中的各个神经元之间的相互作用关系，形成一个复杂的神经网络，这个神经网络附着在大脑皮层上，通过神经元的相互作用，就形成了人的感知能力、认知能力、理解能力、决策能力和创作能力，甚至包括人的自我意识. 人的智能就是产生自进行信息处理分析的生物神经系统. 当然还有基因的作用，人类智能的代代遗传. 但是，在大脑生成之后，人的认知过程是通过五官感知信息、通过神经元形成的神经网络、通过大脑皮层形成了人类的智能.

机器模拟的人工智能也是同样的一套机理. 机器设法通过各种传感器感知信息，把这信息转化成数据，把这些数据传输到分布式处理系统，通过分层的深度神经网络算法，以及海量数据的大模型算法进行计算，涌现出智能，把大模型嵌入机器人的“大脑”，机器人就具备了智能，成为聪明的人形机器人.

到现在，我们还说不清楚人的智能到底是怎么产生的？为什么很多神经元之间相互作用就能产生人类的智能？科学家把它解释成复杂系统的一种涌现现象. 而今天，我们在人工智能领域所做的工作，也是通过神经网络复杂的相互作用，产生了一种“大力出奇迹”的智能涌现的效果. 也就是复杂系统在相互作用的过程中，涌现出来的一种智能形态. 所以，这两条路线就是人的智能和机器智能的产生原理，人依靠神经系统，人形机器人依靠神经网络算法. 人类智能和人工智能的原理比较见图 6-23.

图 6-23　人类智能和人工智能的原理比较

三、人工智能的应用

1. 智能家居

智能家居是 AI 在日常生活中应用最为广泛的领域之一. 通过 AI 技术，智能家居设备能够感知周围环境，并根据用户的需求自动执行操作. 例如，智能灯可以根据光线强弱自动开关，智能门锁可以根据用户的身份识别自动开锁，智能空调可以根据室内温度自动调节温度.

2. 自动驾驶

自动驾驶是 AI 在未来将产生重大影响的领域之一. 自动驾驶汽车通过 AI 技术感知周围环境，并根据交通规则和路况自动驾驶. 这不仅将极大地改变人们的出行方式，还能提高交通效率和安全性.

3. 医疗健康

AI 在医疗健康领域的应用越来越广泛. 通过图像识别技术，AI 可以帮助医生进行肿瘤筛查和诊断，提高诊断的精准度和效率. 此外，AI 还可以用于个性化治疗方案的制定和药物研发等.

4. 教育

AI 在教育领域的应用也具有巨大潜力. AI 可以根据学生的学习进度和水平提供个性化的学习内容和反馈，帮助学生提高学习效率. 此外，AI 还可以用于智能辅导和在线教学等.

5. 金融

在金融领域，AI 被广泛应用于欺诈检测、风险管理和投资决策等方面. 通过复杂的算法和大数据分析，AI 可以识别潜在的欺诈行为，评估投资风险，并自动执行交易，提高金融服务的效率和安全性.

第7章 案例实战

本章课件

全国大学生数学建模竞赛创办于1992年，每年一届，目前已成为全国高校规模最大的基础性学科竞赛，也是世界上规模最大的数学建模竞赛. 2018年，来自全国33个省、直辖市、自治区及美国和新加坡的1449所院校/校区、42128个队（本科38573队、专科3555队）、超过12万名大学生报名参加本项竞赛.

数学的学习，最终目的是学以致用. 本章具体选取了2017年全国大学生数学建模竞赛原题（物质浓度颜色识别）、2018年全国大学生数学建模竞赛原题（商场会员画像描绘），以及2018年阿里巴巴天池大数据竞赛原题（糖尿病风险预测），作为本章的案例. 每个案例讲解了背景与数据挖掘目标、建模方法与过程、模型构建等内容，并给出了整个案例的Python代码清单.

经过本章的学习，读者可以提高利用Python解决实际问题的能力，提高数学建模能力和数据分析能力.

7.1 基于数据挖掘的物质浓度颜色识别

7.1.1 背景与数据挖掘目标

比色法是目前常用的一种检测物质浓度的方法，即把待测物质制备成溶液后滴在特定的白色试纸表面，等其充分反应以后获得一张有颜色的试纸，再把该颜色试纸与一个标准比色卡进行对比，就可以确定待测物质的浓度档位了. 由于每个人对颜色的敏感差异和观测误差，使得这一方法在精度上受到很大影响. 随着照相技术和颜色分辨率的提高，希望建立颜色读数和物质浓度的数量关系，即只要输入照片中的颜色读数就能够获得待测物质的浓度.

表7.1给出了2种物质在不同浓度下的颜色读数，表7.2中的数据为二氧化硫在不同浓度下的颜色读数. 表7.1和表7.2中的ppm也称百万分比浓度，表示每升溶液（溶质加上溶剂）中所含待测物质的毫克数（mg/L），即1ppm=1mg/L，经常用于浓度很小的场合. 例如：组胺浓度为50ppm，表示每升组胺溶液中含组胺50mg. 表中“水”，表示待测物质浓度为零的情形. 颜色读数包括颜色的R、G、B值和颜色的色调（H）及饱和度（S）. 根据这些数据，建立颜色读数和物质浓度的识别模型，并给出模型的误差分析.

表 7.1　组胺和溴酸钾在不同浓度下的颜色读数

	浓度/ppm	B	G	R	H	S
组胺	水	68	110	121	23	111
	100	37	66	110	12	169
	50	46	87	117	16	155
	25	62	99	120	19	122
	12.5	66	102	118	20	112
	水	65	110	120	24	115
	100	35	64	109	11	172
	50	46	87	118	16	153
	25	60	99	120	19	126
	12.5	64	101	118	20	115
溴酸钾	水	129	141	145	22	27
	100	7	133	145	27	241
	50	60	133	141	27	145
	25	69	136	145	26	133
	12.5	85	139	145	26	106
	水	128	141	144	23	28
	100	7	133	145	27	242
	50	57	133	141	27	151
	25	70	137	146	26	132
	12.5	87	138	146	26	102

表 7.2　二氧化硫在不同浓度下的颜色读数

浓度/ppm	R	G	B	S	H
水	153	148	157	138	14
	153	147	157	138	16
	153	146	158	137	20
	153	146	158	137	20
	154	145	157	141	19
20	144	115	170	135	82
	144	115	169	136	81
	145	115	172	135	83
30	145	114	174	135	87
	145	114	176	135	89
	145	114	175	135	89

续表

浓度/ppm	R	G	B	S	H
	146	114	175	135	88
50	142	99	175	137	110
	141	99	174	137	109
	142	99	176	136	110
80	141	96	181	135	119
	141	96	182	135	119
	140	96	182	135	120
100	139	96	175	136	115
	139	96	174	136	114
	139	96	176	136	116
150	139	86	178	136	131
	139	87	177	137	129
	138	86	177	137	130
	139	86	178	137	131

7.1.2 建模方法与过程

随着照相技术和颜色分辨率的提高，通过对颜色试纸的拍照获取颜色读数，希望通过获取的颜色读数确定物质的浓度档位. 但是仅仅获取了当前浓度下该物质颜色的一组 R、G、B 值和颜色的色调及饱和度是不够的. 首先需要探讨通过物质颜色读数的 R、G、B 值和颜色的色调及饱和度能否确定颜色读数和物质浓度之间的关系.

表 7.1 中包含 2 种物质不同浓度下的颜色读数. 若可以通过颜色读数确定颜色与物质浓度的关系，方可进行下一步的建模，否则需要根据已有数据进行特征重新构造. 构建模型则用表 7.2 中二氧化硫在不同浓度下的多组颜色读数，但是颜色读数的 5 个特征数值取值范围不同，利用数据进行建模前需要对数据进行归一化处理. 将归一化后的数据划分为测试样本和训练样本（训练模型的样本），进而构建分类模型，通过调整系数优化模型，最后利用训练好的分类模型，即可通过试纸的颜色读数，自动判别出该物质溶液的浓度档位. 图 7-1 为基于数据挖掘的物质浓度颜色识别流程，主要包括以下步骤：

① 根据表 7.1 中 2 种物质在不同浓度下的颜色读数探讨能否通过物质的颜色读数确定物质浓度与颜色读数之间的关系.

② 若①的结论是可以通过颜色读数确定颜色与物质浓度的关系，则转至③，否则转至④.

③ 将表 7.2 中里的数据进行数据归一化处理，并划分测试样本和训练样本.

④ 利用颜色读数构建新的特征——颜色矩阵或者颜色直方图等.

⑤ 用③的训练样本构建分类模型.

⑥ 将构建好的分类模型对③的测试样本进行浓度档位识别.

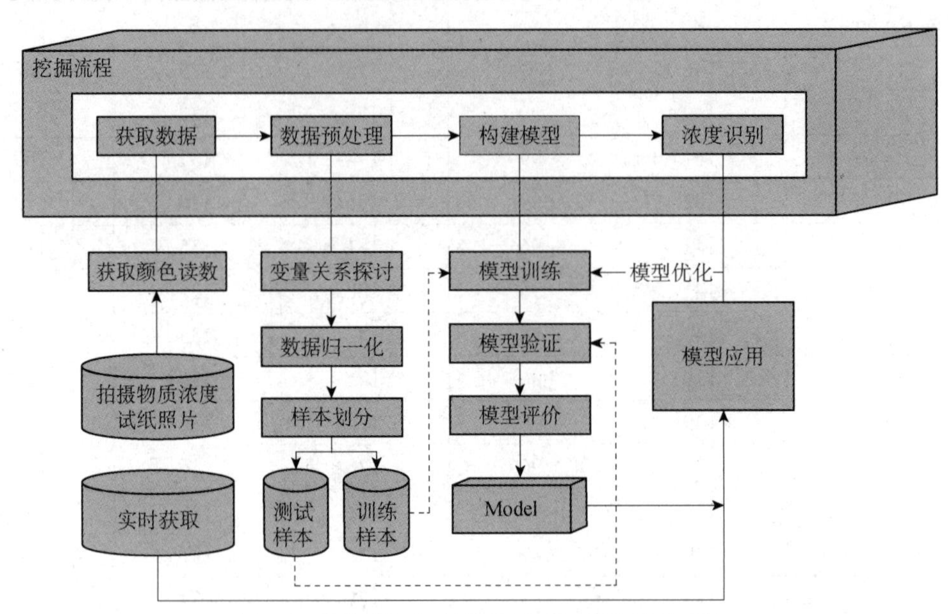

图 7-1 基于数据挖掘的物质浓度颜色识别流程

下面进行数据预处理.

1. 物质浓度与颜色读数关系探讨

首先需要探讨能否通过颜色读数确定溶液浓度档位. 为了更加准确地描述变量之间的线性相关程度，可以通过计算相关系数来进行相关分析. 分别计算颜色读数 5 个变量与浓度档位的相关性. 在二元变量的相关分析过程中比较常用的是 Pearson（皮尔森）相关系数 r.

Pearson 相关系数 r 一般用于分析两个连续性变量之间的关系，其计算公式如下：

$$r=\frac{\sum_{i=1}^{n}(x_i-\overline{x})(y_i-\overline{y})}{\sqrt{\sum_{i=1}^{n}(x_i-\overline{x})^2\sum_{i=1}^{n}(y_i-\overline{y})^2}}$$

相关系数的取值范围为$-1\leqslant r\leqslant 1$.

$$\begin{cases} r>0\text{为正相关，}r<0\text{为负相关} \\ r=0\text{表示不存在线性关系} \\ |r|=1\text{表示完全线性相关} \end{cases}$$

$0<|r|<1$表示存在不同程度的相关性：

$$\begin{cases} |r|\leqslant 0.3\text{为弱相关} \\ 0.3<|r|\leqslant 0.5\text{为相关性较弱} \\ 0.5<|r|\leqslant 0.8\text{为相关性较强} \\ |r|>0.8\text{为强相关} \end{cases}$$

分别计算表 7.1 中 2 种物质浓度与颜色读数的 R、G、B 值和色调及饱和度的相关系数.

分别计算 5 种物质的 5 个颜色读数与物质浓度的 pearson 相关系数，结果见表 7.3.

表 7.3　5 种物质的颜色读数与物质浓度的皮尔森相关系数

	R	G	B	H	S
硫酸铝钾	−0.616661331	−0.617955513	0.601039531	0.498297991	0.606916903
奶中尿素	−0.202489699	−0.077336455	−0.891809223	0.500379956	0.862638385
工业碱	−0.624078834	−0.663963706	−0.490658495	0.70837773	0.658331433
组胺	−0.931284462	−0.997017528	−0.972402939	−0.977802414	0.962722332
溴酸钾	−0.163027829	−0.867857023	−0.956133111	0.696010492	0.952601453

仅仅有奶中尿素颜色读数的 R 值、G 值和溴酸钾的 R 值是和物质浓度具有较弱相关性，其余物质的其他颜色读数均于浓度具有较强的相关性. 因此可以利用物质颜色读数的 R、G、B、H 和 S 值构建分类模型.

2. 数据归一化

表 7.2 中二氧化硫颜色读数的描述性统计见表 7.4，颜色读数的数值相差较大. 为了加快模型的收敛速度和防止模型过拟合，需要对颜色读数的数值进行归一化处理.

表 7.4　二氧化硫颜色读数的描述性统计

	R	G	B	S	H
mean	143.96	110.04	172.12	136.28	89.64
std	5.28	20.98	8.11	1.4	40
min	138	86	157	135	14
25%	139	96	170	135	82
50%	142	99	175	136	109
75%	145	115	177	137	119
max	154	148	182	141	131

数据标准化（归一化）处理是数据挖掘的一项基础工作. 不同评价指标往往具有不同的量纲，数值间的差别可能很大，不进行处理可能会影响到数据分析的结果. 为了消除指标之间的量纲和取值范围差异的影响，需要进行标准化处理，将数据按照比例进行缩放，使之落入一个特定的区域，便于进行综合分析. 如将工资收入属性值映射到［−1, 1］或者［0, 1］内.

最小−最大规范化也称为离差标准化，是对原始数据的线性变换，将数值映射到［0, 1］内. 转换公式如下：

$$x^* = \frac{x - \min}{\max - \min}$$

其中，max 为样本数据的最大值，min 为样本数据的最小值，max−min 为极差. 离差标准化保留了原来数据中存在的关系，是消除量纲和数据取值范围影响的最简单的方法. 将颜色读数的 R、G、B、H 和 S 值进行最小−最大规范化，规范化结果见表 7.5.

表 7.5　表 7.2 中颜色读数的规范化结果

R	G	B	S	H
0.9375	1	0	0.5	0
0.9375	0.983870968	0	0.5	0.017094017
0.9375	0.967741935	0.04	0.333333333	0.051282051
0.9375	0.967741935	0.04	0.333333333	0.051282051
1	0.951612903	0	1	0.042735043
0.375	0.467741935	0.52	0	0.581196581
0.375	0.467741935	0.48	0.166666667	0.572649573
0.4375	0.467741935	0.6	0	0.58974359
0.4375	0.451612903	0.68	0	0.623931624
0.4375	0.451612903	0.76	0	0.641025641
0.4375	0.451612903	0.72	0	0.641025641
0.5	0.451612903	0.72	0	0.632478632
0.25	0.209677419	0.72	0.333333333	0.820512821
0.1875	0.209677419	0.68	0.333333333	0.811965812
0.25	0.209677419	0.76	0.166666667	0.820512821
0.1875	0.161290323	0.96	0	0.897435897
0.1875	0.161290323	1	0	0.897435897
0.125	0.161290323	1	0	0.905982906
0.0625	0.161290323	0.72	0.166666667	0.863247863
0.0625	0.161290323	0.68	0.166666667	0.854700855
0.0625	0.161290323	0.76	0.166666667	0.871794872
0.0625	0	0.84	0.166666667	1
0.0625	0.016129032	0.8	0.333333333	0.982905983
0	0	0.8	0.333333333	0.991452991
0.0625	0	0.84	0.333333333	1

7.1.3　模型构建

1. 模型输入

对颜色读数归一化后的样本进行随机抽样，抽取 70%作为训练样本，剩下的 30%作为测试样本，用于浓度识别检验.

本案例采用随机森林作为浓度档位分类模型，模型的输入包括两部分，一部分是训练样本的数据，另一部分是模型参数的输入. 训练样本见表 7.6.

表 7.6　模型输入变量（训练样本）

变量名称	变量描述	取值范围
R	红色颜色值	0～1
G	绿色颜色值	0～1
B	蓝色颜色值	0～1
H	色调	0～1
S	饱和度	0～1
classes	浓度档位（mg/L）	0，20，50，80，100，150

表 7.6 为模型输入变量，使用 sklearn 库的随即森林模型（函数）时有不少参数可以自定义，使用默认参数即可. 随机森林模型参数默认值如下，模型参数针对不同的案例和不同的数据可自行选择.

bootstrap=True　是否有放回的采样；

class_weight=None　各个 label 的权重；

criterion:="gini"　计算属性的 gini（基尼不纯度）来选择最合适的节点；

max_depth:（default=None）　设置树的最大深度，默认为 None；

max_features：int，float，string or None，optional（default="auto"）　整数、浮点数、字符串或者无值，默认值为 auto，如果是 auto，那么 max_features=sqrt（n_features），即 n_features 的平方根值；

max_leaf_nodes　叶子树的最大样本数；

min_samples_leaf　叶子节点最少的样本数；

min_impurity_decrease:float，optional（default=0.）　浮点数，可选的，默认值为 0，如果节点的分裂导致的不纯度的下降程度大于或者等于这个节点的值，那么这个节点将会被分裂；

min_impurity_split　如果一个节点的不纯度超过阈值，那么这个节点将会分裂；

min_samples_split　根据属性划分节点时，每个划分最少的样本数；

min_weight_fraction_leaf:（default=0）　叶子节点所需要的最小权值；

n_estimators　决策树的个数；

n_jobs　并行 job 个数；

oob_score=False　是否使用袋外样本来估计泛化精度；

random_state　随机数生成器使用的种子；

verbose:（default=0）　是否显示任务进程；

warm_start=False　决定是否使用上次调用该类的结果然后增加新的.

本案例使用随机森林模型的默认参数进行建模，使用训练样本训练随机森林模型. 本案例所有代码如下：

```
#代码清单（对应表 8.1）物质浓度与颜色读数关系探讨代码
#物质浓度与颜色读数关系探讨代码
```

```
from scipy.stats import pearsonr       #导入计算 Pearson 相关系数函数
import pandas as pd  #导入 pandas 库
data = pd.read_excel('data1.xls')    #读取数据
items = list(set(data.iloc[:,0]))     #获取物质的名称，利用 set()函数进行去重
data_pearson = pd.DataFrame(index=items,columns=['R','G','B','H','S'])  #新建一个 DataFrame，用于存储结果
for i in (items):
    for j in (data_pearson.columns):
        data_pearson.loc[i,j] = pearsonr(data[data.iloc[:,0] == i][j],data[data.iloc[:,0] == i]['浓度（ppm）'])[0]  #计算相关系数
data_pearson.to_excel('data_pearson.xls',index=True,header=True)     #保存结果至当前工作目录下的data_pearson.xls

#代码清单（对应表 7.2）颜色读数归一化代码
#颜色读数归一化代码
import pandas as pd  #导入 pandas 库
data2 = pd.read_excel('Data2.xls')  #读取数据
data2 = data2.iloc[:,2:]      #提取 R，G，B，H 和 S 值
data2_scale = (data2 - data2.min()) / (data2.max() - data2.min())    #最大最小规范化
data2_scale.to_excel('data2_scale.xls',index = False)    #保存结果至 data2_scale.xls

#代码清单（对应表 7.3）样本选取代码
#样本选取代码
import pandas as pd  #导入 pandas 库
data2 = pd.read_excel('data2.xls')  #读取 Data2 的原数据
data = pd.read_excel('data2_scale.xls')  #读取规范化后的数据
classes = data2.loc[:,'浓度（ppm）']     #读取物质浓度档位
data['classes'] = classes    #颜色读数和浓度档位合并
from random import shuffle   #导入随机函数
shuffle(data)    #随机打乱数据
data_train = data[:int(0.7*len(data)),:]      #选取前 70%作为训练样本
data_test = data[int(0.7*len(data)):,:]      #剩下 30%作为测试样本

#代码清单（对应表 7.4）随即森林模型参数介绍
#查看随机森林模型参数及默认值
from sklearn.ensemble import RandomForestClassifier
print(RandomForestClassifier())
'''
RandomForestClassifier(bootstrap=True, class_weight=None, criterion='gini',
            max_depth=None, max_features='auto', max_leaf_nodes=None,
            min_impurity_decrease=0.0, min_impurity_split=None,
            min_samples_leaf=1, min_samples_split=2,
            min_weight_fraction_leaf=0.0, n_estimators='warn', n_jobs=None,
            oob_score=False, random_state=None, verbose=0,
            warm_start=False)
'''

#代码清单（对应表 7.5）构建随机森林模型代码
```

```
#构建随机森林模型代码
from sklearn.ensemble import RandomForestClassifier  #导入随机森林模型函数
tree = RandomForestClassifier()  #建立模型，使用默认参数
train_data = data_train.iloc[:,:5]  #训练样本颜色读数
train_classes = data_train.iloc[:,5]  #训练样本浓度档位
test_data = data_test.iloc[:,:5]  #测试样本颜色读数
test_classes = data_test.iloc[:,5]  #测试样本浓度档位
tree.fit(train_data,train_classes.astype('int'))  #训练模型
tree_result = tree.predict(test_data).reshape(len(test_data))  #测试样本结果
#混淆矩阵绘制
from sklearn.metrics import confusion_matrix
cm_train =  confusion_matrix(train_classes,tree.predict(train_data))  #训练样本混淆矩阵
cm_test =  confusion_matrix(test_classes,tree_result)  #测试样本混淆矩阵
#保存结果
cm_train_index = list(set(train_classes))
cm_train_index.sort()  #样本较少，并非所有浓度档位的样本都抽取到，需要自己定义混淆矩阵的columns
cm_test_index = list(set(test_classes))
cm_test_index.sort()  #样本较少，并非所有浓度档位的样本都抽取到，需要自己定义混淆矩阵的columns
pd.DataFrame(cm_train,index=cm_train_index,columns=cm_train_index).to_excel('cm_train.xls')
pd.DataFrame(cm_test,index=cm_test_index,columns=cm_test_index).to_excel('cm_test.xls')
```

2. 结果分析

建立好模型后，用训练样本进行回判，得到的混淆矩阵，见表 7.7，分类准确率为 100%. 全部样本都分类准确了，就可应用模型进行物质浓度档位识别.

表 7.7　混淆矩阵

真实值 \ 预测值	0	20	30	50	80	100
0	4	0	0	0	0	0
20	0	3	0	0	0	0
30	0	0	3	0	0	0
50	0	0	0	1	0	0
80	0	0	0	0	1	0
100	0	0	0	0	0	2

3. 物质浓度档位识别

将所有测试样本作为输入样本，代入已构建好的随机森林模型，得到输出结果，即预测物质浓度档位. 物质浓度档位的混淆矩阵见表 7.8，分类准确率也是 100%，可将模型应用到物质浓度档自动识别系统，实现浓度档位识别. 因使用了随机函数打乱数据，因此重复试验所得到的结果可能有所不同.

表 7.8　物质浓度档位的混淆矩阵

真实值 \ 预测值	0	30	50	80	100	150
0	1	0	0	0	0	0
30	0	1	0	0	0	0
50	0	0	2	0	0	0
80	0	0	0	2	0	0
100	0	0	0	0	1	0
150	0	0	0	0	0	1

此案例数据量较少，所以模型准确率较高. 此随机森林模型仅仅是对二氧化硫 1 种物质根据颜色读数进行浓度档位识别. 若想提高模型的泛化能力，还需使用大量数据对模型进行训练.

7.2　基于数据挖掘的糖尿病风险预测

7.2.1　背景与数据挖掘目标

生活中，人体因为很多因素会导致高血糖症状，比如不良的生活习惯、一些应激状态及糖尿病等. 长期高血糖会对人体各组织和器官造成严重伤害，诱发多种并发症. 高血糖的毒性作用可以加重糖尿病的发病程度，高血糖是引起糖尿病并发症的主要原因.

导致高血糖的原因多种多样，造成长期高血糖的主要原因是遗传和环境因素引起的体内代谢紊乱的糖尿病，而高血糖则又成为多种糖尿病并发症发生及病理变化的主要原因. 本章将探讨血糖与人的年龄、性别、尿酸等 39 个身体指标之间的关系，并通过计算每个指标的 IV（Information Value）值筛选特征，建立人的血糖数值预测模型.

Data1.xls 为人的 39 个身体指标和血糖的数值，39 个指标分别是性别、年龄、*天门冬氨酸氨基转换酶、*丙氨酸氨基转换酶、*碱性磷酸酶、*r-谷氨酰基转换酶、*总蛋白、白蛋白、*球蛋白、白球比例、甘油三酯、总胆固醇、高密度脂蛋白胆固醇、低密度脂蛋白胆固醇、尿素、肌酐、尿酸、乙肝表面抗原、乙肝表面抗体、乙肝 e 抗原、乙肝 e 抗体、乙肝核心抗体、白细胞计数、红细胞计数、血红蛋白、红细胞压积、红细胞平均体积、红细胞平均血红蛋白量、红细胞平均血红蛋白浓度、红细胞体积分布宽度、血小板计数、血小板平均体积、血小板体积分布宽度、血小板比积、中性粒细胞%、淋巴细胞%、单核细胞%、嗜酸细胞%、嗜碱细胞%和血糖. Patal.xls 的部分数据见表 7.9，根据这些数据建立血糖数值预测模型，并给出模型的误差分析.

表 7.9　Datal.xls 的部分数据

性别	年龄	*天门冬氨酸氨基转换酶	*丙氨酸氨基转换酶	*碱性磷酸酶	*r-谷氨酰基转换酶	*总蛋白	白蛋白	*球蛋白	白球比例	甘油三酯	总胆固醇	高密度脂蛋白胆固醇	低密度脂蛋白胆固醇	尿素	肌酐	尿酸	乙肝表面抗原	乙肝表面抗体	乙肝e抗原	乙肝e抗体	乙肝核心抗体	白细胞计数	红细胞计数	血红蛋白	红细胞压积	红细胞平均体积	红细胞平均血红蛋白量	红细胞平均血红蛋白浓度	红细胞体积分布宽度	血小板计数	血小板平均体积	血小板体积分布宽度	血小板比积	中性粒细胞/%	淋巴细胞/%	单核细胞/%	嗜酸细胞/%	嗜碱细胞/%	血糖
男	41	24.96	23.1	99.59	20.23	76.88	49.6	27.28	1.82	1.31	4.43	1.37	2.65	5.87	77.25	349.39						5.34	5.21	166.1	0.479	91.9	31.9	347	12.8	166	9.9	17.4	0.164	54.1	34.2	6.5	4.7	0.6	6.06
男	41	24.57	36.25	67.21	79	79.43	47.76	31.67	1.51	2.81	4.06	0.93	2.63	5.26	87.12	486.78						7.65	5.21	156	0.456	87.5	29.9	342	13.4	277	9.2	10.3	0.26	52	36.7	5.8	4.7	0.8	5.39
男	46	20.82	15.23	63.69	38.17	86.23	48	38.23	1.26	0.99	4.13	1.64	2.01	4.77	78.19	452.07	0.01	0.02	0.01	1.37	1.07	4.6	4.76	148.8	0.438	91.9	31.3	340	13	241	8.3	16.6	0.199	48.1	40.3	7.7	3.2	0.8	5.59

7.2.2 建模方法与过程

糖尿病是以高血糖为特征的代谢性疾病. 高血糖则是由于胰岛素分泌缺陷或其生物作用受损，或两者兼有引起的. 糖尿病时长期存在的高血糖，导致各种组织和器官，特别是眼、肾、心脏、血管、神经的慢性损害、功能障碍. 人们希望通过身体的其他指标预测血糖值.

对于 39 个身体指标，首先需要进行数据清洗，对包含较多缺失值的特征进行剔除，并将非数值特征进行转换；由于特征较多，需要进行特征筛选，因此接下来需要做的就是进行特征之间的相关性分析，筛选相关系数>0.8 的特征；最后就是将所有样本划分成训练样本和测试样本，并构建训练模型，使用测试样本评估训练模型的精度. 图 7-2 为基于数据挖掘的糖尿病风险预测流程图，主要包括以下步骤：

① 数据清洗. 包括缺失值处理、特征值转换.

② 相关性分析. 分析各个指标与血糖值的相关性.

③ 特征工程. 计算 34 个特征与血糖值之间的相关系数，根据相关系数筛选特征，降低特征维度.

④ 样本划分. 划分为测试样本和训练样本.

⑤ 利用④的训练样本构建血糖值预测模型.

⑥ 将构建好的预测模型对④的测试样本进行模型测试，并对模型误差进行分析.

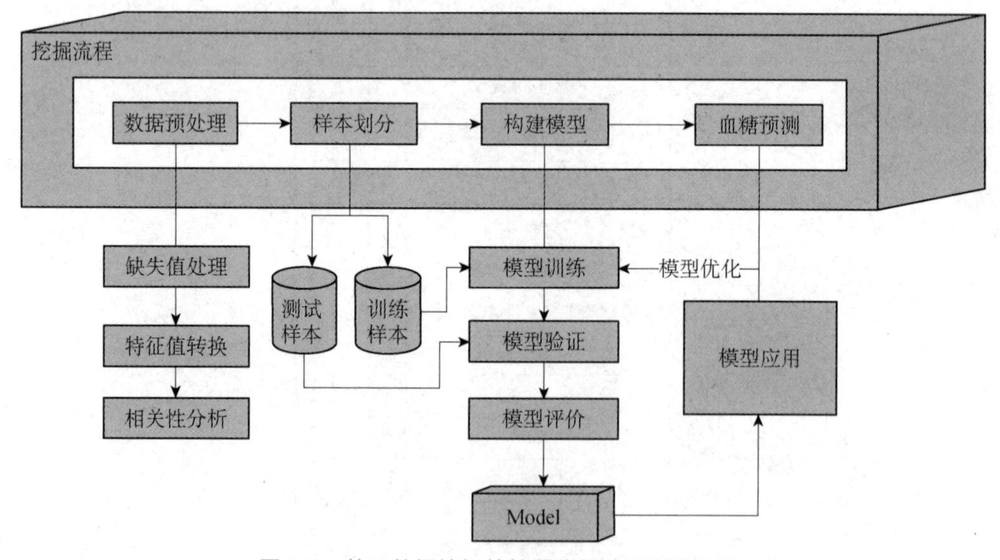

图 7-2 基于数据挖掘的糖尿病风险预测流程图

7.2.3 数据预处理

1. 缺失值处理

样本总数为 5632，各个特征包含的缺失值数量见表 7.10.

表 7.10　各个特征包含的缺失值数量

特征	缺失值数量	特征	缺失值数量
乙肝 e 抗原	4273	血小板平均体积	23
乙肝核心抗体	4273	血小板体积分布宽度	23
乙肝表面抗原	4273	血小板比积	23
乙肝表面抗体	4273	中性粒细胞%	16
乙肝 e 抗体	4273	嗜酸细胞%	16
肌酐	1377	嗜碱细胞%	16
尿素	1377	淋巴细胞%	16
尿酸	1377	白细胞计数	16
*总蛋白	1220	红细胞计数	16
白球比例	1220	血红蛋白	16
白蛋白	1220	红细胞压积	16
*天门冬氨酸氨基转换酶	1220	红细胞平均体积	16
*r-谷氨酰基转换酶	1220	红细胞平均血红蛋白量	16
*碱性磷酸酶	1220	红细胞平均血红蛋白浓度	16
*丙氨酸氨基转换酶	1220	红细胞体积分布宽度	16
*球蛋白	1220	血小板计数	16
甘油三酯	1219	单核细胞%	16
总胆固醇	1219	年龄	0
高密度脂蛋白胆固醇	1219	血糖	0
低密度脂蛋白胆固醇	1219	性别	0

通过对数据的初步统计，发现乙肝表面抗原、乙肝表面抗体、乙肝 e 抗原　　、乙肝 e 抗体和乙肝核心抗体这 5 个特征存在较多的缺失值. 将这 5 个特征剔除后，剩下 34 个特征和血糖值. 剩下其他变量的缺失值通过该特征的均值进行替换，并且将非数值变量进行数值转换.

数据预处理后剩下 34 个特征和血糖值（见表 7.11），34 个指标分别是*r-谷氨酰基转换酶、*丙氨酸氨基转换酶、*天门冬氨酸氨基转换酶、*总蛋白、*球蛋白、*碱性磷酸酶、中性粒细胞%、低密度脂蛋白胆固醇、单核细胞%、嗜碱细胞%、嗜酸细胞%、尿素、尿酸、年龄、性别、总胆固醇、淋巴细胞%、甘油三酯、白球比例、白细胞计数、白蛋白、红细胞体积分布宽度、红细胞压积、红细胞平均体积、红细胞平均血红蛋白浓度、红细胞平均血红蛋白量、红细胞计数、肌酐、血小板体积分布宽度、血小板平均体积、血小板比积、血小板计数、血糖、血红蛋白、高密度脂蛋白胆固醇.

表 7.11　预处理后的数据

*r-谷氨酰基转换酶	*丙氨酸氨基转换酶	*天门冬氨酸氨基转换酶	*总蛋白	*球蛋白	*碱性磷酸酶	中性粒细胞/%	低密度脂蛋白胆固醇	单核细胞/%	嗜碱细胞/%	嗜酸细胞/%	尿素	尿酸	年龄	性别	总胆固醇	淋巴细胞/%	甘油三酯	白球比例	白细胞计数	白蛋白	红细胞体积分布宽度	红细胞压积	红细胞平均体积	红细胞平均血红蛋白浓度	红细胞平均血红蛋白量	红细胞计数	肌酐	血小板体积分布宽度	血小板平均体积	血小板比积	血小板计数	血糖	血红蛋白	高密度脂蛋白胆固醇
20.23	23.1	24.96	76.88	27.28	99.59	54.1	2.65	6.5	0.6	4.7	5.87	349.39	41	1	4.43	34.2	1.31	1.82	5.34	49.6	12.8	0.479	91.9	347	31.9	5.21	77.25	17.4	9.9	0.164	166	6.06	166.1	1.37
79	36.25	24.57	79.43	31.67	67.21	52	2.63	5.8	0.8	4.7	5.26	486.78	41	1	4.06	36.7	2.81	1.51	7.65	47.76	13.4	0.456	87.5	342	29.9	5.21	87.12	10.3	9.2	0.26	277	5.39	156	0.93
38.17	15.23	20.82	86.23	38.23	63.69	48.1	2.01	7.7	0.8	3.2	4.77	452.07	46	1	4.13	40.3	0.99	1.26	4.6	48	13	0.438	91.9	340	31.3	4.76	78.19	16.6	8.3	0.199	241	5.59	148.8	1.64

2. Pearson 相关系数

尽管将缺失值较多的特征进行了剔除，但仍然有 34 个特征，特征维度较大，需要进行特征筛选. 这里通过计算 34 个特征与血糖值的相关系数，保留相关系数大于 0.1 的特征. 在相关分析过程中比较常用的是 Pearson（皮尔森）相关系数 r.

血糖值与 34 个特征之间的相关系数见表 7.12.

表 7.12　血糖值与 34 个特征之间的相关系数

特征	相关系数	特征	相关系数
性别	0.142	白细胞计数	0.086
年龄	0.253	红细胞计数	0.121
*天门冬氨酸氨基转换酶	0.107	血红蛋白	0.148
*丙氨酸氨基转换酶	0.13	红细胞压积	0.12
*碱性磷酸酶	0.146	红细胞平均体积	−0.007
*r-谷氨酰基转换酶	0.124	红细胞平均血红蛋白量	0.067
*总蛋白	0.042	红细胞平均血红蛋白浓度	0.146
白蛋白	0.001	红细胞体积分布宽度	−0.075
*球蛋白	0.048	血小板计数	−0.072
白球比例	−0.012	血小板平均体积	0.022
甘油三酯	0.233	血小板体积分布宽度	0.04
总胆固醇	0.147	血小板比积	−0.064
高密度脂蛋白胆固醇	−0.07	中性粒细胞%	0.048
低密度脂蛋白胆固醇	0.148	淋巴细胞%	−0.054
尿素	0.139	单核细胞%	0.004
肌酐	0.089	嗜酸细胞%	0.003
尿酸	0.022	嗜碱细胞%	0.026

与血糖值相关系数大于 0.1 的指标有性别、年龄、*天门冬氨酸氨基转换酶、*丙氨酸氨基转换酶、*碱性磷酸酶、*r-谷氨酰基转换酶红细胞计数、血红蛋白、红细胞压积、红细胞平均血红蛋白浓度、甘油三酯、总胆固醇、低密度脂蛋白胆固醇和尿素. 将上述 14 个特征与血糖值建立血糖值预测模型.

7.2.4　模型构建

1. 模型输入

抽取 70%作为训练样本，剩下的 30%作为测试样本，用于血糖值预测检验. 本案例构建 BP 神经网络模型作为血糖浓度值预测模型，基于 Keras 框架搭建.

Keras 是基于 Theano 的一个深度学习框架，Keras 的一些模块介绍如下.

Optimizers：Optimizers 包含了一些优化的方法，比如最基本的随机梯度下降 SGD，另外还有 Adagrad，Adadelta，RMSprop，Adam 等；

Objectives：这是目标函数模块，Keras 提供了 mean_squared_error，mean_absolute_error，squared_hinge，hinge，binary_crossentropy，categorical_crossentropy 等目标函数；

Activations：是激活函数模块，Keras 提供了 linear，sigmoid，hard_sigmoid，tanh，softplus，relu，另外 softmax 也放在 Activations 模块中；

Initializations：是参数初始化模块，在添加 layer 的时候调用 init 进行初始化；

Keras：提供了 uniform，lecun_uniform，normal，orthogonal，zero，glorot_normal，he_normal 等；

layers：layers 模块包含了 core，convolutional，recurrent，advanced_activations，normalization，embeddings 等层，dense 就是隐藏层；

Models：是最主要的模块，上述介绍了多个基本组件，Model 将它们组合起来.

使用训练样本构建随机神经网络模型. 本案例所有代码如下：

```
# coding=utf-8
#导入相关库
import pandas as pd
import datetime
import numpy as np
from dateutil.parser import parse

data = pd.read_csv('data.csv', encoding='gbk')# (5632, 40)
#查看每个属性包含的缺失值数量
print(data.isnull().any())  #查看哪些列包含缺失值
print(data.isnull().sum().sort_values(ascending=False))  #统计每个特征包含的缺失值数
data_null_counts = pd.DataFrame(data.isnull().sum().sort_values(ascending=False))   #统计每个特征包含的缺失值数量,新建成一个 DataFrame
data_null_counts.to_csv('data_null_counts.csv',index=True)  #保存

#对数据缺失值进行处理
data1 = data.drop(['乙肝表面抗原','乙肝表面抗体','乙肝 e 抗原','乙肝 e 抗体','乙肝核心抗体'],axis=1)

#非数值变量值进行转换
data1['性别'] = data1['性别'].map({'男': 1, '女': 0, '??':0})

#对缺失的数据进行填充
data1.fillna(data1.median(axis=0), inplace=True)
print(data1.isnull().sum().sort_values(ascending=False))  #查看是否还存在有缺失值

#Pearson 相关系数计算
from scipy.stats import pearsonr
data_pearson = pd.DataFrame(index=data1.columns,columns=data1.columns)
for i in range(data1.shape[1]):
    for j in range(data1.shape[1]):
        data_pearson.iloc[i,j] = np.round(pearsonr(data1.iloc[:,i],data1.iloc[:,j])[0],3)

print(data_pearson['血糖'])   #查看各个特征与血糖值的相关性
train_y = data1['血糖']   #提取血糖值作为目标变量
```

```
#提取相关性大于 0.1 的变量作为特征变量
index1 = data_pearson[data_pearson['血糖'].abs() > 0.1].index[:-1]
train_x = data1.loc[:,index1]

from sklearn.model_selection import train_test_split
from sklearn.metrics import mean_squared_error

train_data,test_data,train_classes,test_classes = train_test_split(train_x,train_y,test_size=0.3,random_
state=12)  #划分训练样本和测试样本

#建立一个简单 BP 神经网络模型
from keras.models import Sequential
from keras.layers.core import Dense, Activation
model = Sequential()  #初始化模型
model.add(Dense(200, kernel_initializer="uniform", activation = 'relu', input_dim = 14))  #输入层：14 个特征，隐藏层节点设置为 100，激活函数为 relu()
model.add(Dense(200, kernel_initializer="uniform", activation = 'relu', input_dim = 200))  #第二个隐藏层节点数为 200，激活函数为 relu()
model.add(Dense(1, kernel_initializer="uniform", activation = 'relu'))  #输出层的激活函数也为 relu()
model.compile(loss = 'mean_squared_error',optimizer='adam')  #误差计算用均方误差法，优化方法用 adam
model.fit(train_data, train_classes, nb_epoch = 1000)  #模型迭代 1000 次
print(pd.Series((model.history.history['loss'])).mean())  #查看训练样本平均误差  1.9455565020141843

print(mean_squared_error(test_classes,model.predict(test_data)))  #查看测试样本的平均误差 2.223154384926986

#模型迭代过程中用 Line()函数进行绘图
from pyecharts import Line
line = Line('模型迭代 loss 变化')
line.add('train  loss',list(range(1000)),np.round(model.history.history['loss'],3),mark_point=['min', 'max'],xaxis_name='迭代次数')  #显示误差最大值和最小值
line.render('模型迭代 loss 变化.html')

model.save_weights('model.model')  #保存模型
```

2. 结果分析

建立 BP 神经网络模型，输入层为 14 个特征，第一个隐藏层设置 200 个节点，第二个隐藏层设置 200 个节点. 激活函数均为 relu()函数，模型迭代过程中的误差计算用均方误差法，参数优化方法用 Adam 优化方法. 模型迭代 1000 次后，误差约为 1.95. 图 7-3 为模型迭代过程中随着迭代次数的增加误差的变化情况.

3. 血糖浓度预测

使用测试样本对模型进行检验，模型预测的平均误差约为 2.23. 可通过调整模型结构，或更换其他优化函数和增加迭代次数而降低模型的误差.

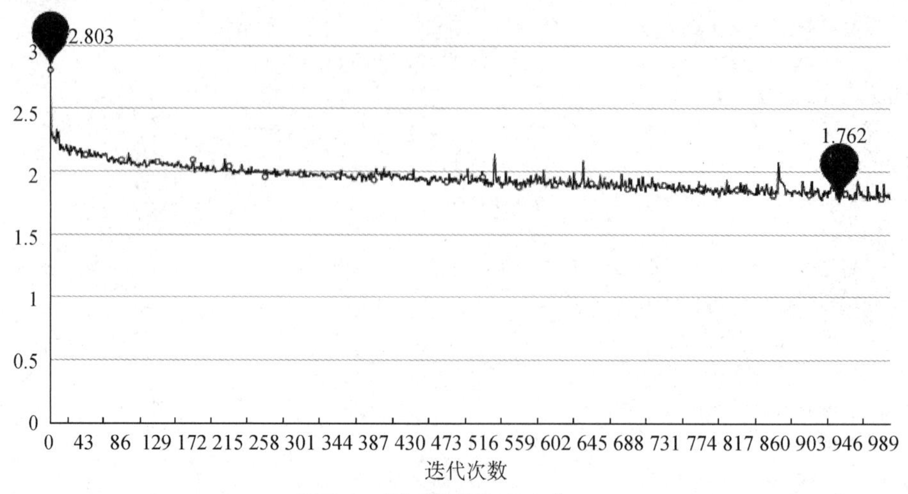

图 7-3 模型迭代误差变化

7.3 基于数据挖掘进行商场会员画像描绘

7.3.1 背景与数据挖掘目标

在零售行业中，会员的价值体现在持续不断地为零售运营商带来稳定的销售额和利润，同时也为零售运营商策略的制定提供数据支持. 零售行业采取各种方法来吸引更多的人成为会员，并且尽可能提高会员的忠诚度. 当前电商的发展使商场会员不断流失，给实体零售运营商带来了严重损失. 而完善会员画像描绘，加强对现有会员的精细化管理，定期向其推送产品和服务，与会员建立稳定的关系是实体零售行业得以更好发展的有效途径. 因此，需要对会员进行画像描绘，比较会员与非会员的群体差异，商家即可针对会员采取一系列的促销活动，以此来维系会员的忠诚度.

根据用户消费记录，比较会员和非会员的群体差异，主要根据消费金额均值、消费次数和购买时间段分布这三个特征进行会员和非会员的群体差异分析，并计算会员的人均消费金额和人均消费次数与非会员人均消费金额和人均消费次数进行对比，从而得出会员较于非会员多给商场带来的价值.

提取会员入会时间、最后一次购买距现在时间、累计购买次数、累计消费金额和消费积分的平均值作为会员的特征，对会员进行聚类，并通过聚类结果的雷达图分析每类会员的价值.

首先根据会员消费记录中的最大消费间隔将该商场会员状态划分成四个等级，分别是活跃会员、沉默会员、睡眠会员和流失会员；其次将会员入会时间、最后一次购买距现在时间、累计购买次数、累计消费金额和消费积分的平均值作为会员的特征，建立 KNN（K-Nearest Neighbor）算法模型；将提取好的会员特征和会员标签用于构建 KNN 算法模型，以后即可用构建好的 KNN 算法模型根据一定时间段内会员的特征进行预测会员会变成活跃会员、沉默会员、睡眠会员，还是流失会员.

7.3.2 建模方法与过程

本案例针对商场会员画像描绘问题，首先统计和分析会员群体和非会员群体在消费行为上的异同；然后用 K-Means 算法构建商场会员价值分析 LRFMC 模型，分析会员价值；其次根据会员消费时间间隔对会员进行状态的划分，再建立 KNN 算法模型用于预测会员状态.

分别从消费金额均值、消费次数和购买时间段分布这三个特征进行会员和非会员的群体差异分析. 通过分析，会员群体比非会员群体人均能给商城多带来 6189.5 元的消费额和 4 次的消费次数.

用 K-means 算法构建了商场会员价值分析 LRFMC 模型，分析会员价值. LRFMC 分别指会员入会时间、最后一次购买距现在时间、累计购买次数、累计消费金额和消费积分的平均值. 根据会员价值将会员分为五个类别：潜在客户、稳定客户、可发展客户、可发展稳定客户和偏向活动消费客户.

将提取的会员特征结合会员状态的标签，建立 KNN 算法模型，预测会员状态. 将 80%的数据用于训练模型，用 20%的数据检测模型的准确率为 91.36%. 基于数据挖掘进行商场会员画像描绘的流程图如图 7-4 所示，主要包括以下步骤：

① 进行消费特征分析，分析会员群体和非会员群体之间消费特征的差异；

② 提取会员群体的消费特征；

③ 构建聚类模型，对会员群体进行分类；

④ 划分会员状态；

⑤ 构建会员状态预测模型.

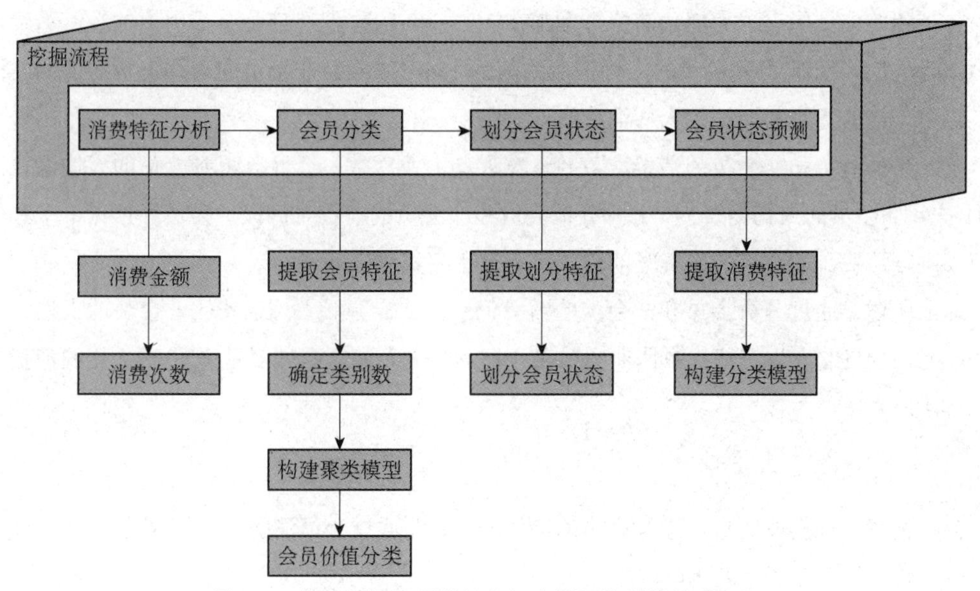

图 7-4 基于数据挖掘进行商场会员画像描绘的流程图

1. 消费特征分析

根据消费金额均值、消费次数和购买时间段分布分析该商场会员的消费特征和非会员群体的差异. 计算会员消费的人均消费金额和人均消费次数，从而得出会员群体较于非会员多给商场带来的价值.

统计、分析会员和非会员的单次消费金额分布、人均消费金额的均值，不同消费金额的次数前十如图 7-5 所示.

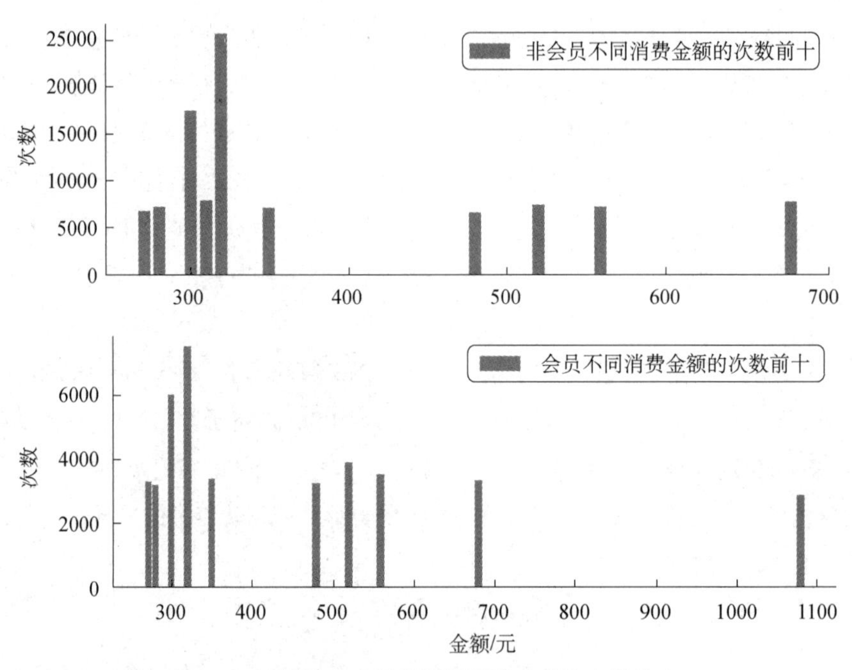

图 7-5　会员和非会员的不同消费金额的次数前十

会员和非会员用户的大部分消费金额都在 300～400 元，但有部分会员用户的经常消费金额在 1000 元以上. 计算得到会员的人均消费均值为 15403.3 元，非会员的人均消费均值为 9213.8 元，会员人均消费比非会员的人均消费多 6189.5 元.

统计分析会员和非会员的消费次数并计算人均消费次数，会计算得到会员的人均消费次数为 11 次，非会员的人均消费为 7 次. 分析会员和非会员的消费时间段，会员经常在下午和傍晚时间段进行消费，非会员的消费时间段相比会员主要集中在晚上.

综上所述，通过分析会员和非会员的消费记录得知，会员人均消费比非会员的人均消费多 6189.5 元，会员的人均消费次数比非会员多 4 次，会员人能给商城多带来 6189.5 元的消费额和 4 次的消费次数.

2. 会员消费特征提取

会员消费特征提取的目标进行会员的价值分析，即通过会员消费记录识别不同价值的客户. 识别客户价值较常用工具是 RFM 模型.

R（Recency）指的是最近一次消费时间与截止时间的间隔. 通常情况下，最近一次消费时间与截止时间的间隔越短，会员对及时提供的商品或是服务也最有可能感兴趣.

F（Frequency）指顾客在某段时间内所消费的次数. 消费频率越高的顾客，也是满意度越高的顾客，其忠诚度也就越高，顾客价值也就越大.

M（Monetary）指顾客在某段时间内所消费的金额. 消费金额越大的顾客，他们的消费能力自然也就越大，这就是所谓“20%的顾客贡献了 80%的销售额”的二八法则.

根据会员的消费记录和会员基本信息，提取会员的入会时间 L、最后一次购买距现在时间 R、累计购买次数 F、累计消费金额 M 和消费积分的平均值 C 作为识别会员价值的特征（见表 7.13），记为 LRFMC 模型.

表 7.13　会员特征的 LRFMC 模型

模型	L	R	F	M	C
会员特征的 LRFMC 模型	会员的入会时间	最后一次购买距现在时间	累计购买次数	累计消费金额	消费积分的平均值

完成 5 个特征的构建以后，对每个数据分布情况进行分析，其数据的取值范围见表 8.14. 由表 7.14 中的数据可以发现，5 个特征的取值范围差异较大，为了消除数据差异带来的影响，需要对数据进行标准化处理.

表 7.14　会员特征的最大值和最小值

特征名称	L	R	F	M	C
最大值	7	1351	3303	3501632.57	52272.2
最小值	0.2	253	1	0.9	0.14

由于本数据各变量的变化范围都很大，使每个变量对结果的影响也非常大，这往往不可取，因此在分析之前，需要将每个变量标准化为均值为 0 和标准差为 1 的变量，计算公式如下：

$$x^* = \frac{x-\mu}{\sigma}$$

其中，μ 为样本数据的均值，σ 为样本数据的标准差.

7.3.3　模型构建

1. 利用 K-means 算法进行会员分类

聚类前需要度量会员之间的差异，通常机器学习算法使用的距离函数主要有闵可夫斯基距离函数、曼哈顿距离函数和欧式距离函数. 这里采用欧式距离函数来度量会员价值之间的差异，假设有两个点：

$$P = (x_1, x_2, ..., x_n) \in X^n$$

$$Q = (y_1, y_2, ..., y_n) \in X^n$$

对于上述点 P 和点 Q 之间的欧式距离可以定义为：

$$d(P,Q)=\sqrt{\sum_{i=1}^{n}(x_i-y_i)^2}$$

其次需要确定会员聚类的类别数，为了得到最终的聚类方案，必须确定聚类的数目. 通过迭代生成簇的距离平方和来寻找最优簇的个数值. 其中，距离平方和越小，聚簇效果越佳. 图 7-6 为组内距离平方和及提取的聚类个数的对比.

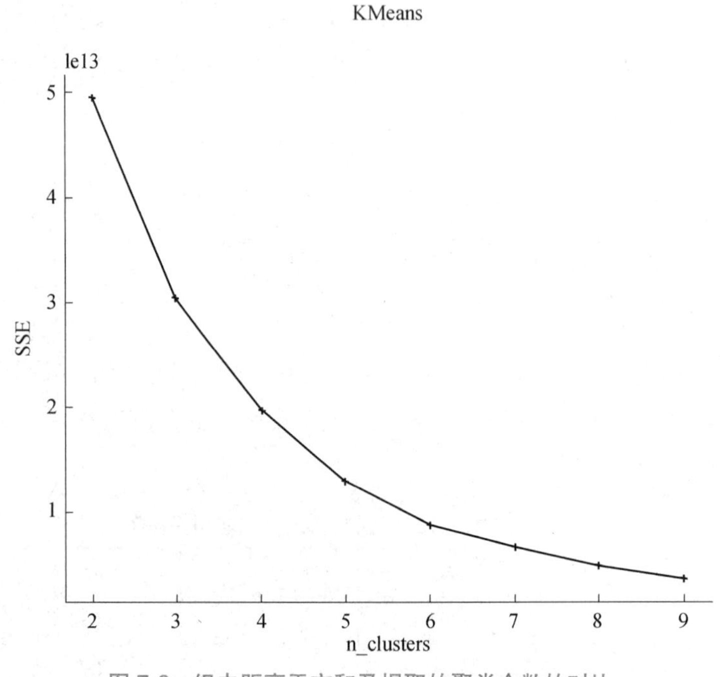

图 7-6　组内距离平方和及提取的聚类个数的对比

图 7-6 表示从 2 类到 9 类变化时，组内的距离平方和有一个明显的下降趋势，簇的距离平方和在 K=5 之后的下降变得平缓，根据 K 的取值和样本散点图形状最终确定聚类个数 K=5 最优.

2. K-means 聚类原理

目前，最常见的聚类方法是层次聚类、划分聚类和密度聚类. K-Means 算法是最常见的划分聚类方法，它通过预先设定的 k 值及每个类别的初始质心对相似的数据点进行划分. K-means 算法步骤如下：

① 选择 k 个中心点；

② 把每个数据点分配到距离它最近的中心点；

③ 重新计算每类中的点到该类中心点距离的平均值（也就是说，得到长度为 p 的均值向量，这里的 p 是变量的个数）；

④ 分配每个数据到它最近的中心点；

⑤ 重复步骤③和步骤④直到所有的观测值不再被分配或是达到最大的迭代次数.

使用 Hartigan&Wong（1979）提出的有效算法，这种算法是把观测值分成 k 组并使用观测值到其指定的聚类中心的平方和为最小. 也就是说，在步骤②和步骤④中，每个观测值被分配到使下式得到最小值的那一类中：

$$ss(k)=\sum_{i=1}^{n}\sum_{j=0}^{p}(x_{ij}-\overline{x_{kj}})^{2}$$

式中，x_{ij} 表示第 i 个观测值中第 j 个变量的值；$\overline{x_{kj}}$ 表示第 k 个类中第 j 个变量的均值；p 是变量的个数.

K-means 聚类算法快捷、简单，且能够处理比层次聚类更大的数据集. 虽然只能发现球状簇，且对离群点和孤立点敏感，k 值与初始聚类中心选择有关，但是这些缺点可以通过剔除离群点和孤立点，利用多设置一些不同的初值，对比最后的运算结果，直到结果趋于稳定等措施进行改正.

3. 利用 K-means 聚类结果分析会员价值

提取有消费记录的 48574 个会员特征后通过计算向量之间的欧式距离，用 K-means 聚类算法得到的结果见表 7.15.

表 7.15　K-means 聚类结果

	第一类	第二类	第三类	第四类	第五类
用户个数	18000	17870	11097	1031	756

针对聚类结果对每类会员的价值进行特征分析，如图 7-7 所示.

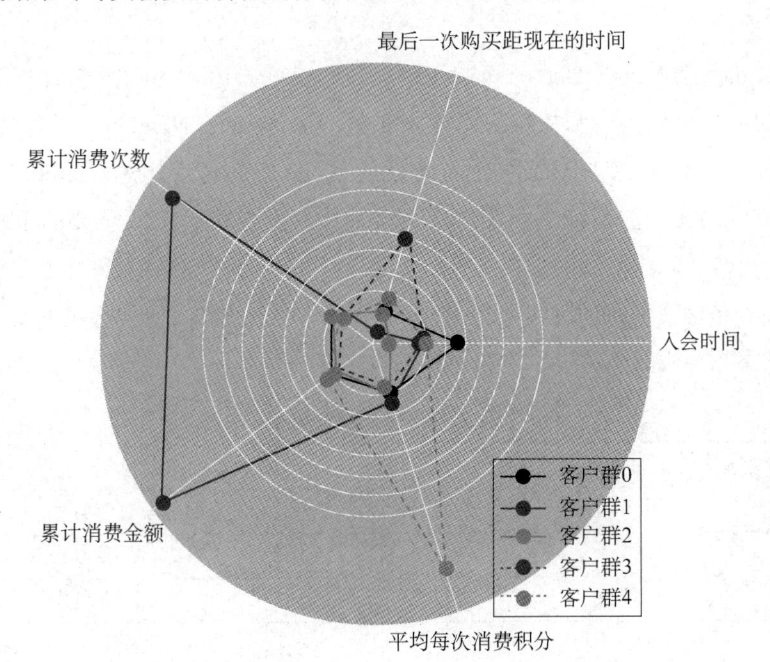

图 7-7　K-means 聚类结果

结合实际生活情况，通过比较各个特征在种群间的大小对某个群的特征进行评价分析，得到以下五类不同价值的会员.

第一类：入会时间一般，消费金额和消费次数一般. 因此该类会员是该商场的重点潜在客户.

第二类：消费次数和消费金额较高，因此该类会员是该商场的稳定客户. 商场无须多花心思维护该类客户.

第三类：入会时间较短，导致消费次数、消费金额和消费积分均较少. 该类会员为该加入商场会员不久，是商场的潜在客户.

第四类：该类会员的最后一次购买距现在的时间较短，说明是近期比较活跃的客户，采取适当的措施，该类客户有较大概率发展成稳定客户. 属于商场需要关注的客户群体.

第五类：第五类会员的消费积分较高，往往因为有某些活动时商场的积分会翻倍或者更多，该类客户偏向于商场举办活动时进行消费. 商场在举办活动时可以适当分析该类客户的购买偏好，从而增加营业额.

综上所述，商场可根据每类会员的价值采取相关措施维护会员关系. 如第五类会员的偏向于商场举办活动时进行消费，因此商场在举办相关积分活动前，不妨先对第五类客户的购买偏好进行分析，重点选取第五类客户偏向于购买的商品类别举办活动.

4. 会员状态的划分

首先需要选取某个时间窗口，对会员的生命周期和状态进行划分. 根据会员的消费记录，计算会员的最大消费时间间隔. 将会员状态划分为活跃会员、沉默会员、睡眠会员和流失会员四个等级.

其次以会员入会时间、最后一次购买距现在的时间、累计的购买次数、累计消费金额和消费积分的平均值作为会员的特征，建立 KNN（K-Nearest Neighbor）算法模型. 将提取好的会员特征和会员标签用于构建 KNN 算法模型，以后即可用构建好的 KNN 算法模型根据一定时间段内的会员的特征进行预测会员会变成活跃会员、沉默会员、睡眠会员还是流失会员.

选取最后一条消费记录的时间（2018-01-03）作为时间窗口，计算会员的最大消费时间间隔，将会员状态划分成四个等级，详细划分见表 7.16.

表 7.16　会员状态划分

最大消费时间间隔	会员状态
0	睡眠会员
小于 180 天	活跃会员
小于 365 天	沉默会员
大于 365 天	流失会员

会员的消费记录是从 2015 年开始的，消费时间间隔为 0 说明该会员仅进行过一次消费，三年内只进行一次消费，该会员即为睡眠会员；最大消费间隔小于 180 天，该类会员为活跃会员. 每类会员的个数见表 7.17.

表 7.17　每一类会员状态的个数

会员状态	个数
睡眠会员	23886
活跃会员	8162
沉默会员	4273
流失会员	12443

5. 会员活跃状态的预测

提取会员入会时间、最后一次购买距现在时间、累计购买次数、累计消费金额和消费积分的平均值作为会员的特征，建立 KNN 算法模型.

KNN 算法即 K-近邻分类算法. 一个样本在特征空间中，总会有 K 个最相似（特征空间中最邻近）的样本. 其中，大多数样本属于某一个类别，则该样本也属于这个类别. 该算法在机器学习中是理论比较成熟的算法，主要应用与客户流失预测等. KNN 算法的计算步骤如下：

首先计算距离，计算样本之间的距离，维度较小的矩阵，常用欧式距离；对于文本分类，则常用余弦相似度度量样本之间的距离. 其次找到近邻，根据计算好的样本之间的距离，找到与样本最近的 K 个样本. 最后进行分类，根据最近的 K 个样本的类别，将预测样本归类成 K 个样本中最多的类别数. 算法流程如下：

① 计算一类别数据集中的点与当前点之间的距离；

② 按照距离递增次序排序；

③ 选取与当前点距离最小的 K 个点；

④ 确定 K 个点所在类别对应的出现频率；

⑤ 返回前 K 个点出现频率最高的类别作为当前的预测分类.

选取 80%的会员用于构建模型，剩下 20%的会员用于测试模型. KNN 模型在会员入会时间、最后一次购买距现在时间、累计购买次数、累计消费金额和消费积分的平均值的四个特征下对会员进行会员活跃状态预测的准确率为 91.36%. 商场为了更好地对会员进行管理，可以固定在一个时间段提取会员的上述五个特征对会员接下来的状态进行预测.

7.4　课程思政拓展阅读

初识大模型

近年来，随着计算机技术和大数据的快速发展，深度学习在各个领域取得了显著的成果. 为了提高模型的性能，研究者们不断尝试增加模型的参数数量，从而诞生了大模型这一概念. 本文将从大模型的定义、原理、特点、相关应用等方面进行分析，帮助读者初步了解大模型.

一、大模型的定义

大模型是指具有数千万甚至数亿参数的深度学习模型. 近年来，随着计算机技术和大数据的快速发展，深度学习在各个领域取得了显著的成果，如自然语言处理、图片生成、工业数字化等. 为了提高模型的性能，研究者们不断尝试增加模型的参数数量，从而诞生了大模型这一概念. 本文讨论的大模型将以平时指向比较多的大语言模型为例进行相关介绍.

二、大模型的基本原理与特点

大模型的原理是基于深度学习，它利用大量的数据和计算资源来训练具有大量参数的神经网络模型. 通过不断地调整模型参数，使得模型能够在各种任务中取得最佳表现. 通常说的大模型的“大”的特点体现在：参数数量庞大、训练数据量大、计算资源需求高等. 很多先进的模型由于拥有很“大”的特点，使得模型参数越来越多，泛化性能越来越好，在各种专门的领域输出结果也越来越准确. 现在市面上比较流行的任务有 AI 生成语言（ChatGPT 类产品）、AI 生成图片（Midjourney 类产品）等，都是围绕生成这个概念来展开应用的. “生成”简单来说就是根据给定内容，预测和输出接下来对应内容的能力. 最直观的例子就是成语接龙，可以把大语言模型想象成成语接龙功能的智能版本，也就是根据最后一个字输出接下来一段文章或者一个句子.

三、大模型应用

大模型在多个领域都有广泛的应用，以下是一些主要的应用领域及其具体应用.

1. 自然语言处理（NLP）

文本生成：大模型能够生成连贯的文本，包括新闻报道、文章、故事等，见图 7-8. 例如，GPT 系列模型在文本生成方面表现出色，能够辅助创作文学作品和编写代码.

机器翻译：将一种语言的文本自动翻译成另一种语言，涉及词义理解、语法转换和上下文处理等复杂任务.

情感分析：分析文本中的情感倾向，帮助企业和个人了解公众意见和情感动态.

问答系统：回答用户提出的自然语言问题，包括基于检索和基于推理的问答系统.

对话系统：生成自然语言对话，用于智能客服、聊天机器人等场景.

2. 计算机视觉（CV）

图像识别：识别图像中的物体、场景等，如人脸识别、物体检测等. 大模型通过训练大规模图像数据，提高了识别精度.

图像生成：基于大模型的生成式对抗网络（GAN）能够实现高质量的图像生成，为创意产业提供支持.

图 7-8 文本生成

视频分析：分析视频内容，如行为识别、事件检测等，广泛应用于安全监控、自动驾驶等领域.

3. 语音识别与合成

语音识别：将语音信号转换为文本，提高了语音交互的准确性和流畅性. 大模型在语音识别技术中发挥了重要作用.

语音合成：将文本转换为语音信号，生成接近真人的语音输出，用于语音助手、有声读物等领域.

4. 金融风控与服务

信用评估：通过分析用户的历史数据和行为模式，评估其信用状况，为金融机构提供决策支持.

欺诈检测：利用大模型识别潜在的欺诈行为，保护金融系统的安全.

智能投顾：根据用户的投资目标和风险偏好，提供个性化的投资建议和方案.

5. 健康医疗

病例分析：处理大量医学文献和病历数据，辅助医生进行疾病诊断和治疗方案制定.

疾病预测：通过分析患者的基因、生活习惯等数据，预测其患病风险.

药物发现：利用大模型加速新药的研发和筛选过程.

6. 教育

智能辅导：为学生提供个性化的学习辅导和推荐，提高学习效率.

自动阅卷：利用大模型自动批改作业和试卷，减轻教师负担.

7. 自动驾驶

环境感知：整合传感器数据进行环境感知，识别道路标志、车辆和行人等目标.

路径规划：根据实时路况和交通规则，规划出最优的行驶路径.

决策控制：在复杂交通场景下做出合理的决策和控制，确保行车安全.

自动驾驶汽车见图 7-9.

图 7-9　自动驾驶汽车

8. 电子商务与推荐系统

个性化推荐：通过分析用户行为和偏好，提供个性化的商品推荐，优化用户体验.

智能营销：利用大模型制定智能营销策略，提高销售转化率.

9. 客户服务与营销

智能客服：提供 24 小时客户服务，解答客户问题、进行情绪分析等.

智能营销：通过大数据分析，制定更加精准的营销策略.

10. 法律与合规

文档审查：辅助律师进行合同、法律文书的审查工作.

案例研究：通过分析历史案例，为法律决策提供参考.

11. 科学研究

实验设计：利用大模型优化实验设计方案，提高实验效率.

数据分析：对大规模科学数据进行处理和分析，发现潜在的规律和趋势.

文献综述：自动生成文献综述报告，辅助科研人员了解相关领域前沿动态.

第 8 章　专升本考试真题分析

8.1　函数的极限与连续

本章课件

8.1.1　选择题

8.1.1.1　【2024 真题.01】

$\lim\limits_{x\to 0}\dfrac{\sin 3x}{x}=$（　　）.

A. 3　　B. 1　　C. -1　　D. -3

考点点拨：等价无穷小，极限的计算.

答案：A

解析：$\lim\limits_{x\to 0}\dfrac{\sin 3x}{x}=\lim\limits_{x\to 0}\dfrac{3x}{x}=3$.

8.1.1.2　【2024 真题.03】

当 $x\to 0$ 时，ax 与 $4x^2-3x^2+2x$ 是等价无穷小，则 $a=$（　　）.

A. 1　　B. 2　　C. 3　　D. 4

考点点拨：等价无穷小.

答案：B

解析：$\lim\limits_{x\to 0}\dfrac{4x^3-3x^2+2x}{ax}=\dfrac{2}{a}=1\Rightarrow a=2$.

8.1.1.3　【2023 真题.01】

$\lim\limits_{x\to 0}(2^x+1)=$（　　）.

A. 0　　B. 1　　C. 2　　D. 3

考点点拨：极限的四则运算法则，极限计算.

答案：C

解析：$\lim\limits_{x\to 0}(2^x+1)=2^0+1=2$.

8.1.1.4 【2023 真题.02】

若函数 $f(x)=\begin{cases}(1+x^2)^{\frac{1}{x^2}}, x\neq 0\\ a, x=0 \quad x=0\end{cases}$ 在 $x=0$ 处连续，则 $a=$（　　）.

A. 0　　B. 1　　C. e　　D. e^2

考点点拨：第二重要极限，函数的连续性.

答案：C

解析：$\lim\limits_{x\to 0^+} f(x)=\lim\limits_{x\to 0^-} f(x)=e=f(0)=a$.

8.1.1.5 【2022 真题.02】

$\lim\limits_{x\to 0}(1-3x)^{\frac{1}{x}}=$（　　）.

A. e^{-3}　　B. $e^{-\frac{1}{3}}$　　C. 1　　D. e^3

考点点拨：第二重要极限.

答案：A

解析：$\lim\limits_{x\to 0}(1-3x)^{\frac{1}{x}}=\lim\limits_{x\to 0}(1-3x)^{\frac{1}{-3x}(-3)}=\lim\limits_{x\to 0}\left[(1-3x)^{\frac{1}{-3x}}\right]^{-3}=e^{-3}$.

8.1.1.6 【2022 真题.01】

若函数 $f(x)=\begin{cases}x+1, x\neq 1\\ a, x=1\end{cases}$ 在 $x=1$ 处连续，则常数 $a=$（　　）.

A. −1　　B. 0　　C. 1　　D. 2

考点点拨：函数的连续性.

答案：D

解析：$\lim\limits_{x\to 1^+} f(x)=\lim\limits_{x\to 1^-} f(x)=2=f(1)=a$.

8.1.1.7 【2021 真题.01】

$\lim\limits_{x\to 0}\dfrac{\tan 6x}{2x}=$（　　）.

A. 1　　B. 2　　C. 3　　D. 4

考点点拨：极限计算，等价无穷小.

答案：C

解析：$\lim\limits_{x\to 0}\dfrac{\tan 6x}{2x}=\lim\limits_{x\to 0}\dfrac{6x}{2x}=3$.

8.1.1.8 【2021 真题.02】

点 $x=3$ 是 $f(x)=\dfrac{x^2-x-6}{x-3}$ 的（　　）.

A. 连续点　　B. 可去间断点

C. 无穷间断点　　　　　　　　　　　　　　　D. 跳跃间断点

考点点拨：函数极限的计算，函数的连续性，间断点的分类.

答案：B

解析：$\lim\limits_{x\to 3}\dfrac{x^2-x-6}{x-3}=\lim\limits_{x\to 3}\dfrac{(x-3)(x+2)}{x-3}=5\neq f(3)$（$f(3)$不存在），所以 x=3 为 $f(x)$的第一类可去间断点.

8.1.1.9 【2020 真题.01】

已知极限 $\lim\limits_{x\to 0}[\cos x-f(x)]=1$，下列极限正确的是（　　）.

A. $\lim\limits_{x\to 0}f(x)=1$　　　　　　　　　　　B. $\lim\limits_{x\to 0}f(x)\cos x=1$

C. $\lim\limits_{x\to 0}f(x)=-1$　　　　　　　　　　D. $\lim\limits_{x\to 0}[f(x)+\cos x]=1$

考点点拨：极限的四则运算法则，无穷小的性质.

答案：D

解析：$\lim\limits_{x\to 0}\cos x=1$，$\lim\limits_{x\to 0}f(x)=0$，故有 $\lim\limits_{x\to 0}[f(x)+\cos x]=1$.

8.1.2 填空题

8.1.2.1 【2023 真题.06】

曲线 $y=\dfrac{\sin x}{x}$ 的水平渐近线为 $y=$________.

考点点拨：无穷状态的极限，极限的几何意义.

答案：0

解析：$\lim\limits_{x\to\pm\infty}\dfrac{\sin x}{x}=0$.

8.1.2.2 【2022 真题.06】

若当 $x\to 0$ 时，无穷小量 $2x$ 与 $3x^2+mx$ 等价，则常数 $m=$________.

考点点拨：等价无穷小.

答案：2

解析：原题等价于 $\lim\limits_{x\to 0}\dfrac{3x^2+mx}{2x}=\lim\limits_{x\to 0}\dfrac{3x+m}{2}=1$，即 $m=2$.

8.1.2.3 【2020 真题.06】

若函数 $f(x)=\begin{cases}(1+a)x^2, x\leqslant 1\\ a(x-2)^3+3, x>1\end{cases}$ 在 $x=2$ 处连续，则常数 $a=$________.

考点点拨：函数的连续性.

答案：1

解析：$\lim\limits_{x\to 1^+}f(x)=3-a=\lim\limits_{x\to 1^-}f(x)=1+a\Rightarrow a=1$.

8.1.3 计算题

8.1.3.1 【2024 真题.11】

求极限 $\lim\limits_{x\to\infty}\dfrac{x^2+x}{2x^2+1}$.

考点点拨：无穷状态的极限，洛必达法则.

答案：$\dfrac{1}{2}$

解析：采取分子、分母同除以 x^2，$\lim\limits_{x\to\infty}\dfrac{x^2+x}{2x^2+1}=\lim\limits_{x\to\infty}\dfrac{1+\frac{1}{x}}{2+\frac{1}{x^2}}=\dfrac{1}{2}$；或者采取洛必达法则，$\lim\limits_{x\to\infty}\dfrac{x^2+x}{2x^2+1}=\lim\limits_{x\to\infty}\dfrac{2x+1}{4x}=\dfrac{2}{4}=\dfrac{1}{2}$.

8.1.3.2 【2023 真题.11】

求极限 $\lim\limits_{x\to 2}\dfrac{x^3+3x^2-20}{x^2-4}$.

考点点拨：点处极限的计算，因式分解，洛必达法则.

答案：6

解析：采取因式分解，原式$=\lim\limits_{x\to 2}\dfrac{(x-2)(x^2+5x+10)}{(x-2)(x+2)}=\lim\limits_{x\to 2}\dfrac{x^2+5x+10}{x+2}=6$；或采取洛必达法则，原式$=\lim\limits_{x\to 2}\dfrac{3x^2+6x}{2x}=\dfrac{24}{4}=6$.

8.1.3.3 【2022 真题.11】

求极限 $\lim\limits_{x\to 1}\dfrac{x^3+3x^2-9x+5}{x^3-3x+2}$.

考点点拨：点处极限的计算，分解因式，洛必达法则.

答案：2

解析：（方法一）$\lim\limits_{x\to 1}\dfrac{x^3+3x^2-9x+5}{x^3-3x+2}=\lim\limits_{x\to 1}\dfrac{(x-1)^2(x+5)}{(x-1)^2(x+2)}=\lim\limits_{x\to 1}\dfrac{x+5}{x+2}=2$.

（方法二）$\lim\limits_{x\to 1}\dfrac{x^3+3x^2-9x+5}{x^3-3x+2}=\lim\limits_{x\to 1}\dfrac{3x^2+6x-9}{3x^2-3}=\lim\limits_{x\to 1}\dfrac{x^2+2x-3}{x^2-1}=\lim\limits_{x\to 1}\dfrac{(x-1)(x+3)}{(x-1)(x+1)}=\lim\limits_{x\to 1}\dfrac{x+3}{x+1}=\dfrac{4}{2}=2$.

8.1.3.4 【2021 真题.11】

求极限 $\lim\limits_{x\to+\infty}x\left(\sqrt{x^2+3}-x\right)$ 的值.

考点点拨：正无穷状态极限的计算.

答案：$\dfrac{3}{2}$

解析：$\lim\limits_{x\to+\infty} x\left(\sqrt{x^2+3}-x\right)=\lim\limits_{x\to+\infty}\dfrac{x\left(\sqrt{x^2+3}-x\right)\left(\sqrt{x^2+3}+x\right)}{\left(\sqrt{x^2+3}+x\right)}$

$$=\lim_{x\to+\infty}\frac{x(x^2+3-x^2)}{\sqrt{x^2+3}+x}=\lim_{x\to+\infty}\frac{3x}{\sqrt{x^2+3}+x}=\lim_{x\to+\infty}\frac{3}{\sqrt{1+\dfrac{3}{x^2}}+1}=\frac{3}{2}.$$

此题不能使用洛必达法则.

8.2 导数与微分的概念与计算

8.2.1 选择题

8.2.1.1 【2024 真题.02】

$f(x)=x^2-\cos x$，则 $f'\left(\dfrac{\pi}{2}\right)=$（　　）.

A. $\pi-1$　　B. π　　C. $\pi+1$　　D. 2π

考点点拨：导数.

答案：C

解析：$f'(x)=2x+\sin x$，$f'\left(\dfrac{\pi}{2}\right)=\pi+1$.

8.2.1.2 【2023 真题.03】

曲线 $y=x\mathrm{e}^{-x}$ 在点 $x=1$ 处的切线斜率是（　　）.

A. $-\mathrm{e}^{-1}$　　B. 0　　C. e^{-1}　　D. $2\mathrm{e}^{-1}$

考点点拨：导数的几何意义.

答案：B

解析：$y'=\mathrm{e}^{-x}-x\mathrm{e}^{-x}=\mathrm{e}^{-x}(1-x)$，$y'\big|_{x=1}=0$.

8.2.2 填空题

8.2.2.1 【2024 真题.06】

$y=x^4$，则 $y''=$________.

考点点拨：求高阶导数.

答案：$12x^2$

解析：$y'=4x^3$，$y''=12x^2$.

8.2.2.2 【2024 真题.07】

$y=\ln(x+1)$，$\mathrm{d}y=$________.

考点点拨：微分.

答案：$\dfrac{1}{x+1}\mathrm{d}x$.

解析：$y'=4x^3$，$\mathrm{d}y=y'\mathrm{d}x=\dfrac{1}{x+1}\mathrm{d}x$.

8.2.2.3 【2024 真题.09】

$\begin{cases}x=\sin t\\ y=\cos 2t\end{cases}$，在 $t=\dfrac{\pi}{4}$ 处的切线斜率________.

考点点拨：参数方程求导，导数的几何意义.

答案：$-2\sqrt{2}$

解析：$\dfrac{\mathrm{d}x}{\mathrm{d}t}=\cos t$，$\dfrac{\mathrm{d}y}{\mathrm{d}t}=-2\sin 2t$，$k_{切}=\left.\dfrac{\mathrm{d}y}{\mathrm{d}x}\right|_{t=\frac{\pi}{4}}=\left.\dfrac{\mathrm{d}y/\mathrm{d}t}{\mathrm{d}x/\mathrm{d}t}\right|_{t=\frac{\pi}{4}}=\left.\dfrac{-2\sin 2t}{\cos t}\right|_{t=\frac{\pi}{4}}=-2\sqrt{2}$.

8.2.2.4 【2022 真题.07】

设$\begin{cases}x=5t-t^2\\ y=\log_2 t\end{cases}$，则$\left.\dfrac{\mathrm{d}y}{\mathrm{d}x}\right|_{t=2}=$________.

考点点拨：参数方程求导.

答案：$\dfrac{1}{2\ln 2}$

解析：$\dfrac{\mathrm{d}x}{\mathrm{d}t}=5-2t,\ \dfrac{\mathrm{d}y}{\mathrm{d}t}=\dfrac{1}{t\ln 2}$，所以$\dfrac{\mathrm{d}y}{\mathrm{d}x}=\dfrac{\mathrm{d}y}{\mathrm{d}t}\cdot\dfrac{\mathrm{d}t}{\mathrm{d}x}=\dfrac{\frac{\mathrm{d}y}{\mathrm{d}t}}{\frac{\mathrm{d}x}{\mathrm{d}t}}=\dfrac{\frac{1}{t\ln 2}}{5-2t}$，$\left.\dfrac{\mathrm{d}y}{\mathrm{d}x}\right|_{t=2}=\dfrac{\frac{1}{2\ln 2}}{5-2\times 2}=\dfrac{1}{2\ln 2}$.

8.2.2.5 【2021 真题.06】

$\begin{cases}x=2t^3+3\\ y=t^2-4\end{cases}$在 $t=1$ 相应的点处的切线斜率为________.

考点点拨：参数方程求导.

答案：3

解析：$\left.\dfrac{\mathrm{d}y}{\mathrm{d}x}\right|_{t=1}=\left.\dfrac{2t}{6t^2}\right|_{t=1}=3$.

8.2.2.6 【2020 真题.07】

已知函数$\dfrac{x^2}{2}+y^2=3$，求 $(2,-1)$ 点处的切线方程 $y=$________.

考点点拨：隐函数求导，导数的几何意义.

答案：$x-3$

解析：设 $F(x,y)=\dfrac{x^2}{2}+y^2-3$，切斜斜率 $k=\left.\dfrac{\mathrm{d}y}{\mathrm{d}x}\right|_{(2,-1)}=-\left.\dfrac{F_x}{F_y}\right|_{(2,-1)}=-\left.\dfrac{x}{2y}\right|_{(2,-1)}=1$.

切线方程 $y+1=x-2$，即 $y=x-3$.

8.2.3 计算题

8.2.3.1 【2024 真题.12】

$xy+\mathrm{e}^x+\cos y=0$，求隐函数的导数 $\frac{\mathrm{d}y}{\mathrm{d}x}$.

考点点拨：隐函数求导.

答案：$\frac{y+\mathrm{e}^x}{\sin y-x}$

解析：方程 $xy+\mathrm{e}^x+\cos y=0$ 两边对 x 求导，得 $y+xy'+\mathrm{e}^x-y'\sin y=0$，从而得 $y'=\frac{y+\mathrm{e}^x}{\sin y-x}$，即 $\frac{\mathrm{d}y}{\mathrm{d}x}=y'=\frac{y+\mathrm{e}^x}{\sin y-x}$.

8.2.3.2 【2023 真题.12】

求函数 $y=\sqrt{x+\cos x}$ 在 $x=0$ 处的微分 $\mathrm{d}y|_{x=0}$.

考点点拨：微分的计算，复合函数求导.

答案：$\frac{1}{2}\mathrm{d}x$

解析：$y=\sqrt{u}$，$u=x+\cos x$，$\mathrm{d}y=\frac{1}{2\sqrt{u}}\mathrm{d}u$，$\mathrm{d}u=(1-\sin x)\mathrm{d}x$，

$\frac{\mathrm{d}y}{\mathrm{d}x}=\frac{1-\sin x}{2\sqrt{x+\cos x}}$，$\mathrm{d}y=\frac{1-\sin x}{2\sqrt{x+\cos x}}\mathrm{d}x$，

将 $x=0$ 代入得 $\mathrm{d}y|_{x=0}=\frac{1}{2}\mathrm{d}x$.

8.2.3.3 【2023 真题.13】

已知函数 $f(x)$ 的导数 $f'(x)\frac{\ln x}{x}$，求曲线 $y=f(x)$ 在 $(0,+\infty)$ 内的凹凸区间.

考点点拨：函数凹凸性判定.

答案：$(0,\mathrm{e}]$ 是 $f(x)$ 凹区间，$[\mathrm{e},+\infty)$ 是 $f(x)$ 凸区间.

解析：$f''(x)=\frac{1-\ln x}{x^2}(x>0)$，在 $x=\mathrm{e}$ 处有 $f''(\mathrm{e})=\frac{1-\ln \mathrm{e}}{\mathrm{e}^2}=0$. $(0,\mathrm{e})$ 内，$f''(x)>0$. 在 $(\mathrm{e},+\infty)$ 内 $f''(x)<0$. 故 $(0,\mathrm{e}]$ 内 $f(x)$ 是凹的，$[\mathrm{e},+\infty)$ 内 $f(x)$ 是凸的.

8.2.3.4 【2022 真题.12】

$y=\arctan x^2$，求 $\left.\frac{\mathrm{d}^2y}{\mathrm{d}x^2}\right|_{x=1}$.

考点点拨：复合函数求导，四则求导.

答案：-1

解析：因为 $y=\arctan x^2$，所以 $\frac{\mathrm{d}y}{\mathrm{d}x}=\frac{2x}{1+x^4}$，$\frac{\mathrm{d}^2y}{\mathrm{d}x^2}=\frac{2(1+x^4)-2x\cdot 4x^3}{(1+x^4)^2}=\frac{2+2x^4-8x^4}{(1+x^4)^2}=$

$\dfrac{2-6x^4}{(1+x^4)^2}$，所以 $\left.\dfrac{\mathrm{d}^2y}{\mathrm{d}x^2}\right|_{x=1}=\dfrac{2-6\times1^4}{(1+1^4)^2}=-1$.

8.2.3.5 【2022 真题.13】

设函数 $f(x)=\begin{cases}x^2\sin\dfrac{1}{x}+2x, x\neq 0\\ 0, x=0\end{cases}$，利用导数的定义求 $f'(0)$.

考点点拨：按定义求导.

答案：2

解析：$f'(0)=\lim\limits_{x\to0}\dfrac{f(x)-f(0)}{x-0}=\lim\limits_{x\to0}\dfrac{x^2\sin\dfrac{1}{x}+2x-0}{x}=\lim\limits_{x\to0}(x\sin\dfrac{1}{x}+2)=2$.

8.2.3.6 【2021 真题.12】

$y=2^x+x^x(x>0)$，求 $\dfrac{\mathrm{d}y}{\mathrm{d}x}$.

考点点拨：四则求导，对数求导，复合函数求导.

答案：$2^x\ln2+x^x(\ln x+1)$

解析：$y=2^x+x^x=2^x+\mathrm{e}^{x\ln x}$

$y'=(2^x+\mathrm{e}^{x\ln x})'=(2^x)'+(\mathrm{e}^{x\ln x})'=2^x\ln2+(1+\ln x)\mathrm{e}^{x\ln x}=2^x\ln2+x^x(1+\ln x)$.

8.3 微分中值定理与微分学的应用

8.3.1 选择题

8.3.1.1 【2021 真题.05】

设 $f(x)=\int_0^{x^2}\sin t^2\mathrm{d}t$，$g(x)=3x^6+4x^5$，当 $x\to0$ 时，以下结论正确的是（　　）.

A. $f(x)$ 是 $g(x)$ 的低阶无穷小　　B. $f(x)$ 是 $g(x)$ 的高阶无穷小

C. $f(x)$ 与 $g(x)$ 是等价无穷小　　D. $f(x)$ 与 $g(x)$ 非等价同阶无穷小

考点点拨：无穷小的比较，洛必达法则.

答案：B

解析：$\lim\limits_{x\to0}\dfrac{f(x)}{g(x)}=\lim\limits_{x\to0}\dfrac{\int_0^{x^2}\sin t^2\mathrm{d}t}{3x^6+4x^4}=\lim\limits_{x\to0}\dfrac{2x\sin x^4}{18x^5+20x^4}=\lim\limits_{x\to0}\dfrac{2x^5}{18x^5+20x^4}=\lim\limits_{x\to0}\dfrac{2x}{18x+20}=0$.

8.3.1.2 【2020 真题.02】

函数 $f(x)=2x^3-3x^2$，其极小值点为（　　）.

A. $x=-1$　　B. $x=0$

C. $x=1$　　　　　　　　　　　　D. $x=2$

考点点拨：极值的第一判别法，极值的第二判别法.

答案：C

解析：极值第一判别法：$f'(0)=f'(1)=0$，$x=0$ 和 $x=1$ 是极值可疑点，且在 $x=0$ 的附近函数的一阶导数左正右负，所以 $x=0$ 为极大值点，同理分析得 $x=1$ 为极小值点.

极值第二判别法：$f'(x)=6x^2-6x=6x(x-1)$，$f''(x)=12x-6$，$f'(1)=0$，$f''(1)=6>0$，所以 $x=1$ 是极小值点.

8.3.2 计算题

8.3.2.1 【2020 真题.11】

求极限. $\lim\limits_{x\to 0}\dfrac{\int_0^x t\arctan t\mathrm{d}t}{x^3}$.

考点点拨：无穷小的比较，变限积分求导，洛必达法则.

答案：$\dfrac{1}{3}$

解析：$\lim\limits_{x\to 0}\dfrac{\int_0^x t\arctan t\mathrm{d}t}{x^3}=\lim\limits_{x\to 0}\dfrac{x\arctan x}{3x^2}=\lim\limits_{x\to 0}\dfrac{x^2}{3x^2}=\dfrac{1}{3}$.

8.3.2.2 【2020 真题.12】

已知 y 是 x 的函数，且 $y'=\ln\sqrt{x}+\sqrt{\ln x}+2\ln 2$，求 $\left.\dfrac{\mathrm{d}^2y}{\mathrm{d}x^2}\right|_{x=\mathrm{e}}$.

考点点拨：导数，复合函数求导.

答案：$\dfrac{1}{\mathrm{e}}$

解析：$\dfrac{\mathrm{d}^2y}{\mathrm{d}x^2}=\left(\dfrac{1}{2}\ln x+\sqrt{\ln x}+2\ln 2\right)'=\dfrac{1}{2x}+\dfrac{1}{2x\sqrt{\ln x}}$，故 $\left.\dfrac{\mathrm{d}^2y}{\mathrm{d}x^2}\right|_{x=\mathrm{e}}=\dfrac{1}{2\mathrm{e}}+\dfrac{1}{2\mathrm{e}}=\dfrac{1}{\mathrm{e}}$.

8.3.3 综合题

8.3.3.1 【2024 真题.19】

已知 $f(x)=a\mathrm{e}^x-x+a(a>0)$.

（1）讨论 $f(x)$ 的单调性；

（2）证明：当 $1+\ln a+a>0$ 时，$f(x)=0$ 在 $(-\infty,+\infty)$ 内无实根.

考点点拨：函数的连续性，函数的极值、最值与根的存在性.

答案：见解析.

解析：（1）$f'(x)=a\mathrm{e}^x-1$，$f(x)$ 在 $(-\infty,+\infty)$ 内连续且可导.

令 $f'(x)=0$，则得 $e^x=\frac{1}{a}\Rightarrow x=\ln\frac{1}{a}=-\ln a$ 为驻点.

在 $(-\infty,-\ln a)$ 内，有 $f'(x)<0$，$f(x)$ 单调递减；在 $(-\ln a,+\infty)$ 内，有 $f'(x)>0$，$f(x)$ 单调递增.

（2）证明：显然有 $f(x)$ 在 $x=-\ln a$ 处取得极小值，最小值 $f(-\ln a)=1+\ln a+a$，因 $1+\ln a+a>0$，则 $f(x)$ 在 $(-\infty,+\infty)$ 内 $f(x)>0$ 恒成立，故无实根.

8.3.3.2 【2023 真题.19】

证明：当 $x>0$ 时，

（1）$\arctan x=\frac{\pi}{2}-\arctan\frac{1}{x}$；

（2）$\arctan x<\ln(x+\sqrt{1+x^2})$.

考点点拨：常数函数导数的性质，复合函数求导，函数的单调性.

解析：（1）构造函数 $F(x)=\arctan x+\arctan\frac{1}{x}-\frac{\pi}{2}$，求导得 $F'(x)=\frac{1}{1+x^2}+\frac{-\frac{1}{x^2}}{1+\frac{1}{x^2}}=0$，因此得到 $F(x)$ 是常数函数，$F(1)=0\Rightarrow F(x)=0\Rightarrow\arctan x=\frac{\pi}{2}-\arctan\frac{1}{x}$.

（3）构造 $G(x)=\arctan x-\ln\left(x+\sqrt{1+x^2}\right)$，求导得

$$G'(x)=\frac{1}{1+x^2}-\frac{1+\frac{x}{\sqrt{1+x^2}}}{x+\sqrt{1+x^2}}=\frac{1}{\sqrt{1+x^2}}\left(\frac{1}{\sqrt{1+x^2}}-1\right).$$

$G'(0)=0$，$x>0$ 时 $G'(x)<0$，$G(x)$ 在 $[0,+\infty)$ 内单调递减，又 $G(0)=0\Rightarrow$ 在 $(0,+\infty)$ 内 $G(x)<G(0)=0$.

综上：$x>0$ 时有 $G(x)=\arctan x-\ln\left(x+\sqrt{1+x^2}\right)<0$，既 $\arctan x<\ln\left(x+\sqrt{1+x^2}\right)$.

8.3.3.3 【2022 真题.19】

设函数 $f(x)=2x\ln x-x-\frac{1}{x}+2$，

（1）求曲线 $y=f(x)$ 的拐点；

（2）讨论曲线 $y=f(x)$ 上是否存在经过坐标原点的切线.

考点点拨：曲线的拐点，导数与切线.

解析：（1）函数的定义域为 $(0,+\infty)$，$f'(x)=2\ln x+2-1+\frac{1}{x^2}=\frac{1}{x^2}+1+2\ln x$，$f''(x)=-\frac{2}{x^3}+\frac{2}{x}=\frac{2x^2-2}{x^3}$，由 $f''(x)=0$ 得 $x=1$ 或 $x=-1$（舍去）.

当 $0<x<1$ 时，$f''(x)<0$；当 $x=1$ 时，$f(1)=0$；当 $x>1$，$f''(x)>0$，故曲线 $y=f(x)$ 的拐点为 $(1,0)$.

（2）假设 $y=f(x)$ 存在过原点的切线 $y=kx$，则 $f'(x)=\frac{1}{x^2}+1+2\ln x=k$，代入切线方

程有 $y=\frac{1}{x}+x+2x\ln x$．易知切线不经过原点，故曲线 $y=f(x)$ 不存在经过坐标原点的切线．

8.3.3.4 【2021 真题.19】

制作一个容积为 $64\pi\ \mathrm{m}^3$ 的圆柱形无盖容器，底面、侧面的材质相同且厚度不计．问：底面半径 r 为何值时，才能使所用材料最省？

考点点拨：导数的应用，极值与最值．

答案：见解析．

解析：设底面半径为 rm，高为 hm，由题意得 $\pi r^2\cdot h=64\pi\Rightarrow h=\frac{64}{r^2}$，

忽略厚度，所用的材料多少即为无盖容器的表面积 S=底面积+侧面积，则

$$S=\pi r^2+2\pi r\cdot h=\pi r^2+2\pi r\cdot\frac{64}{r^2}=\pi r^2+\frac{128\pi}{r}(r>0)$$

求导得 $S'=2\pi r-\frac{128\pi}{r^2}=\frac{2\pi(r^3-64)}{r^2}(r>0)$，令 $S'=0\Rightarrow r=4$，此为唯一驻点．当 $r>4$ 时，$S'>0$，当 $0<r<4$ 时，$S'<0$．

故当底面半径为 4m 时，所用材料最省，所用材料为 $48\pi\ \mathrm{m}^3$．

8.3.3.5 【2020 真题.20】

函数 $f(x)=\frac{a}{(1+\mathrm{e}^{bx})}$，其中 a 和 b 为常数，$ab\neq 0$，求

（1）$f(x)$ 在 $(-\infty,\infty)$ 内的单调性；

（2）$f(x)$ 的拐点；

（3）水平渐近线方程．

考点点拨：函数的单调性、凹凸性、拐点、渐近线、极限．

解析：（1）$f(x)=\frac{a}{1+\mathrm{e}^{bx}}$，$f'(x)=\frac{-ab\mathrm{e}^{bx}}{(1+\mathrm{e}^{bx})^2}$，$ab\neq 0$，$\mathrm{e}^{bx}>0$，$(1+\mathrm{e}^{bx})^2>0$，

当 $ab<0$ 时，$f'(x)>0$ 恒成立，原函数单调递增．

当 $ab>0$ 时，$f'(x)<0$ 恒成立，原函数单调递减．

（2）令 $f''(x)=\frac{ab^2\mathrm{e}^{bx}(1+\mathrm{e}^{bx})(\mathrm{e}^{bx}-1)}{(1+\mathrm{e}^{bx})^4}=0\Rightarrow x=0$，且在 $x=0$ 的左右 $f''(x)$ 的正负符号不一致，所以拐点为 $\left(0,\frac{a}{2}\right)$．

（3）当 $b>0$ 时，$\lim\limits_{x\to+\infty}\frac{a}{1+\mathrm{e}^{bx}}=0$，$\lim\limits_{x\to-\infty}\frac{a}{1+\mathrm{e}^{bx}}=a$

当 $b<0$，$\lim\limits_{x\to+\infty}\frac{a}{1+\mathrm{e}^{bx}}=a$，$\lim\limits_{x\to-\infty}\frac{a}{1+\mathrm{e}^{bx}}=0$

故水平渐近线为 $y=a$，$y=0$．

8.4 不定积分

8.4.1 选择题

8.4.1.1 【2021 真题.03】

设 $F(x)$ 是 $f(x)$ 的一个原函数，C 为任意常数，则下列正确的是（　　）.

A. $\int F(x)\mathrm{d}x = f(x)$　　B. $F'(x) = f(x) + C$

C. $f'(x) = F(x) + C$　　D. $\int f(x)\mathrm{d}x = F(x) + C$

考点点拨：导数，原函数.

答案：D

解析：根据题意有 $F'(x) = f(x)$.

8.4.1.2 【2020 真题.03】

已知 3^x 是 $f(x)$ 的一个原函数，求 $f(x) =$（　　）.

A. 3^x　　B. $3^x \ln 3$

C. $x3^{x-1}$　　D. $3^x / \ln 3$

考点点拨：导数，原函数.

答案：B

解析：根据题意有 $f(x) = (3^x)' = 3^x \ln 3$.

8.4.2 计算题

8.4.2.1 【2023 真题.14】

求不定积分 $\int (2x-1)\mathrm{e}^x \mathrm{d}x$.

考点点拨：分部积分法，积分顺序.

答案：$2x\mathrm{e}^x - 3\mathrm{e}^x + C$

解析：
$$\begin{aligned}\int (2x-1)\mathrm{e}^x \mathrm{d}x &= 2\int x\mathrm{d}\mathrm{e}^x - \int \mathrm{e}^x \mathrm{d}x \\ &= 2x\mathrm{e}^x - 2\int \mathrm{e}^x \mathrm{d}x - \int \mathrm{e}^x \mathrm{d}x = 2x\mathrm{e}^x - 3\mathrm{e}^x + C .\end{aligned}$$

8.4.2.2 【2022 真题.14】

求不定积分 $\int \frac{2x^2+3x}{x\sqrt{1-x^2}}\mathrm{d}x$.

考点点拨：换元积分法.

答案：$-2\sqrt{1-x^2} + 3\arcsin x + C$

解析：$\int\frac{2x^2+3x}{x\sqrt{1-x^2}}dx=\int\frac{2x+3}{\sqrt{1-x^2}}dx=\int\frac{2x}{\sqrt{1-x^2}}dx+\int\frac{3}{\sqrt{1-x^2}}dx$

$$=-\int\frac{1}{\sqrt{1-x^2}}d(1-x^2)+3\int\frac{1}{\sqrt{1-x^2}}dx$$

$$=-2\sqrt{1-x^2}+3\arcsin x+C.$$

8.4.2.3 【2021 真题.13】

求不定积分$\int(x+5)\cos 3x dx$.

考点点拨：第一换元积分法，不定积分的线性性质.

答案：$\frac{1}{3}x\sin 3x+\frac{1}{9}\cos 3x+\frac{5}{3}\sin 3x+C$

解析：$\int(x+5)\cos 3x dx=\int x\cos 3x dx+\int 5\cos 3x dx$

$$=\frac{1}{3}\int x d\sin 3x+\frac{5}{3}\sin 3x=\frac{1}{3}(x\sin 3x-\int\sin 3x dx)+\frac{5}{3}\sin 3x$$

$$=\frac{1}{3}x\sin 3x+\frac{1}{9}\cos 3x+\frac{5}{3}\sin 3x+C.$$

8.4.2.4 【2020 真题.13】

计算不定积分$\int(\cos 2x-x\sin x^2)dx$.

考点点拨：第一换元积分法，线性性质.

答案：$\frac{1}{2}\sin 2x+\frac{1}{2}\cos^2 x^2+C$

解析：$\int\cos 2x dx=\frac{1}{2}\sin 2x+C$，$\int x\sin x^2 dx=\frac{1}{2}\int\sin x^2 dx^2=-\frac{1}{2}\cos x^2+C$. 综上得：$\int(\cos 2x-x\sin x^2)dx=\frac{1}{2}\sin 2x+\frac{1}{2}\cos^2 x^2+C$.

8.5 定积分

8.5.1 选择题

8.5.1.1 【2024 真题.04】

设$I_1=\int_0^1 e^x dx$，$I_2=\int_0^1 e^{2x}dx$，$I_3=\int_0^1 e^{3x}dx$，则下列关系式成立的是（ ）.

A. $I_1>I_2>I_3$　　B. $I_1>I_3>I_2$

C. $I_3>I_1>I_2$　　D. $I_3>I_2>I_1$

考点点拨：定积分的性质.

答案：D

解析：在区间$(0,1)$内有$e^{3x}>e^{2x}>e^x>0$，所以$I_3>I_2>I_1$.

8.5.1.2 【2024 真题.05】

改换二次积分 $I=\int_0^1 dy\int_{\sqrt{y}}^{\sqrt[3]{y}} f(x,y)dx$ 的积分次序，$I=$（　　）.

A. $\int_0^1 dx\int_{\sqrt{x}}^{\sqrt[3]{x}} f(x,y)dy$　　B. $\int_0^1 dx\int_{\sqrt[3]{x}}^{\sqrt{x}} f(x,y)dy$

C. $\int_0^1 dx\int_{x^3}^{x^2} f(x,y)dy$　　D. $\int_0^1 dx\int_{x^2}^{x^3} f(x,y)dy$

考点点拨：交换直角坐标系下的积分顺序.

答案：C

解析：Y 型区域：$0\leqslant y\leqslant 1$，$\sqrt{y}\leqslant x\leqslant\sqrt[3]{y}$；X 型区域：$0\leqslant x\leqslant 1$，$x^3\leqslant y\leqslant x^2$.

8.5.1.3 【2023 真题.04】

设 $2x$ 是 $f(x)$ 的一个原函数，则 $\int_0^{\frac{\pi}{2}}[f(x)-\sin x]dx=$（　　）.

A. $\pi-1$　　B. $\pi+1$

C. $\frac{\pi^2}{4}-1$　　D. $\frac{\pi^2}{4}+1$

考点点拨：定积分的计算.

答案：A

解析：原式 $=\int_0^{\frac{\pi}{2}} f(x)dx-\int_0^{\frac{\pi}{2}}\sin x dx=2x\Big|_0^{\frac{\pi}{2}}+\cos x\Big|_0^{\frac{\pi}{2}}=\pi-1$.

8.5.1.4 【2022 真题.04】

已知 $\frac{1}{x^2}$ 是函数 $f(x)$ 的一个原函数，则 $\int_1^{+\infty} f(x)dx=$（　　）.

A. 2　　B. 1

C. −1　　D. −2

考点点拨：无穷积分.

答案：C

解析：$\int_1^{+\infty} f(x)dx=\frac{1}{x^2}\Big|_1^{+\infty}=\lim_{x\to+\infty}\left(\frac{1}{x^2}-\frac{1}{1}\right)=-1$.

8.5.2 填空题

8.5.2.1 【2024 真题.10】

$f(t)=\lim_{n\to\infty}\left(1+\frac{1}{n}\right)^{2nt}$ 且 $g(x)=\int_0^x f''(t)dt$，则 $\int_0^1 g(x)dx=$________.

考点点拨：第二重要极限，变限积分，定积分，牛顿-莱布尼茨公式.

答案：e^2-3

解析：（方法一）$f(t)=\lim_{n\to\infty}\left(1+\frac{1}{n}\right)^{2nt}=\lim_{n\to\infty}\left[\left(1+\frac{1}{n}\right)^n\right]^{2t}=e^{2t}$，$f'(t)=2e^{2t}$，$f''(t)=4e^{2t}$.

$$g(x)=\int_0^x 4e^{2t}dt=2e^{2t}\Big|_0^x=2(e^{2x}-1)，\int_0^1 g(x)dx=\int_0^1 2(e^{2x}-1)dx=(e^{2x}-2x)\Big|_0^1=e^2-3.$$

（方法二）$\int_0^1 g(x)dx=\int_0^1\left(f''(y)dy\right)dx=\int_0^1 f'(y)\Big|_0^x dx=\int_0^1 2e^{2y}\Big|_0^x dx=\int_0^1 2(e^{2x}-1)dx$

$$=(e^{2x}-2x)\Big|_0^1=e^2-3.$$

8.5.2.2 【2023 真题.07】

已知常数$k>0$，若$\int_k^{+\infty}\frac{1}{x^2}dx=1$，则$k=$________.

考点点拨：无穷状态的极限.

答案：$k=1$

解析：$\int_k^{+\infty}\frac{1}{x^2}dx=-\lim\limits_{b\to+\infty}\frac{1}{x}\Big|_x^b=-\lim\limits_{b\to+\infty}\left(\frac{1}{b}-\frac{1}{k}\right)=\frac{1}{k}=1\Rightarrow k=1$.

8.5.2.3 【2022 真题.08】

椭圆$\frac{x^2}{4}+\frac{y^2}{3}=1$所围成的图形绕$x$轴旋转一周而成的旋转体的体积为________.

考点点拨：旋转体体积，定积分的应用.

答案：8π

解析：因为右边椭圆边界$x_{右}=\sqrt{4-\frac{4}{3}y^2}$，所以利用**柱壳法**得

$$V=2\times2\pi\int_0^{\sqrt3}yx dy=2\times2\pi\int_0^{\sqrt3}y\sqrt{4-\frac{3}{4}y^2}dy=8\pi.$$

或者利用**圆盘法**得

$$V=\pi\int_{-2}^2\left(\sqrt{3-\frac{3}{4}x^2}\right)^2dx=2\pi\int_0^2\left(3-\frac{3}{4}x^2\right)dx=2\pi\left(3x-\frac{1}{4}x^3\right)\Big|_0^2=8\pi.$$

8.5.2.4 【2020 真题.10】

函数$f(x)$在$(-\infty,\infty)$内可导，$f(x)=f'(x)$，$f(0)=m$．若$\int_{-1}^1\frac{f(x)}{e^x}dx=8$，求$m=$________.

考点点拨：定积分的计算，微分方程.

答案：4.

解析：$f(x)=f'(x)\Rightarrow f(x)=Ce^x$，$\int_{-1}^1\frac{f(x)}{e^x}dx=8\Rightarrow C=4$，故$f(0)=C=m=4$.

8.5.3 计算题

8.5.3.1 【2024 真题.14】

求$\int\frac{x+1}{\sqrt{x-4}}dx$.

考点点拨：换元积分法.

答案：$\frac{2}{3}(x-4)^{\frac{3}{2}}+10\sqrt{x-4}+C$

解析：

（方法一）设 $\sqrt{x-4}=t$，$x=t^2+4$，$\mathrm{d}x=\mathrm{d}(t^2+4)=2t\mathrm{d}t$.

$$原式=\int\frac{t^2+4+1}{t}\cdot 2t\mathrm{d}t=2\int(t^2+5)\mathrm{d}t=\frac{2}{3}t^3+10t+C=\frac{2}{3}(x-4)^{\frac{3}{2}}+10\sqrt{x-4}+C.$$

（方法二）

$$原式=\int\frac{x-4+5}{\sqrt{x-4}}\mathrm{d}x=\int\left(\sqrt{x-4}+\frac{5}{\sqrt{x-4}}\right)\mathrm{d}(x-4)=\frac{2}{3}(x-4)^{\frac{3}{2}}+10\sqrt{x-4}+C.$$

8.5.3.2 【2024 真题.15】

求 $\int_0^{\frac{\pi}{2}}(1+x)\sin x\mathrm{d}x$.

考点点拨：直接积分法，分部积分法.

答案：2

解析：原式 $=\int_0^{\frac{\pi}{2}}\sin x\mathrm{d}x+\int_0^{\frac{\pi}{2}}x\cdot\sin x\mathrm{d}x$

$$=-\cos x\Big|_0^{\frac{\pi}{2}}-\int_0^{\frac{\pi}{2}}x\mathrm{d}\cos x=1-x\cdot\cos x\Big|_0^{\frac{\pi}{2}}+\int_0^{\frac{\pi}{2}}\cos x\mathrm{d}x=1+\int_0^{\frac{\pi}{2}}\cos x\mathrm{d}x=2.$$

8.5.3.3 【2023 真题.15】

设函数 $f(x)\begin{cases}\frac{2x^3}{1+x^2}, x\leqslant 1\\ 1, x>1\end{cases}$，计算定积分 $\int_{-1}^{4}f(x)\mathrm{d}x$.

考点点拨：函数的奇偶性与定积分的计算.

答案：3

解析：$\int_{-1}^{4}f(x)\mathrm{d}x=\int_{-1}^{1}f(x)\mathrm{d}x+\int_{1}^{4}f(x)\mathrm{d}x=0+\int_{1}^{4}f(x)\mathrm{d}x.$，且 $\int_{1}^{4}f(x)\mathrm{d}x=\int_{1}^{4}1\mathrm{d}x=3$.

8.5.3.4 【2022 真题.15】

已知 $\int\tan x\mathrm{d}x=-\ln|\cos x|+C$，求定积分 $\int_0^{\frac{\pi}{4}}x\sec^2 x\mathrm{d}x$.

考点点拨：定积分的计算，分部积分法.

答案：$\frac{\pi}{4}-\frac{1}{2}\ln 2\left(或\frac{\pi}{4}+\ln\frac{\sqrt{2}}{2}\right)$

解析：$\int_0^{\frac{\pi}{4}}x\sec^2 x\mathrm{d}x=\int_0^{\frac{\pi}{4}}x\mathrm{d}(\tan x)=x\tan x\Big|_0^{\frac{\pi}{4}}-\int_0^{\frac{\pi}{4}}\tan x\mathrm{d}x=\frac{\pi}{4}+(\ln|\cos x|)\Big|_0^{\frac{\pi}{4}}=\frac{\pi}{4}+\ln\frac{\sqrt{2}}{2}=\frac{\pi}{4}-\frac{1}{2}\ln 2$.

8.5.3.5 【2021 真题.14】

求定积分 $\int_{-2}^{2}\frac{x^{2021}+|x|}{x^2+1}\mathrm{d}x$.

考点点拨：定积分的计算，定积分的性质.

答案：$\ln 5$

解析：$\frac{x^{2021}}{x^2+1}$是$[-2,2]$上的奇函数，$\frac{|x|}{x^2+1}$是$[-2,2]$上的偶函数.

$$\begin{aligned}\int_{-2}^{2}\frac{x^{2021}+|x|}{x^2+1}\mathrm{d}x&=\int_{-2}^{2}\frac{x^{2021}}{x^2+1}\mathrm{d}x+\int_{-2}^{2}\frac{|x|}{x^2+1}\mathrm{d}x=0+2\int_{-2}^{2}\frac{|x|}{x^2+1}\mathrm{d}x\\&=2\int_{0}^{2}\frac{x}{x^2+1}\mathrm{d}x=2\cdot\frac{1}{2}\int_{0}^{2}\frac{1}{x^2+1}\mathrm{d}(x^2+1)=\ln(x^2+1)\Big|_0^2\\&=\ln 5.\end{aligned}$$

8.5.3.6 【2021 真题.18】

设$f(x)=\begin{cases}x^2,x\leqslant 2\\6-x,x>2\end{cases}$，若$F(x)=\int_0^x f(t)\mathrm{d}t$，求$F(x)$的表达式，并讨论$F(x)$在$x=2$处的连续性.

考点点拨：函数的连续性，定积分的计算.

解析：当$x\leqslant 2$时，$F(x)=\int_0^x t^2\mathrm{d}t=\frac{1}{3}t^3\Big|_0^x=\frac{1}{3}x^3$

当$x>2$时，$F(x)=\int_0^x f(t)\mathrm{d}t=\int_0^2 t^2\mathrm{d}t+\int_2^x(6-t)\mathrm{d}t=\frac{1}{3}t^3\Big|_0^2+\left(6t-\frac{1}{2}t^2\right)\Big|_2^x$

$$=\frac{8}{3}+6x-\frac{1}{2}x^2-12+2=6x-\frac{1}{2}x^2-\frac{22}{3}$$

综上$F(x)=\begin{cases}\frac{1}{3}x^3,x\leqslant 2,\\6x-\frac{1}{2}x^2-\frac{22}{3},x>2,\end{cases}$.

分析$x=2$处左右极限：$\lim\limits_{x\to 2^-}F(x)=\lim\limits_{x\to 2^-}\frac{1}{3}x^3=\frac{8}{3}$，$\lim\limits_{x\to 2^+}F(x)=\lim\limits_{x\to 2^+}\left(6x-\frac{1}{2}x^2-\frac{22}{3}\right)=\frac{8}{3}$，又$F(2)=\frac{8}{3}$，$\lim\limits_{x\to 2^-}F(x)=\lim\limits_{x\to 2^+}F(x)=F(2)$，故$F(x)$在$x=2$处连续.

8.5.3.7 【2020 真题.14】

设函数$f(x)=\begin{cases}x^3/(1+x^2), & x\leqslant 1\\x, & x>1\end{cases}$，求定积分$\int_{-3}^{0}f(x+2)\mathrm{d}x$.

考点点拨：定积分的计算，函数的奇偶性.

答案：$\frac{3}{2}$

解析：设$x+2=t$，则有

$$\int_{-3}^{0}f(x+2)\mathrm{d}x=\int_{-1}^{2}f(t)\mathrm{d}t=\int_{-1}^{1}f(t)\mathrm{d}t+\int_{1}^{2}f(t)\mathrm{d}t=\int_{-1}^{1}\frac{t^3}{1+t^2}\mathrm{d}t+\int_{1}^{2}t\mathrm{d}t=\frac{3}{2}.$$

8.5.4 综合题

8.5.4.1 【2021 真题.20】

1. 过坐标原点作曲线$y=\ln x$的切线L，该切线与直线$x=1$及$y=\ln x$围成平面区域图

形 D.

（1）求切线 L 的方程;

（2）求平面图形 D 的面积.

考点点拨：导数的几何意义，定积分的应用.

答案：见解析.

解析：（1）设切点为 $(x_0,\ln x_0)$，切线斜率为 $\frac{1}{x_0}$，切线方程为 $y-\ln x_0=\frac{1}{x_0}(x-x_0)$，代入点 $(0,0)$ 得 $-\ln x_0=\frac{1}{x_0}(-x_0)\Rightarrow x_0=\mathrm{e}$，切点 $(x_0,\ln x_0)$ 为 $(\mathrm{e},1)$，综上切线 L 的方程为 $y=\frac{1}{\mathrm{e}}x$.

（2）$D=\int_1^{\mathrm{e}}\left(\frac{1}{\mathrm{e}}x-\ln x\right)\mathrm{d}x=\int_1^{\mathrm{e}}\frac{1}{\mathrm{e}}x\mathrm{d}x-\int_1^{\mathrm{e}}\ln x\mathrm{d}x=\frac{1}{2\mathrm{e}}x^2\Big|_1^{\mathrm{e}}-(x\ln x-x)\Big|_1^{\mathrm{e}}=\frac{\mathrm{e}}{2}-\frac{1}{2\mathrm{e}}-1$.

8.5.4.2 【2020 真题.19】

19. 有界平面图形 G 由 $y=\mathrm{e}^{ax}$，$y=\mathrm{e}$，$x=0$ 围成，$a>0$. 若 G 的面积等于 1，

（1）求参数 a.

（2）求 G 绕 y 轴旋转得到的旋转体的体积 V.

考点点拨：定积分应用，旋转体体积.

答案：见下.

解析：（1）$\int_1^{\mathrm{e}}\frac{\ln y}{a}\mathrm{d}y=\frac{1}{a}(y\ln y-y)\Big|_1^{\mathrm{e}}=\frac{1}{a}=1\Rightarrow a=1$；

（3）$V=\pi\int_1^{\mathrm{e}}\ln^2 y\mathrm{d}y=\pi\left(y\ln^2 y\Big|_1^{\mathrm{e}}-\int_1^{\mathrm{e}}2\ln y\mathrm{d}y\right)=\pi(\mathrm{e}-2)$.

8.6 常微分方程

8.6.1 填空题

8.6.1.1 【2023 真题.10】

函数 $y''-8y'+7y=0$ 的通解为 $y=$________.

考点点拨：二阶常系数齐次微分方程的解.

答案：$y=C_1\mathrm{e}^x+C_2\mathrm{e}^{7x}$

解析：由特征方程 $r^2-8r+7=(r-1)(r-7)=0$ 得到特征根为 $r_1=1$ 和 $r_2=7$，从而得到通解 $y=C_1\mathrm{e}^x+C_2\mathrm{e}^{7x}$.

8.6.1.2 【2022 真题.09】

微分方程 $\mathrm{e}^{-x}y'=2$ 的通解是________.

考点点拨：可分离变量微分方程，一阶微分方程.

答案：$y=2e^x+C$

解析：$e^{-x}y'=e^{-x}\frac{dy}{dx}=2$，化简得$\frac{dy}{dx}=2e^x$，$dy=2e^x dx$，得$y=2e^x+C$.

8.6.1.3 【2021 真题.08】

$\frac{dy}{dx}=y+2$，初值条件为$y|_{x=0}=-1$的特解为$y=$________.

考点点拨：，可分离变量微分方程，一阶微分方程.

答案：$y=e^x-2$

解析：根据条件$\frac{dy}{dx}=y+2\Rightarrow\frac{dy}{y+2}=dx\Rightarrow\ln|y+2|=x+C_1\Rightarrow y+2=Ce^x$，求得通解为$y=Ce^x-2$，将初始条件$y|_{x=0}=-1$代入通解得到特解$y=e^x-2$.

8.6.1.4 【2021 真题.10】

连续函数满足$\int_0^{2x+1}f(t)dt=-2x^3+1$，则$f(3)=$________.

考点点拨：微分方程，变限积分求导.

答案：-3

解析：对$\int_0^{2x+1}f(t)dt=-2x^3+1$两边求导得$2f(2x+1)=-6x^2$，将$x=1$代入得$f(3)=-3$.

8.6.1.5 【2020 真题.08】

求微分方程$y''+3y'-4y=0$的通解，$y=$______.

考点点拨：二阶常系数齐次微分方程.

答案：$C_1e^x+C_2e^{-4x}$

解析：由特征方程$r^2+3r-4=0$得到特征根$r_1=1$和$r_2=-4$，从而得到通解$y=C_1e^x+C_2e^{-4x}$.

8.6.2 计算题

8.6.2.1 【2024 真题.17】

求微分方程$y''-5y'+6y=0$，满足$y|_{x=0}=2$，$y'|_{x=0}=5$的特解.

考点点拨：二阶常系数微分方程.

答案：$y=e^{2x}+e^{3x}$

解析：由特征方程$r^2-5r+6=0$得特征根$r_1=2$和$r_2=3$，故通解为$y=C_1e^{2x}+C_2e^{3x}$，求导得$y'=2C_1e^{2x}+3C_2e^{3x}$，根据初始条件得

$$y|_{x=0}=C_1+C_2=2,\quad y'|_{x=0}=2C_1+3C_2=5.$$

解得$C_1=1$，$C_2=1$，所以特解为$y=e^{2x}+e^{3x}$.

8.6.2.2 【2023 真题.16】

设 $z=\ln 3-x^2e^{y^2z}$，求 $\frac{\partial z}{\partial x}$ 和 $\frac{\partial z}{\partial y}$.

考点点拨：隐函数的偏导数的求法.

答案：$\frac{\partial z}{\partial x}=-\frac{2xe^{y^2z}}{1+x^2y^2e^{y^2z}},\frac{\partial z}{\partial y}=-\frac{2yzx^2e^{y^2z}}{1+x^2y^2e^{y^2z}}$

解析：$F(x,y,z)=z-\ln 3+x^2e^{y^2z}$

$$\frac{\partial z}{\partial x}=-\frac{F_x'}{F_z'}=-\frac{2xe^{y^2z}}{1+x^2y^2e^{y^2z}},\frac{\partial z}{\partial y}=-\frac{F_y'}{F_z'}=-\frac{2yzx^2e^{y^2z}}{1+x^2y^2e^{y^2z}}.$$

8.6.2.3 【2020 真题.17】

已知 $\frac{dy}{dx}=\frac{\sec^2 x}{y^2}$，求初始条件 $y|_{x=0}=1$ 的特解.

考点点拨：可分离变量微分方程求解.

答案：$y=\sqrt[3]{3\tan x+1}$

解析：根据条件有 $y^2dy=\sec^2 xdx\Rightarrow\frac{1}{3}y^3=\tan x+C$，又因为 $y|_{x=0}=1$ 得到 $C=\frac{1}{3}$，从而得到特解 $y=\sqrt[3]{3\tan x+1}$ 或者 $\frac{1}{3}y^3=\tan x+\frac{1}{3}$.

8.6.3 综合题

8.6.3.1 【2024 真题.20】

在 $(-\infty,+\infty)$ 内的连续函数 $f(x)$ 满足 $f(x)e^{-x}+\int_0^x f(t)e^{-t}dt=x^2-2$，

（1）求 $f(x)$；

（2）证明：当 $x>0$ 时，$f(x)>2e^x[\ln(x+1)-1]$.

考点点拨：微分方程变限积分求导.

答案：（1）$f(x)=2(xe^x-e^x)$　（2）参照解析

解析：由题得初始条件 $f(0)=-2$.

对 $f(x)e^{-x}+\int_0^x f(t)e^{-t}dt=x^2-2$ 两边求导得

$$f'(x)e^{-x}-f(x)e^{-x}+f(x)e^{-x}=2x.$$

$$\therefore f'(x)e^{-x}=2x\Rightarrow f'(x)=2xe^x.$$

通解为 $f(x)=2(xe^x-e^x)+C$，根据初始条件得到的特解为 $f(x)=2(xe^x-e^x)$.

（2）证明：等价证明在 $x>0$ 时，$2(x-1)>2[\ln(x+1)-1]$，即 $x>\ln(x+1)$，

令 $g(x)=x-\ln(x+1)$，其中 $g(0)=0$，$g'(x)=1-\frac{1}{1+x}>0(x>0)$，

$\therefore g(x)$ 在 $[0,+\infty)$ 内单调递增，$g(x)>g(0)=0(x>0)$.

即证$x>0$时，$x>\ln(x+1)$，即$f(x)>2e^x\cdot[\ln(x+1)-1]$.

8.6.3.2 【2023真题.20】

设定义在$[0,+\infty)$内的连续函数$f(x)$满足$f(x)\geqslant\sqrt{1+x^4}$，且由曲线$y=f(x)$，$y=\sqrt{1+x^4}$及直线$x=0$，$x=t(t>0)$围成的图形的面积为$t^3$.

（1）求$f(x)$；

（2）若可导函数$g(x)$满足$f(x)g'(x)+f'(x)g(x)=5x\sqrt{x}$，且$g(0)=1$，求$g(x)$.

考点点拨：定积分的几何意义，微分方程.

答案：见解析

解析：（1）依据题意有$\int_0^t\left(f(x)-\sqrt{1+x^4}\right)\mathrm{d}x=t^3\Rightarrow f(t)=3t^2+\sqrt{1+t^4}\,(t\geqslant 0)$，即

$$f(x)=3x^2+\sqrt{1+x^4}\,(x\geqslant 0);$$

（2）令$F(x)=f(x)g(x)$，$F'(x)=f(x)g'(x)+f'(x)g(x)=5x\sqrt{x}$

$$\Rightarrow F(x)=\int 5x\sqrt{x}dx=2x^{\frac{5}{2}}+C\Rightarrow g(x)=\frac{2x^{\frac{5}{2}}+C}{3x^2+\sqrt{1+x^4}}$$

$$\Rightarrow g(0)=1\Rightarrow C=1\Rightarrow g(x)=\frac{2x^{\frac{5}{2}}+1}{3x^2+\sqrt{1+x^4}}.$$

8.6.3.3 【2022真题.20】

设函数$f(x)$连续，

（1）证明：$\int_0^x f(x-t)\mathrm{d}t=\int_0^x f(t)\mathrm{d}t$；

（2）若$f(x)$满足$f(x)=3x+1+\int_0^x tf(t)\mathrm{d}t-x\int_0^x f(x-t)\mathrm{d}t$，求$f(x)$.

考点点拨：换元积分法，微分方程，变限积分求导.

答案：见解析

解析：（1）令$x-t=u$，则$t=x-u$，可得$\mathrm{d}(x-t)=-\mathrm{d}t=\mathrm{d}u$，

当$t=0$时，$u=x$；当$t=x$时，$u=0$.

故$\int_0^x f(x-t)\mathrm{d}t=-\int_x^0 f(u)\mathrm{d}u=\int_0^x f(u)\mathrm{d}u=\int_0^x f(t)\mathrm{d}t$.

（2）由第一问知$\int_0^x f(x-t)\mathrm{d}t=\int_0^x f(t)\mathrm{d}t$，得

$$f(x)=3x+1+\int_0^x tf(t)\mathrm{d}t-x\int_0^x f(x-1)\mathrm{d}t=3x+1+\int_0^x tf(t)\mathrm{d}t-x\int_0^x f(t)\mathrm{d}t,$$

所以$f'(x)=3+xf(x)-\int_0^x f(t)\mathrm{d}t-xf(x)=3-\int_0^x f(t)\mathrm{d}t$，$f''(x)=-f(x)$，得$f''(x)+f(x)=0$.

$f(x)$为二阶常系数齐次微分方程，其特征方程为$r^2+1=0$，解得$r_{1,2}=\pm i$，因此通解为$f(x)=C_1\cos x+C_2\sin x$，$f'(x)=-C_1\sin x+C_2\cos x$. 又初始条件$f(0)=1$，$f'(0)=3$，所以$C_1=1$，$C_2=3$，特解为$f(x)=\cos x+3\sin x$.

8.7 多元函数微分学

8.7.1 填空题

8.7.1.1 【2023 真题.08】

设二元函数 $z=x^x+(x-y)^2,(x>0)$，则 $\dfrac{\partial^2 z}{\partial y\partial x}=$________.

考点点拨：二元函数混合偏导数的求法.

答案：-2

解析：$z=x^x+(x-y)^2(x>0)$，$\dfrac{\partial z}{\partial y}=-2(x-y)$，$\dfrac{\partial^2 z}{\partial y\partial x}=-2$.

8.7.1.2 【2022 真题.10】

函数 $z=x^{\ln y}$ 在点 (e,e) 处的全微分 $\mathrm{d}z|_{(\mathrm{e},\mathrm{e})}$.

考点点拨：偏导数，全微分.

答案：$\mathrm{d}x+\mathrm{d}y$

解析：$\mathrm{d}z=\dfrac{\partial z}{\partial x}\mathrm{d}x+\dfrac{\partial z}{\partial y}\mathrm{d}y$，$z=x^{\ln y}=\mathrm{e}^{\ln y\ln x}$，$\dfrac{\partial z}{\partial x}=\mathrm{e}^{\ln y\ln x}\cdot\ln y\cdot\dfrac{1}{x}$，$\dfrac{\partial z}{\partial y}=\mathrm{e}^{\ln y\ln x}\cdot\ln x\cdot\dfrac{1}{y}$

$\mathrm{d}z=\left(\mathrm{e}^{\ln y\ln x}\cdot\ln y\cdot\dfrac{1}{x}\right)\mathrm{d}x+\left(\mathrm{e}^{\ln y\ln x}\cdot\ln x\cdot\dfrac{1}{y}\right)\mathrm{d}y$，所以 $\mathrm{d}z|_{(\mathrm{e},\mathrm{e})}=\mathrm{d}x+\mathrm{d}y$.

8.7.1.3 【2021 真题.07】

求 $z=x^2y$ 的全微分 $\mathrm{d}z=$________.

考点点拨：偏导数，全微分.

答案：$2xy\mathrm{d}x+x^2\mathrm{d}y$

解析：根据题意有 $\dfrac{\partial z}{\partial x}=2xy,\dfrac{\partial z}{\partial y}=x^2$，所以得 $\mathrm{d}z=\dfrac{\partial z}{\partial x}\mathrm{d}x+\dfrac{\partial z}{\partial y}\mathrm{d}y=2xy\mathrm{d}x+x^2\mathrm{d}y$.

8.7.1.4 【2020 真题.09】

函数 $f(x,y)$ 在 $(0,0)$ 邻域内可导，当 $x\neq 0$ 时，$\dfrac{f(x,0)-f(0,0)}{x}=3x+2$，则 $f_x'(0,0)=$________.

考点点拨：偏导数的定义.

答案：2

解析：$f_x'(0,0)=\lim\limits_{x\to 0}\dfrac{f(x,0)-f(0,0)}{x}=\lim\limits_{x\to 0}(3x+2)=2$.

8.7.2 计算题

8.7.2.1 【2024 真题.13】

$z=\sqrt{x^2+y^2}$，求 $\frac{\partial^2 z}{\partial y^2}+\frac{\partial^2 z}{\partial x^2}$.

考点点拨：一阶偏导数与二阶偏导数.

答案：$\frac{1}{\sqrt{x^2+y^2}}$

解析：一阶偏导：$\frac{\partial z}{\partial x}=\frac{x}{\sqrt{x^2+y^2}}$，$\frac{\partial z}{\partial y}=\frac{y}{\sqrt{x^2+y^2}}$，

二阶偏导：$\frac{\partial^2 z}{\partial x^2}=\frac{\partial}{\partial x}\left(\frac{\partial z}{\partial x}\right)=\frac{\sqrt{x^2+y^2}-\frac{x^2}{\sqrt{x^2+y^2}}}{x^2+y^2}=\frac{y^2}{(x^2+y^2)^{3/2}}$.

同理得 $\frac{\partial^2 z}{\partial y^2}=\frac{\partial}{\partial y}\left(\frac{\partial z}{\partial y}\right)=\frac{x^2}{(x^2+y^2)^{3/2}}$，故 $\frac{\partial^2 z}{\partial x^2}+\frac{\partial^2 z}{\partial y^2}=\frac{1}{\sqrt{x^2+y^2}}$.

8.7.2.2 【2022 真题.16】

设 $z=f(x,y)$ 是由方程 $z=2x-y^2\mathrm{e}^z$ 所确定的隐函数，计算 $\frac{\partial z}{\partial x}-y\frac{\partial z}{\partial y}$.

考点点拨：隐函数求导.

答案：2

解析：对方程 $F(z)=2x-y^2\mathrm{e}^z-z$ 求偏导，有 $F_x=2,F_y=-2y\mathrm{e}^z,F_z=-y^2\mathrm{e}^z-1$.

所以 $\frac{\partial z}{\partial x}=-\frac{F_x}{F_z}=-\frac{2}{-y^2\mathrm{e}^z-1}=\frac{2}{y^2\mathrm{e}^z+1}$，$\frac{\partial z}{\partial y}=-\frac{F_y}{F_z}=-\frac{-2y\mathrm{e}^z}{-y^2\mathrm{e}^z-1}=-\frac{2y\mathrm{e}^z}{y^2\mathrm{e}^z+1}$

故 $\frac{\partial z}{\partial x}-y\frac{\partial z}{\partial y}=\frac{2}{y^2\mathrm{e}^z+1}-y\cdot\left(-\frac{2y\mathrm{e}^z}{y^2\mathrm{e}^z+1}\right)=\frac{2+2y^2\mathrm{e}^z}{y^2\mathrm{e}^z+1}=2$.

8.7.2.3 【2021 真题.15】

$z=z(x,y)$，$\mathrm{e}^{zy}-xz=1$，求 $\frac{\partial z}{\partial x}+\frac{\partial z}{\partial y}$.

考点点拨：隐函数求导.

答案：$\frac{\partial z}{\partial x}+\frac{\partial z}{\partial y}=\frac{z-z\mathrm{e}^{yz}}{y\mathrm{e}^{yz}-x}=\frac{z-z(1+xz)}{y\mathrm{e}^{yz}-x}=\frac{xz^2}{x-y\mathrm{e}^{yz}}$

解析：令 $F(x,y,z)=\mathrm{e}^{yz}-xz-1$，得到 $F_x=-z$，$F_y=z\mathrm{e}^{yz}$，$F_z=y\mathrm{e}^{yz}-x$，$\frac{\partial z}{\partial x}=-\frac{F_x}{F_y}=\frac{z}{y\mathrm{e}^{yz}-x}$，

$\frac{\partial z}{\partial y}=-\frac{F_y}{F_z}=\frac{-z\mathrm{e}^{yz}}{y\mathrm{e}^{yz}-x}$，$\frac{\partial z}{\partial x}+\frac{\partial z}{\partial y}=\frac{z-z\mathrm{e}^{yz}}{y\mathrm{e}^{yz}-x}$

$\because \mathrm{e}^{yz}-xz=1$

$\therefore \mathrm{e}^{yz}=1+xz$

$$\therefore \frac{\partial z}{\partial x}+\frac{\partial z}{\partial y}=\frac{z-ze^{yz}}{ye^{yz}-x}=\frac{z-z(1+xz)}{ye^{yz}-x}=\frac{xz^2}{x-ye^{yz}}.$$

8.7.2.4 【2020 真题.15】

二元函数 $z=f(x,y)$，其中 $z=3xy^2+\frac{x^z}{y}$，求 dz，$\frac{\partial^z z}{\partial x\partial y}$.

考点点拨：全微分，偏导数，二阶偏导数.

答案：见解析

解析：$\frac{\partial z}{\partial x}=3y^2+\frac{2x}{y}$，$\frac{\partial z}{\partial y}=6xy-\frac{x^2}{y^2}$，从而得到

$$dz=\left(3y^2+\frac{2x}{y}\right)dx+\left(6xy-\frac{x^2}{y^2}\right)dy，\quad \frac{\partial^2 z}{\partial z\partial y}=\frac{\partial}{\partial y}\left(\frac{\partial z}{\partial x}\right)=\frac{\partial}{\partial y}\left(3y^2+\frac{2x}{y}\right)=6y^2-\frac{2x}{y^2}.$$

8.8 多元函数积分学

8.8.1 选择题

8.8.1.1 【2022 真题.05】

将二次积分 $I=\int_0^1 dx\int_x^1 f(x^2+y^2)dy$ 化为极坐标形式的二次积分，则 $I=$（　　）.

A. $\int_0^{\frac{\pi}{4}} d\theta\int_0^{\sec\theta} f(p^2)dp$　　B. $\int_0^{\frac{\pi}{4}} d\theta\int_0^{\csc\theta} pf(p^2)dp$

C. $\int_{\frac{\pi}{4}}^{\frac{\pi}{2}} d\theta\int_0^{\sec\theta} f(p^2)dp$　　D. $\int_{\frac{\pi}{4}}^{\frac{\pi}{2}} d\theta\int_0^{\csc\theta} pf(p)dp$

考点点拨：直角坐标系下的二重积分，极坐标系下的二重积分.

答案：D

解析：作出积分区域.

由图 8-1 可知：$\sin\theta_1=\frac{1}{r}$，即 $r=\frac{1}{\sin\theta_1}=\csc\theta_1$.

θ的积分区域为$\left[\frac{\pi}{4},\frac{\pi}{2}\right]$，$r$ 的积分区域为$\left[0,\frac{1}{\sin\theta}\right]$，即$[0,\csc\theta]$，

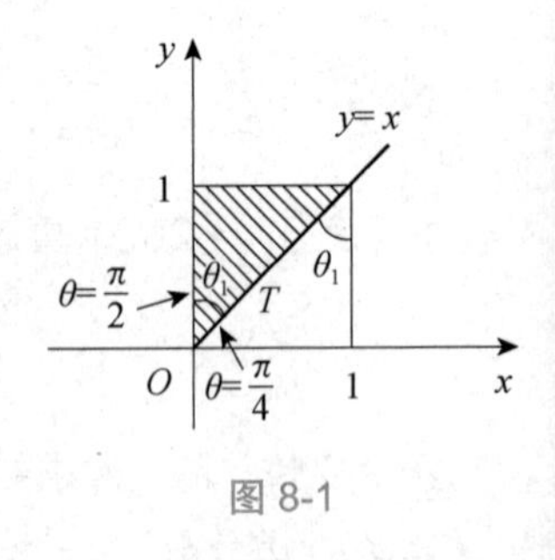

图 8-1

故

$$I=\int_0^1 dx\int_x^1 f(x^2+y^2)dy=\int_{\frac{\pi}{4}}^{\frac{\pi}{2}} d\theta\int_0^{\csc\theta} f((r\cos\theta)^2+(r\sin\theta)^2)rdr=\int_{\frac{\pi}{4}}^{\frac{\pi}{2}} d\theta\int_0^{\csc\theta} rf(r^2)dr.$$

8.8.1.2 【2020 真题.04】

已知 $D=\{(x,y)\mid x^2+y^2\leqslant 1,y\geqslant 0\}$，则 $\iint_D (x^2+y^2)^4 d\sigma=$（　　）;

A. $\frac{\pi}{10}$　　B. $\frac{\pi}{9}$　　C. $\frac{\pi}{5}$　　D. $\frac{2\pi}{9}$

考点点拨：二重积分，极坐标系.

答案：A

解析：$\iint\limits_D (x^2+y^2)^4 \mathrm{d}\sigma = \int_0^1 \mathrm{d}r \int_0^{\pi} r^8 r \mathrm{d}\theta = \frac{\pi}{10}$.

8.8.2 填空题

8.8.2.1 【2023 真题.09】

改变二次积分 $\int_0^1 \mathrm{d}x \int_{\sqrt{x}}^1 f(x,y)\mathrm{d}y$ 的积分次序，则 $\int_0^1 \mathrm{d}x \int_{\sqrt{x}}^1 f(x,y)\mathrm{d}y =$ ________.

考点点拨：直角坐标系下二重积分顺序的转换.

答案：$\int_0^1 \mathrm{d}y \int_0^{y^2} f(x,y)\mathrm{d}x$

解析：$\mathrm{X}: 0 \leqslant x \leqslant 1, \sqrt{x} \leqslant y \leqslant 1 \Rightarrow \mathrm{Y}: 0 \leqslant y \leqslant 1, 0 \leqslant x \leqslant y^2$.

8.8.2.2 【2021 真题.09】

$D = \{(x,y) \mid 0 \leqslant x \leqslant 1, 0 \leqslant y \leqslant 3-x\}$，求 $\iint\limits_D \mathrm{d}\sigma$ ________.

考点点拨：二重积分，积分顺序.

答案：$\frac{5}{2}$.

解析：$\iint\limits_D \mathrm{d}\sigma = S_{梯形} = \frac{(2+3)\times 1}{2} = \frac{5}{2}$.

8.8.3 计算题

8.8.3.1 【2024 真题.18】

18. 计算 $\iint\limits_D x\mathrm{d}\sigma$，其中 D 是由 $x^2+y^2=4$ 及坐标轴所围成的在第一象限内的闭区域.

考点点拨：直角坐标系下二重积分的计算.

答案：$\frac{8}{3}$

解析：选用 Y 型区域（见图 8-2）计算.

原式 $= \int_0^2 \mathrm{d}y \int_0^{\sqrt{4-y^2}} x\mathrm{d}x = \int_0^2 \frac{1}{2}x^2\Big|_0^{\sqrt{4-y^2}} \mathrm{d}y = \int_0^2 \frac{1}{2}(4-y^2)\mathrm{d}y =$
$\left(2y - \frac{1}{6}y^3\right)\Big|_0^2 = \frac{8}{3}$.

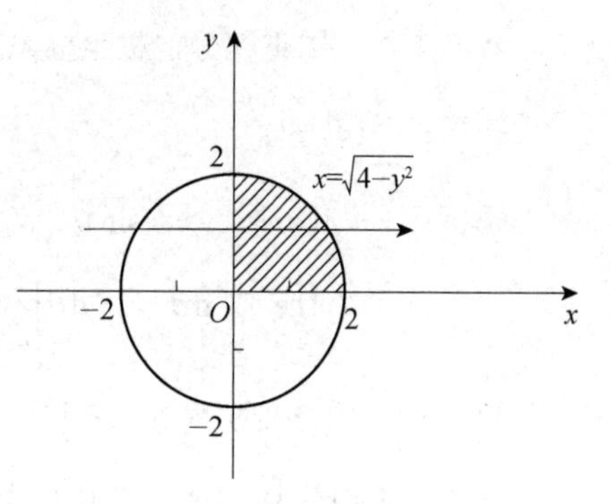

图 8-2

8.8.3.2 【2023 真题.17】

计算二重积分 $\iint\limits_D (x^2+y^2)^2 \mathrm{d}\sigma$，其中 D 是由圆周 $x^2+y^2=1$ 所围成的区域.

第 8 章

专升本考试真题分析

考点点拨：极坐标下二重积分的计算.

答案：$\frac{1}{3}\pi$

解析：积分区域为$0<r<1$，$0<\theta<2\pi$.

$$\iint_D (x^2+y^2)^2 \mathrm{d}\sigma=\int_0^1 \mathrm{d}r\int_0^{2\pi} r^5 \mathrm{d}\theta=\frac{1}{3}\pi .$$

8.8.3.3 【2022 真题.17】

计算二重积分$\iint_D \cos x \mathrm{d}\sigma$，其中 D 是由曲线$y=\sin x\left(0\leqslant x\leqslant\frac{\pi}{2}\right)$和直线$y=0$，$x=\frac{\pi}{2}$围成的有界闭区域.

考点点拨：二重积分，第一换元积分.

答案：$\frac{1}{2}$

解析：$\iint_D \cos x \mathrm{d}\sigma=\int_0^{\frac{\pi}{2}} \mathrm{d}x\int_0^{\sin x} \cos x \mathrm{d}y=\int_0^{\frac{\pi}{2}} \sin x\cos x \mathrm{d}x=\int_0^{\frac{\pi}{2}} \sin x \mathrm{d}(\sin x)=\frac{1}{2}\sin^2 x\Big|_0^{\frac{\pi}{2}}=\frac{1}{2}$.

8.8.3.4 【2021 真题.16】

已知$x^2+y^2\leqslant 4$的第一象限为平面区域D（见图 8-3），求$\iint_D \mathrm{e}^{x^2+y^2}\mathrm{d}\sigma$.

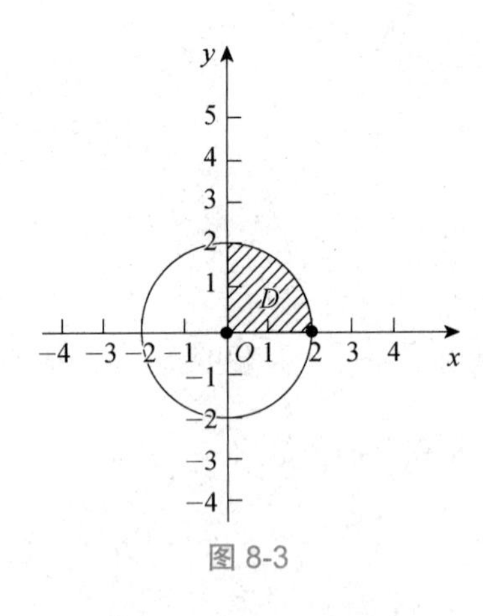

图 8-3

考点点拨：二重积分，极坐标系下的二重积分.

答案：$\frac{\pi}{4}(\mathrm{e}^4-1)$

解析：$x=r\cos\theta$，$y=r\sin\theta$.

$$\iint_D \mathrm{e}^{x^2+y^2}\mathrm{d}\sigma=\int_0^{\frac{\pi}{2}}\mathrm{d}\theta\int_0^2 \mathrm{e}^{r^2}\cdot r\mathrm{d}r=\frac{\pi}{2}\cdot\frac{1}{2}\int_0^2 \mathrm{e}^{r^2}\mathrm{d}r^2=\frac{\pi}{4}\mathrm{e}^{r^2}\Big|_0^2=\frac{\pi}{4}(\mathrm{e}^4-1).$$

8.8.3.5 【2020 真题.16】

计算二重积分$\iint_D y\mathrm{d}\sigma$，其中$D$由$y=x$，$y=x-2$，$y=0$，$y=2$围成.

考点点拨：二重积分，积分顺序.

答案：4

解析：$\iint\limits_D y\mathrm{d}\sigma=\int_0^2\left(\int_y^{y+2}y\mathrm{d}x\right)\mathrm{d}y=\int_0^2 2y\mathrm{d}y=4$.

8.9 无穷级数

8.9.1 选择题

8.9.1.1 【2023 真题.05】

设级数 $\sum\limits_{n=1}^{\infty}u_n$ 收敛，则下列级数发散的是（　　）.

A. $\sum\limits_{n=1}^{\infty}4u_n$　　B. $\sum\limits_{n=1}^{\infty}u_{n+4}$　　C. $\sum\limits_{n=1}^{\infty}(u_n-u_{n+1})$　　D. $\sum\limits_{n=1}^{\infty}(u_n-1)$

考点点拨：级数的敛散性.

答案：D

解析：级数性质有：（1）若 $\sum\limits_{n=1}^{\infty}u_n$ 收敛，则 $\sum\limits_{n=1}^{\infty}ku_n$ 收敛；（2）若 $\sum\limits_{n=1}^{\infty}u_n$ 发散，则 $\sum\limits_{n=1}^{\infty}ku_n(k\neq 0)$ 发散；（3）$\sum\limits_{n=1}^{\infty}u_n$ 与 $\sum\limits_{n=k}^{\infty}u_n$ 有相同的敛散性；（4）若 $\sum\limits_{n=1}^{\infty}u_n$ 与 $\sum\limits_{n=1}^{\infty}v_n$ 都收敛，则 $\sum\limits_{n=1}^{\infty}(u_n\pm v_n)$ 收敛；（4）若 $\sum\limits_{n=1}^{\infty}u_n$ 收敛，$\sum\limits_{n=1}^{\infty}v_n$ 发散，则 $\sum\limits_{n=1}^{\infty}(u_n\pm v_n)$ 发散；（6）若 $\sum\limits_{n=1}^{\infty}u_n$，$\sum\limits_{n=1}^{\infty}v_n$ 都发散，则 $\sum\limits_{n=1}^{\infty}(u_n\pm v_n)$ 不确定敛散性.

8.9.1.2 【2022 真题.03】

$\lim\limits_{n\to\infty}u_n=0$ 是级数 $\sum\limits_{n=1}^{\infty}u_n$ 收敛的（　　）.

A. 充分条件　　B. 必要条件

C. 充要条件　　D. 既非充分也非必要条件

考点点拨：级数收敛的必要条件.

答案：B

解析：级数收敛，一般项趋于零；一般项趋于零，级数不一定收敛；一般项趋于零是级数收敛的必要条件，非充分条件.

8.9.1.3 【2021 真题.04】

设常数项级数 $\sum\limits_{n=1}^{\infty}u_n$ 收敛，则下列收敛的是（　　）.

A. $\sum\limits_{n=1}^{\infty}\left(u_n+\frac{1}{3^n}\right)$　　B. $\sum\limits_{n=1}^{\infty}\left(u_n+\frac{1}{2}\right)$　　C. $\sum\limits_{n=1}^{\infty}\left(u_n+\frac{1}{n}\right)$　　D. $\sum\limits_{n=1}^{\infty}\left(u_n-\frac{1}{\sqrt{n}}\right)$

考点点拨：级数的敛散性.

答案：A

解析：$\sum_{n=1}^{\infty}\frac{1}{3^n}$ 为收敛级数，$\sum_{n=1}^{\infty}\frac{1}{2}$，$\sum_{n=1}^{\infty}\frac{1}{n}$，$\sum_{n=1}^{\infty}\frac{1}{\sqrt{n}}$ 都为发散级数，根据级数的性质知 A 项级数为收敛级数.

8.9.1.4 【2020 真题.05】

级数 $\sum_{n=1}^{\infty}a_n$ 满足 $0\leqslant a_n\leqslant\frac{1}{5^n}$，（　　）级数发散.

A. $\sum_{n=1}^{\infty}3a_n$　　B. $\sum_{n=1}^{\infty}a_{n+3}$　　C. $\sum_{n=1}^{\infty}\left(a_n+\frac{1}{\sqrt{n^2}}\right)$　　D. $\sum_{n=1}^{\infty}\left(a_n-\frac{1}{\sqrt{n^3}}\right)$

考点点拨：级数的敛散性.

答案：C

解析：C 选项中 $\sum_{n=1}^{\infty}\frac{1}{\sqrt{n^2}}=\sum_{n=1}^{\infty}\frac{1}{n}$ 为发散的；D 选项从 P 级数角度看，$\sum_{n=1}^{\infty}\frac{1}{\sqrt{n^3}}=\sum_{n=1}^{\infty}\frac{1}{n^{1.5}}$ 收敛. 综合级数的性质推断，C 选项 $\sum_{n=1}^{\infty}\left(a_n+\frac{1}{\sqrt{n^2}}\right)$ 为收敛级数加上发散级数，故为发散级数.

8.9.2 填空题

8.9.2.1 【2024 真题.08】

$\sum_{n=1}^{\infty}a_n$ 收敛，则 $\lim_{n\to\infty}(a_n+2)(a_n-1)=$________.

考点点拨：级数收敛的必要条件.

答案：−2

解析：由条件得 $\lim_{n\to\infty}a_n=0$，故有 $\lim_{n\to\infty}(a_n+2)(a_n-1)=(0+2)(0-1)=-2$.

8.9.3 计算题

8.9.3.1 【2024 真题.16】

判定级数 $\sum_{n=1}^{\infty}\frac{3^n n!}{n^n}$ 的收敛性.

考点点拨：级数的敛散性.

答案：发散

解析：正项级数，$a_n=\frac{3^n\cdot n!}{n^n}$，$a_{n+1}=\frac{3^{n+1}(n+1)!}{(n+1)^{n+1}}$，采取正项级数的比值审敛法，得

$$\lim_{n\to\infty}\frac{a_{n+1}}{a_n}=\lim_{n\to\infty}\frac{a_{n+1}}{a_n}=\lim_{n\to\infty}\frac{3^{n+1}(n+1)!}{(n+!)^{n+1}}\cdot\frac{n^n}{3^n\cdot n!}=\lim_{n\to\infty}3\frac{n^n}{(n+1)^n}=3\lim_{n\to\infty}\left(\frac{n}{n+1}\right)^n=\frac{3}{\mathrm{e}}.$$

又因为$\dfrac{3}{e}>1$，故原级数发散.

8.9.3.2 【2023 真题.18】

已知u_n满足$\left(\dfrac{1}{2}\right)^n \leqslant u_n \leqslant \dfrac{n^2}{2^n}(n=1,2,\cdots)$，判定级数$\sum\limits_{n=1}^{\infty}u_n$的收敛性.

考点点拨：正项级数敛散性的判定.

答案：收敛

解析：因正项级数$\sum\limits_{n=1}^{\infty}\left(\dfrac{1}{2}\right)^n=1$，又通项为$v_n=\dfrac{n^2}{2^n}>0$且满足

$$\lim_{n\to\infty}\frac{v_{n+1}}{v_n}=\lim_{n\to\infty}\frac{(n+1)^2}{2^{n+1}}\frac{2^n}{n^2}=\frac{1}{2}\lim_{n\to\infty}\left(1+\frac{1}{n}\right)^2=\frac{1}{2}<1$$

故级数$\sum\limits_{n=1}^{\infty}\dfrac{n^2}{2^n}$收敛.

$\left(\dfrac{1}{2}\right)^n \leqslant u_n \leqslant \dfrac{n^2}{2^n}(n=1,2,\cdots)$，故级数$\sum\limits_{n=1}^{\infty}u_n$收敛.

8.9.3.3 【2022 真题.18】

判断级数$\sum\limits_{n=1}^{\infty}\left(\dfrac{n}{3^n}-\dfrac{3}{2^n}\right)$的敛散性.

考点点拨：级数敛散性的判定.

答案：收敛

解析：

$\sum\limits_{n=1}^{\infty}\left(\dfrac{n}{3^n}-\dfrac{3}{2^n}\right)=\sum\limits_{n=1}^{\infty}\dfrac{n}{3^n}-\sum\limits_{n=1}^{\infty}\dfrac{3}{2^n}$，对于级数$\sum\limits_{n=1}^{\infty}\dfrac{n}{3^n}$使用比值审敛法得

$\lim\limits_{n\to\infty}\dfrac{u_{n+1}}{u_n}=\lim\limits_{n\to\infty}\left(\dfrac{n+1}{3^{n+1}}\cdot\dfrac{3^n}{n}\right)=\lim\limits_{n\to\infty}\left(\dfrac{1}{3}\cdot\dfrac{n+1}{n}\right)=\dfrac{1}{3}\lim\limits_{n\to\infty}\left(1+\dfrac{1}{n}\right)=\dfrac{1}{3}<1$，故$\sum\limits_{n=1}^{\infty}\dfrac{n}{3^n}$收敛.

级数$\sum\limits_{n=1}^{\infty}\dfrac{3}{2^n}=3\sum\limits_{n=1}^{\infty}\dfrac{1}{2^n}=3$，故$\sum\limits_{n=1}^{\infty}\dfrac{3}{2^n}$收敛. 收敛级数的代数和还是收敛的，故$\sum\limits_{n=1}^{\infty}\left(\dfrac{n}{3^n}-\dfrac{3}{2^n}\right)=\sum\limits_{n=1}^{\infty}\dfrac{n}{3^n}-\sum\limits_{n=1}^{\infty}\dfrac{3}{2^n}$收敛.

8.9.3.4 【2021 真题.17】

判断$\sum\limits_{n=1}^{\infty}\left(\dfrac{n}{2n+1}\right)^n$的敛散性.

考点点拨：正项级数的敛散性，比值审敛法，第二重要极限.

答案：收敛

解析：$\because u_n=\left(\dfrac{n}{2n+1}\right)^n$，显然$u_n$为正项级数的通项.

$$\therefore \lim_{n\to\infty}\frac{u_{n+1}}{u_n}=\lim_{n\to\infty}\frac{\left(\frac{n+1}{2n+3}\right)\left(\frac{n+1}{2n+3}\right)^n}{\left(\frac{n}{2n+1}\right)^n}=\lim_{n\to\infty}\left(\frac{n+1}{2n+3}\right)\left(\frac{n+1}{2n+3}\cdot\frac{2n+1}{n}\right)^n$$

$$=\lim_{n\to\infty}\frac{n+1}{2n+3}\left(\frac{2n^2+3n+1}{2n^2+3n}\right)^n=\lim_{n\to\infty}\frac{n+1}{2n+3}\left(1+\frac{1}{2n^2+3n}\right)^n$$

$$=\lim_{n\to\infty}\left(\frac{n+1}{2n+3}\right)\cdot\left[\left(1+\frac{1}{2n^2+3n}\right)^{2n^2+3n}\right]^{\frac{1}{2n^2+3n}\cdot n}$$

$$=\lim_{n\to\infty}\frac{1}{2}\cdot e^{\frac{n}{2n^2+3n}}=\frac{1}{2}\cdot e^0=\frac{1}{2}<1，故\sum_{n=1}^{\infty}\left(\frac{n}{2n+1}\right)^n 收敛.$$

8.9.3.5 【2020 真题.18】

判断级数 $\sum_{n=1}^{\infty}\frac{n^n}{2^n n!}$ 的敛散性.

考点点拨：级数敛散性，比值审敛法，第二重要极限.

答案：发散

解析：根据题意有 $u_n=\frac{n^n}{2^n n!}$，显然 u_n 为正项级数的通项.

因 $\lim_{n\to\infty}\frac{u_{n+1}}{u_n}=\lim_{n\to\infty}\frac{(n+1)^{n+1}}{2^{n+1}(n+1)!}\frac{2^n n!}{n^n}=\lim_{n\to\infty}\frac{1}{2}\left(\frac{n+1}{n}\right)^n=\frac{e}{2}>1$，所以 $\sum_{n=1}^{\infty}\frac{n^n}{2^n n!}$ 发散.

8.10 课程思政拓展阅读

一、全国大学生数学建模竞赛

全国大学生数学建模竞赛（CUMCM，China Undergraduate Mathematical Contest in Modeling）是一项面向全国高校在校大学生的学科竞赛活动. 该竞赛旨在激发学生的数学兴趣与潜能，培养学生的创新意识、实践能力和团队协作精神，同时推动数学与计算机科学、经济学、管理学等其他学科的交叉融合.

1. 主办方

竞赛由中国工业与应用数学学会主办，教育部高等教育司、中国科协科普部等单位协办，并得到了众多高校和企业的支持. 自 1992 年举办以来，全国大学生数学建模竞赛已经发展成为国内高校中规模最大、影响最广的学科竞赛之一.

2. 组队形式

大学生以队为单位参赛，每队不超过 3 人，且必须属于同一所学校. 团队成员之间无“组长”、“队长”和“组员”、“队员”的区分，强调平等合作. 这种组队形式有助于培养学生的团队合作精神和协作能力.

3. 竞赛形式

竞赛采取通信竞赛方式，在规定的 3 天时间内，参赛队伍需要就指定的问题完成从建立模型、求解、验证到论文撰写的全部工作并上交. 竞赛期间，参赛队员可以使用各种图书资料、计算机和软件，在国际互联网上浏览，但不得与队外任何人（包括在网上）讨论. 这种竞赛形式既考验了学生的数学建模能力，又锻炼了他们的自主学习和解决问题的能力.

4. 获奖形式

全国大学生数学建模竞赛的评奖会按照数学和非数学类分开评选. 首先，各省份赛区会进行评选，然后从各赛区送交的优秀论文中评选出全国一等奖和二等奖. 每个赛区的获奖总名额不超过总参赛人数的 25%（其中一等奖、二等奖、三等奖分别占各类获奖总人数的 20%、30%、50%），但获得国奖的比率仅为全国参赛队伍总数的 10%左右，且每年仅有两支特等奖队伍. 这种严格的评选机制确保了竞赛的公平性和权威性.

5. 赛题形式

赛题通常涉及实际生活中的问题，需要参赛队伍运用数学方法和计算机技术进行建模和求解. 赛题形式灵活多样，可能包括机理模型、统计模型、数据模型、规划模型等不同类型的建模问题. 这些赛题不仅考验了学生的数学建模能力，还要求学生具备丰富的知识储备和灵活的思维能力.

综上所述，全国大学生数学建模竞赛是一项具有挑战性和实用性的竞赛活动，通过参与竞赛，学生可以锻炼自己的数学建模能力、自主学习能力和团队合作精神，为未来的学术研究和职业发展打下坚实的基础.

二、全国大学生数学竞赛

全国大学生数学竞赛（The Chinese Mathematics Competitions，CMC）是一项由中国数学会主办的全国性高水平学科竞赛，面向本科学生，旨在促进我国高等学校提高人才培养质量、促进数学课程建设与教学改革，激励学生学习数学的兴趣，发现和选拔数学创新人才.

1. 主办方

全国大学生数学竞赛的主办方是中国数学会. 中国数学会是中国数学界的主要学术团体，致力于推动数学研究、教育和普及工作.

2. 组队形式

全国大学生数学竞赛的参赛者以个人为单位参赛，每位参赛者代表自己所在的学校参赛，无须与其他同学组成团队.

3. 竞赛形式

全国大学生数学竞赛的竞赛形式包括初赛和决赛两个阶段. 初赛（也称为预赛、赛区赛）一般在每年的 10 月底或 11 月初举行，由各赛区（通常以省、市、自治区为单位，军队院校为一个独立赛区）自行组织. 决赛则在第二年的 3 月底或 4 月初举行，由全国组委会统一组织，参赛选手为各赛区初赛中的优秀选手.

竞赛采用限时闭卷考试形式，试题类型包括选择题、填空题和解答题，旨在全面评估参赛者对数学基础知识的掌握程度和应用能力.

4. 获奖形式

全国大学生数学竞赛的获奖形式分为初赛奖和决赛奖. 初赛奖由各赛区分别评选，上报全国组委会审批. 每个赛区的获奖总名额不超过总参赛人数的 35%，其中获一等奖、二等奖、三等奖的人数分别不超过赛区总参赛人数的 8%、12%、15%. 决赛奖则由全国组委会统一评奖，按照数学类专业（分 A 类与 B 类）与非数学类专业（分 A 类与 B 类）分别评奖，设一等奖、二等奖、三等奖. 决赛阶段的评奖等级按绝对分数评奖. 获奖选手将获得由全国组委会颁发的获奖证书，以表彰他们在数学竞赛中的优异表现.

5. 赛题形式

全国大学生数学竞赛的赛题形式灵活多样，旨在全面考查参赛者的数学素养和综合能力. 初赛和决赛的赛题难度逐渐递增，内容涵盖高等数学、数学分析、高等代数、解析几何等多个数学分支. 赛题既注重基础知识的考查，又强调应用能力和创新思维的培养. 具体来说：

初赛：非数学专业类主要考查高等数学内容；数学专业类则包括数学分析（50%）、高等代数（35%）、解析几何（15%）的内容.

决赛：非数学专业类增加线性代数部分，占比 20%，高等数学占比 80%；数学专业类根据年级不同有所区分，大一及大二学生（低年级组）在初赛基础上增加常微分方程（15%）的内容.

近年来，由广东省数学学会主办，高职院校的学生也可以参加大学生数学竞赛，只不过高职组只有广东省的省赛，考试的范围是“高等数学”一元微积分部分的内容.

三、“大湾区杯”粤港澳金融数学建模竞赛

“大湾区杯”粤港澳金融数学建模竞赛，是一项旨在促进数学建模方法在金融领域创新研究的重要赛事.

1. 主办方

“大湾区杯”粤港澳金融数学建模竞赛由广东省工业与应用数学学会、粤港澳应用数学中心

联合金融投资机构共同组织举办. 这些机构在推动数学与金融领域的交叉融合、培养金融科技人才方面发挥着重要作用.

2. 组队形式

参赛者由不超过3名在读大学生或研究生组队参赛. 同一队参赛学生必须来自同一所学校，可以专科、本科、研究生单独组队，也可以混合组队. 但组别以参赛队员中最高学历分类，分别分成专科组、本科组、研究生组. 这种组队形式有助于不同学历层次的学生在合作中相互学习、共同进步.

3. 竞赛形式

竞赛通常包括多个阶段，如报名、竞赛、论文提交、模拟实战等. 参赛队伍需要在规定的时间内，针对金融投资领域的现实问题，运用数学建模方法进行深入研究，并提交解决方案的论文. 论文提交后，还需进行模拟实战阶段的验证，以检验解决方案的可行性和有效性.

4. 获奖形式

竞赛设立了多个奖项，如金奖、银奖、铜奖等，以及一等奖、二等奖、三等奖和优胜奖等若干名. 所有获奖队员将获得组委会颁发的获奖证书，并有机会获得一定的奖金或奖品. 此外，获奖队伍还有机会在相关学术会议或期刊上发表论文，进一步展示他们的研究成果.

5. 赛题形式

赛题来源于金融投资领域的现实需求，通常分为A、B两题或更多，参赛队在规定的时间内选择一题作答. 赛题内容涵盖金融市场的各个方面，如风险管理、投资策略、金融产品定价等. 赛题设计注重考察参赛者的数学建模能力、金融知识水平和创新思维能力. 参赛者需要根据竞赛题目要求，以数学建模方法为基础，完成一份金融问题的解决方案，并以论文的形式提交.

综上所述，“大湾区杯”粤港澳金融数学建模竞赛是一项高水平的学科竞赛活动，旨在促进数学与金融领域的交叉融合和创新发展. 通过参与竞赛，学生可以锻炼自己的数学建模能力、金融知识水平和团队协作能力，为未来的学术研究和职业发展打下坚实的基础. 同时，竞赛也为金融机构和学术界提供了一个交流合作的平台，有助于推动金融科技领域的创新和发展.

四、全国大学生泰迪杯数据挖掘挑战赛

全国大学生泰迪杯数据挖掘挑战赛是一项面向全国在校研究生和大学生的科技活动，旨在激励学生学习数据挖掘的积极性，提高学生利用数据分析方法解决实际问题的综合能力.

1. 主办方

全国大学生泰迪杯数据挖掘挑战赛由全国大学生数学建模竞赛组织委员会主办，广州泰迪

智能科技有限公司承办，并得到了广东省工业与应用数学学会、华南师范大学等单位的协办. 这一组合确保了竞赛的专业性和权威性.

2. 组队形式

参赛者可以组成队伍参赛，每队不超过 3 人（须属于同一所学校），专业不限. 每队可设一名指导教师，负责赛前辅导和参赛的组织工作. 这种组队形式鼓励学生跨学科合作，共同解决数据挖掘领域的实际问题.

3. 竞赛形式

竞赛每年举办一次，一般在四月份开始，时间跨度通常为两个月. 竞赛形式主要包括以下几个阶段.

报名阶段：参赛队伍需要在规定的时间内完成报名手续，并支付报名费.

赛题发布：竞赛组织委员会会发布三道赛题，参赛队伍任选其中一道参赛. 赛题将公布在指定的网址供参赛队下载.

竞赛阶段：参赛队伍在规定的时间内完成并提交研究论文. 论文需包含对赛题的理解、数据分析过程、模型建立与求解、结果验证与讨论等内容.

评审阶段：由组委会聘请的专家组成评阅委员会对提交的论文进行评审，评选出特等、一等奖、二等奖和三等奖.

颁奖阶段：获奖队伍将获得荣誉证书和奖金，并在颁奖仪式上进行表彰.

4. 获奖形式

竞赛的获奖形式多样，主要包括荣誉证书和奖金（需扣除个人所得税）两部分. 具体奖项设置如下.

特等奖并获企业冠名：3 队，采用视频答辩的形式由高校和企业专家综合评审，颁发荣誉证书、出题企业冠名奖杯及奖金（每队 20000 元）.

特等奖：3 队，同样采用视频答辩的形式评选，颁发荣誉证书及奖金（每队 10000 元）.

一等奖：约 2%，颁发荣誉证书.

二等奖：约 5%，颁发荣誉证书.

三等奖：约 10%，颁发荣誉证书.

此外，所有成功提交完整论文的参赛队伍均可获得成功参赛证书.

5. 赛题形式

赛题形式灵活多样，通常涉及数据挖掘领域的实际问题. 赛题会给出一定的背景信息和数据样本，要求参赛队伍运用数据挖掘技术和方法进行分析、建模和求解. 赛题旨在考察参赛队伍的数据处理能力、建模能力、创新能力和团队协作能力.

综上所述，全国大学生泰迪杯数据挖掘挑战赛是一项具有权威性和专业性的科技活动，通过竞赛的形式激励学生学习数据挖掘技术并提高其解决实际问题的能力.